岩土工程进展与实践案例选编

孙宏伟　主编

中国建筑工业出版社

图书在版编目(CIP)数据

岩土工程进展与实践案例选编/孙宏伟主编. —北京：
中国建筑工业出版社，2016.9
ISBN 978-7-112-19713-2

Ⅰ.①岩…　Ⅱ.①孙…　Ⅲ.①岩土工程-文集
Ⅳ.①TU4-53

中国版本图书馆 CIP 数据核字(2016)第 198952 号

本书主要有两个部分，上篇是岩土工程的大师学者对我国岩土工程和
体制发展过程中一些问题的思考和总结；下篇汇集了国内岩土工程勘察与
地基基础设计实践的精品论文，涉及超深大基础实践、复杂地质条件分
析、基于变形控制的基础设计案例等诸多热点和难点。
本书适合从事岩土工程的相关技术人员和科研人员学习参考。

责任编辑：刘瑞霞　杨　允
责任校对：李欣慰　张　颖

岩土工程进展与实践案例选编
孙宏伟　主编

*

中国建筑工业出版社出版、发行（北京西郊百万庄）
各地新华书店、建筑书店经销
北京科地亚盟排版公司制版
北京建筑工业印刷厂印刷

*

开本：787×1092毫米　1/16　印张：21¾　字数：540千字
2016年9月第一版　2019年1月第六次印刷
定价：**50.00**元
ISBN 978-7-112-19713-2
(29263)

前　　言

　　岩土工程是土木工程的重要分支。岩土工程（geotechnical engineering，geotechnique，geotechnics）是一门实践科学。岩土工程的理论基础主要是工程地质学、岩石力学、土力学和基础工程学，其研究内容涉及岩土体作为工程的承载体、作为工程荷载、作为工程材料、作为传导介质或环境介质等诸多方面及领域，工作内容包括岩土工程勘察、岩土工程设计、岩土工程施工、岩土工程检测、岩土工程监测、岩土工程咨询和岩土工程管理等。工程建设过程中需要解决岩土的利用、改良或治理的工程问题，可以大致归为五类：地基岩土工程，边坡岩土工程、洞室岩土工程、支挡岩土工程、环境岩土工程，水使得上述问题更为复杂。

　　我们国家的岩土工程体制改革始于 1980 年前后，至今已经过了三十六年。1980 年 7 月国家建筑工程总局印发了《关于改革现行工程地质勘察体制为岩土工程体制的建议》，从 1980 年下半年到 1981 年初，《工程勘察》期刊发表了一系列的文章和工程勘察体制讨论意见的综述，揭开了工程地质勘察改革的序幕。1986 年国家计委发文《关于工程勘察单位进一步推行岩土工程的几点意见》要求"要提高对岩土工程的认识，充分发挥岩土工程的综合功能，把岩土工程作为基本建设中的一个重要组成部分，作为一个重点专业加以发展和提高"。

　　今年恰逢国家计委 1986 年发文历经三十年，改革工程地质勘察与推进岩土工程的技术体制，当年老前辈们的真知灼见，对行业发展产生了深远的影响，经过三十余年努力，行业技术体制已然发生了深刻的变化。高大钊教授在"展望我国岩土工程回归世界技术体系之路"文中所指出"三十年前，国家计委颁发了关于我国岩土工程体制改革的文件，这个文件是我国老一代岩土工程专家积极推动体制改革的结果，体现了我国工程界和学术界对岩土工程体制改革的关切，也为我国岩土工程的改革之路提供了基本思路和探索的方向。对比 30 年来我国岩土工程的发展状况，我国的业界发生了很大的变化，但距岩土工程体制改革的目标还有很漫长的路要走。但无论如何，这个时间节点是值得纪念的。"

　　1985 年赴美岩土工程考察，卞兆庆先生所著考察报告系统详细地叙述了当年美国几大著名的岩土工程咨询公司的组织机构、经营管理、钻探机械与工艺、试验设备、资料整理、岩土工程评价、施工监测等一整套有关岩土工程工作内容，不仅当年得以看到了国际上先进的岩土工程模式，看到了发展的目标和方向，时至今日，对开展岩土工程业务仍有非常重要的参考价值。

　　曾经的工程地质勘察体制是按照"苏联模式"建立的，是与计划经济体制相适应的模式，与欧美国家的岩土工程体制有着很大的不同，勘察与设计截然分开，造成双方都存在局限性和盲目性，对重大工程和复杂工程，尤为不利。

　　值得深思的是，时至今日，岩土工程勘察与地基基础设计的分离，未能根本性解决，矛盾与脱节仍困扰着行业技术发展，这是当前岩土工程体制上的最大问题，当然这并不是一个单纯的专业技术体制的问题，而涉及更广泛、更深刻的社会经济领域，涉及社会经济的方方面面，并且应当结合市场经济转型的大背景加以审视与思考。

顾宝和先生曾经指出"认识改革的复杂性和长期性，并不是说只能听之任之，无可作为了。岩土工程的问题还得岩土工程界自己解决。目前，至少有这些事可以做：一是充分认识当前岩土工程行业存在的体制性矛盾，并在实际工作中尽量化解矛盾，减小其影响；二是勘察人员与设计人员之间要更多沟通，更多了解和理解对方，共同解决结合部位上的问题，而不要机械地划线；三是不要再出台强化勘察与设计分离的政策和措施，要促进勘察与设计相互间的融合；四是要促进咨询业的发展，咨询业是知识经济的载体；五是促进工程建设设计体制的改革。"

密切勘察与设计相互间的联系、加强勘察与设计相互间的沟通、增进勘察与设计相互间的合作，正是编著本文集的初衷，本文集分为上下两篇，上篇主题为岩土工程进展回顾思考与展望，下篇为实践案例选编。

上篇包括：顾宝和先生（勘察大师）、高大钊先生（同济大学教授）、李广信先生（清华大学教授）、张旷成先生（勘察大师）的撰文，并且全文收录了卞兆庆先生（勘察大师）的"赴美岩土工程考察报告"。

下篇"实践案例选编"涉及了多项代表性超高层建筑岩土工程实践案例，包括：深圳平安金融中心、南京紫峰大厦、北京丽泽SOHO、西安国际金融中心、北京雪莲大厦、唐山新世界中心、长沙北辰A1写字楼、北京中国尊大厦等，涉及了超长桩、超大墩基的承载力变形性状研究分析、桩土相互作用、地基-桩-结构协同作用与桩筏基础协同设计等地基基础领域很多热点、难点工程问题。

下篇中收录了南京紫峰大厦的人工挖孔嵌岩桩自平衡法静载试验成果资料、京津沪代表性超高层建筑（北京中国尊大厦、上海中心大厦、天津117大厦等）的超长钻孔灌注桩的单桩静载试验数据对比分析、软岩桩基静载试验成果资料、西安地区超高层建筑桩型比选与试验桩成果资料等重要的实际工程资料。

➢ 深圳平安金融中心超深超大基础岩土工程实践
➢ 南京紫峰大厦嵌岩桩静载试验工程
➢ 成都卵石地基锤击PHC管桩竖向承载力研究
➢ 京津沪超高层超长钻孔灌注桩单桩静载试验数据对比分析
➢ 北京Z15地块超高层建筑桩筏基础的数值分析
➢ 北京丽泽SOHO桩筏基础设计与沉降分析
➢ 北京雪莲大厦桩筏基础与地基土相互作用分析
➢ 西安国际金融中心超高层建筑桩型比选与试验桩设计分析
➢ 唐山岩溶地区桩基工程问题分析与设计要点

岩石地基是岩体地基的习惯称谓。由于岩石地基的承载力和变形模量比土质（土体）地基往往高得多，作为一般建（构）筑物的天然地基，通常有相当大的裕度，因而对于深入研究岩石地基的问题，重视不够，甚至容易忽视。对于劣质岩（问题岩），不仅需要在岩土工程勘察时予以重点评价，更重要的是在地基基础设计时正确认识和把握工程特性。劣质岩（问题岩），皆有可能成为有问题的岩石地基，其可按地质成因和成分进行分类，也可按工程特性分类，因此既是地质学学者所关注的，更是工程地质界与土木工程界所高度重视的。收录了与软岩地基与山区填土场地的论文包括：

- 劣质岩问题岩的类型及其工程特性
- 成都地区泥质软岩地基主要工程特性及利用研究
- 南宁佳得鑫广场软岩桩基静载试验工程
- 长沙北辰项目高层建筑软岩地基工程特性分析
- 软岩地质嵌岩桩工程应用研究现状
- 填土场地桩基负侧摩阻力设计计算方法试验研究

选编《平均剪切波速 v_{sm} 与等效剪切波速 v_{se} 对建筑场地类别划分的影响》论文，是为帮助年轻工程师了解建筑抗震设计规范的发展变化。国家标准《建筑抗震设计规范》GB 50011 自 2001 版开始采用等效剪切波速 v_{se} 和场地覆盖层厚度来确定建筑场地的类别，等效剪切波速 v_{se} 与此前所采用的平均剪切波速 v_{sm} 的计算方法不同，论文作者依据所掌握的北京城区资料，开展了对比分析，指出了这两种计算方法对场地类别划分的影响。

面对日益复杂工况条件以及变形控制的严格要求甚至是"苛刻"限值，数值分析将发挥越来越重要的作用，成为工程师在设计分析过程中进行综合判断的重要依据之一。需要说明的是，深基坑工程数值分析尚与监测相结合，不断提高计算模型参数合理性，目前深基坑工程按变形设计经验仍不如地基设计丰富，更亟待提高，需要岩土工程界长期不懈艰苦努力

- 北京地区复杂环境条件下超深基坑开挖影响数值分析
- 邻近深基坑开挖对既有地铁的影响计算分析

复杂地基与基础设计，愈发需要完成更加精细、可信的数值分析，模型参数确定是其中的关键问题。下文结合多个实际工程，对不同地基类型，包括天然地基、人工地基（CFG 桩复合地基和桩筏基础），采用了有限元数值分析软件进行地基基础沉降变形计算，沉降变形的计算值与实测数据进行了比对分析，证实数值软件在地基设计方案中的使用可得到较为可靠的结果，能够对实际工程分析判断有较明确的指导意义。需要说明的是，定量分析与定性分析相结合，顾宝和大师主张"不求计算精确，只求判断正确"，强调综合判断。数值分析结果是工程师在设计分析过程中进行综合判断的重要依据之一。数值分析实践案例请参阅：

- 数值软件在地基基础沉降变形计算中的应用与实例
- 北京丽泽 SOHO 桩筏基础设计与沉降分析
- 厚层黏性土地基上某超高层建筑桩筏基础三维数值分析
- 某工程大面积地下室与多高层主楼连成一体的地基基础设计及沉降控制
- CFG 桩复合地基增强体偏位影响分析

地基与基础设计始终要把工程在不同工况条件下的差异变形的控制与协调作为解决地基基础工程问题的总目标，并以"差异变形控制"核心，以基于相互作用原理的地基与结构协同设计为技术保证。地基与结构协同设计的原理、方法与实践案例请参阅：

- 基于变形控制的高层建筑与低层裙楼基础联合设计案例分析
- 北京 Z15 地块超高层建筑桩筏基础的数值分析
- 北京丽泽 SOHO 桩筏基础设计与沉降分析

北京银河 SOHO 由已故国际知名女建筑师 Zaha Hadid 设计，为典型的大底盘多塔连体结构，塔楼核心筒与中庭荷载差异显著。为更好地解决差异沉降问题，在地基基础设计

过程中，结构工程师与岩土工程师密切合作比选分析了不同基础形式与不同地基类型组合方式，基础形式包括梁板式筏基、平板式筏基，地基类型包括天然地基和人工地基（钻孔灌注桩、CFG 桩复合地基），并通过合理调整筏板基础及上部结构的刚度，同时优化地基支承刚度，经过反复计算与分析论证，最终采用天然地基与局部增强 CFG 桩复合地基的地基设计方案，有效地解决了差异沉降控制与协调问题，优化了地基基础设计方案，节约了造价。经过沉降实测验证，地基基础设计方案科学合理、安全可靠。北京银河 SOHO 地基与结构协同设计，即岩土工程师与结构工程师协作团队工作模式（team work），有助于推动岩土工程（geotechnical engineering）发展。

受编著者水平所限、时间精力所限，选编的实践案例不求涵盖全部岩土工程领域，更侧重于地基基础工程勘察设计，目的是为了促进勘察与设计相互间的融合，勘察人员与设计人员相互间要更多沟通，更多了解和理解对方，共同解决专业结合部位上的问题，更好地解决地基基础工程问题，共同推动行业技术进步。

选编工作得到了顾宝和先生（勘察大师）、高大钊先生（同济大学教授）、李广信先生（清华大学教授）、张旷成先生（勘察大师）、康景文总工、丘建金总工的大力支持。北京院我的同事方云飞、李伟强、王媛、卢萍珍、朱国祥、宋闪闪、宋捷、杨炆等积极参与文献选编工作，硕士研究生魏钱钰、孙冶默认真完成文字录入校对工作，在此一并表示衷心感谢！

疏误之处在所难免，敬请读者和专家不吝批评指正。

孙宏伟

北京·土力学斋

2016 年 8 月

目 录

上篇　岩土工程进展回顾

岩土工程体制的发展历程

顾宝和

（建设综合勘察研究设计院）

从 1986 年国家计委发出推行岩土工程体制的文件到今天，已经整整 30 年了。如果从 1980 年国家建工总局发文算起，已经有了 36 个年头。这些年里，岩土工程的专业体制经历了很大变化，专业技术得到了显著进步，回顾和反思这些年的历史，有着非常重要的现实意义。对于这段过程，各人有不同的经历，不同的体会，本文记述的仅为笔者的经历，并从个人一隅的视角，谈一些初浅想法，请大家批评指正。

1　学习苏联

新中国成立之初学习苏联，影响我国方方面面，既有正面影响，也有负面影响，从体制到技术，无不打上苏联的烙印，勘察与设计分离的专业体制就是其中之一。

新中国成立前我国虽然有过一些工程建设，但数量少、规模小，基本按欧美模式设计和施工，没有勘察。地基基础设计完全依赖设计师的经验，如上海的"老八吨"（即地基承载力取 80kPa）。1952 年开始大规模经济建设，目标是以重工业为重点，实现国家工业化。所谓"大规模"，是相对于当时的历史环境，不能与现在的建设规模相提并论。那时的勘察设计单位也很少，且绝大部分集中在国务院直属部委，属于地方的极少，好像只有北京有北京市设计院和北京市规划局地形地质勘察处（现北京市勘察设计研究院有限公司）。

请来了大批苏联专家（当然主要是由于当时的政治背景），在极度缺乏经验的情况下学习苏联，单纯从技术角度看也实属必要。按照苏联的经济体制，勘察设计属于建设前期，由国家统一拨款，勘察设计单位是事业单位，义务承担勘察设计项目，一律不收费。施工是企业单位，按工程量根据国家规定的统一价格收费。按照苏联的专业技术体制，勘察属于工程地质专业，负责为设计提供资料；设计属于土木工程中的建筑、结构、路桥、水利等专业，以勘察报告及其他有关文件为依据，进行设计。在苏联，勘察和设计大部分在一个单位，如俄罗斯加盟共和国建设部第一设计院（列宁格勒）、第二设计院（莫斯科）、基础工程设计院（莫斯科）等，设计院里有一个勘察室；独立的勘察单位不多，如莫斯科市勘察公司。我国初期也大体如此，后来一些设计院的领导觉得，勘察有大量野外工作，有各种机械设备，有大批工人，不同于设计，觉得管理不便，逐渐将勘察分离出去，成了独立的单位。在苏联，勘察报告只提供资料，建议很少，也很笼统，由于地基承载力属于设计范畴，所以勘察报告不提地基承载力的建议。按照苏联模式，我国也大体如此。但根据苏联专家意见，勘察报告要提出地基承载力的建议，设计单位也很赞成，一直沿袭到今天。

苏联的技术方法与西方国家也有所不同，苏联工程勘察只做直剪，只有高校和研究单

3

位做三轴剪；苏联没有标准贯入试验，十分重视动力触探，后来又大力发展静力触探；苏联沉降计算不用室内压缩试验参数，用浅层和深层载荷试验的变形模量；苏联有强大的研究机构，从事研究开发和制订规范；所有规范都是强制性，规范就是法律；勘察设计单位不从事研究，只按规范执行。

苏联专家在中国，角色相当于"顾问"，只提意见，不在技术文件上签字负责。由于当时的社会环境，对苏联专家的意见都十分尊重，一般都按苏联专家的建议执行。那时以工业建筑为主，民用建筑很简单，办公楼一般不超过 8 层，住宅不超过 6 层，基本上都是砖混结构。但勘察工作做得很认真，每个钻孔均须留岩芯盒，项目负责人必须逐孔、按岩芯盒核对野外记录；严禁钻孔中加水，更不许用泥浆钻进；每个钻孔测初见水位和稳定水位，较大的工程完工后统一测水位，绘制地下水位等高线图；项目负责人要将土工试验成果与野外纪录对比，有问题时到试验室核查；柱状图、剖面图、试验报告、勘察报告的内容和格式，都是在苏联专家指导下规范化的。我去苏联实习时发现，苏联勘察工作做得比我国还要认真、严格和细致。

苏联勘察设计模式最大的问题是勘察与设计分离。那时工程规模较小，难度不大，这个问题还不突出。较为简单的工程，设计院根据勘察报告地基承载力的建议就可以确定基础尺寸，有问题时由勘察设计双方协商解决。但有时也会遇到难以处理的问题，有两种解决方式：一是由上级单位召集勘察设计双方共同协商解决；二是由上级单位召开专家会议解决。下面举两个例子说明：

第一个例子——洛阳拖拉机厂，是我国"一五"计划的重大工程，有湿陷性黄土，又埋藏着很多古墓，设计院提请当时的建筑工程部设计总局召开专家会议审查和论证。设计总局邀请了中苏两国专家数十人（中国专家中有清华大学陈梁生教授），先由设计院提出方案，再请中国专家和苏联专家评议。基础工程问题不大，一致同意采用天然地基。麻烦的是古墓开挖处理后的回填问题（深度三四米、七八米不等），提了多种方案，某施工单位用现场试验数据论证素土分层碾压最有效，最经济，与会专家一致赞同。那时施工非常认真，对质量一丝不苟，实施后检测效果很好。第二个例子——邯郸水泥厂，建在丘陵山坡，勘察时无地下水，整平场地开挖基坑时发现裂隙水，设计院向上级单位请示解决办法，设计总局施嘉干总工程师召集勘察设计双方，一起会商解决。那时会后都不签署会议纪要之类的书面文件，在当时的管理体制下似乎没有什么问题。

关于中国科技人员与苏联专家的关系，现在的年轻一代不了解，以为在那时的政治条件下，对苏联专家意见必须像圣旨一样绝对服从，否则就会被打成右派。其实并非都是如此，因反对苏联专家而打成右派或受到严厉批评的事件有，也并非个别，但多数情况下，对技术问题还是可以自由讨论的。出于对专家的尊重，不采纳时一定要再三斟酌，请示领导决定。对专家不正确、不全面的意见，科技人员中也常有议论，只要不带攻击性，也不会被扣上反苏的政治帽子。与苏联专家交流要通过翻译，难免有时会发生误解。记得一位同事孙培清给我讲过这么一个故事：苏联专家多尔基赫来到他所在的山区水文地质勘察工地，专家问"这是什么岩石？"孙答"是凝灰岩"。凝灰岩俄语是 Туф，泥炭俄语是 Топф，语音相近。大概翻译没有说准，专家误以为"泥炭"，勃然大怒，"泥炭怎么跑到山上去了？"孙想"凝灰岩怎么不能在山上？"就顶了一句，"这是北京地质学院某教授鉴定的，确实是凝灰岩，没有错"。专家更生气了，"你自己看看，这样硬的石头，会是泥炭吗？这是砂岩"。凝灰岩和砂岩肉眼很难区分，专家虽错，也不能说他没水平，但孙很不服气，又不好发作，各自憋了一肚子气。直到我向他说明，他才明白过来，还说"好像语音和豆腐差不多"。1959 年下半年，中苏关系开始恶化，苏联专家撤走，不再提学习苏联了。但苏联模式，包括勘察设计分离的专业体制模式和依赖规范的技术工作模式，已经打上了深深的烙印。

2 岩土工程体制的引进

1979 年底，改革开放刚刚开始，国家建工总局派代表团赴加拿大考察，代表团主要成员来自建工总局建研院勘察技术研究所（现建设综合勘察设计研究院有限公司），他们是：何祥（团长，时任建研院副院长）、李明清（建工总局设计局）、王钟琦（勘察技术研究所）、林在贯（西北勘察院）、严人觉（冶金建筑研究院，后调综合勘察院）五人。考察最重要的收获是带回了市场经济国家的岩土工程体制。笔者知道后非常兴奋，深信岩土工程体制可以极大地推动行业的技术进步，可以为国家做更大贡献。便向赴加拿大代表团成员设计局李明清处长建议办研究班，推动专业体制改革。李处长也有意开展这项工作，便邀请建工总局下属勘察单位选派技术骨干组成研究班。成员有：西北勘察院林在贯（召集人，后为勘察大师）、上海勘察院袁雅康（后任院长）、西南勘察院张绳先（后任院长）、中南勘察院李受祉（后任院总工程师）、同济大学朱小林（教授），笔者所在单位有本人和卢万燮（后任副院长）。李明清、王锺琦（后为勘察大师）常来参加讨论，并参与了总结报告的起草。人数不多，但研究得很深入、很细致。1980 年 4 月 26 日开始，同年 6 月 18 日结束，历时两个半月。期间听取了 7 位专家的出国考察报告，搜集了大量欧美国家的岩土工程规范、标准、咨询报告和其他技术资料，边阅读、边翻译、边讨论，与部分勘察、设计、研究单位和高校的专业人员座谈，结合笔者负责的一个工程试点（太阳宫饭店，涉外工程，后因投资者的原因未建），编写了《关于改革现行工程地质勘察体制为岩土工程体制的建议》（以下简称《改革建议》）。1980 年 7 月 11 日以国家建工总局的名义发到全国，标志着岩土工程专业体制改革的启动。

《改革建议》的第一部分是"推行岩土工程体制是改进基本建设工作，更好为四化服务的重要一环"。主要介绍了国际上岩土工程体制的形成和发展，我国推行岩土工程体制的必要性。

《改革建议》的第二部分是"我国岩土技术的现状"。着重指出我国仍按苏联五十年代的模式，勘察、设计、施工三方面分担岩土工程的技术工作，"警察站岗，各管一段"，并从勘察、设计、施工三方面分析了这种体制带来的问题，只有改革才能促进技术的加速发展。

《改革建议》的第三部分是"关于在我国推行岩土工程体制的一些设想"。提出近几年实现 6 个目标：一是建立一支从事岩土工程的专业队伍；二是岩土工程单位不仅提供资料，还要进行岩土工程分析，提出可行方案，直至参与部分施工实践；三是岩土工程师应提出基础工程方案的有关基准，但不代替结构工程师做基础结构计算和设计；四是岩土工程师参与基础工程施工与地基改良，但不代替具体施工；五是把施工和使用期间地基基础的变形监测作为业务内容之一，必要时提出预防和补救措施；六是改革为岩土工程的勘察单位，应逐步改变现在的专业设置，补充力量，发展成岩土工程咨询公司或以岩土工程为主要业务的单位，承担项目也不一定限于建筑工程。

《改革建议》的第四部分是"几点措施"。包括：同济大学和建工总局下属的 5 所高校设立岩土工程专业，并对课程设置提出了建议（后作为研究生专业）；办半年至一年的技术骨干训练班，学成后推动本单位的岩土工程工作（后由同济大学办了 10 期，每期半年）；参加研究班的几个建工总局下属勘察单位首先试点，调整内部机构，成立岩土工程室，分设钻探队、测试队等；整合现有分散的研究力量，更好地分工合作，形成我国的岩土工程研究体制。

时隔 36 年回顾这段历史，确实具有里程碑意义。36 年来基本上按这条路线发展，在 6 个目标中只有最后一个（岩土工程咨询公司），由于深层次的原因，至今未能实现。

岩土工程体制改革（从那时起常用这种提法）的倡议，很快得到了冶金、机械、煤炭、国防等工业部门勘察单位的积极响应，形成了一股岩土工程体制改革的热潮。1986年，国家计委印发《关于加强工程勘察工作的几点意见》，同年又发《关于工程勘察单位进一步推行岩土工程的几点意见》，在全国范围内推行岩土工程体制。1992 年，建设部发布《工程勘察单位承担岩土工程任务有关问题的暂行规定》，使岩土工程的操作进一步具体化。

勘察单位推行岩土工程体制，虽然得到勘察界的一致响应，但一开始就有不同意见。他们认为，岩土工程属于土木建筑，勘察单位的科技人员学的主要是地质，缺乏做工程设计的数学力学基础和工程知识。到今天仍有人认为，推行岩土工程体制是做了一锅夹生饭，还影响了勘察工作的质量和技术进步。其实，当初倡导者并非没有注意到这个问题，相反，一开始就提出教育优先，先办学习班对现有技术骨干进行半年至一年的训练，再从高校培养专业人员，逐步改善科技人员的结构。后来未能按理想推进的原因很复杂，深层次的原因可能与我国的政治经济体制和社会背景有关。至于勘察工作的质量和技术进步问题，则主要由于无序竞争，市场混乱，不靠技术靠低价，不宜归罪于勘察单位的业务拓展。

3　欧美国家岩土工程体制的考察

继 1979 年国家建工总局代表团赴加拿大考察之后，国务院部委直属勘察设计单位先后多次派代表团到欧美国家考察，带回的信息基本一致。1981 年 1 月，国家建工总局派代表团赴墨西哥考察软土，笔者任团长，顺便注意了墨西哥的岩土工程体制。可以归纳为两点：一是墨西哥的岩土工程师基本上都在咨询公司服务；二是咨询公司的业务范围没有行业之分，建筑、道路、航运、机场、水利、水工都做。咨询公司是知识高度密集的机构，犹如岩土工程的"首脑"，除兼做部分测试外，主要是分析、归纳、决策、技术方案和技术要求的提出、实施质量的监督（监理）等，引领和统筹项目的总体和全过程；而钻探公司、测试公司、施工公司等犹如行业的"五官"和"手足"，或提供信息，或负责工程实施，但一切听令于咨询公司，保证按岩土工程师的要求实施。国际上的市场经济国家基本都是如此，包括我国的香港和台湾（香港称顾问公司），这就形成了当时笔者心目中岩土工程专业体制的目标模式。

在墨西哥，研究工作都在高等院校，如墨西哥自治大学，规模很大，在校学生达 30

万，学校设有一个实力很强的岩土工程研究所，从事土力学理论研究和实验研究，桩基、地基处理、特种基础等工程技术研究，场地地震效应和液化研究等，研究成果的水平相当高，在国际上有相当大的影响。

墨西哥高等院校的本科不设岩土工程专业，只有土木系。他们说，大学专业的设置有个从宽到窄，再从窄到宽的过程。由于分工越来越细，技术越来越复杂，大学专业设置由粗到细，由宽到窄。但后来发现，专业划分过细不利于就业，大学毕业后改行的很多。于是专业划分又由细变粗，由窄变宽。大学本科主要是打好理论基础和技术基础，参加工作后再明确方向，或建筑结构，或路桥，或水利，或岩土工程。岩土工程师的继续教育已经形成制度，有专门的继续教育学院。在继续教育学院里，岩土工程师可以学到抽水试验、压水试验、钻井工程、注浆技术、沉井工程等，每期约半年。

当时欧美国家的岩土工程机构大体有三种形式：第一种是独立的专门从事岩土工程的咨询公司，如美国的 Woodward 公司、岩土试验服务公司（STS）、加拿大的 EBA 岩土咨询公司等。第二种是在一般咨询公司内设有岩土工程部，如加拿大的爱克尔斯国际工程咨询公司岩土工程部。第三种是承揽全部土建业务托拉斯中的岩土工程机构，如日本的大成建设集团、熊谷组等。此外，还有研制和生产室内外土工试验仪器的公司也从事岩土工程业务，如英国的 ELE 工程试验设备公司、法国的梅纳（Menard）公司、加拿大的岩石试验公司（Rocktest）等。欧美国家的岩土咨询公司里除了主体岩土工程师外，还根据需要，聘用工程地质师、测试、物探、生态等方面的科技人员。工程中遇到复杂地质问题时，由工程地质师到现场调查，提出咨询意见。下面，以加拿大 EBA 岩土咨询公司为例，对咨询公司业务作进一步说明：

该公司总人数仅 100 余人，但经营的项目很多，有场地选择、现场勘察、场地与地基评价、地基设计、地基处理、基础工程、边坡工程、锚杆设计、振动分析、工程降水、压桩试验、地基热力分析、地基冻结工程、近海工程、隧道工程、线路勘测、路面设计、废异物处理、施工监测、长期监测等。咨询公司提出的咨询意见具有法律效力，设计者一般只在咨询报告基础上行事，否则岩土工程师对后果不负经济责任。

以上是 20 世纪 80 年代初的情况，经 30 多年的发展和变迁，现在情况会有所不同，新生代应当很了解，笔者孤陋寡闻，不谈了。

当时很多专家以岩土工程咨询公司为目标模式，是基于以下考虑：

（1）岩土工程设计对勘察资料的依赖性很强，但在勘察与设计分离的条件下，无论勘察单位还是设计单位，均难以对关键技术问题单独决策。道理很简单，勘察人员不了解设计意图，不清楚设计分析计算的需要，使勘察工作存在很大程度的盲目性；设计人员不掌握勘察测试的要求，不了解现场情况，勘察所提的数据未必符合设计需要，因而做出的设计未必切合实际。而专业咨询可将勘察与设计的结合部整合，解决勘察与设计脱节的结构性矛盾。岩土工程师既是勘察、施工、检验、监测要求的制定者，勘察、检验、监测成果的分析者，又是工程设计的决策者。钻探单位只提交钻孔柱状图、岩芯盒土样照片，送土试样，不进行分析评价，他们的职责是保证现场资料的真实和可靠。试验室对样品负责，保证按岩土工程师的要求完成试验任务。一项工程多专业、多程序配合协作，岩土工程师负责协调和整合，是技术方面总的牵头人，对有关问题有处置权和决策权，权力集中，责任明确。

（2）岩土工程情况复杂多变、不确定因素多、单纯计算不可靠、对经验的依赖性强、注重综合判断、决策有时缺乏唯一性。为了保证工程的安全和经济，按发达国家的经验，专业咨询是最好的经济运行模式。而把岩土工程的核心技术分为勘察与设计两段的体制，不利于全面考虑各种因素，综合决策。

（3）咨询内容灵活多样，既可根据上部结构的要求，结合荷载、刚度分布等情况，确定采用地基基础设计方案和设计准则、确定地基承载力、计算沉降，并在工作过程中与结构工程师密切配合，不断优化；也可只做单项岩土工程中的某一专题，分工合作。可综合性，也可专题性，针对性很强，便于切中工程的要害问题。

（4）有助于通过市场机制解决原始数据的质量和造假问题。由于咨询公司要对工程的成败负责，负有法律和经济责任，出于自身的利益，必然要派员认真监督，确保数据可靠；而钻探、施工、试验、检测、监测等单位，则专注于自身技术的提高，以赢得市场信誉。从而使政府可以腾出手来，专注于涉及国家利益、公众利益、长期利益方面的管理。

4　岩土工程实践

倡导岩土工程体制之时，恰逢我国经济大发展之机，大量高层建筑拔地而起，为岩土工程师提供了大显身手的舞台。由于勘察与设计分离的体制尚存，故岩土工程师介入基础工程的案例不多，仅限于少数几个实力较强的单位和特别重大的工程。介入较多的是地基处理和基坑工程，原因大概是这两块与上部结构关联不甚密切，易于作为独立的任务委托，又是结构工程师感到难做，风险较大，愿意交给岩土工程师的领域。20 世纪 90 年代后，边坡工程、围海造陆、高填方工程、地铁等城市地下工程、地质灾害治理、环境工程等也逐渐展开。这些情况不是本文所要阐述的内容，但为了说明与外国岩土工程师的关系、与结构工程师的关系，简要介绍倡导岩土工程之初本人参与的两个案例。

第一个案例是前面已经提到的太阳宫饭店。

1980 年时国门刚刚打开，大批港台和外国客人来到北京，饭店极度紧张，太阳宫饭店就在这个时机由香港商人投资筹建。投资者邀请美国 Dames & Moore 公司新加坡办事处担任岩土工程咨询，勘察工作由笔者所在单位承担，并由笔者任项目负责人。为该工程，Dames & Moore 公司岩土工程师罗美邦三次来到北京，与笔者商讨岩土工程勘察事宜，达成了共识，合作得很好。虽因投资者另建丽都饭店，该工程未能实施，但使我们通过实际工程了解到国际通行的岩土工程做法，也积累了国际合作的经验。为了既符合我国规范，又满足对方要求，使双方都有分析评价的基础，液限试验用了锥式和碟式两种方法，土的分类用了我国规范分类和美国 Casagrande 分类（ASTM）两套方法，压缩试验成果既给出了压缩系数和压缩模量，又给出了压缩指数、再压缩指数和前期固结压力。在提供详细场地地基条件及柱状图、剖面图、试验成果的基础上，对地基基础方案进行了具体分析，提出了建议。罗美邦观察了现场钻探和取样，参观了现场试验室，考察了试验仪器、试验操作、试验过程和试验成果，表示满意和理解。

中外合作是否顺利，贵在互相理解。规范标准不同、习惯做法不同、积累经验不同、发展水平不同，有不同意见是正常的。我方对外国的规范和习惯还有一些了解，相比之下，外方对中方就更不了解，所以我方要更主动。既要努力理解对方，还要努力使对方理解自己。对于对方一些不切实际的要求，要说明事实，以理服人。两方讨论最多的是桩基方案，美方不了解中方的桩基施工能力、施工设备、施工工艺和质量控制情况，问得很细，我方解答也很耐心。印象最深刻的是，罗美邦要求在现场挖一个大坑，深度达到水位，以便直接观察地下水情况。当时笔者觉得很奇怪，每个钻孔都有地下水位数据，挖个大坑观察地下水还是第一次碰到。罗美邦解释说，他从未来过北京，对北京的地下水一无所知，地下水对基础设计和基坑施工极为重要，必须直接观察，以便有个正确判断，我们满足了他的要求。

在我院勘察报告的基础上，美方编写了咨询报告，作为工程设计的依据。这个报告由Dames & Moore 公司的三个分支机构共同完成：新加坡办事处总负责，罗美邦是负责人；动三轴试验由旧金山办事处完成；夏威夷办事处做了少量压缩试验、三轴试验和物理性指标测定，对我方提供的数据进行了核查。

通过这个案例还使笔者体会到，美方的理念是，勘察方案、勘察工作量和勘察要求应直接与该工程的地基基础的设计挂钩，取决于分析评价和地基基础设计的需要，而不是满足哪一本规范，技术标准所规范的是取样方法、试验方法等。岩土工程咨询机构将勘察和设计有机结合，提出既安全又经济的咨询报告，但咨询报告只是设计的依据，不是设计文件。

第二个案例是北京中央彩色电视中心。

为了适应向岩土工程转移，1982 年在郑州市设计院丁家华和本院卢万鋆等人的协助下，由笔者负责在郑州进行了大直径扩底桩的大型现场试验研究。此前我国基本上没有大直径桩，更没有一柱一桩的扩底桩。为了试验，设计和制作了一台千吨级的载荷试验设备，进行了不同桩长、不同扩底直径以及侧阻力、端阻力的试验，研究了桩基的承载特性和变形规律，总结出一套设计、施工和检验方法，并在郑州、北京的一些工程中成功应用，成为全国第一批采用大直径扩底一柱一桩的工程。

1983 年，20 世纪 80 年代十大工程之一的中央彩色电视中心开建。其中播出区的主楼用箱形基础没有问题，但播出区裙房和制作区的基础设计遇到了困难。初步设计方案为直径 400mm 的钻孔灌注桩，不仅造价高、工期长、质量难以控制，而且场地狭窄，机械设备无法展开。笔者得知后向主持结构设计的汪祖培工程师建议，采用大直径扩底桩，一柱一桩，对桩基承载力等设计关键问题提出了具体建议，并建议由我院承担桩基静载试验和桩基施工，被采纳。由于改变了方案，桩数由 8993 根减至 953 根，省去了承台，大幅节约了投资。施工方法第一期为人工挖孔，人工扩底，第二期为机械挖孔，人工扩底，现场文明，工期大大缩短。每个桩孔均有专人下孔检查，确保工程质量，得到了各方好评，参观者络绎不绝，副市长张百发亲临现场视察、赞许。此外，在笔者的建议下，采用了静力水准新技术监测基础沉降，取得了满意效果。该工程是全国最早采用大直径桩的重点工程之一，也密切了勘察与设计的关系，初步体现了勘察、设计、施工、检验、监测一条龙的咨询服务。此后，笔者与汪祖培的私人友谊日深，又多次合作，解决了济南、南京等电视工程的基础设计问题。通过这个工程体会到，岩土工程师必须与结构工程师密切合作，主动体谅结构工程师之所难，解结构之所困，而不是夺结构之所爱。

现在，实力较强勘察单位的业务已经大大拓宽，可以承接的项目包括：岩土工程勘察、水文地质勘察（工程、资源与环境）、工程物探；岩土工程咨询、设计、检测、监测和监理；地基处理、桩基工程、基坑支护、地下水控制；工程桩的静载荷试验、动力检测；地质灾害勘查、危险性评估、治理工程设计；地震安全性评估、活动断层的探测与评价等。除了传统的建筑场地勘察外，还有既有建筑物的加层和加载、市政工程、城市轨道交通、山岭隧道、电力、公路、铁路、生活垃圾和固体废弃物填埋场等的勘察。有的单位还进行地基基础与上部结构共同作用分析、基础托换、高边坡设计，城市隧道引起地面变形及其影响评估、地震小区划、场地地震反应分析、区域地面沉降观测和评估、土石文物保护和病害治理、污染场地修复治理、地源热泵系统集成服务、施工图（岩土工程勘察文件）审查、标准规范编制、地基与基础工程专业承包、项目岩土工程风险评估等。

5　岩土工程规范

我国的勘察规范，新中国成立初期用的是苏联规范，直到 1977 年才发布《工业与民用建筑工程地质勘察规范》（TJ 21—77，试行，笔者所在单位主编）。这是我国第一部国家勘察规范，1965 年启动，因文革中断，1973 年重新启动，1976 年完成，1977 年 8 月 20 日以国家基本建设委员会的名义发布。该规范共 7 章，第一章总则，第二章岩石和土的分类和鉴定，第三章工程地质勘察的基本要求，第四章测绘、勘探及测试，第五章特殊工程地质条件勘察，第六章特殊性土地基勘察，第七章专门工程勘察，另有 8 个附录。由规范名称可知，适用范围限于"工业与民用建筑"，主要内容是"测绘、勘探和测试"，为设计提供资料。特殊工程地质条件只有岩溶、斜坡、泥石流、地震效应 4 节；特殊土只有软土、红黏土、人工填土 3 节；专门工程只有桩基、动力机器基础、取水工程 3 节。全文 64 千字。

1986 年该规范开始修订，主持修订的王锺琦先生建议改名为《岩土工程勘察规范》，1994 年批准发布后成为我国第一部岩土工程勘察国家标准（GB 50021—94）。该规范共 13 章：第一章总则，第二章勘察分级和岩土分类，第三章各类岩土工程勘察基本要求，第四章场地稳定性，第五章特殊性岩土，第六章地下水，第七章工程地测绘与调查，第八章勘探与取样，第九章原位测试，第十章室内试验，第十一章现场检验与监测，第十二章岩土工程分析评价与成果报告，第十三章场地水、土腐蚀性调查、测试与评价。另有 17 个附录。包括正文、附录和条文说明在内全文 391 千字。

该规范涵盖了除水利工程、铁道工程、公路工程、核电工程以外的各项岩土工程勘察，加强了岩土工程分析评价。工程领域包括了房屋建筑与构筑物、地下洞室、岸边工程、管道与架空线路工程、尾矿坝与贮灰坝、边坡工程、基坑开挖与支护工程、桩、墩与沉井、岩土加固与改良、既有建筑物的加载与保护；特殊地质条件方面包括岩溶、滑坡、崩塌、泥石流、采空区、地面沉降、强震区、断裂、地震液化；特殊性岩土包括湿陷性土、红黏土、软土、混合土、填土、多年冻土、膨胀岩土、盐渍岩土、风化岩与残积土、污染土；原位测试包括 10 种方法。与原规范相比，不仅大大拓展了范围，而且有明显的质的提高。

《岩土工程勘察规范》GB 50021—94 发布至今已超过 20 年，后来两次修订，第一次是 2001 版，第二次是 2009 版局部修订，目前正在全面修订，但总体上仍保持 94 版的框架和原则。执行情况良好，无论主管部门，相关标准，还是广大基层勘察单位，对这本规范都很认可，客观上起了相关勘察行业规范和地方规范的母规范作用，对巩固和发展我国的岩土工程专业体制发挥的作用是显然的。《规范》内容精炼而丰富，有多项概念性创新，如全新活动断裂、深层载荷试验、物理环境对腐蚀性的影响等。断裂活动性问题曾长期困扰着工程界，众说纷纭，莫衷一是，规范编制组根据正负电子对撞机工程八宝山断裂的勘察研究，提出了全新活动断裂新概念，得到了业界一致赞同，后来还被《建筑抗震设计规范》吸收采纳。《规范》主编单位曾为大直径扩底桩进行过端阻力试验，根据这些经验，提出了深层载荷试验的方法，为测定深部岩土的地基承载力和变形模量提供了有效手段。勘察规范原来就有地下水对混凝土腐蚀性的判定标准，但仅以化学成分为判据，而实际上，物理环境有极为重要的影响，《规范》根据王铠的意见，在气候条件分类的基础上，根据化学成分判定土和水的腐蚀性，将水土对混凝土腐蚀性判定的理念提升了一大步。

但是，当时这项工作进行得并不顺利。工作过程大致是：1986年6月在苏州举行第一次编制组会议，同年12月在南宁举行第二次编制组会议，1988年在上海邀请各方专家征求意见，1989年5月完成送审稿，1990年8月建设部标准司主持在承德举行审查会，1992年6月在北戴河举行编制组全体会议，报批稿定稿上报，1994年9月建设部批准发布。从启动到发布前后达8年。其中从启动到审查会4年，从审查会到批准发布又是4年。前3年由王锺琦直接主持，后5年由笔者代理。

规范进展不顺利的原因，主要是有些专家有不同意见，认为规范的涵盖面太宽，涉及岩土工程设计太深。有的专家向编制组提出，有的专家直接向主管部门反映。编制组前几次会议主管部门未派人参加，承德审查会时问题展开，争论得相当激烈。规范主编王总当时在香港，笔者预料到会上会有不同意见，曾推迟会议，待王总可以到会时再开，但到了当年8月，已不能再推，只得开会听取意见。送审稿虽然在会上得到通过，但留下了一条很大的尾巴。

王总在规划规范框架时，气势确实很大：一是要涵盖各行业的岩土工程，包括建筑业、工业、铁道、公路、航运、水利、水电等；二是重点加强分析评价，深入设计领域，包括某些设计准则和参数标准值、设计值的确定。在编制组会议上他说，名义上是岩土工程勘察规范，实际上要编成一本岩土工程技术规范；要通过编制这本规范，对我国的规范体制进行彻底的改革。笔者体会他是想以这本规范为突破口，使岩土工程专业体制在我国确立起来，以规范带动体制改革。王总未能出席审查会，后来也再未过问这本《规范》的事，笔者根据会上专家的意见，会后又广泛征求各方面的意见，做了大量协调工作，进行了较大幅度的调整和修改。主要修改有两部分：一是将公路、铁路、水利、水电、核电排除在外，因为这些工程的地域跨度很大，涉及的工程地质和岩土工程问题与房屋建筑有很大不同，一本规范包含不了这么多内容。当时核电工程的经验很少，还没有条件制订规范，直到修订为2001年版时才增加了核电厂的内容。二是岩土工程分析评价的深度也适可而止，在勘察与设计分离的专业体制下，勘察工作做不到外国咨询公司的深度，要求勘察报告介入设计太深不切实际。编制组成员表示赞同，各方专家也都满意，最终得到了主管部门的认可和批准。

6 注册岩土工程师考试

1998年，建设部在设计司司长吴奕良的主持下，启动了岩土工程师注册考试的前期工作。6月，成立全国注册岩土工程师考题设计与评分专家组，第一批成员有：方鸿琪（组长）、张在明（副组长）、顾宝和（负责勘察）、高大钊（负责浅基础）、刘金砺（负责深基础）、龚晓南（负责地基处理）、丁金粟（负责土工构筑物）、林在贯（负责特殊地质条件）、林宗元（负责工程经济）、杨灿文（代表铁道系统，杨病后由何振宁继任）、马国彦（代表水利系统）、袁浩清（代表航运系统）、刘惠茹（代表化工系统）、殷跃平（代表地矿系统）等，正式启动时增加了张苏民和卞昭庆。1998年7月举行了第一次会议，笔者觉得这是推动我国岩土工程体制进一步到位的重大举措，故积极协助领导参与命题专家的推荐、考试科目的设置、命题范围的确定等。后来人事部认为，注册工程师制度应先有个总体规划，再逐项启动，故第一届注册考试延至2002年才正式举行。

2001年1月4日，人事部、建设部发布《勘察设计注册工程师制度总体框架及实施规划》，确定了勘察设计注册工程师制度总体框架。2002年4月8日，人事部、建设部印发《注册土木工程师（岩土）执业资格制度暂行规定》、《注册土木工程师（岩土）执业资格考试实施办法》和《注册土木工程师（岩土）执业资格考核认定办法》的通知（人发[2002] 35号）。2002年9月举行了首届全国注册土木工程师（岩土）执业资格考试，截至2014年共举行了13届考试。笔者参加命题工作至2006年，于2007年退出。

2009年6月10日，住建部印发《注册土木工程师（岩土）执业及管理工作暂行规定》的通知，对注册岩土师的执业时间、执业范围、执业管理、过渡期、签章文件目录、执业登记表的填写等作了严密而具体的规定。规定自2009年9月1日起，凡《工程勘察资质标准》规定的甲级、乙级岩土工程项目，统一实施注册土木工程师（岩土）执业制度，标志着注册岩土师执业制度的全面实施。注册土木工程师（岩土）开始执业，象征着我国岩土工程体制的建立。

按照《勘察设计注册工程师制度总体框架及实施规划》，专业分为土木、结构、公用设备、电气、机械、化工、电子工程、航天工程、农业、冶金、矿业/矿物、核工业、石油/天然气、造船、军工、海洋、环保共17个专业。其中土木又分为岩土工程、水利工程、港口与航道工程、公路工程、铁路工程、民航工程6个执业范围；结构又分为房屋结构工程、塔架工程、桥梁工程3个执业范围。故注册岩土工程师的正式名称为"注册土木工程师（岩土）"。第一次执业资格考试包括基础考试和专业考试两部分，一年后基础考试和专业考试分开，分别由两个专家组命题，笔者所在的只负责专业考试命题。

经命题专家组研究提出，主管领导同意，确定了专业考试大纲。首次发布的大纲包括8个科目，即岩土工程勘察；浅基础；深基础；地基处理；土工构筑物、边坡、基坑与地下工程；特殊地质条件下的岩土工程；地震工程；工程经济与管理。后来又增加了设计原则、检验与监测。

命题专家组与主管领导共同确定了题型分为知识题和案例题，题目形式均为四选一。确定了知识题100道，每道1分，共100分；案例题25道，每题4分，共100分。这些工作为以后的命题工作打下了基础，后稍有改变，知识题改为40道单选，每题1分；30道多选，每题2分。案例题改为30道，选做25道，仍每题4分。

命题专家组第一任组长方鸿琪，第二任组长张苏民，第三任组长武威。成员虽然来自四面八方，但主要成员互相本来就很熟识，相处得一直很融洽。每位专家均直接由主管部门聘请，以个人名义在命题组工作，与原单位不发生任何关系，并严格遵守保密制度。虽说专家组成员都是全国著名人士或各部门推选出来的优秀代表，但命题质量还是参差不齐。有的题目出得不仅准确、切中要害，而且很巧妙；有的题目仅从规范中找到一条，改成考题，甚至有概念性错误，故审题非常重要。初始做法是，专家分工命题后，首先由科目小组负责人审查，命题人和审查人共同签字，再交专家组组长审查，确认无误可用才作为正式考试题目。后来发现，即使经过层层把关，还是有问题，决定增加集体审查。将专家组分为两个分组，所有科目小组提交的命题均在分组会上集体讨论，确认无误后方可列为正式考题，形成了"命题、初审、终审、终校、清样校对"的制度，审题过程中被弃用的题目不少。每年 A、B 两套考题，每套 40 道单选题、30 道多选题、30 道案例题，工作量非常大，任务非常繁重，命题专家全是兼职，本职工作就很忙，还要承担着巨大的责任和压力。笔者曾开玩笑说，命题组好像"围城"，外面的想进去，里面的想出来。

注册工程师考试初次实施时，考虑到有些技术骨干经验丰富，但年龄偏大，不宜参加考试，主管部门提出了具备高级专业职务且符合规定条件的人员可以考核认定。还规定，两院院士、全国勘察大师和符合规定条件的高级专业职务人员可特许注册土木工程师（岩土）。截至 2013 年：已有特许注册师 174 人、考核认定注册师 5289 人、考试通过注册师 10303 人。实际注册人数 12974 人，其中有效期内人数为 11641 人。2014 年又新增考试通过人数 1613 人。

7 反思

（1）体制改革尚未到位

今天，我国教育系统有了岩土工程专业，国家标准有了岩土工程勘察规范，执业资格有了土木工程师（岩土），似乎岩土工程专业体制的改革已经完成。但是，勘察与设计分离的鸿沟还没有填平；岩土工程师还分散在勘察、设计、研究单位，统领全局的作用没有得到发挥；虽有一些先进单位和优秀工程师从事岩土工程各环节服务，但从全国来说还是少数，岩土工程专业体制的改革还没有真正到位。

当年曾以市场经济国家的岩土工程咨询公司为目标模式，现在看似乎理想化了。咨询公司是知识经济的重要载体，在发达国家是个大产业。我国刚从计划经济转型到市场经济，咨询业无论数量还是质量，都相当薄弱，岩土工程的专业咨询基本上还是一片空白。有的单位虽有工程咨询业务，但只是副业而已，远未起到统领岩土工程全局的作用。有的单位做了岩土工程咨询，效果也很好，但由于法律地位不明确，却被认为"不正规"，甚至"不合法"。为什么咨询业国际上很发达，而在我国总发展不起来？是否因为咨询业需要完善的法治环境和良好的社会诚信氛围，而我国目前还缺乏咨询业生长的土壤，缺乏生存和发展的社会基础？

当年选择勘察单位作为推行岩土工程体制的突破口，现在看来，的确取得了很大成功。一大批实力较强的勘察单位的业务向岩土工程咨询、设计、施工、检测、监测、监理延伸，特别是地基处理、基坑工程、地质灾害治理等方面，已经成为主力军。但是，在勘察与设计分离这个结构性矛盾尚未解决之时，要求每份勘察报告都要深入分析，提出设计方案，达到外国咨询报告的效果，则未必可行。勘察单位难以掌握上部结构的具体情况，难以统一考虑地基、基础和上部结构的关系。在勘察阶段，有时由于结构设计深度所限，还达不到确定地基承载力和计算变形的前提条件，要求勘察报告都做出具体的定量分析有时不切实际。如要求深入分析，不如另行委托进行专题咨询。而对勘察报告的分析评价，则宜根据主客观条件，适可而止。当年还曾寄希望于知识型与劳务型分开，实行专业协作，既便利于管理，又切断了利益上的关联，各自通过同业竞争，提高质量和促进技术进步。但实施后一些单位反映，未见上述效果，外协钻探单位的质量还不如本单位的钻探队伍容易控制。勘察与设计分离的模式长期挥之不去，现在反思，是否至少在现阶段，还有其存在的价值？

当年还对注册岩土工程师制度寄予厚望，认为实施了这一制度，标志着我国岩土工程专业体制改革进入了付诸实施的新阶段。从2009年6月起，注册岩土师的执业时间、执业范围、执业管理、过渡期、签章文件目录、执业登记表的填写等均已有了严密而具体的规定，岩土工程体制的改革似乎已经大功告成。据了解，注册岩土师制度的实施情况，总体上是认真的，令人满意的，注册岩土师在社会上具有相当高的地位。虽然由于各地发展不平衡，不能在各省（直辖市、自治区）全覆盖，但随着注册人数的增加和管理制度的改善，还是可以得到解决的。不过，如果深入分析，还是有一些老问题不易解决：一是注册岩土师仍分散在各勘察、设计、科研单位，多数岩土师的业务只局限于岩土工程的某一部分，业务面远不如发达国家的岩土师宽；二是由于业务范围的局限性，注册岩土师统领全局的作用没有得到发挥，其中心地位远不如发达国家的岩土师突出；三是我国目前岩土师的权利和责任远没有发达国家明确，个别注册岩土师甚至虽已在相关文件上签盖，但对文件内容一无所知，出卖自己的资质而已。

为什么外国行之有效的模式在中国不能有效实施？为什么岩土工程专业体制改革了30年还不能到位？为什么注册岩土师制度已经实施多年，岩土师的权利和责任仍不能与发达国家相提并论？其中必有深层次原因，不顾政治经济和社会的大背景，简单复制外国模式，孤军深入，注定不能达到预想目的。

（2）体制改革是个长期过程

岩土工程体制改革从启动到今天已经36年，从国家计委发文在全国范围内推行已经整整30年。那时，我们看到了勘察与设计分离带来的问题，看到了落后体制阻碍了技术进步，看到了国际上先进国家的合理模式，看到了发展的目标和方向，下决心进行改革。当年，从政府主管部门到工程勘察单位，从科技精英到一般科技人员，热情是何等的高！心是何等的齐！也确实取得了不少成绩。但热情虽高，认识却很简单、很幼稚，以为只要政府下一道命令，精英们登高一呼，就会驶向既定目标。现在知道，外国有效的体制模式，有外国的社会经济背景，拿到中国来简单复制，或者行不通，或者走了样。体制问题必须放在市场经济转型和依法治国的大背景中考察，要有生长的机制、环境和动力，远比专业技术问题复杂。

我国曾长期实行计划经济，形成了适应计划经济的专业分工。现在计划经济已经成为过去，但市场经济并未完善和成熟，"青黄不接"，或许是岩土工程体制迟迟不能到位的深层次原因。加上这些年来，领导者和精英们忙于"生存竞争"，无暇顾及与切身利益没有直接关系的行业问题，而在勘察市场，竞争不靠技术靠低价，甚至不靠效率靠造假，恶性竞争严重摧残技术进步，严重摧残人才素质，更进一步增大了岩土工程专业体制到位的难度。因此，笔者觉得，解决岩土工程体制问题的前提，必先整顿市场，必先形成一个有序的良性的市场环境，形成靠技术、靠效率取胜、生存和发展的市场环境。有了良好的市场环境和机制，才能产生推动体制改革和技术进步的动力。"豺狼当道，安问狐狸?"不解决混乱的市场问题，哪有工夫去考虑复杂而深层的体制问题? 为了营造良好的环境，今后要严格执业资质的管理，搞好法规标准的改革，建立良性的竞争市场，提倡诚信敬业的道德氛围。

下一步该怎么办? 笔者也很迷惘，三十几年了，似乎还在摸着石头过河。但有一点笔者深信，岩土工程专业体制改革是个长期过程，只能一点一点积累，一步一步推进，决不能指望一个政策，一项措施，就能一蹴而就。社会是个整体，岩土工程不过是其中一个很小很小的行业，只能随着市场经济大环境的完善和成熟而逐步驶向彼岸。

（3）体制的多元化模式

由于我国咨询业不发达，行业分割根深蒂固，勘察与设计的长期分割，可暂时放下咨询业的目标模式，走中国自己的路。由于发展的极不平衡，各地区、各单位技术力量、经营范围的巨大差别，当前似乎存在一种"多元化"模式。

譬如，在人才配备齐全、技术力量较强的原勘察单位，可根据自身特点承担多种岩土工程业务，既做勘察，也做咨询、设计、施工、检测、监测、监理；既做基坑支护、工程降水、地基处理，也做地质灾害评估和防治、环境岩土工程、疑难地基基础的设计；既可承担岩土工程各环节的某一单项，也可为岩土工程的全过程服务。而技术力量较弱的勘察单位，则仍可集中力量做好勘察，根据自己的能力逐步拓展。这就是勘察单位主导模式。对于便于和结构设计沟通的设计单位和研究单位，可侧重于地基基础设计，特别是重大工程、疑难工程的地基基础设计，并以设计为中心，将勘察、施工要求、检测、监测统一起来，避免各环节的脱节，这就是设计单位、研究单位主导模式。岩土工程的新技术、新工艺常常先有施工工法，后有设计计算，地基处理、基坑支护、桩基工程莫不如此，因而也有施工单位主导模式。以自己先进的、独特的工艺投入实际施工，密切配合设计、检验和监测，也可自己兼做设计，已经有单位做得相当成功。

多元化使各单位扬长避短，各具特色。其实，国际上的岩土工程机构也有多种形式，如加拿大的 EBA 岩土咨询公司，以咨询的方式从事岩土工程各种业务的经营；英国的ELE、法国的 Menard、荷兰的 Fugro，以土工仪器出售和测试工作为主，兼做勘察设计；日本的熊谷组、大成建设集团以施工为主，将岩土工程作为其中的一部分。各国各公司都有自己的特长和不足，不宜强求某种特定模式。

一个完整的专业，按作业程序被机械分割为勘察、设计两段，当然不合理。但这种结构性矛盾只能逐步过渡，逐步解决。在当前体制下，勘察与设计之间要多沟通，多了解对方和理解对方，共同解决结合部问题。要促进勘察设计的结合，不要过分强调分工划线。随着时间的推移，多元化模式中会有一批实力强的单位脱颖而出，发展成为岩土工程的示范企业。

遥想 30 多年前，笔者曾为岩土工程体制改革呐喊，现在老了，只能寄希望于年富力强的一代。据笔者了解，他们对发展的路线和模式，已有一些具体想法。现在，我国市场经济制度已经确立，综合国力已经增强，注册岩土工程师执业制度已经实施，这些有利条件在 30 年前是完全不具备的。年轻一代一定能用自己的智慧和能力，开创出符合我国国情的岩土工程体制模式。

　　我国的岩土工程，已经走过了幼年时代和少年时代，成长为一个高高大大的大人了。近年来，又加快了"走出去"的步伐，在承担国外工程中积累了一些经验，也遇到了不少科学技术上的新问题和商业运作上的新挑战。随着"一带一路"的建设和亚投行的运作，我国的对外投资已经驶入了快速道。新形势促进岩土工程进入国际、国内两个市场的新阶段。为了适应新形势，要求我们在提高科技水平的同时，加紧完善岩土工程体制，加紧进行标准化改革，迅速与国际市场融合。我国现在的岩土工程，无论规模和难度，都是举世先双，有些工程做得也很出色，但总体上看，还相当粗糙，只能说是岩土工程大国，称不上岩土工程强国。只有从现在的"粗放型"转向"集约型"，岩土工程师的素质和能力能与发达国家并驾齐驱，专业体制、标准规范、商业运作被国际接受，科研成果和工程经验被国际认可，出现一批国际著名的专业公司、大学者、大工程师，引领国际潮流，那时才能说：我国已经从岩土工程大国走上了岩土工程强国。

展望我国岩土工程回归世界技术体系之路
——纪念 1986 年国家计委关于我国岩土工程改革发文三十周年

高大钊

（同济大学）

三十年前，国家计委颁发了关于我国岩土工程体制改革的文件，这个文件是我国老一代岩土工程专家积极推动体制改革的结果，体现了我国工程界和学术界对岩土工程体制改革的关切，也为我国岩土工程的改革之路提供了基本思路和探索的方向。对比 30 年来我国岩土工程的发展状况，我国的业界发生了很大的变化，但距岩土工程体制改革的目标还有很漫长的路要走。但无论如何，这个时间节点是值得纪念的，回顾过去是为了更好的未来，希望在不久的将来，我国的岩土工程体制改革能有一个崭新的面貌。

一、我国现有的岩土工程体系的形成历史与主要特点

我国的改革开放已经走过了三十多个年头，回顾这三十多年的巨大变化，反映在各个领域、各个方面。

我们所从事的岩土工程领域，同样也发生了历史性的变化。回顾这不平凡的三十年，我们打开了与国际岩土工程界交流与联系的大门，进行技术交流与技术合作，参与国外的工程也日益增多。特别是引进国际岩土工程的理念与经验，并开始了岩土工程体制的改革，编制了一系列的岩土工程技术标准，高等学校开设了岩土工程专业教育，培养了大批岩土工程师，实行了注册岩土工程师的考试与注册制度。许多勘察单位都有不同程度地扩展业务范围，开发了一些新的业务领域，如地基处理和桩基工程的施工、基坑工程的设计、检测与监测等业务。

我国从事岩土工程工作的除了勘察单位之外，还有分散在各个设计、施工、科研和教学单位从事地基基础工作的人员。但这个改革是以我国的勘察行业为主起步的，是以勘察单位体制改革为主要内容开展的，因此这部分从事地基基础技术工作的同行参与这个改革的还不很多，从勘察与设计的融合上进行探讨和试验的也不多。但如果岩土工程体制的改革仅从勘察单位的发展着眼，深层次的改革可能比较难以在岩土工程体制的核心问题上展开，目前的基本状况距改革初期的设想和改革目标的差距都还比较远。

从总体来分析岩土工程改革的现状，主要的问题可能表现在下列 3 个方面：

1. 如何实现岩土工程体制改革的核心价值目标

岩土工程勘察与设计是一项密不可分的工程技术工作，勘察工作的目的是为设计与施工提供建设现场的工程地质条件和设计计算的参数。设计工作的技术需要，是勘察工作的技术目的，离开了岩土工程设计，就没有岩土工程勘察的存在价值。勘察应按设计工作的需要来做，设计应将是勘察工作的结论自然地融于设计工作中。

太沙基所创造的岩土工程咨询体制，其核心价值也就在于将岩土工程勘察与设计置于

一个完整的过程中，由岩土工程师统一完成这个核心技术工作，设计方案由岩土工程师拟定，勘察工作的要求由岩土工程师提出，勘探、试验工作的质量由岩土工程师检查和验收，岩土工程评价与设计都由岩土工程师来完成。因此，在市场经济国家，有勘察工作但没有勘察行业，而只有岩土工程行业。岩土工程事务所与建筑、结构、设备这三个事务所并驾齐驱，分工合作，是工程设计的四支主要的技术队伍。

当初提出建立岩土工程体制的改革建议时，正是由于对这个目标的憧憬与期待，当改革的建议得到政府的重视与支持时，对实现这个目标充满信心。30 年过去了，但审视现实，这个改革目标远未实现，目前勘察与设计的人为分割依旧，岩土工程体制改革距离这个最核心的目标，路途还非常遥远，任重而道远。看来，提出改革的目标是不容易的，而实现改革的目标更不容易，可能需要我们几代人的努力。

2. 过分强调深化勘察报告定量评价的负面作用日益明显

因为是从勘察方面起步改革的，设计方面的响应不十分强烈，因此技术层面的改革主要放在勘察阶段工作的深化上。对勘察资料的分析评价，对勘察报告的结论，提出了许多比较高的定量评价的要求，例如确定地基承载力，计算建筑物的沉降与不均匀沉降，选择基础方案等，而且把这些定量评价放在改革的重要核心技术位置上。相对而言，对现场勘探测试、取土试验技术等勘察的关键环节却有不同程度的边缘化。

毫无疑问，正确地确定地基承载力和计算建筑物的沉降与不均匀沉降，正确选择基础方案是岩土工程设计的重要内容，也是岩土工程勘察工作的重要目的。但在勘察阶段，设计的深度还不够，不可能得到正确确定地基承载力和正确计算建筑物沉降所必需的前提条件，如基础的类型和刚度、基础的埋置深度和平面形状与尺寸、桩的平面布置等关键的技术要素，都还没有完全确定。在勘察阶段的定量评价要求太高了，过分强调了，就出现了一些莫名其妙的、经不起推敲的做法。例如，分层对深层土，以假定的浅基础宽度和埋置深度用规范公式计算地基承载力，将其作为勘察报告的结论要求设计根据实际工程条件对其进行深宽修正后使用，于是就产生了桩端阻力和地基承载力孰大孰小的困惑；又如计算沉降时，用估计的平均压力，按不同的钻孔压缩试验资料进行计算，再将不同钻孔之间的沉降差除以钻孔间距作为建筑物的倾斜值提供给设计，或者将建筑物的两个角点为假定基础的中点计算沉降后求角点间的差异沉降作为评价建筑物倾斜的依据，于是产生了按各钻孔资料的压缩模量建立所谓"地质模型"的分析。凡此种种脱离了建筑物基础实际条件进行的地基承载力计算、沉降计算和指标的分析计算，违背了地基基础设计的基本原则，完全违背了当初在规范中要求深化定量评价的初衷，也是改革初期的设想所始料不及的。

这类的定量计算评价的负面作用十分明显，从表面上看，计算精度非常高，勘察报告中对地基承载力问题和沉降计算问题都已解决，设计人员只要根据这些结论设计就可以了。但是，建立在虚拟条件基础上的这类定量计算的结果不仅对提高岩土工程勘察质量毫无帮助，而且造成了设计人员对勘察报告的过分依赖，淡漠了设计人员对地基基础问题的敏感性与判断力，放弃了土木工程师对地基基础设计的根本职责，可能引发工程设计的隐患或浪费，败坏了岩土工程勘察的信誉。

3. 岩土工程队伍的整合缺乏凝聚力

按照太沙基的咨询模式组建岩土工程事务所，需要对岩土工程队伍进行整合，体制改革的过程也应该就是队伍整合的过程，包括学校人才的培养为这种整合创造条件。但在勘察、设计工作仍然人为分割的情况下，目前岩土工程勘察队伍的组成与在勘察工作中的加强定量评价的要求之间存在比较大的矛盾。在一些人才结构比较合理的大院，正在努力减少上述负面的影响，跨越勘察、设计的人为分工界限，通过与设计的长效沟通机制，在艰难地探索现行体制下如何开展岩土工程咨询工作的试点，他们的经验是非常宝贵的，特别为今后岩土工程事务所的组建提供经验。但在目前大多数勘察单位的人才结构还很不合理的情况下，大面积推广这种经验的条件并不完全具备。

如果勘察单位的技术人员，在技术上能够适应深化勘察报告定量评价的技术要求，而且具备与设计人员在技术上沟通的必要基本条件，那么可以在一定程度上减少上述负面作用。但不可否认，还有相当一部分技术人员与设计之间建立沟通渠道尚有障碍，对设计工作知之甚少，力不从心地去做那些没有价值的定量评价，虽然明知这些定量评价的结论经不起实际工程的检验，但又要对勘察工作的这种结论负责。他们对这种状况感到很无奈，既对当前勘察单位的处境非常困惑，又不知道如何改变现状，对岩土工程体制的改革前景感到黯淡，缺乏信心和改革的凝聚力。

进入勘察单位的一些土木工程师，对于改变勘察单位的人才结构起了很重要的作用，有利于在勘察与设计之间建立沟通，有不少人已经成为兼通结构与地质的新一代岩土工程专家。但限于目前勘察单位的任务性质较少涉及岩土工程设计，有些人的特长一时也得不到充分的发挥，他们对岩土工程体制的改革可能插不上手，感到起不了作用，因此有些在锐气消耗殆尽之后也就中途退出了。

还有为数众多的在勘察行业以外的工程师，他们从事着另外一大堆岩土工程体制所应包含的地基基础设计、施工、检测监测及科学研究等工作，他们也是岩土工程师。岩土工程体制改革的目标既然是勘察工作和这些工作的有机结合，这部分工程师应当也是改革的主力。当然，他们之中有不少的专家与从事工程勘察的专家建立了良好的工作互动关系和个人的关系。但由于整体还缺少一种机制，也可能由于观念上的偏差，在以往 30 多年的岩土工程体制改革过程中，他们还处于旁观者的地位，积极性没有被有效地调动起来，还没有很好的办法将这个群体的力量整合到体制改革中来。

二、对岩土工程体制改革的外部环境条件的认识

回顾 30 年前，在 1980 年代提出岩土工程体制改革建议的时候，对前景充满了信心和期待，比较乐观。但改革的实践道路并不平坦，旧的问题还没有完全解决，又出现了新的问题。在 1990 年代，我国加入 WTO，注册岩土工程师的考试开始准备工作，似乎又能前进一大步，又一次充满了信心，但实践的结果证明改革的进程是非常缓慢的，也会有曲折。两次的充满期待和随之而来的进展不大，究竟是什么原因？是我们对客观环境认识不充分，因而主观期待太高，还是我们的工作上存在疏漏？

反思改革思想的形成与改革的渐进过程，经常在想这样的问题，为什么一个很好的工程技术体制，不能很快地在我国建立起来？

通过改革实践，才使我们认识到，太沙基所倡导和建立的岩土工程体制是在成熟的市场经济条件下逐步发展和完善的。也只有在市场经济的环境里，这种体制才能产生和发展，离开了市场经济的大环境来讨论和推行岩土工程的体制改革，进展必然是非常艰难

的。在我国，目前还处在经济体制的转型时期，市场经济还很不完善，推行岩土工程的体制必然会碰到各种制约因素的约束，在大的体制和各种配套的政策还没有建立和发展时，岩土工程的体制改革可能很难马上从根本上解决问题。

与我国目前实行的勘察设计体制相比较，市场经济国家的体制具有两个十分明显的特点，一是没有将勘察和设计截然地划分为两个工作阶段并分属于两种不同性质的单位来分别承担；二是设计工作的最终文件并不是施工图，无论建筑或者结构，施工图都是由施工单位来完成的。

在我国的体制中，对设计而言，勘察成果是一种指令性技术文件，设计人员只有执行的义务而无更改的权力；对施工而言，施工图也是一种指令性技术文件，施工人员只有执行的义务而无更改的权力。在计划经济体制中，这种技术性非常强的工作也具有明显的计划经济的色彩，勘察、设计和施工三个阶段之间没有平等探讨的关系。但对勘察人员来说，并不因为勘察报告的指令性而能提高他的技术权威性，相反，由于勘察阶段工程条件的不明确性和不确定性，勘察的评价和结论就需要在设计过程中不断完善，而这种分隔的体制是不容许技术上交叉作业，不容许在设计的过程中不断地加深对地质条件的理解，从而正确地选用地基设计参数、分析评价各种可能出现的风险和研究应对的技术措施。

在市场经济国家，岩土工程勘察和岩土工程设计是由一个单位、一个工种来完成，就避免了我国这种体制所带来的结构性矛盾。

在市场经济国家，在工程建设的开始也需要进行工程地质条件的调查，但并不是由专门从事勘察工作的单位来承担，也不成为工程建设的一个独立阶段，与设计工作之间更没有以勘察报告作为工作交接的分界线。我国的勘察设计体制是从苏联引进的，勘察一词的英文术语翻译成"Investigation"，但并不完全达意。在英语国家的体系中，没有我国的这种勘察行业，也没有专门做勘察工作的单位，因此"Investigation"一词并没有我国勘察行业的这种"勘察"的词义。从"Investigation"的原意，就是调查工作，仅是为设计收集资料，资料的范围比较广，当然也包括收集地质资料，作为设计工作的一部分。由岩土工程设计人员主持这项工作，包括提出调查的大纲，组织实施。钻探和试验工作一般发包给钻探公司和试验公司去完成，集中资料后由岩土工程设计人员进行综合分析，提出判断和结论，并进入设计工作。从事这种工作的工程师，就称为岩土工程师，他所从事的包括有关地质条件的调查和岩土工程设计工作，在同一个单位，同一种工种来做这样一件工作就可以避免我国体制中存在的这些弊端。

在市场经济国家的建设工程体制中，工程设计，无论是建筑设计、结构设计和岩土工程设计，设计的深度不要求达到施工图的深度。以结构设计为例，设计的深度只与我国的扩大初步设计的深度相仿。在设计图纸中，构件的尺寸和截面全部已经确定，节点的构造也已经明确，截面的内力和需要配置钢筋的截面都已经求得，但不包括钢筋的布置和模板的设置，也没有考虑施工阶段的临时荷载的要求，这些涉及施工条件和施工工艺的技术要求均由施工单位根据扩大初步设计文件的要求，在施工图设计中解决。目前，进入我国的一些国外的建筑设计事务所和一些国内的建筑设计事务所，在建筑设计中已经将建筑方案和施工图工种明确地分开，由两部分人员或两种不同性质的单位来完成。

在市场经济国家，建筑、结构、岩土和设备工种之间的关系和技术文件的传递，是通过合同来处理与调节，而不是指令性的关系。当然这些工种之间也可能会产生矛盾，如果发生技术要求或工期违背了合同的规定，那就应该通过协商、仲裁或诉讼等经济、法律手段来解决，而不是由行政首长来处理。

就目前的认识而言，岩土工程体制所需要的市场经济条件，可能需要下面一些配套的工程建设制度：

（1）改变目前实行的三段论的工程建设分工体制；

（2）由技术法规和技术标准相结合的技术控制体系；

（3）工程保险制度；

（4）注册岩土工程师执业制度；

（5）个人执业的设计事务所制度。

而现在，这五个方面的问题，有的还未提到议事日程上来，有的一波三折，好事多磨，看来还得有漫长的路要走。

三、对岩土工程体制改革的内部制约因素的认识

我国的岩土工程体制改革是在勘察单位改革的基础上起步的，这个改革是以勘察行业，特别是建筑勘察行业的发展前景为动力的，是以勘察单位的技术人员集体转向为特征的，得到了这个行业的积极响应。

但是，岩土工程领域的从业人员，除了勘察行业之外，还有大量的设计人员、施工人员和科研人员，包括高等学校的教师，都应是岩土工程体制改革的积极倡导者、参与者；除了建筑行业，还应包括土木工程各个领域从事岩土工程工作的人员的积极参与，才能形成一股巨大的改革力量。岩土工程体制的改革需要整合岩土工程勘察、设计、施工、监测检测和研究工作等各个领域的人员共同努力才能实现。

反思改革的进程，是否有些孤军奋战的味道？可能在指导思想上，一些提法和做法上不利于更广泛地联合建筑勘察行业以外的岩土工程同行一起参与改革。例如，在报名注册考试时，曾经发现过需要有勘察资质的单位才有资格报名的规定，排斥了从事地基基础设计与施工单位的很多成员以正常的手续报名；又如在网络上有网友说为什么结构把持了岩土工程设计，而岩土人不能做设计，流露了一种不健康的情绪，等等。这些说法与做法显然是不利于壮大岩土工程师队伍的。既然认识到岩土工程是大岩土的概念，岩土工程的工作包括勘察、设计、施工、检测和监测等各个方面，那么如何将上述内部的制约因素化解为动力因素也就显得非常重要了。

在我国，从事岩土工程工作的多数工程师的专业面是比较窄的，适应能力比较差，这是由于过去学校教育体制的专业面太窄的缘故，为行业之间的沟通和交流造成了障碍，更缺乏跨行业工作的适应能力。其实各个行业之间在解决岩土工程问题的基本原理与处理方法上并没有太大的差别，只是由于各个行业的上部结构各有特点，对岩土工程的要求各有侧重，在一些具体处理的经验上存在差异，反映在不同行业规范之间存在一些具体的差别。但这就使有的工程师无所适从了，因为他读书时只学习过某个专业的知识，而对于土木工程中的其他专业的工程则见所未见，闻所未闻，自然就不敢问津了。最近十余年，学校的专业目录有了调整，扩大了专业的覆盖面。但我们看到，由于各个学校的相关学科条件的局限和学校历史的影响，学生从学校里学到的知识与专业的名称并不都是非常相符

的，还带有比较强的专才教育的特点。

目前，在勘察单位从事岩土工程的工程师中，其教育背景和实践经历存在着比较大的差异，从总体来说，他们分别来自地学专业和工程学科专业两大类学科群，当然各个学校的学科条件和培养方法也存在不少的差异。一般来说，从地学专业毕业的工程师，由于缺乏工程学科的基础知识和工作训练，对上部结构了解太少，即使从做好勘察工作的要求来衡量还有差距，更不要说做设计工作了；从工程学科毕业的工程师，虽然比较熟悉设计工作，但由于地学的知识较少，缺乏对地质条件的深刻理解和正确判断的能力。这种现状影响了岩土工程体制的建立与运行，是内部的一种制约因素。

四、如何从现实出发，逼近改革的目标？

我国在计划经济时代所形成的勘察设计体制的弊端，在初级市场经济的混沌状态中被不断地放大，在形式上十分严格的监管下，却出现弊端丛生和做假泛滥的现象，部门分割、画地为牢又以新的面貌出现，岩土工程体制的发展面临着极大的困难。岩土工程要不要改革？岩土工程向何处去？怎样推进岩土工程体制的改革？20世纪80年代初积极倡导从市场经济国家引进岩土工程体制的一批专家大多已经进入高龄，岩土工程事业需要一批中青年的技术中坚来继续努力，从现实出发，充分认识改革的困难，采取积极的措施，推进岩土工程体制的改革。

面对改革的形势，我们能做些什么呢？下面主要从技术及技术管理的层面提出一些想法供参考。

1. 整合和凝聚岩土工程体制改革的力量

将岩土工程体制改革的认识和行动从以勘察单位为主扩展到整个社会，以形成包括政府各部门和土木工程各个领域同行的共识，建立一种推进岩土工程体制改革的机制。

开展对现有岩土工程师队伍的继续教育，我国注册工程师的制度规定了工程师继续教育的要求，每年要接受规定数量的继续教育。对我国的岩土工程师来说，继续教育有更深层次的含义。

按照一般的意义，继续教育是为了让工程师不断地接受新的技术，更新知识，适应工程技术不断发展的要求。

但对于岩土工程师，还有一个补课的问题，通过继续教育，弥补原来大学教育的不足，扩大专业知识面，适应大岩土的需要。

现有岩土工程师的教育背景存在着比较大的差异，他们分别来自地学专业和工程学科专业两类学科群。如何使这两种教育背景和工作经历的工程师相互靠拢，正是岩土工程师继续教育需要着力解决的问题。

因此，注册土木工程师（岩土）的继续教育应包括三个方面的内容：一是技术的新发展与新经验；二是结构设计的知识；三是地学的知识。

不同教育背景的工程师可以在后两个继续教育的内容中选择自己所缺少的知识，有针对性地选学一些课程，扩大专业面。

2. 开展岩土工程的技术咨询试点

按照岩土工程体制的工作要求和工作方式，在现行体制下开展岩土工程的咨询工作是很有意义的一件事，通过实践来探索和验证开展技术咨询的必要性和可能性，也是对现行体制的一种挑战，逐步积累技术咨询的经验，争取建立岩土工程咨询业务的资质体系。

可以在勘察单位内部建立岩土工程咨询机构，整合专业人才，开展咨询业务，在条件成熟时进一步将其社会化。

也可以采取勘察单位和设计单位合作开展岩土工程的咨询业务或建立联合的机构以推进岩土工程咨询业。

3. 强化勘察环节的工作

开展岩土工程体制改革，不等于可以降低对勘察工作的要求，现在是否有一个重新加强勘察技术工作的问题，特别是加强野外和试验室两个第一线的工作。要研究取土技术、原位测试技术和试验技术，严格执行钻探、取土和试验的技术标准。

勘察工作质量的基础在现场，在试验室，技术人员要上钻机，要到试验室，强化勘探基本环节的技术保障，是提高岩土工程勘察质量的关键，研究在市场经济条件下的钻探队伍的建设和试验室的建设。

在资料分析和报告编写环节，可能要加强对区域地质资料的利用与分析，做好地质单元的判别与划分，在探明地质条件的基础上遵循数据统计的基本原则进行参数的分析评价，提供岩土层最基本的设计参数。定量分析和有关基础设计的方案建议，应对重要工程，在专门研究的基础上进行，不能作为一般工程勘察项目的普遍要求。

试论岩土工程师技术职责和与结构工程师的密切联系

——为纪念我国推行岩土工程体制三十年而作

张旷成

（深圳市勘察测绘院有限公司）

一、推行岩土工程体制几件大事回顾

1. 1979 年底，在成都召开了中国建筑学会工程勘察学会委员会第一届学术交流会，会上建设部组织的一批专家到加拿大、美国考察归来，介绍了国外推行岩土工程的情况，引起了很大反响。

2. 1986 年 6 月 26 日～28 日，国家计委设计局和中国工程勘察协会第三次常务理事会在京召开会议决定，将由协会管理部组织起草的"关于在工程勘察单位进一步推行岩土工程的几点意见"（该文件最后修改为"岩土工程公司试点办法"）以国家计委设计局的名义正式下发征求意见，以此算起至今，已 30 年，若从上述成都会议引入国外岩土工程体制算起则已达 36 年。

3. 1998 年 6 月全国注册工程师管理委员会（结构）发文公布成立"全国注册工程专业考题设计与评分专家组"，1998 年 8 月专家组决定成立"全国注册工程师岩土工程专业考题设计与评分专组的顾问委员会"，顾问委员会共 17 人。2002 年举行了中华人民共和国第一届注册土木工程师（岩土）资格考试，2003 年 2 月 13 日建设部办公厅秘书处印发了建人教〔2003〕28 号文，关于公布方鸿琪等 175 人注册土木工程师（岩土）特许人员名单的通知。从此，我国有了注册土木工程师（岩土）的正式称谓，并明确岩土工程师是属于土木工程范畴。

4. 从 1986 年起，根据国家计委计综（1986）250 号文的要求，由建设部综合勘察研究设计院会同有关勘察、设计、科研和大专院校共 18 个单位对原国家标准《工业与民用建筑工程地质勘察规范》TJ 21—77 进行了修订，对原规范作了较大地补充和修改，工程勘察不仅局限于提供地质资料，而要更多地涉及场地地基岩土体的整治、改造和利用的分析、论证。并将原规范改名为《岩土工程勘察规范》，于 1994 年 8 月 9 日经建设部批准，自 1995 年 3 月 1 日起施行，规范编号为 GB 50021—94。在该规范编制的同时还编制了与规范配套的《岩土工程手册》，与 1994 年 10 月出版。

通过上述几件大事和其他重要举措，初步建成了符合我国国情具有中国特色的岩土工程体制。

二、岩土工程是连接地质体和结构体之间的桥梁

行业标准《建筑岩土工程勘察基本术语标准》JGJ 84—92 对岩土工程（大地工程、土

作者简介：张旷成，男，汉族，1930 年生，四川资中人，川北大学（后合并于现重庆大学）土木工程系，教授级高级工程师，首批中国工程勘察大师，一直从事岩土工程勘察、设计、研究工作。

力工程、土质学）的解释为：以土力学、岩体力学及工程地质学为理论基础，运用各种勘探测试技术对岩土体进行综合整治改造和利用而进行的系统性工作，这一学科在我国大陆以外地区和某些国家称作"大地工程"、"土力工程"或"土质学"；国家标准《岩土工程基本术语标准》GB/T 50279—98对岩土工程的解释为：土木工程中涉及岩石、土的利用、处理或改良的科学技术。从学科的定位和定义看，上述表述无疑是合适的。但根据笔者多年从事工程实践活动的体会，可以将岩土工程形象地比喻为连接地质体与结构体之间的桥梁，多、快、好、省地建设好这一座桥梁，把地质体、结构体连接好的这项工程就是岩土工程，就是岩土工程师的职责。地质体包括土体、岩体和地下水体，结构体包括房屋建筑、公路铁路、水坝、边坡、地质灾害治理等。要做好这项连接工程，首先要弄清土体、岩体、水体性状，这就是岩土工程勘察的任务；用什么方式才能将地质体与结构体牢固地连接好，这就是岩土工程设计和岩土工程施工的任务，要完成好这项任务就必须弄清结构体的荷载和性质，对稳定性、强度和变形的要求等。在现行体制下，结构体的设计与岩土工程勘察、设计大都是分属不同单位，即便是在同一单位，还是分属不同部门。岩土工程设计与结构设计还有差别，且大都是由不同的人员来完成，因而必须加强勘察、设计的联系，加强岩土工程师与结构工程师相互结合。

三、岩土工程师的职责

岩土工程师的职责总的来说就是要在查明地质体性状的基础上，围绕解决结构体地基的稳定性、强度和变形三大要素而进行的岩土工程勘察、设计和施工、检测、监测工作。

结构体分为建筑物、构筑物两大类。建筑物是指人在其中生活、活动的工业与民用建筑。构筑物是人不常在其中活动的烟囱、水塔、电视塔等高耸结构、水坝、水库，以及人经常在其上活动的公路、铁路、隧道、挡土墙、桥梁等线形构筑物。这些结构体的结构设计的共性是要解决地基的稳定性、强度和变形三大要素。

岩土工程的任务，即岩土工程师的职责可归纳为图1。

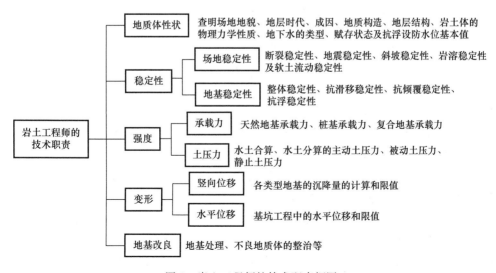

图1 岩土工程师的技术职责框图

在我国现行岩土工程体制下，查明地质体的性状、场地稳定性、地基承载力、基坑工程中的整体稳定性和水平位移值、地基处理等主要由岩土工程勘察工程师和岩土工程设计工程师负责作出定性、定量评价，而其余各项主要根据勘察工程师提供的有关参数，由结构工程师负责评价和设计。

[案例]葫芦岛渤海造船厂的断裂稳定性和地震稳定性问题

渤海造船厂是"一五"期间，苏联援建的156个项目之一，该厂于1955年5月开始进行技术设计阶段的勘察（相当于现在的详勘），除进行了工程地质、水文地质测绘外，在陆域、海域共做地质钻孔600多个，每个钻孔都要求进入完整基岩2m以上，总进尺5000多米，工作量浩大，时间紧迫，主管部门——机械设计总局调集了部属主要勘察力量及交通部部分支援力量，专业人员达500多人，加上船工，高峰期总人数达1000多人，以大会战方式完成上述勘察、测绘工作，1956年提出了详细的工程地质勘察报告。

1962年该厂已行将大规模施工，厂区内发现的几条断层，尤其是在船坞区发现两条走向北45°东的S_0和S断层，以及厂区附近西山的逆掩断层，这些断层是否会对厂址稳定性带来影响？如何处理？三机部（船舶局已划归三机部）领导非常重视，专门召开了技术会议，对断层问题进行研究，到会的有水电部科学研究院、水电建设总局、交通部、建工部、中科院地质研究所的首长和专家，谷德振研究员参加了会议。会前和会后进行下列问题的调查研究工作：

1. 该地区是否属新构造运动活动地区，对场地稳定性是否会造成影响？为此专门请教了中科院地质研究所构造运动研究室徐煜坚、李平先生，他们认为：（1）建筑物面积不大，这样的工程可以不考虑新构造运动问题；（2）基岩埋藏浅（10~20m），说明新构造运动不明显；（3）新构造运动与地震烈度有关，新构造运动活动区，地震活动性越强，本区地震烈度仅为6度，从历史地震资料论证，该地区是相对稳定的；（4）从地貌上分析，没有陡峻和突上突下地形，海岸线弯曲、平缓，说明新构造运动不活跃；（5）本区是震旦系古老地层，构造运动与燕山活动有关，是大面积的升降运动，本区第三纪地层缺失，说明第三纪时期出于侵蚀期，一般说来是比较稳定的；（6）一般说来，华北一带，近代有上升的标志，但幅度不大；（7）综上所述，在本地区你们不必花太多精力去考虑新构造运动问题。

为新构造运动问题，还请教了海军司令部工程部的李树勋工程师和王队长，他们的意见与上述意见相仿，认为新构造运动在华北地区主要表现在陆地相对上升，海水下降，它是一个整体性和较大面积的，不会影响到断层复活。另地震烈度与新构造运动有关，本区地震烈度是6度，说明新构造运动活动较小。

2. 关于本区地震烈度目前是否有改变？本工程重要，是否还要进行地震小区划分？如何确定标准土？由于有断层通过，是否要提高烈度？本区发生地震是否会影响断层活动等？为此，曾两次请教了中科院地球物理研究所谢毓寿先生，其答复如下：

（1）1954年中国科学院鉴定本区地震烈度为6度，你们可查中国地震年表和中国地震目录，是否有变动，如上述二资料中该区仍为6度，就没有变动（后来查过没有变动）。

（2）该工程场地的地基持力层为角页岩及石英砂岩的坚硬岩层，比定地震烈度6度的标准土要好，且建筑地基系在同一种岩层上，故不必作小区地震烈度划分。所谓标准土，它是指在确定该地区基本烈度时，大量居民点受地震破坏的情况为依据的，因而该地区居民点房屋所在地基的土层即为标准土。

（3）关于有断层通过是否要提高基本烈度问题，谢先生认为：断层系工程地质问题，与地震基本烈度的增减是两回事，不应因有断层通过而提高基本烈度。

（4）地震对断层是否有影响，首先应肯定：①该场地是否是震源地带（根据地震历史资料调查，本场地不属震源地带）；②断层本身是否活动？只有在肯定这两个问题后才能谈其影响。

（5）当地震发生时，断层是不利因素，肯定会受到影响，但影响程度目前不能定量，故以基本烈度表示，影响程度大，基本烈度定得高，反之，定得低。

3. 关于断层的性质、切割关系和断层目前是否还在活动？为此请教了地质部地质力学研究所的吴磊伯副所长和李四光所长，其答复如下：

（1）吴磊伯先生认为：从大区域来看，构造线主要是两个方向，一是东西向的构造线，另一是北20°东的构造线，其序次，看来首先有东西向褶皱，然后再形成北东向、东西向一系列断层。

（2）各断层的切割关系看来是：首先是一系列北东向断层（一级）；其次是东西向平移断层—属剪力断层性质（二级），在船坞南面海域还可能有一平移断层；再次为北45°东的 S_0、S 断层，属张扭断层（三级），它是平移断层的伴生断层（又称支断层）；最后形成坞区边坡上的一些弧形断层，它又是北45°东断层的伴生断层（四级）。

（3）关于断层的活动性，目前要作定量判定，看来是有困难的，我们现正研究这个问题。在谈到此问题时，他请出了李四光部长。

李四光先生谈了以下意见：

① 关于断层活动性的测定，我们正在研究用应变仪测定，但在有潮汐地区是否能行，没有把握，可以试试；

② 用经纬仪观测，即在断层两侧及其更远的地方分别设立标点，用经纬仪进行精密观测，使断层两侧的微小移动，通过远标点放大而测出，这样观测几个月，即可看出一些问题；

③ 你们还应收集当地及其附近 5 级以上地震的破坏情况及所定地震烈度；

④ 你们还应着重考虑一个问题，即是否有由于地壳上升、海水变浅的可能性，因为这会影响将来航道畅通问题。

4. 关于本场地震旦系地层是否反常？

在三机部技术会议上，谷德振先生提出本区震旦系地层的层序，是正常的还是反常的？因这两种情况下的工程地质条件是完全不同的，若系正常层序，坞区的工程地质条件好，假若反常，则坞区的地质条件不利。谷先生建议我们请教地质部科学研究院搞华北震旦纪地层的王曰伦先生。为此，专门请教了地科院前寒武纪研究室王曰伦先生，王先生1937年曾去过葫芦岛作过地质调查，他的答复意见如下：

（1）从你们地质图上看出，场区地层从老到新为角页岩、石英砂岩、矽质石灰岩、砾岩、石英岩夹板岩，这套地层可与辽东半岛朝阳、瓦房子一代的标准地层进行对比（见图2），在砾岩层之下的矽质灰岩中曾找到震旦纪化石，归属震旦纪没有问题；在本厂区的砾岩及其以上的石英岩夹页岩、板岩，应划为寒武纪，砾岩为寒武纪的底砾岩，在朝阳地区的紫色页岩中找到寒武纪的标准化石，在葫芦岛地区的石英岩夹页（板）岩中，是可能找到寒武纪化石的；砾岩的成因，从其大小不一、粒径有的巨大，磨圆度一面光滑、一面粗糙，推测可能是冰碛成因，但未找到擦痕，希望你们注意。

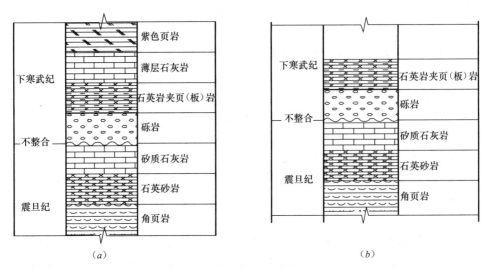

图 2　地层对比示意
(a) 朝阳及瓦房子柱状；(b) 葫芦岛地区柱状

（2）在望海寺以西的花岗岩属太古代，靠太古代花岗岩越近者越老，反之越新。从目前场地地层看，角页岩靠得最近，矽质石灰岩最远，故地层层序从老至新为角页岩、石英质砂岩、矽质石灰岩，层序是正常的，并不反常。

（3）在西山及东山高程 20～30m，甚至 50m 高程的山顶分水岭处曾发现有第四纪砂和卵石层及海螺存在，似为海相沉积的残留物，这可能是前述的新构造运动整体上升高度。

谷德振先生对厂区的工程地质条件评价和坝区岩基、边坡的处理提出许多有益的意见，在此不再赘述。

5. 小结

（1）葫芦岛地震基本烈度为 6 度（现行国标《建筑抗震设计规范》GB 50011—2010 还是定为 6 度）不是震源地区，不应因有断层穿过而提高烈度；本工程基底为同一地层，且比标准土好，故不必做小区地震划分。

（2）本工程面积小，基本烈度低，华北地区新构造运动主要表现为大面积上升，本场地附近东山、西山顶发现海螺和第四纪海相砂、卵石，说明本区新构造运动也表现为陆域上升，上升高程为 20～50m，上升高度不大，不致于引起老断层复活。

（3）相对于本区的主干断裂而言，坝区的 S、S_0 断层是三级或四级的伴生断裂，其是否还有活动，目前难以肯定，建议试用应变仪或经纬仪进行精密观测。

以上是国内顶级地震、地质专家们当时对该厂区断裂稳定性、地震与断裂依存关系的认识，我们共走访请教了 11 位专家，访谈纪要共 21 页打印稿，作为珍贵历史资料，我保存至现在达 54 年，考虑到这是判断断裂、地震对场址稳定性定性的一个典型案例，笔者将其整理出来，供读者参考，虽然这是当时的认识水平，但专家们的严谨科学态度、分析判断思路还是很值得现在的岩土工程勘察工程师学习的，尤其是五十多年前中国地质力学研究所吴磊伯、李四光先生就已经在研究应变仪来实测判断断裂的"现时活动性"。从上述案例还可看出，要做好场地稳定性评价，岩土工程勘察工程师必须具有深厚的基础地质、地震理论知识。负责该厂勘察设计的单位对专家们的意见和建议非常重视，后来进一步作了工程地质调查测绘等工作，将厂区断层判断为非活动性断层。该厂早已建成投产，并经受了海域、唐山大地震的考验，厂区没有受到断层错断的影响。

四、岩土工程师与结构工程师必须紧密结合

根据多年工程实践的体会，要解决好岩土工程问题，勘察工程师必须与结构工程师紧密配合，笔者参加工作以来，撰写的第一篇文章就是"关于勘测与设计结合的几个问题"，当时是以一机部设计总局勘测处的名义发表在一机部设计总局主办的《机械工厂设计》杂志 1957 年第 8 期上，文中谈了四个问题：（1）厂址选择应该派有经验的地质人员参加，不是死板地按方格网布置打几个钻孔了事；（2）在提交勘测任务书时，设计人员着重将建筑物的性质、结构特点等向勘测人员交代清楚，提出要求，而不是代替地质人员去布置钻孔，勘探钻孔应由地质人员根据设计要求和场地地质条件去布置；（3）勘测报告不能千篇一律，要根据设计要求和地质条件来写，不是不加分析的附上钻孔柱状图和每个土的压缩曲线，形成原始资料堆积的"大厚本"就算完成任务；（4）工程地质人员与设计人员密切协作、共同商议解决复杂地基问题，并以实例说明。可惜这篇文章丢失，未能列入笔者文集（上述内容是根据笔者 1981 年 1 月写的"近三十年来本人主要工作成果"记载的）。1985～1990 年本人担任机械工业部勘察研究院总工程师期间，非常重视与结构设计人员相互结合，例如位于西安市南郊的陕西省广播电视发射塔，塔高 245m，竖向和水平荷载均很大，采用环形基础、天然地基，勘察工作由我们机勘院负责，设计由中国西北建筑设计院承担，对这个项目，勘察、设计两个院都极为重视、密切联系，对地基基础方案选型进行过多次商讨，对大胆采用天然地基方案取得共识，设计确定采用环形基础后，为估算其沉降，我们专门搜集到环形基础计算沉降的方法，勘察过程中，专门用探井埋设了回弹标，以取得实测的回弹量。随着设计的进展情况，结构工程师经常向我们通报荷载变动情况，在提交正式报告前，专门邀请该项目的总建筑师和总结构师到我院会商，向设计通报勘察报告主要结论，并听取设计单位的意见和建议，修改后再出正式报告，建成后还免费进行过十年沉降观测，与预估的沉降量吻合，只是由于塔基外围抽吸地下水形成降落漏斗，致使塔基有一定倾斜，但在容许范围之内。后来西安市禁止抽吸地下水作为供水水源后，沉降逐步趋于稳定，并有所回弹。郑州黄和平大厦（后改为格林兰大酒店）在勘查工作结束、报告提交前，亦邀请郑州市设计院及西安市有关设计院的结构工程师来我院共同讨论基础方案等问题，对采用天然地基方案取得了共识。通过这些工程实践，我们与一些结构工程师成了要好朋友，有的至今还有来往。

岩土工程不仅是连接地质体和结构体之间的桥梁，还是连接工程勘察与结构设计的桥梁；岩土工程是在做"承上启下"的工作，即要开启好下部地基，以更好地承受上部结构荷载；为此岩土工程与结构设计应紧密连接，不是对接，而是有足够"搭接长度"；岩土工程师与结构工程师应相互尊重、相互学习、取长补短、紧密联系、共同解决有关岩土工程问题。

土的本构关系研究与工程应用

李广信

（清华大学）

材料的本构关系（Constitutive relationship）是反映材料的力学性状的数学表达式，表示形式一般为应力-应变-强度-时间的关系。也称为本构定律（Constitutive law）、本构方程（Constitutive equation），或者本构关系数学模型（Mathematical model），也可简称为本构模型。

土的应力应变关系十分复杂，除了时间外，还有温度、湿度等影响因素。其中时间是一个重要影响因素。与时间有关的土的本构关系主要是指反映土流变性的理论。而在大多数情况下，可以不考虑时间对土的应力——应变与抗剪强度关系的影响，这里讲的主要是与时间无关的本构关系。土的强度实际上是土的本构关系的一个组成部分，但长期以来人们在解决土工建筑物和地基问题时，总是将它们分为变形问题和稳定问题两大类。对于变形问题，人们主要是基于弹性理论计算土体中的应力，用简单的侧限压缩试验测定土的变形参数，在弹性应力应变理论的框架中计算变形。在计算设计中辅以一定的经验方法和经验公式。由于当时建筑物并不是十分高重，使用中对变形的要求也不是很高，所以这些计算一般能满足设计要求。另一方面，在解决某些土工问题时，人们又常常只关心土体受荷的最终状态，亦即破坏状态。大量的土工结构和地基问题是稳定问题，解决方法是对土体进行极限平衡分析确定其稳定的安全系数。人们一般用莫尔-库仑破坏准则对不同工程问题中的土体进行极限平衡分析。这种分析不考虑土体破坏前的变形过程及变形量，只关心土体处于最后整体滑动时的状态及条件。所使用的实际上是刚塑性或理想塑性的理论。这种在变形计算中主要使用弹性理论，在解决强度问题时使用完全塑性理论的方法成为解决土工问题的经典和传统的方法，在目前解决许多工程问题时，仍然是主要的分析方法。

20世纪50年代末到60年代初，高重土工建筑物、高层建筑物和深厚的地下工程的兴建，使土体变形成为主要的矛盾，给土体的非线性应力变形计算提出了必要性。另一方面计算机及计算技术手段的迅速发展推动了非线性力学理论、数值计算方法和土工试验的日新月异的发展，为在岩土工程中进行非线性、非弹性数值分析提供了可能性，从而极大地推动了土的本构关系的研究。60～80年代是土的本构关系迅速发展的时期，上百种土的本构模型成为土力学园地中最绚烂的花朵。在随后的土力学实践中，一些本构模型逐渐为人们所接受，出现在大学本科的教材中，也在一些商业程序中被广泛使用。这些被人们普遍接受和使用的模型都具有形式比较简单；参数不多且有明确的物理意义和易于用简单试验所确定；能反映土变形的基本主要特性的优点。另一方面，人们也针对某些工程领域的特殊条件建立有特殊性的土的本构模型。例如土的动力本构模型、流变模型及损伤模型等。

几十年关于土的本构关系的研究使人们对土的应力应变特性的认识达到了前所未有的深度；也促使人们对土从宏观研究到微观、细观的研究；为解决如高土石坝、深基坑、大型地下工程、桩基础、复合地基、近海工程和高层建筑中地基、基础和上层建筑共同作用等工程问题提供了更深刻的认识和理论指导。本构关系的研究也推动了岩土数值计算的发展。将土视为连续介质，随后又将其离散化的方法有：有限单元法、有限差分法、边界单元法、有限元法、无单元法以及各种方法的耦合。另一种计算方法是考虑岩土材料本身的不连续性。如考虑裂缝及不同材料间界面的界面模型和界面单元的使用，随后发展的离散元法（DEM）、不连续变形分析（DDA）和流形元法（MEM）、颗粒流（PFC）等数值计算方法迅速发展。这些不连续性的数值计算有时用以验证本构模型；有时用来从微观探讨土变形特性的机理。有时则从微观颗粒（节理）的研究入手组建岩土本构关系模型。

理论的产生需要合理的抽象，在抽象过程中，弱化、摒弃对象的非本质特性，强化、纯化其本质的特性。抽象是对对象的理想化，亦即需要一些假设。针对不同的研究对象，用于不同的目的，在不同的研究层次，人们进行不同的理想化。因而理论的应用是有条件的，需要因地制宜，对于土工问题就更是如此。

在理论的研究中切忌不要陷入唯心主义的泥塘。恩格斯指出"在理论自然科学中也不能虚构一些联系放到事实中去。而是要从事实中发现这些联系，并且在发现之后，尽可能地用经验去证明。"对于黑格尔的唯心论他认为要反对两点："唯心主义的出发点和不顾事实任意地构造体系。"在土力学研究中有的人不进行艰苦细致的试验工作，凭感觉虚构一些所谓的理论模型。本构模型的提出的根本目的在于应用，提出一大串繁琐的公式，一大堆物理意义不清的参数，往往只是数学游戏，孤芳自赏，是没有生命力和实用价值的。

几十年来关于土的本构关系数学模型的研究，提出来上百或数百个数学模型。纵观这些模型都需要满足以下基本条件：

（1）不违背更高一级的基本物理原理（如热力学第一、第二定律）；

（2）建立在一定的力学理论基础之上（如弹性理论、塑性理论等）；

（3）模型参数是能够通过常规试验求取的。

本构模型应当具有确证性（verifiability），亦即可重复性，其他人在规定的条件下也可以得到相同的结果；客观性（objectivity）：不以主观意见为转移，是客观规律的固有存在；只能包括试验常数。

同时，一旦建立了数学模型，它就具有普遍的适用性，亦即它可以用来计算在任意复杂应力状态下，任意应力、应变路径的问题；例如在任意应力状态 σ_{ij} 下的土单元，施加应力增量 $d\sigma_{ij}$，可以用本构模型计算出相应的、确定的应变增量 $d\varepsilon_{ij}$，尽管它计算得可能误差很大，可能完全不对，甚至荒谬（例如 Duncan-Chang 模型无法计算土的剪胀性）；但是不能说它不能计算。因为任何本构关系数学模型的建立，都针对一定的工程问题范围，模型形式的繁简、参数的多少、理论的深浅等是由使用的对象和目的决定的。

有些所谓的模型，只是对于一些试验现象的曲线拟合。曲线的拟合是针对特定的应力（应变）路径的试验结果，采用合适的数学公式所对应的数学曲线近似和模拟试验得到的应力应变曲线，常用的非线性模拟有：二次曲线（双曲线、抛物线、椭圆曲线）、幂函数、对数函数或者样条函数等。但这种拟合未涉及物理力学机理和理论；一般也是只适用于特定的试验（观测）曲线，没有应力路径外延的功能，缺乏普适性。因而曲线拟合基本是归纳法，一般没有得到演绎和抽象到理论的高度；它本身尚没有揭示出事务的物理力学机制，是认识的初级阶段。例如 Kondner 对常规三轴压缩试验应力应变关系曲线用双曲线进行拟合，Duncan-Chang 在此基础上，建立了 E、ν 和 E、B 双曲线模型，可见这一过程必须经过归纳－演绎－抽象到理论，模型和拟合二者不能等同和模糊。

本构模型的验证是一个重要的环节。验证的途径有复杂应力路径的室内试验、模型试验、足尺试验和工程原型观察等。用复杂的边值问题验算模型，常常受边界条件、数值计算以及测试精度等限制，所以通常是用复杂应力路径的室内试验。在 20 世纪 80 年代期间，关于土的本构关系的"考试"在国际上至少进行了 3 次。人们根据提供的"基本试验"的结果，用不同的理论模型对砂土和黏土的复杂应力路径和应变路径的试验结果进行了预测，提交预测结果后，公布"目标试验"的成果，进行评分和讨论。

由于模型的参数一般是通过简单的一维压缩试验、常规三轴压缩试验和等向压缩试验等确定的。而复杂应力路径和应变路径的试验可以检验模型的应力路径的适用性，描述土变形的各向异性的能力和反映土的平均主应力 p，广义剪应力 q 以及应力罗德角 θ 对变形的相互耦合影响的能力。这种检验是比较常用的，因而成为一般检验理论模型的基本模式。

难度更大的模型检验的试验是平面应变试验和固结不排水三轴试验。这两种试验的特点是应力-变形-应力-变形间的耦合。亦即它的应力路径不是已知条件，而是需要首先预测应力路径，而应力路径的预测质量又不可避免地影响下一步应力-应变关系曲线的质量。

为确定模型参数而进行的基本土工试验本身不能用于模型验证的，因为它只反映曲线拟合以及参数确定的质量，不能反映模型预测性的功能。如果通过排水的常规三轴压缩试验确定模型参数，再用这些参数通过模型"预测"该试验的应力-应变关系曲线，这实际上是一个没有意义的死循环，也只是在验证参数拟合的质量。

在工程界，尤其是建筑工程界有一个误解，那就是认为土的本构关系的研究根本就没有用途，是脱离实际的象牙塔里的产物，这也是片面的。在我国最近以来兴建的一些高土石坝已达到 300m 级，可以说是世界领先的，是史无前例的，其中用各种土的本构模型的数值计算是必要与有效的。在各大城市中，基坑与地下工程的开挖对周边建筑物与环境的影响是至关重要的，采用不同本构模型的数值计算也是不能不作的。有人说这些计算不准，不贴谱，但通过实测与技术间的比较，逐步改进，摸索土层参数，计算结果就越来越贴谱了。正如刘建航院士所说："理论导向，经验判断，实测定量，检验验证"。这也是岩土本构模型应用的正确道路。

赴美岩土工程考察报告

卞昭庆

（煤炭规划院）

摘要：本文是我于1985年9~10月赴美国进行岩土工程考察回国后，以代表团团长的职责撰写的考察报告。报告内容：（1）美国岩土咨询公司简介；（2）钻探取样与原位测试；（3）试验室试验；（4）岩土工程报告；（5）施工与施工监督。报告系统详细地叙述了美国几大著名的岩土工程咨询公司的组织机构、经营管理、钻探机械与工艺、试验设备、资料整理、岩土工程评价、施工监测等一整套有关岩土工程工作内容。对开展岩土工程业务很有参考价值。

一、美国岩土工程咨询公司简介

岩土工程（Geotechnique）是新兴的一门学科，是近30年逐步发展起来的。过去在岩石、土中进行工程建设分别依靠土木工程、工程地质、土力学、岩石力学和基础工程来指导，随着各学科的发展，相互穿插、渗透，在解决具体工程时，经常要综合应用这几门学科，因此美国在1960年以后，根据社会上工程的需要，由高等院校的教授和一些土木工程师、地质师成立了一批岩土工程咨询公司，其服务方式大受业主的欢迎，接着原来咨询公司中的工程地质、岩土力学、基础工程专业也纷纷改为岩土工程部，在高等院校中许多教授也把自己的专业改为岩土工程，并培养了研究生。至1970年，美国土木工程师协会的土力学和基础工程学部更名为岩土工程学部，相应的会刊也改了名。

在美国没有我们这样的勘察单位，咨询公司也不完全等于设计院。岩土公司和我们的勘察公司也有很大不同，首先他们不设测量专业，其次他们以咨询为主，勘察是为咨询服务，把工程地质和水文地质，统称为岩土工程。至于钻探专业（包括装备）则可有可无，社会上还有专门的钻探公司，承担各式各样、各种目的的钻探工作。

美国岩土工程自成一套体系，很难用我们的组织机构、专业分工、业务内容去套比。这里仅汇报岩土工程咨询公司的一些情况。

（一）岩土咨询公司对岩土工程要一包到底

美国岩土工程咨询公司对一项岩土工程项目，除承担钻探、调查、测试，提出有关的图件和参数外，更重要的是要提出设计准则、设计方案和施工措施，内容具体，也就是除了认识自然外还要拿出改造自然的办法来。如果是一项基础工程，就要提出地基处理方法、基础造型方案、预估沉降量、施工注意事项和施工措施。设计公司接到这份岩土工程报告后，就根据报告中的方案和准则出图，不再进行方案比较、论证和土力学计算，当然对工程的成败优劣则由岩土公司负主要责任。岩土公司一般还规定，如果设计单位改变方案必须得到岩土公司认可签字才有效，否则责任由设计单位自负。到施工时，岩土公司则代表建设单位对工程进行全面的施工监督和检查，凡施工中的岩土技术问题皆由岩土公司负责解决，并保证质量和工期，直到竣工交付使用，一包到底。公司对岩土工程的经济技术合理性、工期和质量，在经济和法律上都有重大责任，出了事故要赔偿，要打官司，因此岩土咨询公司的风险大，当然收费就高，这和我们收的勘察费的含义就不完全相同了。这样，岩土咨询公司在一些重大工程中就居于举足轻重的地位。像芝加哥的世界第一高楼西尔斯大厦，基础就是能否建成大楼的关键之一。因此，岩土公司在社会上有一定地位，这个地位是自己创造出来的，是用技术为社会创造了财富，并承担了责任和风险；反过来，社会自然会给你一定的地位和报酬。

在芝加哥我们参观了密执安大街 900 号大楼施工工地，该楼是一座 65 层大楼，有三层地下室，基坑要深挖 10m 以上，而紧邻就是一幢 20 层的大楼和交通频繁的密执安大街。我们先看了他们的岩土工程报告和施工图，报告中方案推荐和施工措施占很大篇幅。第一部分是根据大楼荷载和地质条件推荐用扩底墩基础，规定墩底落在地下 26～27m 处的硬盘层上，同时还有其他方案的比较。再就沉降预估，由于柱荷载相差较大，不允许相邻柱有很大的差异沉降，根据此方案差异沉降控制在 6～12mm，当然也提出了容许承载力，但报告指出主要受沉降控制。第二部分是钻孔墩施工注意事项，包括如何下套管，如何防止饱和粉土坍孔，如何施工扩大头及最后如何清底。第三部分是基坑开挖支撑，先是对地下连续墙和钢板桩两个方案进行经济技术比较，推荐采用内锁式钢板桩，并规定了板桩的打入深度，还要求在上部设内斜撑及锚定拉杆以保证基坑下挖 10m 而邻近的大楼、繁华的大街不发生任何问题，楼内居民不迁出，交通不停顿。第四部分则是地下室的设计，包括土压力的计算和防排水设施（地下水为 2～3m）。第五部分是施工措施，包括对旧基础的处理、邻近楼房的支挡、施工时边坡的监测、施工排水、墩基的质量检验方法等，对设计施工安排得井井有条。在工地上我们看到了岩土公司有临时办公室，包括简单的测试仪器，当项目工程师领我们参观时，正值一个钻孔在 20m 处的饱和粉土坍孔，当场工程师就坐罐笼下至孔内检查，上来就提出了解决措施。还参观了施工监测，一类是在钢板桩顶拉杆端部设传感器，每天或每隔一定时间测土压力和土的水平位移，万一有什么迹象，可以及时采取补强措施。据介绍，当钻孔至墩底时，岩土工程师都要下到孔底检验土质条件和清底的质量，一切就绪才允许浇灌混凝土，同时对墩基的套筒、混凝土质量都要经过他们检验。由此实例也可看出岩土工程咨询的概貌。在地下工程（如隧道等）岩土公司的工作就更多，包括知何掘进、支护、衬砌都要提出建议，施工时则随时监测围压、测锚固力（锚杆支护）、测变形，以便根据不同的地质条件采取措施。

这种一包到底的工作方式，业主（建设单位）是非常满意的，过去业主最怕施工中意外停工，一停下来投资积压，货币贬值，还要付窝工费，经济损失严重，而这种意外停工多半是地质条件造成的。有了岩土咨询公司后，业主只需出一笔钱就全委托岩土咨询公司去办了，停了工，出了事，赔了钱就由岩土公司来承担。像前面说的万一邻近的大楼裂了，道路断了，岩土公司就要赔偿。业主只管到期接收使用，因此他们宁可多花些钱也愿意交给咨询公司。

美国形成这种一包到底的工作方式，在技术上也有其道理。岩土不同于其他建筑材料，它的性质各地不一，再加上地质构造、地下水，更是千变万化，人们对它只能逐步认识了解。各类工程的要求不同，对岩土的利用和改造也各相异。这样在建设中就成为一种特殊问题，需要特殊对待。我国长期一直实行勘察、设计、施工分兵把口的体制。对岩土这种复杂的工程，也是各以图纸、文字向下一阶段传递，工程地质报告只是客观地反映自然条件和提供几个参数，最多有点原则性建议，但不负责任，至于设计如何采用？施工要采取什么措施？则很少过问。设计出图多只限基础的结构和有关工程量，对土石方工程、地基处理和施工注意事项多是简单的说明，以后的事就全靠施工单位去解决了。这就很容易出问题，尤其是在一些大型工程或地质条件复杂地区，大一点的问题就停工待议。过去许多工程就是在岩土问题上拖延了工期，增加了投资，如施工措施不当引起的工程滑坡，预制桩打不下去，钻孔桩不能成孔，基坑排水引起相邻建筑物下沉，基坑中出现断层而性质不明等。出了事故责任不清，教训也总结不出来。还有更多的由于设计施工对岩土条件了解熟透，盲目加大安全系数。把不该花的资金埋于地下而不为人们所察觉。随着建设规模越来越大，高重建筑物、地下工程、高填深挖日益增多，各种复杂、特殊的地质条件出现，老一套办法很难适应。如果我们能实行岩土工程咨询，从头到尾的岩土技术全由勘察来承担是可能的，因为从勘察时就掌握了岩土条件，然后根据工程要求提出设计方案和施工措施，到施工时严格监督，把好质量关，加上完善的测试手段，可以把问题减到最小。基于这种勘察、设计、施工在技术上的连续性，责任明确，专业性强，能使复杂的岩土问题得到经济、合理的解决。

（二）岩土工程的业务范围广泛

岩土工程的业务范围很广，主要有基础工程、地基处理、土石方工程、地下工程（隧道、硐室）、土结构物、地质病害处理、环境地质、地震地质等等，凡是与岩土、地质有关的工程都是其服务对象。这些业务在理论上都属土力学、岩石力学和工程地质学的范畴，在工作方法和手段上都是以调查、勘探、测试、分析评价和利用改造为主，因此可用岩土工程来概括。然后，由于工程对象不同，处理方式不同，各家各派才各有侧重。除此以外，由于岩土公司擅长调查与测试，也派生出其他业务，如水质污染、材料试验、结构的应力-应变监测、生态环境、气象分析等。他们一个共同的特点就是能根据用户的需要来开展业务。如 STS 公司一直以基础工程为其主要业务，但近年来土工编织物在土工结构中的应用发展很快，他们在早期就看准这个趋势，就大规模地开展了土工编织物设计、试验和应用。自己开发了一些新型的编织物，开展了室内抗拉、抗摩、耐久性、渗透性试验，还在室外进行原型试验，以达到最好的效果。同样，STS 公司在基础的施工监测方面有经验和能力，就承担了上部结构应力应变监测，他们还有一个很完善的试验室，除了常规的混凝土试验外，还能控制环境对混凝土进行养护、侵蚀试验，还能在工地进行快速的混凝土强度试验。STS 公司近年来还开展了水资源调查评价和低水头水电站的咨询，又如 Dames and Moore 芝加哥分公司，一直搞核电站的安全分析和环境污染，以及地震地质和地球物理为主，同时也做一些大型工厂、火电厂的基础工程。近年来，又开展环境工程，开始搞生物环境，搞气象和气候分析。HARZA 公司和 D′Appolonia 公司部是以地下工程为主，包括隧道、采矿工程、地下存储库、大型排水道等，侧重于岩体工程。由于岩土工程业务范围广，应变能力就强，经营也就灵活，凡是社会上有需要而又接近于本专业，就力争去开展。

这给我们一个启发，我们的勘察工作范围，长期以来自己把自己框起来，而没有根据建设需要来开展新业务，这和我们的领导和具体工作同志指导思想有关，总认为这是不务正业或是不属勘察，再就有畏难情绪。其实凡是通过调查、测试，然后归纳分析得出评价和工程方案的都属于勘察。不注意扩大经营面，勘察的路子会越来越窄。当前应注意新业务的发展，有些一开始我们就抓过来，干出成效来社会就会承认是你的业务了，如环境工程、土工编织物等。

开展新业务会有一个人才问题，美国公司一般采用两种办法：一是抽现有技术人员去学习，如到大学去进修一年到一年半，形成一专多能；再就是招收新人，包括新专业的硕士或博士生和其他公司有经验的工程师，但一项新业务的开始，大家都是生疏的，就派专人去搞，把它当成一项科研项目。这些都是智力投资。

（三）岩土工程咨询公司以智能劳动为主

美国岩土咨询公司有大有小，有专业的，也有的是综合咨询公司中的一个部，前者相当我国独立的勘察公司，后者类似设计院里的勘察室。其组成各不相同，但共同特点是以智能劳动为主，也就是靠技术赚钱。如 STS 是专业的岩土咨询公司。全公司近 400 人，有 40 台钻机和各种现场测试仪器，有 16 个试验室（包括各分公司的试验室和总公司的中心试验室）。职工中：钻探、现场测试的技术员和工人占 1/3；项目工程师和现场工程师（即施工监督工程师）占 1/3；试验室、计算机、技术管理和经营等室内人员占 1/3。收入的分配是：钻探及现场测试各占 10%，施工监督占 30%，而岩土工程报告（包括试验室、计算机）则高达 50%。由此可见，占 1/3 的工程师收入占了 80%，而钻探和野外测试的收入仅占 20%，这部分完全是为了前者工作方便而设立的，分公司的经济构成不起主要作用。HARZA 咨询公司主要从事水利水电工程、地下工程和给排水工程，有 1000 多名职工，设有许多专业部，其中包括岩土工程部，人员不多但非常精练，75% 是工程师或科学家，他们自己不设钻探队伍。钻探任务都委托钻探公司去干，但负责对勘探的布置，并派出项目工程师或技术小组到现场指导。对岩土试验则自己做，包括现场测试和试验室试验，特别是为设计、施工进行的专门测试。岩土工程师主要还是分析评价、提出设计方案、施工措施和施工质量保证，这些都需要高明的技术，当然其价值也高。Dames and Moore 公司是以岩土工程、环境分析为主，是美国十大咨询公司之一，拥有职工 1500 人，在全美以至国外有许多分公司，芝加哥是其中之一，虽然各分公司都独立经营，但承包了大任务或任务不均衡时，技术力量和装备可以随时调配。这个公司也不搞钻探，但他们要派工程师携带取样器去现场，参加取样描述，实际起了技术指导和成果验收的作用。至于岩土试验则自己做，也就是抓住关键技术不放，这样做对收入并无影响，相反还提高了人均收入。我们访问了一家仅有五人的王氏岩土公司，总裁、经理、总工程师都是由王博士（美籍华人）一人兼任，另外再有一个秘书和三个工程师。王博士原来在 Dames and Moore 干了十几年，有了丰富的经验和广泛的社会交往，三年前自己独立经营，以岩土工程和环境工程为主，现在任务就是水质污染的咨询，他们没有什么设备仪器，多数的具体工作都委托出去，自己就是搞调查、评价分析和处理方案，是一个典型的以智能劳动为主的技术密集型公司。

劳动报酬是根据社会创造经济价值而定，你能解决一个摩天大楼的基础，一个大断面隧道的掘进或一个棘手的环境污染，要比单纯打钻、取土、试验的经济效益高多了。前者智能劳动成分高，后者体能成分高，在资本主义制度下就是看你的经济效益来论价的。岩土工程的咨询是有一定风险的，稍有疏忽或技术不佳，就要赔钱以至破产倒闭。在美国虽然可以保险，但岩土工程的风险太大，一些保险公司都不愿承保，于是美国一些岩土公司只好自己组织起来，合办了一个保险公司来承保工程，当然保险费也很高。反过来，看看我们的勘察单位，现在是按实物工作量收费，这相当于国外专业钻探公司的收费办法，结果总是比设计低，关键就是我们对工程的成败优劣不负主要责任，对施工不起指导作用，也不担什么风险，也就是缺少技术咨询这部分。

(四) 岩土咨询公司在技术上要有特色

美国各家咨询公司都有自己的几项拿手好戏，而且在这方面近似垄断，信誉极高。如STS 公司在芝加哥地区的基础工程创造了钻孔扩底墩，一个墩基可以承载 8000～100000kN，并擅长深基坑开挖的支挡防护，这样芝加哥多数摩天大楼的基础工程都由他承担下来，像世界第一高楼 110 层的西尔斯大厦和第三高楼 100 层的 Hancock 大厦都是由他们承担的，正是他们有了经验和信誉，新的业主还在不断地来找他。Dames and Moore 则是地震稳定性，安全性分析和环境工程的权威，全美有 50 多个核电站建设前期的厂址选择和论证都由他承包。HARZA 公司以大型地下工程为主，如现在承包的芝加哥排水和供水工程，投资十几亿美元，要挖掘直径为 6.23～10m，长达 64km 的输水管道和大型地下储水库，有一系列的岩土工程问题需要解决。同样 D'Appolonia 公司也是以地下工程、采矿工程的勘察设计闻名于美国，对上述的芝加哥排水工程也插了手，承包了一部分排水隧道和排水竖井（冻结法凿井），对选煤厂的煤泥水处理和露天矿的排土场处理完成得很出色。前面提到的仅有五人的王氏公司则抓住了水质污染的处理成为其专长，公司虽小，但在这一点则比大公司强，因此公司不在大小，有了特长就能站住脚。

岩土工程是地区性的，在一个地区你对岩土条件熟悉了，处理也有经验了，自然会比其他公司省钱，而且质量好、效率高，也就逐渐在该地区垄断了，外地的公司很难与他竞争。就基础工程而言，STS 在芝加哥是首席，美籍华人陈孚华主持的陈氏公司在丹佛市及科罗拉多州，这里膨胀土居多，该公司就擅长膨胀土地基的勘察与处理，还有美籍华人林秉旋主持的林氏公司则在夏威夷群岛山工作，可以说是各霸一方。

这种有特色、分地区的岩土工程公司也是逐步形成的，是竞争的结果，等他有了一定地位，并能经营好，就会越来越发达。至于一些缺少特色只能干大路货的公司，就在竞争中被淘汰。

(五) 岩土咨询公司要善于经营

岩土咨询公司必须有一个善于经营管理的总裁或经理，这个人不但要有高超的技术和经验，还要具备经营、交际联络和管理的本领，能招揽任务。

在美国岩土工程一般不公开招标，多数是直接指定某家有信誉的公司承包，最多是几家公司来竞争，业主就根据各公司提出的资格认证、方案和报价来选定承包者，实际是在比信誉（质量和效益），比价格，比效率。咨询公司揽任务有几条途径：一是找老主顾，每个岩土公司都与几家设计公司有密切搭档关系，凡是设计公司咨询的项目，总是向业主推荐搭档的岩土公司去承担。如 STS 与他的邻居 Wiss Janney Eistner 结构咨询公司是老搭档，Dames and Moore 和 Sargent and Lundy 公司（专长于电厂和核电站设计咨询的一家很大的公司）是老搭档。二是根据业务商的情报去追索，美国公开出版有各种商情刊物（如 ENR），凡是国家、州政府或财团投资要建某项工程，需要做什么咨询，投资多少，都有报道，凡是符合本公司的业务或处于本地区的就主动去招揽，提出自己的资格认证，再进一步提出咨询方案和报价。美国在承揽任务时，很重视资格认证。所谓资格认证：就是要审查一下你有没有本事来承担这项任务；要看你已经做过一些什么项目，特别是一些有点名气的大工程；再就看你有什么高级技术人才，他们的履历（学历和学位）和经验（干了多少年岩土工程和参加过哪些项目），有什么著作；是哪些州的注册工程师（只有注册工程师才能在该州承担项目）；再就是公司拥有设备，包括试验室、计算机、钻机、仪器等。如果你承包了这项工程。而且使业主很满意，下次就成了老主顾了。三是交际和宣传，各公司都有经营经理，大公司还有经营部，而总裁一般都很活跃，和各行各业交往频繁，常用电话、吃饭来相互交流商情，相互提供线索，介绍生意。他们很重视潜在的业主，不是有了项目才和人家联络，而是早期就和许多可能的主顾打交道，等到这些主顾一旦有了投资马上就想到你了。他们也在报纸、杂志上刊登广告，在自己的作业车上涂有醒目的公司标志和名称，招摇过市，出一些宣传品广为分发。

对于综合性咨询公司则以岩土工程与结构设计密切配合为优势来争取市场。对新成立的公司，在创业时是要艰苦奋斗的，开始赚不了多少钱，但一定要高质量高效率，这些公司经验少，信誉尚未建立，就用低收费来竞争；特别是一些中小型工程，给大公司造成了很大威胁。对于复杂的大型工程，大公司虽占优势，但也不敢漫天要价，收费一定要合理，使用户满意。在收费标准上，各公司都有公开的价目表，但高低有差别，公司等级高的价格也高，但灵活性很大，对一些老主顾或为竞争常是打折扣的。

如果经营不好也会赔钱倒闭的，如 D′Appolonia 公司的总裁 D′Appolonia 教授是位高级学者，但不善于经营管理，虽然公司的技术水平很高，但由于经营不好，1984 年赔了800 万美元，只好宣布倒闭，其中一半就为 STS 接收，改名 STS D′Appolonia 公司。

关于中国在岩土工程方面要打入国际市场（如东南亚地区）的可能性，我们请教了Dames and Moore 公司的股东——美籍华人刘承祚先生，他本人担任过该公司远东分公司的经理，他详细介绍了国外承揽项目的情况，各国在本国建设都首先要照顾自己的公司。如是外国投资，一般都规定资金支出分配的百分比，即投资国与本国各自能承包的金额，剩余而可自由投标的资金就较少了，因此无关的外国想插手是较困难的。另外，国际上非常重视资格认证，要把你的技术和设备力量都报出来，特别是你做过的工程，人家对你不了解是不会把项目包给你的，而我们长期与国外隔绝，就很难被了解。

（六）岩土咨询公司的内部管理

咨询公司的内部管理是很重要的环节，首先是总的经营思想，他们很明确就是要赚钱，随时脑子里要有一笔收入大于支出的账本。STS 公司全年收入大约 1200 万～1500 万美元，除去各项开支（工资占了开支的主要部分，还包括折旧、扩大再生产的开支），纯利润大约也就 2%～3%，如果利润高了就可以加工资或发奖金。

职工按规定每周工作 40 小时，但部分人员（总裁、技术骨干）每周最高达到 60 小时。每个人都要填写工时卡，包括总裁也不例外。工时卡上要填上下班时间（职工上下班时间可以略有浮动），还要填工程项目、工程量，每人每天的工时卡就输入计算机储存起来，到了周末、月末计算机就能按人按工程项目自动打印出统计数字，按此作为每个职工工资、奖励、考勤的依据和向用户收费的依据。STS 公司职工的工时利用率（指收入的）要达到 80%，

其他 20%则用于管理（无收入的业务工作）和休假。如果生产任务少，工时利用率低于 70%，就会出现支出大于收入的现象，公司就可能赔钱。

岩土咨询公司对提出报告的时间卡得很紧，必须按期完成，时间紧了就不讲定额效

率，总裁或总工程师说几天就是几天，这对项目工程师压力很大，加班加点也得完成。

岩土工程的现场工作占很大比重，经常有一半人员在现场工作（包括勘探、测试、施工、监督），对这些人员除工资外都另有津贴。津贴按职务高低不等，像钻探人员的野外生活费是每天 50 美元。至于工资和奖金都是保密的，一般说取得注册工程师证书的较高，像总裁、总工程师的年薪可达 5～6 万美元，一个硕士生新参加工作年薪约为 2～3 万美元。

（七）Ackenheil 岩土工程咨询公司给业主的一份业务介绍

1. 岩土工程的发展史

岩土工程是由土木工程、工程地质、土力学和基础工程发展出来的，近 40 年来，土力学和基础工程发展迅速，新理论、新方法几乎成倍地增长，各国出版了成百上千的专业书籍，高等学校内普遍开设了这门课，许多院校中教师达到了硕士、博士水平，美国在这个专业的研究费花了上百万美元。美国在 1950 年在土木工程师协会内建立了土力学和基础工程学部，但逐步发现这门学科必须和工程地质结合起来，因此 1974 年将此学部改名为岩土工程学部。

2. 岩土工程问题

近年来，在建设中关于土、岩石、水的条件日益显得重要。但长期以来对这方面的许多问题还不能认识，或者还不能满意地解决，而现在从技术上、经济上、环境保护上都要求更完善地解决，为此突出了以下一些问题。

（1）由于沉降、地震、爆破振动，膨胀岩土造成建筑物开裂。

（2）地下水渗流对构筑物的危害性，如堤坝下的水是如何流动的。

（3）工程地质灾害的认识和处理，如滑坡、采空区下沉、坑道坍塌等。

（4）铁路、公路、飞机场路基的破坏。

（5）河流、海岸的侵蚀，水道和海港的淤积。

（6）矿井建井中竖井、斜井的开凿，井巷的顶底板管理。.

（7）挖方和填方（堤坝）的稳定，锚定体系、支挡构筑物的稳定性。

以上是从技术上看，从经济上看，建设工期是关键，否则投资积压、货币贬值，经济损失严重。因此在施工中不能意外停工，而这种意外停工多是由于地质条件造成的。这就要求在建设前对地下和地面做周密的场地勘察和场地设计，要提前做出高质量的岩土工程工作。当然要求事先完全掌握地下条件是困难，但要求基本掌握而不出灾害性问题，至于施工时局部有些条件改变，可以在现场及时处理。

还有环境保护方面，岩土工程师必须考虑对环境影响的处理，像大坝、公路、核电站都有环保问题，在矿区有固体废料的处理、露天矿的复田再造、酸性矿坑水的处理等。

3. 岩土工程问题的解决方法

许多建设单位及土木工程师遇到的岩土工程问题，首先想自己来解决，但这样从经济上、技术上和时间上都不如去找专门的岩土工程师来解决更好。许多人一开始并不明白这一点而是想采用一些简单方法。

首先建设单位就想交给本工程的施工承包商去解决，但是他们对地质条件和岩土性质都了解得很粗，他们也没有更多的专业工程技术人员，因此这种办法常常可以奏效。再就随便找一个钻探公司来打钻，以为只要是钻探能弄清地下岩土条件，这种办法已是 50 年前的事了。现在岩土工程钻探取样已经完全专业化和标准化了，一般的探矿钻探公司和水井钻探公司根本满足不了岩土工程的要求。

再就是随便找个材料试验室对图样和岩样进行试验，这也是不了解土力学的错觉，现在岩土试验都是针对岩土工程目的进行的，有一套严格的操作规程，否则也是徒劳无益。

还有人想找建筑师或土木工程师，当然他们也能提出一些建议，但是他们的专业主要是结构建筑艺术，在岩土工程方面受的教育和实际经验都有限，碰到一些破坏或灾害就无能为力了。

还有人去找大学教授，在1945～1960年期间，美国一些大学里设有岩土工程咨询业务，可是他们也得再找承包商、钻探公司、试验室协助来解决各种岩土工程问题。教授对岩土工程终归是在教学以外搞得副业，时间有限，不能把全部精力投入，特别在一些现场作业的工作，他们没有足够的人力参加。1960年以后，大学里这些人员都纷纷脱离学校，各自成立了岩土工程咨询公司，因此现在大学里一般不再承担全面的咨询工作。

4. 最好的办法是找岩土工程咨询公司解决

由岩土工程咨询公司来承担岩土问题有利之处包括：

（1）力量雄厚。岩土工程咨询公司拥有大量技术人员，各专业配套，为了缩短工程周期，可以集中力量全面展开工作，公司成员都具有多年工作经历和上千个项目的实际经验，对一个工程项目可以全面承担，岩土工程工作内部的钻探、试验、提报告、施工配合不需建设单位操心。

（2）质量第一。个人咨询只能简单地配合工程需要，而且个人的专长和经验都有限，而咨询公司中则具有各种专长和经验的人，能解决各种特殊性的岩土工程问题，如化学灌浆、斜坡稳定、矿区沉降、地震分析及砂井加固地基等，都能使你满意，提高济效益。

（3）工作迅速。对任何工程关键要保证速度，不能影响建设的进展，咨询公司能做到，根据要求迅速回复，为加快设计工作在勘察期间就能提供初步资料，随时可以联系解决有关问题。

（4）全面负责。咨询公司对一项工程的岩土工作全面承担，包括：场地踏勘；现场勘探，室内及现场试验；分析评价和设计，提出报告、图纸和说明书；施工配合（包括施工检验），咨询和作证等。

（5）有美国土和基础工程师同业联合公司作为后盾。有100多家咨询公司参加的美国土和基础工程师同业联合工会（ASFE），这个组织的委员会对各成员单位起指导作用，可以组织同行审查修改报告；处理施工过程中出现的问题；配合各州政府机关审查和颁发营业执照；贯彻执行岩土工程的职业安全和保健条例。

（6）职业责任保险。几年前，由于法院对某项岩土工程判处了较高的罚款，为此保险公司不再对岩土工程工作保险。于是，各岩土工程公司联合起来建立了Terra保险公司，对各公司由于工作中出现错误和漏洞造成损失提供保险金。这个保险公司也像咨询公司一样，承办风险的分析和研究，各公司投保后可以把所承担的工程的责任限定在一定范围内，减少了意外的损失。

5. 怎样聘雇岩土工程公司

在选择岩土工程公司时，首先要考虑公司的资格，要看公司的能力和质量保证。一般需要一本介绍公司的小册子，里面有公司的水平和在他所建设的工程类型及经验。从他们所做的其他工程中做出评价。如果你认为合适，就可以向该公司的代表当面了解，如果全部合适，下一步就可以开始商谈承包了。

商谈第一步要为公司报价提出委托，其中包括全部工作范围，费用预算和要求的时间进度表。第二步就把委托书交给公司面议，审查委托书，商谈条件，认可或修改报价单，最后达成协议。如果万一达不成协议，第三步就再找一个咨询公司去承包。因为地下地质条件是未知的，用投标的办法来聘雇是很困难的。另外，用价格来开标是很危险的，因为有的公司水平和实际经验不足，可能把工程搞坏。

二、钻探取样与原位测试

在美期间，我们参观了两个钻探工地，一个原位测试工地，还参观了钻探工具库、岩芯库和机修厂，访问了一家钻机钻具设备工厂。下面分类汇报。

（一）钻机

美国用于岩土工程的钻机主要是车装钻机，其中包括履带式，按其能力大小有各种不同型号，他们的特点是：

1. 都是动力头式的回转钻机，一般不具冲击功能，回转扭矩较大，都在 5000N·m 以上，大者达到 10000N·m 以上，这是为了适应在土层中用长螺纹钻或空心螺纹钻钻进的需要。动力头有用液压传动的；有用机械传动的；有通孔式的；也有顶头式（如万向轴）。动力头不用开启式，而是退缩式。当升降钻具时，动力头连同给进装置一起沿滑道后退，空出位置用钻架、绞车升降钻具。

2. 动力头回转有多级变速，一般都是四级，这是为了适应在不同岩土中钻进的需要，在黏土中用螺纹钻，用 50r/min 以下的低速（大扭矩），而在岩石中用金刚石钻头，则用 600r/min 以上的高速（小扭矩）。这样用途广泛，适应力强。

3. 绞车成为可有可无的选购件，而锚头轮是其主要提升机械，因为开始起拔时可以用钻进油缸，起拔力大，提动以后主要是钻具自重，这时就用猫头轮和麻绳提升，速度快，可达 3m/s，操作灵便，提升力也不低，可达 22kN。

4. 下压力和起拔力大，一般下压力 40~50kN，这样长螺纹钻可以一拔而起。

5. 钻机除回转部分外，其他部件都能选购，可以根据用户需要装配，如钻架有 4.8m、6.1m 和 7.6m 三种任选，绞车、泥浆泵可要也可不要，规格、型号自选，装载汽车也按用户要求配置，这样可以满足不同用户，而且省钱。

还有一种专门打混凝土地面或路面的小钻机，用途是在有混凝土地面的地方开孔。外形很像一个台式钻床，安在一个有轮子的钢底座上，用电动机作回转头，下接合金钢钻头及岩心管，另有一个小手推车，上装小型汽油如发电机和小水箱，电源接到钻机的电动机上，水管则接到岩心管上端。操作人站在底座上，用给进把加压，效率很高，一般半米厚的混凝土只需要半小时即可钻透，然后钻机就可对准此孔往土层中钻进。

（二）钻探方法

车装钻机一般都是两人操作，包括记录和取样。与钻机车配套的还有一部小卡车，装载钻具、钻杆等。

在土层中多采用小口径钻进，孔径为 76mm（3 寸）或 89mm（3.5 寸），用长螺纹钻干钻，实际长螺纹钻只能带上部分扰动土样，其他则被挤到孔壁上去了。他们对螺纹钻的土样不记录描述，只是变层时量一下深度（并不准确），鉴定和描述只是针对取样器或贯入器中的土样。钻探中每隔一定间距（一般为 1m）进行一次取样或标准贯入试验，在黏性土中用薄壁筒（谢尔贝管）取样，在砂土中则用标贯。薄壁筒大量用的是 2 吋（51mm），因此孔径 76mm 也就够了。

在岩石中钻进用小口径金刚石钻头，用泥浆槽就放在孔口，是一个铁箱，总储量为 1m³，分成三格，前端格有空心圆筒，可以套在钻孔孔口管上，其他两格为沉淀槽，两块隔板上半部打有滤眼。当孔口泥浆上返时，先到达前端格，沉淀后通过滤眼进入中间格，再沉淀，再通过滤眼进入后端格，泵的水龙头就放在此格内。如孔内漏水严重，则用钻机车上的水箱补充。泥浆都用特别泥浆粉冲拌的，牌子是 Quik Git。泥浆箱有把手，用钻机的绞车即可把泥浆倾倒，并吊到小卡车上运走。

他们使用的钻杆都是平接手，提升工具非常简单，提引器就是一个圆板，接钻杆外径开个缺口（也有中间开一圆孔的），当提引板稍有倾斜时就把钻杆卡住，略有松动就脱开。孔口夹持钳也是相同结构，不过是把吊环换成手把。这种操作依我们看是比较危险的，但美国工人操作得非常熟练，两人配合密切。

长螺纹钻的接头都是六角连接，卸开时只需拔出销子。取样或标贯用钻杆，由于这时不受回转力，卸扣非常容易。

因为是小口径螺纹钻进，每隔 1m 做一次取样或标贯，效率较高。深度在 25m 以内的钻孔一天可以完成。如果需要大一些的土样（如进行固结试验等），则用大口径钻孔，但其孔径也只是 89mm 或 102mm，与我国相比都要小。

（三）取样

美国最常用取样器是薄壁取土器，即谢尔贝管，实际就是一根前端有刃、后端有眼的薄壁管，取样器上头用螺钉或穿钉固定，上头有丝扣与钻杆连接，并有球阀和排水眼。薄壁管规格：外径有 51mm、63.5mm、76mm、89mm 及 127mm；壁厚则全为 2mm、其面积比为 17.7%～6.6%；长度规格有 76cm 和 91cm 两种、其有效长度要减去大约 8cm（与上头连接部分）。但实际长度并不固定，当薄壁管前刃损坏后，可切去再车削刃口，因此现场的薄壁管也长短不齐。参观中我们看到最常用的是 51mm 管，其次是 63.5mm 管，据介绍除特殊要求外最大用到 76mm 管，这已能满足土工试验的常规要求。薄壁筒的材质是用不锈合金钢。其次是固定活塞式薄壁取土器，规格仅一种，即外径 76mm，壁厚 2mm，活塞通过芯杆，一直连到地面。以上取土器的取土方法都是压入法，由于钻机下压力可达 4～5t，取样器直径又小，一般土都能压下去。土样取出后，上、下端加橡皮盖，不再蜡封。

我们还看到环刀式对开型取土器，这和我国的取土器类似，外管为对开筒，下有前刃，上有上接头，上下用丝扣把对开筒固定，内装一连串 6 个环刀圈（无刃），其规格外径 82.5mm，内径 61.5mm，面积是 30cm²，可直接装入固结仪上。但其面积比高达 80%，取土质量难以保证。这种取土器前端还可装卡托，由八瓣金属片构成，浮搁在筒圈上（筒圈上有槽，金属片嵌在里面不突出），当起拔取土器时，金属片就会自动落下把土样卡住，以防土样脱落。由于这种取土器壁太厚，在软土中可在刃前再加一薄壁筒，成为薄壁取土器，实际就是一种取土器两用。这时后面的对开筒只起连接作用，只需把薄壁筒压入即可。薄壁筒外径 63.5mm，壁厚 1.05mm，面积比 7%，长度 15cm。取样时残土可进入对开型取土器的前刃，取土方法都用压入法。土样取出后，先用塑料袋把整个薄壁筒（内有土样）包起来，再装入与其吻合的塑料筒，上下加塑料盖，不蜡封。运送时还要装到特制的土样箱内，每个箱装 10 个土样，箱子内部有成型的泡沫塑料衬，非常严密，不怕振动。

再有一种常用的取土器，叫 Pither 取土器，属双管单动型，是单尼森取土器的发展，内管为一薄壁筒，外管可回转，前端为合金钢钻头，内管与外管完全分离，只是内管的上端可卡在外管的钻头上而掉不下来，中间则是弹簧，在外管上头内有轴承，保证内管不会转动。

把取土器放入钻孔时，内管（薄壁筒）全部伸出，到孔底后回转、压入同时作用。如土较软，压力小，弹簧不能全部收紧，这时内管薄壁筒就会超前于外管钻头，而且土越软超前越多。如土较硬，则需大压力，这时弹簧就全部收紧，内管薄壁筒的前刃也就缩入外管内，与外管钻头平。这种取土器取样时需用泥浆循环，详情可参看方晓阳著的《基础工程手册》。美国现有四种规格，即 63.5mm、76mm、102mm 和 149mm，长度都是 91mm。取样时要求钻机转速 $100\sim200$r/min，水力压力 1700kPa，水量 $75\sim227$/min。取土器拆卸比较简便，只需将外管钻头卸下，薄壁筒就出来了，再卸开薄壁筒与上头的螺钉，换个新薄壁筒安装上即可，据介绍全部过程只需一分钟。

从现场参观取样的印象看，美国的钻探取样质量并不高，如长螺纹钻头带上土样较少，鉴定分层就不准确。取土器直径小也影响土样质量，对取土器要求也不严格，有的残损了还用。但有些却值得我们借鉴，如全部用静压取土，土样都是薄壁筒（有刃）直接封存，不像国内用铁皮筒容易变形等。

（四）标准贯入试验

在钻探中，凡遇到砂土层，要每隔约 1m 做一次标贯试验，标贯器中的砂样要取出装入玻璃瓶内，并注明深度及击数。

标贯器的结构和规格、尺寸是国际通用的，与我国完全一致，但我们在现场注意了其损坏程度，发现有的刃口已严重残缺，甚至管子变形仍在使用，说明他们对此比较马虎。

锤击装置更为简陋，重锤用的是一个重杆，显然是为了避免与车装钻机的动力头碰撞，其形式很像我国冲击钻具的冲击杆，整个套在钻杆和打箍外。重杆上提环用麻绳连接，通过钻架天轮至猫头上，麻绳在猫头上缠 $2\sim3$ 圈，然后人拉住麻绳头，猫头轮一直在回转，人拉紧麻绳则把重杆提起，当高度大致到 76cm 时，人就松手，这时重杆下击，再拉再松，这样完成预打 15cm 和正式打 30cm，分段计数后就完成了。这套锤击装置比较落后，一是落锤高度控制不准，误差较大；二是不是自由落锤；三是锤的细长比影响锤击力，不是垂直的。

总的来看，美国对标准贯入试验是比较马虎的，几十年来没有什么改进，但他们许多经验数据却都是按此种设备和方法取得的，因此在应用他们的标贯经验数据时要注意，也不能拿我们的 N 值与他们等同。

（五）旁压试验

旁压试验在美国地基勘察中是主要的测试手段，用它确定浅基和深基的承载力，各种基础的沉降分析，支承桩和板桩的变形计算和锚固桩的抗拔力计算。旁压模量用于基础沉降分析已有了丰富经验，因此有一项工程中旁压试验点很多，如一幢 65 层的高楼，打了 9 个钻孔，在其中 6 个钻孔内做了 44 个旁压试验，相反室内固结试验则很少，此项工程中只做了一个土样的固结试验。

旁压仪是美国 Roctest 的产品，完全是梅纳型的预钻式旁压仪，其压力有两挡，即 0～2500kPa 和 0～1000kPa，外形和结构与我国生产的类似，用高压气瓶加压。探头是三控式，有三种规格，即 NX 型，外径 74mm，长 70cm，重 6.4kg；BX 型 58mm、70cm、4.3kg；AX 型 44mm、84cm、4.5kg，并有配套的勺钻、麻花钻及同心管、钻杆，钻进时一般用人力回转。全套设备价格约 15000 美元。

旁压试验的操作与资料整理与我国略有不同，主要是要做回弹，即当压力达到临塑压力 P_F 时，要卸荷至 P_0，再重新加压直到极限压力 P_L，有时回弹还再重复一次，即第二次达到 P_F 后再次卸荷到 P_L。在现场判断 P_0、P_F、P_L，他们采用蠕变量，即每一级荷载 30s 读数和 60s 读数之差，此值在 P_0 前由高至低急剧下降，在弹性阶段（即 P_0-P_F）则基本是水平线，而到塑性变形阶段又逐渐上升，其间两个拐点即为 P_0 至 P_F 值。绘制曲线时，除提供 P-V 曲线外，还给出 P-C（蠕动量）曲线，后者拐点更清楚。

在成果曲线图上，除上述两条曲线外，要标明 P_0、P_F、P_L 三个值，再就是画出弹性变形的直线段，计算旁压模量 E_D，在弹性阶段的每二级荷载都可以按梅纳公式算出一个模量，把过大或过小的个别值删除后，各压力下的模量平均就得出旁压模量 E_D，再就计算回弹模量 E^+，用回弹曲线的 P_0-P_F 段用同样方法计算，如果有两次回弹曲线则分别算出 E_1^+ 及 E_2^+，一般回弹模量要远大于旁压模量。

（六）十字板剪力试验

在美国对软土的原位测试主要用十字板剪力试验，我们参观了一个古老建筑物的改建勘察工地，这是一幢在芝加哥市区 1886 年建的 12 层楼房，单独柱基，尺寸为 3.6m× 3.6m，为此在地下室内基础旁对持力层（软土）进行十字板剪力试验。

设备是 Roctest 生产的，其中包括压入设备，类似我国的手摇链式静力触探机，顶部为一测力圆盘。把十字板用手摇压入到预定深度后，钻杆穿过测力圆盘中心轴孔并固定后，即开始摇动手轮。整个测方圆盘是密封的，表面为一曲线记录纸，摇动手轮就带动圆盘微转，同时有一指针随着剪应力的大小而上下移动，记录纸下涂有复写油，指针在上面移动就直接画出曲线，曲线圆周移动代表回转距离，而经向上的上下变化就代表剪力大小，达到峰值后一个试验即完成，接着急速摇动手轮使十字板回转一定角度，并等待一定时间，再按上述方法测定残余强度，这时也出现一较低的峰值。两次试验完成后即可再压入到另一深度继续试验，这样一张记录纸上可以有几个点的试验成果，具体数值大小在室内量出。

（七）钻探设备的供应和修配

钻探所需的零配件种类繁多，特别是钻具，美国已有统一标准，即 DCDMA 金刚石岩心钻机制造商协会（美国），全国都按此标准生产。购买也很方便，我们参观了俄亥俄州的 Diedrich 钻机工厂，这是一家很小的厂，全厂员工不足 100 人，有两个车间，一个材料库，一个成品库，两处办公室（经营和技术）。主要生产各种钻具，包括钻杆、接头、套管、提升器、贯入器及锤击装置、种取土器、螺纹钻具、合金钢钻头、金刚石钻头、牙轮钻头等。每种产品有多种规格、类型，可买整套，也可买其中某一部件，多数设备有现货，急用时可自己开车去取，也可电话通知他送来。Diedrich 厂自己也装配钻机，但仅一种 D-50 型的，可车装，价格较便宜，工厂的材料和原件都靠外购，如薄壁取土器的薄壁筒，他就买进各种尺寸的薄壁管，自己稍加工即出售。

我们还参观了 STS 公司的机修厂，由于他拥有 40 台钻机，不得不自己设有修配厂，但设备也很简单，只有少数几台机床，有起吊设备，人员也很少，仅 3～4 人，主要是检修，包括对汽车的修理。

三、试验室试验

我们此次赴美共参观了五个岩土试验室。在 STS 公司的土工试验室看了多项试验旳操作和成果图表的制作，在 Dames and Moore 公司只看了试验设备，在 STS D′Appolonia 公司的 Milwaukee 工地，看了工地试验室的设备，最后还看了伊州理学院（IIT）和西北大学理工学院的教学试验室。相对来说学校的试验室不如咨询公司的仪器，并较陈旧，也零乱。下面就我们所见予以介绍。

（一）简常规土工试验

配合生产任务的简常规土工试验，在 STS 公司非常简单。野外由谢尔贝取土器取回的土样（一般为 $\phi47mm$，长 500～700mm），将两端橡胶盖启开后，用气动推土器将土样垂直向上顶出。试验员将整个圆柱土样截为长度略大于 100mm 的几段，用开土辅锯箱将其上下端切平，这样可达到一固定长度（为直径的两倍），土的体积也就是一个定值，然后在电子秤（数字显示）上称重，土的天然重度就试验完毕。

其次进行天然含水量试验，同样用整块的圆柱土（有时也用一些大的碎块）称其天然状态重量，置入容器内放入烘箱，第二天称其干燥状态重量，求得天然含水量。

用做完天然容重的圆柱土，移至另一试验台做无侧限压缩试验，记录其极限强度及描绘破裂面。同时选用同一编号的圆柱土，做袖珍贯入试验，用袖珍贯入仪（Pocket Penetrometer）在不同位置上进行贯入，并在简图上标明各试验点位置和测得的无侧限抗压强度。

至此简常规试验完成，主要是三个指标，即 γ、w、q_u，这几个数据用折线点画在柱状图上，另对无侧限压缩试验成果与袖珍贯入试验成果再分别列在试验表中。如果做了液、塑限，也用折线点画在柱状图上，这样和 w 点在一起，可直观地看到土的状态。

液、塑限是很少做的，其原因有二：①液、塑限只供土的分类（塑性图）用，在美国土的分类与土的强度、变形特性没有直接关系。②STS 公司在芝加哥地区已有数十年经验，对地层已完全掌握，没有必要再用液、塑限去分类。因此 STS 公司在芝加哥地区的工程基本不做液、塑限，在芝加哥以外的地区也仅选少量土样进行液、塑限，基本上保持每层土有 1～2 个数据，作为分类的依据而已。

无侧限压缩仪采用双钢环测力计，可使在小荷重下获得更高的精度，精度可达 0.445N，当外环达到额定负荷时，内环开始工作，这样不会使外环出现过载的危险。加荷采用气压，气压调节阀精度为 0.5kPa，在荷载加至 23.9kPa 的应力传感器（Load Cell）和精度为 0.001mm 的应变传感器（Strain Pickup），并与 L-300 型 X-Y 记录仪（Recorder Set）联机，则可实现记录制图的自动化，这时他们就把整个应力-应变曲线和全部数据制成图表附在报告书内。

袖珍贯入仪在美国使用很广泛，可以在任何一块土上试验，其大小如一支粗钢笔，直径 19.1mm，长 152mm，重 198g，后部是一个弹簧管，中部是可伸缩的刻度杆，前端为贯入头，贯入头有二种尺寸，即直径 6.3mm 及 25.4mm，对硬土用前者，软土用后者。操作时握住后部将贯入头压入土内，由于土的软硬不同，弹簧收缩也不同，也就缩入到不同刻度，当贯入度达到标线时，从刻度就能读出 q_u（软土的贯入头读数要除以 16）。这种贯入仪不但在试验室使用，更多地在钻探工地和施工检验时使用。

从谢尔贝取土管中取样是用气动推土器，型号为 P-512，由 STS 公司自行设计自行加工，可推直径为 51mm、63.5mm、76mm 的取土器，推力可达 13.44kN，有垂直型与水平型两种。

液限仪美国一律采用碟式仪，现多为电动，并能自记击数，使用方便。塑限仍用搓条法。

美国对无侧限抗压强度特别重视，是计算极限承载力和允许承载力的主要参数，并根据 q_u 对黏性土进行稠度分级如表 1 所示。

稠 度 分 级 表 表 1

稠　　　度	q_u（kPa）
极软（Very Soft）	<24.41
软（Soft）	24.41～47.85
中等（稍硬）（Medium 或 Firm）	48.82～96.67
硬（Stuff）	96.67～194.32
很硬（Very Stuff）	195.3～389.62
坚硬（Hard）	390.59～781.19
极坚硬（Very Hard）	>781.19

注：也可把极软及极坚硬出去，按五级划分。

（二）固结试验

固结试验在美国是一项重要的试验，但在工程项目中做的数量很少，不过是非常正规、完善和准确。我们看到的两项基础工程都是仅在受压层的关键层位上做一个固结试验。

固结试验一般用直径为 62mm（面积 30cm²）、高 20mm 的试样，标准规定最小直径为 50mm、高为 13mm。要求土样的直径最少要比试样直径大 5mm，因此固结试验的取土器应采用 ϕ75mm 取土器。

用环刀制备试样时，有一个专门的旋转修整器，可以保证上下面的平整。另在坏刀内涂一层硅脂，以减少试样与环刀壁的摩擦。

试验前先加预压，称为就位压力，一般为 5kPa，对软土可减至 2.5kPa 或更小，施加就位压力 5 分钟后，调整千分表为起始读数点。

加荷等级为 25、50、100、200、400、800、1600、3200、6400 直至 12800kPa，一般末级压力要等于或大于土的前期固结压力的 4 倍。稳定标准以固结度达到 100% 为准，一般多采用 24 小时加一级荷载的办法，因此一个固结试验（包括回弹）需要 20 天以上的时间。标准规定 100％固结度时的压缩属主固结，以后发生的压缩属次固结。

固结试验一般都做回弹，而且是两次回弹：第一次是当加荷压力超过前期固结压力一级或两级时开始卸荷，卸荷等级基本与加荷等级相同，并一直卸至第一级荷载，即 25kPa；然后，再按等级重复加载，并超过第一次回弹的起始压力直至末级荷载，至此稳定后再按等级一级级卸荷，直回到第一级荷载 25kPa，这样整个固结试验才完成。

测读和记录：STS 公司试验室设有两套记录装置，一个为白分表，另一个为传感器传入数据采取仪，再由微机进行数据处理。每级压力施加后，大致按 0.1、0.25、0.50、1、2、3、4、8、15、30min、1、2、4、8、24h 来读数，但对开始的小压力（如 25、50kPa），有的只延续 4～5min。

成果和图表：在报告书中必须附完整的固结曲线，那 e-$\log t$ 或 e-$\log\sigma_\text{v}$（有效固结应力）曲线，有的并附每级压力的百分表读数 s-$\log t$ 曲线。根据固结曲线要提供下列数据：有效上覆压力 σ_V0，前期固结压力 P_P，压缩指数 C_CR（小于 P_P 的曲线斜率）及 C_C（大于 P_P 的曲线斜率），压缩比 $C_{\varepsilon\text{R}}+\dfrac{C_\text{CR}}{1+e_0}$ 及 $C_\varepsilon=\dfrac{C_\text{C}}{1+e_\text{m}}$（$e_\text{m}$ 为 P_P 的相对孔隙比）。并根据百分表读数 s-$\log t$ 曲线确定固结系数 C_V，对于再压缩曲线还可以确定再压缩指数和再压缩比。至于如何计算可参看邓肯著的《沉降分析实用手册》。

固结仪在美国都是高压固结仪，加荷最大者可达 12.8MPa，一般都加荷到 6.4MPa，仪器构造有两种，一种为气压式，气压可调节精度为 0.5kPa；另一种为人工加砝码的双重杠杆式。容器有浮圈式和固定式两种。STS 公司的全部气动仪器都使用统一气源。

（三）颗粒分析

对于粒径大于 $75\mu\text{m}$（200 号筛上试料）的颗粒级配用筛分法，对于粒径小于 $75\mu\text{m}$ 的颗粒采用比重计沉淀法。

对于颗粒的分散，美国采用两种设备：一种是高速机械搅拌器；另一种是空气器。ASTM 标准认为，空气分散器对粒径小于 $20\mu\text{m}$ 的塑性土能取得较好的分散效果，对各种粒径的砂性土则效果显著降低。由于空气分散器具有一定的优点，故 ASTM 推荐采用。但在我们参观的几个试验室，包括著名的西北大学和伊州理工学院土工试验室在内，均仍采用高速机械搅拌器。据伊州理工学院 Carlton Ho 博士（华裔，副教授）讲，除了对膨胀土等高塑性黏土采用空气器分散以外，多数还是采用机械搅拌器。

机械搅拌器由电动机驱动垂直轴，空载转速不低于 10000r/min，轴上可装由金属、塑料或硬橡胶制成的搅拌翼片（可更换），要求翼片底端与分散杯之间隙在 19～38.1mm 范围内。

沉淀法颗分的用水采用蒸馏水或软化水（即自来水），分散剂采用六偏磷酸钠（亚磷酸钠）溶液，其浓度为 40g/L。

（四）击实试验

击实试验首先要碎土，碎土用微型球磨机，制于密封的试验柜中进行，以保证环境清洁和消除噪声。

击实试验在 ASTM 中有两个标准，即 D698 和 D1557，前者叫标准含水量及密度，后者叫修正含水量及密度。两种击实器规格如下：

标准型：容器 942.95cm³（0.0333 呎³），内径 10.16cm，高 11.64cm，锤重 2.49kg，

允许误差±0.06kg。落高305mm。

修正型：容器2123.82cm³（0.075 呎³），内径15.24cm，高11.64cm，锤重4.54kg，允许误差±0.11kg，落高457mm。

机动击实仪可以满足两种试验，只需更换容器和击实头，落高在仪器上切换。击实头的底板是一个扇形，每击一下圆容器转动一个角度，转一周则正好全面击了一遍。它既能保证试样击实均匀，又可减轻操作人员的劳动强度。它的特点是：（1）由电动机和传动齿轮驱动；（2）自动固定击数和记录；（3）击实容器可在每一击后自动旋转一定角度；（4）可变换容器和夯击数；（5）可快速制样，落高均一。

（五）离心含水量

离心含水量的定义是指土在饱和状态（土经过浸泡）下，经受1000g的离心作用1小时后所测得的含水量，以百分数表示。

离心含水量的基本理论是用一个足够大的离心力使土的毛细作用大大减小，以至于小到可以忽略，这就是说，即使在小土体中，离心力也会把毛细作用下大部分牢固粘结的水分离出来。例如，如果土本身由于毛细作用能贮存100mm水柱的水，它不受重力影响，但在重力1000倍的离心力作用下，土中毛细水只能留下0.1mm高。

离心含水量可用来估计土的"空气孔隙比"和"滞水能力"。空气孔隙比是指在给定的土中空气所占的体积与总的孔隙体积之比，滞水能力是指通过重力疏干，土含水量能降低到的最小值。

离心含水量主要设备是离心机，其转速要求能产生1000g的离心力。STS公司的离心机转速为2300r/min，用电阻器调挡变速，每分钟调一挡，于5分钟内达到规定转速。其次是离心枢轴杯，是一个有盖、有刻度的小杯，内装Gooch坩埚及支承，坩埚高37.5mm，顶部直径25mm，底部直径20mm，容量为25mL，底上有孔。

（六）三轴剪切试验

三轴试样的最小直径为33mm，一般常用的试样直径为71mm和102mm。在试样内含有最大的颗粒粒径（对33mm直径的试样）应小于3.3mm，对71mm或更大直径的试样最大粒径应小于试样直径的1/6。试样的高度应为直径的2～3倍，一般多取2。试样直径、高度的量测精度为0.2mm。

STS公司的三轴仪是由英国ELE公司生产的，它的侧压可加至773.38kPa，轴压可加至6.803kN，另有高压三轴仪，其侧压可至1406.14kPa，轴压可至45.359kN。其特点是采用了油水恒压器，使用方便，压力稳定。操作时，试验条件的控制、数据记录与处理、孔隙水压力量测以及制图计算工作，全部由计算机处理。

初始记录应变为0.1%、0.2%、0.3%、0.4%、0.5%时的荷载和变形量。其次，记每次0.5%应变增量的相应值，直至总应变达到10%，最后以2%应变增量计算荷载与变形量。

橡胶膜的厚度规定应小于直径的1%，多用氯丁橡胶制品，它具有可靠的防渗能力，又对试样只产生极小的约束力。

为减少试样的两端与帽盖、底座之间摩擦所造成的影响，试验装样前应在其间涂以硅脂。

（七）直剪试验

在我们访问的几个试验室，直剪仪较少，而多以三轴剪为为主，试验条件的确定要充分考虑土的应力史，即自然条件下的应力状态，附加应力的大小与加荷速度，排水条件、剪切方式及固结方式等。

STS公司的应变式直剪仪构造与国内基本相同；但其加荷推轮与剪切盒是固定连接的，可以正反转动，从而使剪切面可前进小能后退，可进行重复剪，测残余强度。剪切时使剪切面开缝为0.25mm。记录全部用应力传感器（精度0.5kPa），并输入计算机处理。

在Dames and Moore公司看到一种国内比较少见的直剪仪，它是一台剪切仪上固定三个剪切盒，施加剪力装置可旋转，对不同垂直荷重作用下的三个土样依次施加剪力。试样为方形，每边宽度为50mm，宽厚比为2：1。

（八）计算机制作图表

美国试验室的图表制作、数据打印已全部实现计算机化。在STS公司我们看到的多是一些普通的微机，加上一个A4的绘图仪。对各项试验都有各自的软件，图表和数据的格式排列全已表格化。制图时通过人机对话，选定坐标比例，把土样编号、深度和试验的各项数据一一输入后，屏幕就出现了已绘成的图表，这时你可以校对数据和观察试验点和曲线是否合理，如有错误或某一点有问题时，可以修改或舍弃，当你确认无误即按下绘图键后，绘图机就快速地把全部图表绘制打印出来，然后复印置于报告书内。

我们当场参观了一个击实试验成果及曲线的绘制，屏幕上问一个数据，你输入一个，当把4个含水量及相应的干重度等都输入后，屏幕即显示了图表曲线，并计算了最佳密度和最佳含水量，这时他发现有一个点有些问题，又做了修正，修正后再次做了检查，最后令绘图机把图表绘出、数据打印，整个过程仅5min，图表非常清晰、美观。

这种微机制图不仅可以用于各种室内试验，还用于原位测试，如旁压试验曲线，载荷试验曲线等（包括成果计算），还可绘制地质柱状图（包括N值、w、q_u、w_p、w_L等）和勘探点平面布置图（包括建筑物和地物，但不含地形等高线）。

总之，在美国计算机制图应用已极普通，我们在Sargent and Lundy咨询公司看到小型计算机制图系统，可以绘制复杂的建筑结构图、机械图和电气图，并正在试绘有等高线的地形图。

（九）混凝土和其他材料试验

美国岩土工程咨询公司除了岩土试验外，还包括环境对混凝土影响的试验，STS司新建了大型混凝土试验室、蒸汽养护室并配备了相应的试验仪器。

混凝土试验，包括常规的配合比、水灰比、强度与冻融试验外，还进行环境水对混凝土的影响和混凝土骨料的腐蚀作用研究。

环境水的影响主要是研究水质对标准试件的作用。他们进行的一项试验是：当环境水中氯离子含量提高时，起着离子干扰作用，当氯离子与硫酸根离子含量比大于4时，将停止硫酸钙的形成，减低了硫酸盐侵蚀破坏的作用，实际标准试件试验证明，当上述比值为0.4时，试件在8～9个月后就完全破坏，而比值为1时，在相同期限后，试件仅降低了其初始强度的4%，抗破坏能力可提高5倍以上。

还进行大气物理作用的影响试验，主要是水的毛细管作用、敞露与密闭环境、干湿交替频度等环境变化的作用。评价混凝土中的侵蚀，不仅要考虑环境水的化学性质，而且要重视全面环境条件。另外还量测温度变化对混凝土的影响，在混凝土中放入热敏式温度仪，它可每 15min 发出信号，由微机记录并处理，以了解气温、混凝土温度之间的变化。

骨料对混凝土的腐蚀作用也是一项重要课题，国内研究得不多。因为混凝土的主要成分是硅酸盐水泥，它含有一定量的碱性（pH＞9）。而某些骨料成分在碱性条件下具不稳定性，产生碱-骨料反应，会导致混凝土内部膨胀，强度和弹性模量降低。美国常用的骨料为硅质灰质的砂岩、白云岩等，都会不同程度地出现上述问题，如碱-硅反应产生的胀裂力，试验表明可达 1500kPa 以上。说明骨料的选择对混凝土构件的耐久性关系重大。

此外，为了了解构件尺寸不同对抗侵蚀的能力，他们除了进行标准试块试验外，还按不同设计制造各种原型构件，置于不同的模拟环境条件下测试其变化与影响，还制成不同比例尺寸的构件寻求尺寸效应作用。例如，混凝土渠道底板，1/2 比例的构件比原型构件在相同环境条件下破坏要快 3～4 倍。混凝土的制作都是按 ASTM 标准进行。

除了开展混凝土试验外，STS 公司还根据用户的要求和形势发展，开展其他材料试验。例如电厂的大量粉煤灰（Fly Ash）、废石膏、石灰厂的烟灰（Flue Dust，其中含有 40％石灰）以及矿渣等，这些都可利用作为公路的筑路材料。目前美国电厂的粉煤灰有一亿吨，利用的只有 5％，而同时去电厂的送煤单元列车，常是空返，如能把粉煤灰等废料拉出作为筑路材料，则一举两得。据此信息 STS 公司开展了废料利用的试验研究，他们在某机场跑道基床的咨询设计中，采用了 4％的石灰、14％的粉煤灰，加上 82％的骨料、压实成很好的基床层，为此进行了必要的试验，如找出最佳的配合比和最佳的含水量，进行了大量的击实试验、荷载试验及 CBR 试验等，最后确定了施工工艺及方案，并派员监督施工，获得了成功，取得了较好的经济效益。由于各电厂的粉煤灰成分不同，各时期用煤不同也影响粉煤灰成分，因此这种试验工作是经常需要的。

（十）土工编织物（Geotextile）的试验

土工编织物是一种用于土工结构物的新型建筑材料，它可起到加固、防水、隔水、疏干、反滤、托架等作用。材料有化纤、塑料等低价原料，形式多种多样，有针织、纺织、合成、压塑、混层粘胶等，规格型号更是千变万化。最初是用在道路工程，作为地下排水反滤层的外包，现在已发展到用于挡土墙背的排水、滑坡处理的疏干、人工土坡的加固（类似加筋土）、地下室的防水防渗、水土保持的遮盖、硬垫层与软土的间隔，以至部分调整不均匀沉降等，其用途还在迅速扩展。

每一种形式的土工编织物都有其一套特性指标，由此可知它在工程中的作用，为此要进行一系列试验，包括每设计一种新型的土工编织物时，对其特性指标都要测定。STS 公司在近年来开展了这项工作，规模还在日益扩大。如作为隔水层，就要求有很高防渗力，我们看到用三轴仪来进行土工编织物的渗透试验，可以在很大的水头压力下长期试验。还参观了编织物的摩擦抗拉强度试验，这是为了编织物铺设在卵石中的试验项目，仪器类似剪力仪的大型试验机，在编织物上下铺上卵石，然后加垂直压力，对土工编织物施加拉力，测其强度及磨损。还参观了原型试验的准备工作，这是一种高强度塑料的土工格栅，试验将其空架，上面逐级堆载大卵石，测其承载力、变形及格栅的库力分布，参观时正在格栅上粘贴电阻应变片，并一一调测。

关于土工编织物的试验项目极多，美国已编写了全套《土工编织物应用手册》，其中包括性能试验一章。

四、岩土工程报告

岩土工程报告是岩土咨询公司的技术产品，也是我们最关心的内容之一。此次收集到两份最新的岩土工程报告，一项是 STS 公司在 1984 年做的一幢高层建筑的报告；一项是 STS D′Appolonia 公司在 1985 年做的一个选煤厂的报告，前者在芝加哥市区，后者在俄亥俄州的丘陵区，都颇有代表性，这两项工程的施工工地我们也参观了，印象较深。此外1984 年，STS 公司总裁南丁格尔先生来华时也赠送过多份岩土工程报告，包括高层建筑、边坡稳定、管道、事故处理等，这些资料使我们更了解美国岩土工程的内容。

（一）岩土工程报告的概况

美国岩土工程报告并不像我们一律称为工程地质勘察报告，而是根据报告的主要内容来命名，如有的叫"岩土工程评价"（Geotechnical Engineering Evaluation），有的叫"基础建议"（Foundation Recommendations），还有"岩土工程研究"（Geotechnical Engineering study）、"地下勘察"（Subsurface Investigation），当然也有的就叫"工程报告"（Engineering Report）或"岩土工程报告"（Geotechnical Engineering Report）。

岩土工程报告最大特点是以评价分析和建议为主，也就是对岩土工程的设计方案、准则和施工措施提出咨询，而不像我国的工程地质报告只叙述地质条件和提供岩土设计参数。据几份美国岩土工程报告统计，其评价和建议部分的篇幅要占 53%～70%，内容丰富而详尽。

在岩土工程报告的最后常有一节阐明使用报告的限制条件（General Qualifications），主要说明报告中的评价和建议所依据的条件（指建筑物结构类型、荷重、地下室深度等）和公司所负的责任。这一节在各报告中似乎都千篇一律，也是为自己在法律上站住脚，内容大致有：（1）分析和建议都是按委托的建筑物特点来进行的，如建筑物有变化则不能使用，需另行评价。（2）对可能出现的地质条件的变化，指出解决的途径。（3）施工时要进行质量监督和工程监测，并建议由本公司派出有经验的岩土工程师到现场服务。（4）如设计对报告的建议有变更时，必须经过本公司审查同意，否则不再对工程负责。

岩土工程报告中还附有一页叫"不可预见的地下条件的标准条款"（Standard Clause Unanticipated Subsurface Conditions）。这是考虑到任何勘察都不可能完全揭露地下条件，或多或少会有一些与报告有出入或遗漏之处，特别是某些条件发展和预测，像地下水位就可能在勘察和施工期有所不同。为了在法律上站住脚，特别是对业主和承包施工的公司有言在先，到时不要大惊小怪，更不要在施工费上闹纠纷。因为地下工程的施工投标主要依据是岩土工程报告，因此建议订合同时就把这一因素考虑进去，也就是列入一笔合理的追加费，如因地下条件变得困难，业主就应多付这笔钱，反之如果地下条件变好，施工公司则应回扣一些。条款还规定如果在施工时发现地下条件与报告有很大不同，业主或施工公司通过业主 24 小时内立即把实际情况通知本公司，本公司将提出增加或减少工程量的建议，并据此协调业主和施工公司之间的承包价格。

岩土工程的附图也各不相同，如 STS 公司在芝加哥的高层建筑报告中，不提剖面图，而只提柱状图，这样钻孔位置比较零乱，但各自在其关键部位，平面图也很简单，只有建筑物轮廓、街道和钻孔位置编号。但在山区或边坡稳定的报告，则除柱状图外都有剖面图。附图中还有各种试验曲线或数据表，如旁压试验曲线及全部数据、固结试验的 e-$\log p$ 曲线和 s-$\log t$ 曲线、击实试验曲线与数据、三轴试验曲线及数据、颗粒分析曲线、无侧限抗压试验曲线及数据、点载荷试验图表等。一般没有土工试验总表，至于几项基本试验参数，如含水量、天然重度、液塑限袖珍十字板试验、袖珍贯入仪试验、无侧限抗压试验、标准贯入试验等都注在柱状图上，并在深度方向联成折线。以上各种附图除剖面图和复杂的平面图外，都是 A4 图幅，而且基本都是由计算机及绘图台、打印机制作的，规格统一、清晰、美观。

柱状图在野外记录描述得比较简单，当试验成果出来后，项目工程师要根据土样并参照试验指标再重新鉴定整理，才得到最终的柱状图。报告中注明野外记录及试验记录表都保存在本公司，其中有些内容报告没有采用，但欢迎业主和施工公司来查阅。

有的岩土工程报告一开始就先有一章总论和结论，把地质条件和对基础工程的建议的主要内容像提要一样写在最前面，这对于非直接设计、施工者，如业主、政府部门……，只看这一章就足够了。

（二）岩土工程报告的前言和自然条件部分

1. 前言中要阐明以下几点：

（1）工程项目和地点，委托单位，工作的主要内容和时间。

（2）拟建建筑物的特点，包括结构，各部分的层数、地下室层数及深度、不同柱的荷载值等。

（3）勘察工作的主要内容，如钻探、原位测试、室内试验以及这些工作的布置原则。

（4）咨询的主要内容，即评价与建议，如基础形式、土方开挖的原则、基础和地下室的施工等。

2. 一般岩土工程报告中都比较详细地交代勘察手段，专门有一节叫"地下勘察方法"（Subsurface Investigation Procedures），主要叙述钻探、取样和标准贯入试验的技术方法，包括使用的钻机、钻探工艺、钻头类型和尺寸、取样器类型和尺寸、下套管的情况、标贯和取样（包括取芯）操作所依据的规程（ASTM 编号）等，有的报告在附录中还把这些规程复印作为附件提出。还有一节叫"试验计划"（Testing Program），先叙述原为试验的内容和方法，包括试验点的布置、试验设备、试验方法和资料整理原则，主要指旁压试验、孔隙压力测定、十字板试验、静力触探、地下水位测量等。然后叙述试验，包括试验项目的安排用途、试验方法，主要指无侧限抗压、容量、含水量、袖珍十字板、袖珍贯入、击实、固结、三轴、直剪等，并包括岩土分类和描述的方法和依据。这些内容在我国勘察报告中大多都省略了，但美国人却不厌其烦地叙述上几页，看来他对原始数据的采集比较注意，因为所有分析和评价都建立在勘探试验的基础上，而这些成果的可靠性和精确性都跟设备、方法有直接关系。详细交代了工作方法，报告使用者对整个资料及建议就可以信任，也便于审查其质量。另外美国对勘探试验很重视是否符合规程，ASTM 具有很高的权威性，报告中交代了方法，表明完全符合 ASTM 规定。

3. 自然条件与国内勘察报告大致相似，大致分为三部分。

（1）场地地质、地形、地貌：在城市建筑的报告中这部分不叙述，一般只说一下拟建建筑物在城市的位置和地面标高；在山区基岩较浅的场地则简单叙述地质条件，包括岩性和构造，内容只涉及与工程有关的岩层。

（2）地层条件：这部分是重点。按分层由上而下一一描述，包括各层的深度、厚度变化和稳定程度。土性的描述都有定量界限，对黏性土的稠度按无侧限抗压强度分级（表1），对土中包含物含量的描述见表2。

土中的包含分级表

表2

包含物含量描述	干土重（%）
微量（Trace）	1～9
少量（Little）	10～19
多量（Some）	20～34
大量（And）	35～50

包含物的名称按粒径大小定名，见表3。

粒 径 名 称 表

表3

名　　称	粒径范围
漂石（Boulders）	>200mm
卵石（Cobbles）	200～75mm
砾石（Gravel）	3～4 号筛孔（75～4.76mm）
砂（Sand）	4～20 号筛孔（4.76～0.074mm）
粉土（Silt）	200 号筛以下（0.074～0.005mm）
黏土（Clay）	<0.005mm

细砂根据标准贯入试验击数 N 值来确定它的密度，见表4。

岩石则必须述明 RQD 值，当 RQD 接近 100% 时，属极好的岩石，其强度接近岩样试验结果。当 RQD 为 0～50% 时，则属很差的岩石其强度就要用岩样试验成果乘一个小的系数才行。

细砂的密度判定表

表4

N 值	相对密度
0～3	极松（Very Loose）
4～9	松散（Loose）
10～29	中密（Medium Dense）
30～49	密实（Dense）
50～80	很密（Very Dense）
>80	极密（Extremely Dense）

在地层描述中还原位测试成果列成表插入，包括钻孔号、深度、土的统一分类代号、旁压试验的 P_f、P_l、E_d、E_d' 标贯试验的 N 值、无侧限抗压强度等。

（3）地下水，对施工有影响的地下水问题都阐述的比较清楚。包括几个含水层、各层的稳定水位、含水层性质等。如上层滞水要说明其与地表水的关系，有时钻孔并未揭示地下水，也根据邻近建筑物施工经验来预测。对砂砾中的地下水，则详细阐明水位测量的方法，封孔、抽水等措施，特别是对承压水。对基岩水要预测其动态，如由于城市地下水工程的影响，降低了水位等。对施工要进行排水的工程还要进行野外渗透试验，提出含水层的渗透系数 K 值。如果地下水与施工没有直接关系，仅是简单地提供水位。

（三）基础评价与建议

基础评价与建议是根据不同地基条件和建筑物要求而确定的，很难统一模式。STS 公司长期在芝加哥市区内进行高层建筑，这一类报告比较相似。这里以密执安大街 900 号工程为例来介绍其内容。

900 号工程位于芝加哥市北密执安大街，为一 65 层的塔式大楼，周围是 5 层的裙楼，主楼地下室有三层，底板在地下 10m。塔楼最重的两根柱荷载为 52MN，其他柱为 22.7～36.3MN，裙楼柱荷载为 6.8～13.6MN。

1. 地基土的构成（表 5）

地基土的构成表　　　　　　　　　　　　　　表 5

序号	底层深度（m）	地层名称及描述
①	1.2～5.5	填土，由砂、角砾、建筑垃圾组成，有旧基础
②	5.5～7.7	细砂，松散至密实，饱和
③	16～21	粉质黏土，硬至中硬，低塑性，$w=15\%～35\%$
④	24～26	粉质黏土，坚硬至很硬，低塑的 $w=13\%～15\%$　高塑的 $w=35\%$
⑤	30～33	硬盘，砂质黏土、粉土和粉质黏土互层。硬盘是指坚硬、不透水、塑性高的土，胶结物不易溶解，直接掺水不会成为塑体
⑥	厚 0.6～2.4	粉质黏土，硬至坚硬，高塑性、低强度 $w=35\%$
⑦	40	粉土及黏土质砂，极密，饱和
⑧		白云质石灰岩，RQD=65%

地下水有两个含水层：上层属上层滞水，赋存②细砂层内，水位在地下 2～3m，深层水在硬盘以下的粗粒土及基岩内，承压水位为地面下 10m。

2. 基础建议

根据地基土和建筑物荷载，建议本工程采用深基础体系，基础形式为钻孔扩底墩。墩底筑在⑤层硬盘上，深度为 26～27m，硬盘的最大净承载力为 1465kPa（即由墩底传到地基的压力，可不计土的自重，不做深度修正）。对柱基的沉降估算为 1.9～4.5cm，柱间的沉降差为 6～13mm。

另外，还提出一个扩底墩的较浅深度的方案，置于地面下 18～22m 的④层坚硬的粉质黏土上，但其净承载力仅 500kPa，并且变形值要大于筑在⑤层上。因此，建议对裙楼低荷载的柱基可以采取此方案，而塔楼仍采用深的持力层。

3. 地基承载力的确定

通过我们对几个公司的考察，美国确定地基容许承载力基本上是经验的或半经验的。他们通过实践不断提高承载力值，20 世纪 60 年代初期在芝加哥的墩基不敢置于硬盘上，一些高 30 层的大楼都置于基岩上。到 20 世纪 70 年代 30～50 层的大楼墩基就置于硬盘上，并不断提高承载力，至今则 50～80 层的建筑大多以硬盘为持力层。

美国非常注意试验室试验成果及现场测试的强度进行承载力分析，并以不同地层结构单元组合条件下墩基应力传递机理分析为依据，综合确定建议的设计采用值。首先，他们非常注意无侧限强度，大量进行无侧限抗压试验，以这个最简单的指标来对比，近似的以 $1.5q_u$ 来确定净容许承载力。其次他们在持力层上下大量进行旁压试验，估计是直接用极限压力 P_t 与临塑压力 P_l 来确定，而不考虑起始压力 P_0 值（在原位测试总表中不出现 P_0 值）。我们根据本报告估算⑤层硬盘 26～27mm 所做的旁压成果，P_t 平均值为 1680kPa，P_l 平均值为 3580kPa，而采用的净承载力为 1465kPa，这就是 P_f 的 87%，或 P_l 除以 2.45 的系数。刈④层坚硬粉质黏土深 18～22m 的旁压试验成果也做了估算，P_f 平均为 780kPa，P_l 平均为 1470kPa，采用的净承载力为 500kPa，这就是 P_f 的 65%，或 P_l 除以 3。我们认为旁压试验确定承载力主要是以 P_l 除以 2.5～3 的方法，同时不得大于 P_f 值。

对扩底墩的极限承载力 Q_u 由下式计算：

$$Q_u = N_c \cdot \omega \bar{C}_t \cdot A_t + \alpha C_s \cdot A_s$$

式中　A_t——墩底面积；

　　　A_s——墩身周边面积；

　　　N_c——承载力系数，一般取 9，芝加哥地区取 6；

　　　ω——无量纲系数。这是根据深基础基底破坏理论，并考虑到载荷试验得出的实际机理与理论假设之间的差异，对 N_c 值进行修正，一般在 0.75～1.0 的范围内选择，芝加哥地区采用 0.75；

　　　$\bar{C}_t$——墩底下土的不排水强度。因为芝加哥地区的硬盘含有砾石、页岩块等，室内剪切试验与原位强度有出入，故采用不排水总应力强度，一般可采用无侧限抗压强度；

　　　C_s——土与墩身的不排水附着力；

　　　α——折减系数。这是考虑了室内试验与实际条件的差异，芝加哥地区为 0.4～0.6；当穿越比较软的可压缩黏土层时，α 取 0。

容许承载力一般用极限承载力除以安全系数 3。

当钻孔墩有永久套筒时，公式中第二项为 0。

4. 沉降分析

对高层建筑的墩基础，沉降问题比承载力更重要，特别是沉降差，直接关系到上部结构的计算和安全，因此沉降分析要精确。本报告预估的沉降量主要是由硬盘下⑥层高塑性低强度的粉质黏土固结引起的。

沉降分析显然也是经验或半经验的。STS 公司在芝加哥地区硬盘上进行过大量实际墩基荷载试验，包括一些直径为 2～2.5m 的墩的载荷试验。再就对实际建筑概的沉降观测，包括对一些 30～70 层的高楼及其邻近的低层裙楼，实测其沉降差，因此对在硬盘上的墩的沉降已积累了大量实际数据。

估计 STS 公司在沉降计算中分为两部分：第一部分为瞬时沉降，用旁压试验求得的旁压模量 E_d 计算；第二部分为固结沉降，用固结试验得到的压缩比 C_c 及固结比 U_z 来求算（参看邓肯著的《沉降分析手册》）。另外高层建筑水平荷载引起的变形量可能是用旁压试验的回弹模量 E^+ 来求算。至于具体如何与实际沉降建立关系以及半经验计算公式则不能得知。

据介绍其沉降分析是非常准确的，与实际沉降之差不超过 10%，上部框架结构计算就直接采用提出的沉降值。

（四）基础施工建议

岩土工程报告中基础施工建议占了相当的比重，与我国的情况相比，不但勘察不注意这部分，就是设计施工图中这部分也很简单。美国岩土工程报告中这个内容相当详细具体，这一方面体现了岩土工程报告的水平，同时也说明了方案的实现在很大程度上取决于施工。再者施工公司承包投标就依据岩土工程报告的这部分内容，而岩土咨询公司下一步很大可能也要参与施工监督及施工质量控制，因此这部分必须详细而具体。

在本报告内施工建议包括以下几部分

1. 墩基础施工建议

由于场地上部有填土、砂土和高含水量、低强度的黏性土。根据钻探的经验，建议从地面或从地下室底板（如基坑已挖至这个深度）设置大直径套管，一直至地面下 10.5m 处，即进入③层粉质黏土 3～5m，以防井壁坍塌和土挤进孔内，从而保证井壁的稳定和浇灌混凝土时不受挤压和掺入。

由于建筑场地范围内有旧建筑的基础、桩、桩帽等，在墩基施工前需把它们清除。清除后由于旧桩位置处软化土的侧压力和水的积聚，会使井壁更不稳定，这时就要加长套管及设置永久性波纹管。

在硬盘以上和在硬盘内施工扩大头，可能会遇到一些粉土和细砂的薄夹层。这些透水层是饱和的，会有水渗入井孔，特别是在扩大头施工时遇到这些含水层更是麻烦。但估计这些水与天然地下水不相通，而只是分离的含水带或扁豆体含水层。为了保证扩底的稳定性和尽量减少水的渗入，要求加速施工，当孔钻完，立即清底和检查试验，立即浇灌混凝土。根据 STS 公司在当地的施工经验，预计本建筑扩大头施工需要时间比一般要长，而时间越长。水就渗入越多，土质也就软化，因此要求快速施工。

由于硬盘下有饱和粉土及砂，且具有较大的水头压力，因此在墩底不允许用麻花钻或其他手段向下探测，否则地下水会上涌造成事故。

全部墩底建议都用人工来清理，岩土工程师还应进入检查和试验。近来发现本区碰到沼气，有的沼气有毒并会爆炸，因此所有井孔下人前都要进行有无沼气的检测。如发现有沼气，需要压风排气再检测后才能下人。如果此法无效，则不能下人清理，改用有叶片的反铲钻头清底，岩土工程师也只能在井口通过井下照明来观察基底。如果有残土则应再清再检查。最后，用锤对墩底夯实。

2. 基坑支护

本工程地下室深 10m，而紧邻就是交通繁忙的北密执安大街，另一侧则靠近一幢 20 层的大楼。基坑开挖要保证街道交通不中断，邻楼不发生任何问题（楼内人员不迁出），这样深挖 10m 就是一项关键的岩土工程问题。

报告建议基坑坡顶必须与街道及建筑有一定的距离，同时不能放坡开挖，只能支护垂直开挖，报告提出两个支护方案，一是钢板桩，二是泥浆墙（即连续墙）。后者对周围土的变形影响小，对邻近建筑物的附加沉降也较小。但是，泥浆墙要建在建筑轮廓以外，而不能作为地下室的永久结构。泥浆墙作为临时支挡是很不经济的，因此决定采用钢板桩方案。

报告建议采用内锁式钢板桩，主要防止坑壁软弱粉质黏土的侧向位移，为了支挡 10m

的坑壁，要求板桩打至 15～17m，即打入硬的和很硬的③层粉质黏土。由于桩的入土深度不大，不能按悬臂式考虑，要在坑底设内斜撑，在上部打入锚定拉杆，用横向钢梁与锚杆连起来拉住板桩顶部。板桩还要起到隔水作用，使浅部的上层滞水不涌入基坑。如发现板桩连接处或焊缝有渗水现象，则用密封剂处理。由于周围水量很大，即使这样处理，基坑内还会有水渗入，建议在基坑底再挖一些积水坑，并用水泵排出。

报告还提出支挡设计原则，水平土压力按梯形分布，并根据回填土的性质及超载确定后，再进行设计修改。

3. 施工注意事项

（1）在板桩及墩施工前，必须先把旧建筑遗留下的障碍物清除，包括桩帽和旧基础，这些都存在于现在地面下 6m 以内。另外，板桩要打在建筑物轮廓外一定距离。

（2）本工程的西南有一幢 20 层的楼房，建议设置必要的支护措施，支挡此建筑物的基础群、地下室及公用设施（指户外的水、电、煤气、电信的管道及阀、表等）。靠近此楼房的几个钻孔墩施工时要特别注意含水砂土、填土可能向井孔涌出，使楼房出现较大的附加沉降，因此这部分钻孔墩必须采用泥浆护孔，并加长临时套管。

（3）为了监测基坑开挖一起土的侧向位移，建议在施工时沿坑壁四周建立若干测斜孔，随时监测土的侧向位移数据，同时还应在板桩顶锚杆端部设置应力传感器，掌握主动土压力的变化。

（4）注意基坑底不能泡水，否则地基土会软化和变松，降低设计指标。除了在坑底设积水坑及水泵排水外，建议施工时在坑底铺一层石块或片石垫层，以便施工机械在垫层上行走。

（5）全部土方工程和基底的地质条件都需经过岩土工程师的检查和试验，以检验实际条件是否符合设计要求。

（五）地下室的设计

岩土工程的惯例是对 ±0.000 以下都要提出设计施工建议，因此地下室当然包括在其业务范围以内。

报告指出地下室深 10m，有地下水，首先要隔断与水的连系。临时钢板桩可以切断含水砂层的水，而把地下室底板建在粉土质黏土层上，这就减少了地下水上涌的可能性，但是必须注意周边墙一定要直接置于或砌入黏性土层上。

地下室的永久性围墙设计要考虑承受侧向土压力和静水压力，还必须设计成防水的，对于有板桩的地段（有一部分临时板桩不再拔出，成为永久性）要把桩的节点处填上密封剂，如防渗效果不佳，要进一步把钢板桩焊接，然后喷涂斑脱土或置放膨润土板，最后再浇灌混凝土。

地下室围墙水平压力值：对水位以上的填土、砂和粉质黏土段每米延深采用 720kPa；水位以下采用 13.6kPa；对黏土层采用 15.2kPa。围墙外超载计算范围，规定从地下室底板起以 1:1.5（垂直:水平）坡线向上，在此范围内已有建筑物的基础荷载和交通荷载都应考虑在内。

虽然地下室围墙置于黏土上，黏土是不透水的，估计从此层渗入的水很少。但在地下室底板与地基土之间，还应设集水设施，以积聚板下土中可能的渗流水，防止产生静水压力。集水设施间距应小于 30m，并安置水泵排水系统。集排水采用瓦管，管围用 15cm 厚的滤料填实，底板下铺一层不薄于 20cm 可自由排水的粗料垫层。为进一步防止水气对地板的影响，在垫层与地板之间铺设水气遮帘。

五、施工与施工监督

在美国我们共参观了十个施工工地，其中岩土工程施工的七处，结构施工和设备安装的三处。岩土工程施工工地分别为：

高层建筑的基础工程	二处
公园的土方工程	一处
地下排水工程	一处
地下构筑物开挖	一处
选煤厂	一处
露天矿	一处

（一）钻孔灌注扩底墩

钻孔灌注墩大直径的灌注桩，直径一般为 2～3m，最大的还可超过 3m。深度一般 15～30m。STS 公司做过的钻孔墩最深 91m，最大直径 5m。现在的钻孔墩底部都扩大，获得了很大的承载力，这就叫扩底墩。最大的可扩到墩身直径的三倍，扩大角 30°～40°，也就是底径可以达到 10m，我们看到一张照片，在墩底可以站立 17 个人。美国人把墩（Pier）和桩（Pile）区别开在结构上是有意义的。桩一般是几根支持一个柱，需要有承台，也就是群桩才起作用。而墩则是一墩一柱，直接连接，结构简单，力学概念明确。在芝加哥地区以至美国其他一些地方习惯把墩叫作 Caisson，有沉箱的意思。

墩基的开发是随着建筑物日益高、重、大而发展起来的，现代超高层建筑荷载都很大，如百层左右的大楼中间柱荷载 800MN，世界第一高楼西尔斯大厦（Sears Tower）110 层，全楼重量 22250MN，对地基强度和变形要求都很高，必须置于坚实的地层上。在芝加哥市地下的硬盘在 25m 以下，40m 见基岩（石灰岩），用桩是很难解决的，上万根桩排都排不下。因此只有采用扩底墩，底面积大（60～70m²），硬盘的净承载力接近 1.5MPa，这样一个墩就能承载 90～100MN，这就解决了超高层建筑的基础问题。西尔斯大厦采用了 114 根嵌入岩石内的钻孔墩（未扩底）。

墩基在美国初始阶段采用人工挖掘，扩大头的扩展部分采用圆拱形。但拱只取在无地下水的地层或水量很小的黏性土层中，挖掘时对井壁需支护。这和我国现在采用的人工挖孔桩（包括扩孔桩）是完全一样的。但随着墩的深度越来越深，地层也多变，有地下水，有砂土、粉土层，就不能用人工挖掘了，现已全部采用机械成孔。

钻孔施工机械虽然庞大但并不复杂，主要利用一个大型履带吊车，在吊车头用钢架安装了一台回旋钻机，钻杆是方形伸缩钻杆，像拉杆天线一样，可以伸出五六节，达到近 30m。这样回转、提升和加压都解决了。用钢丝绳冲击时，则直接用吊车的钢丝绳和绞车。常用的有螺纹钻头、筒式十字钻头、捞砂筒等，前两者都是回转型，后者是冲击型。钻探工艺类似凿井工程，扩底有专用的扩孔钻头，是回转型的，外形呈筒状，两侧有两个可伸出的斜翼，翼上侧有合金齿。下钻时两翼收在筒内，到孔底时一加压则两翼可伸出，随钻进随伸出，钻孔也就逐渐扩大；提升时一向上拉两翼就又缩回筒内，就能提出孔外。

两翼全部伸出可达到筒径的三倍。

吊车钻机作业并不复杂，直接操作的仅 1～3 人。对一般黏性土都用螺纹钻进，一次进尺 0.5m 左右。用伸缩钻杆下降提升非常灵便，提出后吊车臂转一方向再反转钻头，即把钻头上的土甩掉。遇到砂土或粉土时，多用筒式十字钻头回转将土层搅松，然后用钢丝绳下捞砂筒冲击，提出后落地底阀打开，砂浆、泥水即流出。在杂填土及含水的粉土、砂土中需下套管，我们参观的由于表层是填土接着是饱和砂，因此都下了 7～8m 的套管，同时起到孔口管的作用，套管最后要起拔回收的。在下面再遇到饱和砂土或粉土，则需要再下套管或用泥浆钻进。芝加哥地区有两个含水层：第一含水层为 10m 以上的细砂层，水位 2～3m，因此要下 1m 套管（基坑已开挖一段，在坑底作业则可少下）；第二含水层在 30m 以下的砂层及基岩内，是承压水，因此一般墩底置于 26～28m 的硬盘上，这样只下一段孔口管，一般也不会出什么问题。但对百层的高楼则需置于基岩上（白云质灰岩），而且难以扩底。

当钻孔完成后，必须将孔底清理干净，一般要求人下去清底。众所周知孔底残土的多少直接影响钻孔桩承载力，因此要 100% 的发挥桩底承载力，必须把桩底清理干净，而目前机械还很难做到这点，而只有采用人工的办法。下人前一般先下波纹管，然后用专门下人的吊罐笼送下，如果钻孔中有泥浆，就要下波纹管后把泥浆全部抽出。用人工清底可以完全保证地基土不受扰动，并无任何残土，这将获得最高的承载力。清底后还需岩土工程师下至井底监测和进行必要的试验，确认其土质与勘察评价一致，才能浇灌混凝土。有时为查明有无下卧软层，还可在井底钻探，当发现墩底土层不好或有下卧软层时，钻孔墩还可以继续延深，有的不能延深，则在墩底再往下打桩。如 100 层的 JOHN HANCOCK 保险公司大楼，钻到基岩后，发现一个墩底有 2/3 是绿色泥质岩（原评价全是白云质石灰岩），其变形模量要小 10 倍，于是又延深穿过了泥质岩。又如，80 多层的 STANDARD OIL 大楼的一个扩底墩，由于硬盘上有砂土，扩大时砂土全塌下来了，没有办法扩大墩的大头，只好在墩底又打了一些钢桩来提高其承载力。

经过清理和检查的钻孔，就可开始下钢筋笼浇灌混凝土。浇灌同时拔套管，这时要特别注意孔壁的坍塌和孔壁不稳定发生缩孔，甚至使一段墩柱全由土来充填，这种事故在美国多次发生，因此护壁是施工中一项重要措施。如孔壁还有一定的稳定性，短时间内不坍塌则用波纹铁皮管护壁，再抽取泥浆，清底检查后，最后浇灌混凝土，波纹管就留在孔内。如果孔壁稳定性差，就必须用厚壁套管，里面再衬波纹管。

钻孔墩的施工监督主要是解决孔壁的稳定性问题，如遇到井壁不稳、坍孔、钻进不进尺等，岩土工程师须下井观察，提出钻探措施，包括下套管、泥浆钻进、更换钻头以及其他钻探工艺等。遇到扩底困难的，也要提出解决的方法。在钻孔完成后的墩底检验中，岩土工程师都要亲自下去，用袖珍贯入仪检查土的强度，有时还取样在现场测定无侧限抗压强度。在确认墩底土质特性和清孔质量并签字后，才可以浇灌混凝土。

钻孔墩施工完后还需再次检验，有两项内容：（1）混凝土的浇灌质量，有无空洞或被土充填；（2）墩的承载力。过去对前者常用钻探方法来检查，在墩上打小口径钻孔，取出混凝土岩心来鉴定，有的一个大直径墩要打 4 个钻孔。对后者则做大型墩载荷试验，这是非常费钱、费时的事。现在 STS 公司已采用桩分析仪来检验，即在墩底预埋传感器（不取出）以动力试桩法，波动方程为理论基础，通过测得的曲线和数据来判断，其准确度较高。

(二) 地下开挖

岩土工程一项主要的业务是地下深挖,特别是在城市或有建筑物、道路的限制下,常不能采用自然放坡开挖,这就需要采用一些专门的措施,即使在自然条件中也应尽量减少土方量,同时保证斜坡的临时稳定。地下开挖施工时都需要一些必要的监测手段。

1. 钢板桩加锚定拉杆和斜撑

钢板桩是一种古老的基坑开挖支挡措施,既可挡土又可防水,至今仍采用。近代工程越挖越深,而板桩的入土深度不能无限延长,这就不能按悬臂式设计,需在上部加锚定拉杆,下部用斜撑,三者的共同作用来支挡。我们参观的芝加哥市密执安街 900 号工程即采用此法,钢板桩打入 15m,而上部要开挖 10m,因此在地面下 1.5m 处沿基坑周边打了一圈向下倾斜的锚杆,锚杆间用横向钢梁连接,紧紧地挡住钢板桩上部。待基坑挖至底部再用三角斜撑支挡一圈横向钢梁,这样钢板桩加上上下两道钢梁使坑壁达到稳定,对周围邻近建筑物、道路的变形很小。钢板桩还能起到防水作用,对桩的连接处及焊缝要用密封剂封死,如仍有小量水渗入,基坑底则要设集水坑和水泵把水及时排出,保证坑底干燥,避免基底土软化扰动并方便施工。

对这些措施在施工期都要进行监测和控制土的侧向变形,测斜孔在基坑上缘沿周边布置。先打孔径为 86mm 的钻孔,要求孔直,然后下特制套管。套管常由硬塑料制或,内侧有 4 个成十字的凹槽滑道,套管外径 70mm,然后把灌浆阀放至孔底,由底向上把钻孔与套管的间隙充满水泥砂浆,保证套管与孔壁土完全接触。测斜仪是一个直径为 25~30mm 的棒状物,内有两个垂直排列的磁环式感应器,棒的上下各有一对带有弹簧的滑轮,距离为 50cm。观测时用吊绳把测斜仪放入孔内,要使滑轮分次沿套管 A·B 两对滑道送入(分两次进行),测斜仪有电缆连至地面的数字显示器。这样就可以在不同深度测得钻孔的倾斜角,精度可达 10″,施工前先测得原始的倾斜角,施工时定期观测,根据不同深度倾斜角的相对变化,即可得到土体的水平位移及其方位。据此位移动态,可预测斜坡的稳定性,预报险情及时采取措施。

再就是监测土压力的变化,采用在锚杆端部和板桩连接螺母上设应力传感器的办法,在施工时定期观测,根据其应力大小看出土压力的变化。

2. 地下连续墙 (Slurry Wall)

地下连续墙又称泥浆墙,是近年来发展很快的一种深挖支挡结构。它是先筑一个封闭的地下墙,然后在中间挖土,墙的深度要大于挖土深度。其特点是不但作为施工期的支挡,而且成为永久性的挡墙,是地下结构物的组成部分。其稳定性比钢板桩更好,对周边邻近的建筑物、道路的变形影响极小。对一些含水的砂土、粉土、软土等也能适用。近年来又有所发展,可利用连续墙做到上下同时施工,加快了施工进度。

地下连续墙的位置一般应与地下结构物边墙一致。边墙的沟槽使用机械挖掘,在挖掘的同时必须用泥浆来护壁。由于沟槽挖成后里面充满了泥浆,故又称泥浆墙。挖掘机械较为简单,是用液压挖掘斗铲,类似建井的抓斗。有的用挖沟钻机,一次可钻长 2.5m、宽 0.5m 的沟槽,然后钻机沿轨道移动再继续钻掘。沟槽完工后立即下钢筋网浇灌混凝土。混凝土浇灌通过用压缩空气的方法,使受压的混凝土把泥浆顶出去,最终形成一个钢筋混凝土墙。整个连续墙的长度较大,又是封闭的,一般只能分段施工,这种分段是跳跃式的,即施工顺序为 1、3、5、……段,然后再 2、4、6、……段,这样可以保证槽壁的稳定，避免沟槽过长而坍塌。在分段连接处，常用一大直径钢管来隔开，等到相邻段浇灌前再把钢管拔出，这样的连接线是半圆弧形，咬合得较好。

我们参观的一个深约 10m 的地下排水渠的施工工地。地下连续墙已施工完毕，内部土也已挖除。但发现机械挖掘的不整齐，槽壁有许多不规则的超挖条带，致使混凝土墙的内侧也就突出一条条的混凝土带，非常难看，还影响渠内隔板、水道的施工，当时几个工人正在用风钻切剥打平。另外混凝土的质量也不佳，有裂隙，连接处也处理不好，因此有大量地下水涌入。他们正在边排水边堵漏，用一种密封剂来充填，据介绍效果也不太好。

有些地下连续墙由于深度不够，支挡力不足，还在上部打入锚定拉杆与墙体连接，用锚固力来增加支挡力。芝加哥市的许多超高层建筑的地下室都是采用这种地下连续墙加锚杆，有名的西尔大斯大厦 STANDARD OLL 大楼、WATER TOWER PALACE 等都是这种结构。

3. 自然放坡开挖

我们参观了两个自然放坡开挖工地，其中之一是公园的人造湖工程，采用下挖上填，即下面由大型挖土铲作业，用大卡车运到上面来填高，最终形成深十余米的人造湖。但由于土质为饱和软土，必须了解软土的强度变化来控制填土的加载速度，因此在周边布置了一些孔隙水压力测定孔，监测下部软土的孔隙水压力变化。

孔隙水压力计是霍尔（Hall）静水压力盒，由加利福尼亚州圣莱佛尔（Sanrafael）的地质测试仪器公司（Geotesting Inc）制造。按设方法是先打钻孔并下孔口管，然后把水压计置于测试深度，周围填以砂，并用膨润土球封闭。压力盒用带测微装置的压缩氮气系统操纵，便于在地面迅速直接读数。另外还有振弦式孔隙水压力计，由美国 IRRD 岩土仪器公司制造。测头形式类似静力触探单桥探头，测头的侧面有两个圆形小过滤器，内有环形膜圆筒，工作原理与弦式压力盒相同，振弦一端固定在探头内环形膜的中部，另一端固定在换能器的顶部。如果孔隙水压力施加在膜上，膜便下垂，振弦的频率必然发生变化，振弦频率是衡量膜变形的尺度，同样也是作用于膜上的压力的尺度。压力量测范围是 0—2—4—6—10kg/cm²，最大量测深度为 30m，探测头直径 32mm、长 280mm。它的特点是可以直接压到规定的深度，而不必钻孔和加填料，记录仪采用数字显示，频率变化在 0～15MHz，记录间隔为 1s 及 10s，精度取决于石英振荡器的稳定性，工作温度为 0～55℃。

另一参观点是美国国家高能加速器研究中心的一幢配套建筑的施工工地，其地下结构较深约 10～12m，由于四周空旷，故采用自然放坡开挖。临时边坡较陡，估计约 1∶0.33，中间有一窄平台。坑壁有少量地下水渗出，因此在坑底还设置了集水坑和水泵，间断开泵。坡顶上还设置了测量观测点，掌握地表有无移动。

4. 地下圆筒结构物的开挖

有一些地下圆筒结构物需要下挖十几米至几十米。如我们参观威斯康星州 Milwaukee 大型排水井，就深达 20～40m，直径 5～8m，有点像矿井的竖井，但这种浅井在美国都采用土木工程法施工，比矿业工程的建井要省事得多。

一种是钻井法，用类似施工钻孔墩的吊车钻机，大钻头回转钻进同时投入泥浆粉来炉壁，我们参观时刚开口仅 2～3m。

一种是圆形地下连续墙施工法，把圆形井壁变成八边形井壁，每一边为一段墙体，连接封闭起来再开挖。

再就是冻结法凿井，我们是在 Milwaukee 参观了冻结法工地，同时施工三个排水井，距离约 30～50m，两个正在冻结，一个正在凿井。排水井直径约 5m，深 40m，与下部基岩中的大型排水隧道连通。在排水井周围布置了冻结孔近 20 个，许多管道是塑料管，通过一个简易的冻结室制冷，面积很小，设备布置也很紧凑，施工井口的地面设施非常简单，无井口棚无井梁，也没盖板等，只是井的四周用栏杆围起，用一台吊车置于旁边来提升，人的上下和挖土提升都是用这台吊车，操作相当灵活，上下联系用简单的音响信号，井内有 4～5 人工作。

（三）其他

1. 填土压实

参观了一个公路改线的施工点，该处为废弃的露天矿矿坑。现因需要在有州际公路的位置上建新的露天矿，只好把公路改线从飞起露天矿之上通过和进行复田改造。

土料由正在开发的露天矿剥离运来，由自卸式卡车翻倒。工地上只有两台机械作业，一台为推土机，进行整平和粉碎；另一台为碾压机，分层碾压，每层 30～50cm，碾压机械为电瓶式振动压路碾，动荷载可达 120kN，有三个振幅，可以根据土质调节。

2. 环境工程监测与评价

美国政府规定，环境评价工作不得由建设单位和施工部门承担，这就为岩土工程咨询公司开展环境工程的评价与监测创造了有利条件。

评价工作主要包括环境现状评价和影响评价两部分。芝加哥地区重点是城市废料、地下水、地表水和土壤的污染。除了常规的化学分析，如：测定土的化学成分、有机含量、硫化物含量、油气含量等外，还采用原子吸收分光光度计、气相色谱仪与光谱仪进行专门分析，有时还要做模型试验。

方法是现场采样与监测、室内试验与模拟模型试验相结合，要确定污染源、污染途径和可能的污染范围。数据全部采用计算机处理，最后提出成果，包括综合分析评价、防止措施和对策。

3. 土工编织物

土工编织物在美国应用极为广泛，成了新型的岩土建筑材料。这次参观施工现场只在上述公园工程的施工中看到土工编织物的应用。公园中有已挖成的人工水渠，呈凹状。渠表面全部用混凝土块铺砌，虽然可防止冲刷但不能防止水的下渗，这就应用了土工编织物先铺在混凝土块的下面，起到隔水作用。这种土工布像是厚塑料薄膜，价格很低，一卷一卷地成条带铺在渠的三面上，两卷之间的接缝要重叠热压粘结处理，然后再铺砌混凝土块。

4. 尾矿坝

参观了一个选煤厂附近的尾矿坝，煤泥水由选煤厂通过管道输至尾矿场，整个库区为煤泥充满，沉淀后水流出经处理后排走。坝也由煤泥构成，由于库容要不断加大，坝高也要逐步提高，在加高坝的同时必须加宽。煤泥筑坝就靠其自重固结排水，压实需要时间，因此坝的加宽加高要先行一步。

地基承载力表的来龙去脉

顾宝和

（建设综合勘察研究设计院）

我国勘察设计人员长期习惯于从规范中查表确定地基承载力，这是一种十分简便的方法。但 2002 年版的《建筑地基基础设计规范》取消了地基承载力表，标志着依靠国家规范查表方法的结束。取消承载力表以后怎么办？是勘察设计人员十分关心的问题，本文在这里向大家介绍一下地基承载力表的来龙去脉。

1 地基承载力表的历史沿革

1.1 苏联规范 НиТу 6—48

建国初期，我国没有本国自己的规范，用苏联规范。第一本是 НиТу 6—48，翻译后在我国推广应用。1954 年 12 月，当时的建筑工程部将翻译本改称《天然地基设计暂行规范》（规结 7—54），内部发行。虽然名义上是我国自己的暂行规范，但实际上与苏联规范完全一样。

该规范规定，"基础的计算压力不应超过基土的容许承压力"，并列表规定了各类地基土的容许承压力，承压力表的土类有岩石类、半岩石类、大块碎石类、砂类和第四纪非大孔黏土类。砂类根据湿度和密实度，黏土类根据孔隙比和稠度，可查到相应地基土容许承压力。表中的容许承压力条件为基础宽度 0.6～1.0m，基础埋深 2.0m。并规定了基础宽度大于 1.0m，基础埋深大于 2.0m 时应进行深宽修正，埋深小于 2.0m 时折减。

"容许承压力"现在称"容许承载力，"最初译为"地基耐压力"，简称"地耐力"，至今还有少数老先生称"地耐力"。对于常用结构，满足了容许承压力也就满足了变形要求。该规范还规定了软弱下卧层的验算方法；规定了哪些情况应进行沉降计算；专设一章规定大孔土（即湿陷性黄土）的设计。该规范没有用抗剪强度指标计算地基承载力的规定，也没有沉降计算方法和沉降限值的规定。

这是我国工程界第一次接触到地基承载力表，印象是非常简单易行。有经验的工程师，在野外根据土的稠度就能大体估计承载力。那时，当然知道这些都是经验值，主要疑点是苏联的经验在中国的适用性究竟如何？包括对以后的 НиТу 127—55 和 СНᴎПⅢ～Б.1～62 都有这样的怀疑。但既然没有自己的经验，只能用吧。不过，对于使用承载力表的限制，有些工程技术人员似乎未予足够的重视。

1.2 苏联规范 НиТу 127—55

苏联于 1955 年发布了《房屋与工业结构物天然地基设计标准与技术规范》（НиТу 127—55），我国国家建设委员会于 1956 年 12 月建议推广使用。但暂时不作为我国的正式设计规范，设计时要结合我国具体情况，不适合我国情况的由各单位自行研究处理。

与 $H_иT_y6$—48 规范比较，最大的变化是强调变形控制设计，并作了详细规定。如将竖向变形分为下沉（осадка）和沉陷（просадка），分为绝对下沉、平均下沉、纵倾和横倾、相对弯曲；规定了土的变形模量由浅层载荷试验和深层载荷试验确定；规定了各种房屋和结构物地基变形限值；规定了可不进行变形计算的条件。计算方法采用分层总和法，还提出了必要时考虑地基、基础和上部结构协同作用的问题。该规范还规定了用土的抗剪强度指标 c，φ 计算地基中产生极限平衡区的深度不超过基宽 1/4（中心荷载）或 1/3（偏心荷载）的公式；将原来的"承压力表"改为地基的"计算强度表"，数据也有所调整。

1.3 苏联建筑法规 $CH_иП Ⅱ ～ Б. 1～62$

1962 年，苏联发布了《建筑法规》，其中第二卷第二篇第一章为《房屋及构筑物地基设计标准》（$CH_иП Ⅱ ～ Б. 1～62$）。对这本规范，我国主管部门未做任何表示，对我国的影响较前两本小，但仍被广泛应用。与 $H_иT_y127$—55 规范比，没有大的原则性变化。

该规范在继续强调按变形设计的同时，将地基计算强度改称基础的"标准压力"。在附录中列表给出了根据土的物理性质指标查砂类土和黏性土的黏聚力 c、内摩擦角 φ、变形模量 E 的标准值和计算值（计算值小于标准值），列表给出了地基土的标准压力。这意味着有了土的物理性指标，可以从规范中查到土的抗剪强度指标，用以计算地基承载力。

纵观我国 20 世纪 70 年代之前用的苏联规范，的确有其积极一面。那时，我国技术力量非常薄弱，没有建设经验，苏联规范对年轻共和国初期建设的积极作用应当肯定。但消极影响也是深远的，苏联规范有两个重要特点：一是十分重视土的物理性指标；二是用国家规范的形式规定了地基承载力和一些计算方法。我国勘察设计人员对其使用上的限制又缺少足够注意，从而长期忽视土的力学性指标的测试和应用，长期习惯于用法定的地基承载力表，使复杂问题简单化。苏联国家规范一些强制性的规定限制了工程师的发挥空间，使他们过分依赖规范，这种思维方式在中国工程师身上打上了深深的烙印。

1.4 国标 TJ 7—74 规范和 TJ 21—77 规范

1974 年，我国第一本地基基础设计规范发布，即《工业与民用建筑地基基础设计规范》（试行，TJ 7—74）。该规范的内容和编排在吸收苏联规范经验的基础上，增加了基础设计。在具体技术标准方面，则全面总结了中国的经验，建立了中国自己的承载力表，研究和规定了深宽修正系数，列入了用土的抗剪强度指标计算地基承载力的公式。

为了建立地基承载力表，以中国建筑科学院地基基础研究所为主，动员了全国许多勘察设计单位，进行了大量研究工作。这是一件十分繁琐、复杂的大工程，在以后 20 多年的勘察设计中发挥了巨大作用。《74 规范》共有地基容许承载力表 13 张，即：

(1) 根据类别和风化程度确定岩石承载力；

(2) 根据密实度确定碎石土承载力；

(3) 根据密实度确定砂土承载力；

(4) 根据含水比确定老黏性土承载力；

(5) 根据物理性指标（孔隙比、液性指数）确定一般黏性土承载力；

(6) 根据含水量确定沿海淤泥和淤泥质土承载力；

(7) 根据含水比确定红黏土承载力；

（8）根据压缩模量确定黏性素填土承载力；

（9）根据标准贯入锤击数确定砂土承载力；

（10）根据标准贯入锤击数确定老黏性土和一般黏性土承载力；

（11）根据轻便触探锤击数确定一般黏性土承载力；

（12）根据轻便触探锤击数确定黏性素填土承载力；

（13）根据物理性指标确定新近沉积黏性土承载力。

建表时共搜集到载荷试验资料 1715 份，筛选后采用了数据完整可靠的 534 份，作为建表的依据，并在相应的地点和层位取样试验。资料来自城市，主要是京津和长江中下游。土类方面，黏性土占一大半，共 1121 份，选用了 324 份。无论地区和土类，分布不均匀，数量和代表性都是有限的。对数据较多，且有明显规律的土类，采用数理统计方法；对数据较少，规律不明显的土类，采用按物理性指标分档取平均值的方法。无论用何种方法，都结合经验做了调整，并与外国规范做了比较，对安全度进行了分析评价，对黏性土、淤泥等的承载力还进行了变形估算。

其中，根据物理性指标确定一般黏性土承载力的表，《74 规范》时无粉土，但以塑性指数等于 10 为分界分别建表。塑性指数大于 10 的有 135 份资料，塑性指数小于等于 10 有 34 份资料。用标准贯入试验锤击数确定黏性土地基承载力的表，有载荷试验资料 90 份（其中湖北占 42 份，北京 19 份）。由于沉积年代不同，土的结构性有很大差别，故老黏性土、新近沉积黏性土和一般黏性土分别建表。其中，新近沉积黏性土有载荷试验资料 46 份，统计分析结果，塑性指数大于 10 时，承载力比一般黏性土低 28%，塑性指数小于等于 10 时低 17%。西南地区的红黏土，物性指标与地基承载力的关系显然不同于其他黏性土，规范编制组对贵州、云南和广西的红黏土进行了专门研究，单独提出了承载力表。

沿海淤泥和淤泥质土，《74 规范》建表时，有载荷试验资料 56 份，选用 42 份。筛选后，只用天然含水量单一指标。还用 2400 余份土样的压缩系数与天然含水量进行回归分析，并对 24 幢建筑物进行沉降分析和实测，平均沉降约 12cm。

砂土资料少，不同地区的差别又大，难以进行回归分析。那时，在我国标准贯入试验也尚未普遍应用。故结合国内外用标贯锤击数进行密实度分类，建立的地基承载力表是比较粗略和偏于保守的。

早在《74 规范》之前，1965 年建工部综合勘察院在研制电测静力触探时，做了大量载荷试验与静力触探比贯入阻力的对比试验，建立了用比贯入阻力确定地基承载力的表，此后又有许多单位进行对比试验，补充完善，将根据静力触探比贯入阻力和根据动力触探锤击数确定地基承载力的表，列入了《工业与民用建筑工程地质勘察规范》（试行，TJ 21—77）。

1.5 国标 GBJ 7—89 规范和 GB 50021—94 规范

1989 年，《建筑地基基础设计规范》GBJ 7—89 修订发布，该规范修订时，对承载力表有两种意见：一种意见认为，国家规范中不宜列入承载力表，理由是承载力表不能概括全国情况，且造成勘察设计人员盲目依赖规范；另一种意见认为，承载力表基本反映实际，调整后仍应列入规范。最后，确定将承载力表从正文移至附录，并在使用上予以限制，不能用于一级建筑。第 5.1.2 条的注，还规定"与当地经验有明显差异时，应根据工程经验、理论公式计算综合确定"。《条文说明》还指出，"鉴于我国幅员辽阔，同类土性质随地区差异较大，仅通过搜集几十份或百余份载荷试验资料来包络全国是不现实的。因此，各地在使用这类表时，应取慎重态度。最好在本地区进行若干试验验证，取得经验后再行使用。且这类表仅限于一般建筑，对于重要的一级建筑物必须进行载荷试验。"

列入《89 规范》附录的共 11 个表，与《74 规范》比较，增加了粉土承载力表，删去了老黏性土承载力表和新近沉积土承载力表。原因是，《74 规范》建表时，老黏性土主要来自武昌的数据，新近沉积土主要来自北京的数据，代表性有限。不少地方反映，表中数据与当地经验不符，偏大偏小都有。且老黏性土与一般黏性土，新近沉黏土与一般黏性土也难界定。但勘察设计时仍应注意沉积年代和沉积环境对地基承载力的重要影响。其地基承载力表中的数值基本沿用《74 规范》，只作了局部调整，未补充新的研究工作。当时，已经意识到承载力表的局限性，对使用做了限制。但限于当时条件，仍将承载力表列入规范。

1994 年，《岩土工程勘察规范》GB 50021—94 修订发布。在是否列入地基承载力表的问题上有过激烈的争论，最后确定原则上不列承载力表。理由是作为国家规范，承载力表很难适应全国。

1.6　国标 GB 50007—2002 规范和 GB 50021—2001 规范

《建筑地基基础设计规范》修订为 2002 年版时，取消了用土的物理性质指标查地基承载力的表，从此，结束了我国国家规范规定地基承载力表 28 年的历史。如果从苏联规范 $H_{H}T_{y}6$—48 算起约 50 年。为了避免与《建筑地基基础设计规范》GB 50007—2002 重复和不协调，《岩土工程勘察规范》GB 50021—2001 对地基承载力只做了原则规定。

为什么实施了半个世纪的地基承载力表要从国家规范中拿掉？这个问题应请《建筑地基基础设计规范》的主编来说明，下文谈谈我个人的一些看法。

2　若干问题的讨论

2.1　对地基承载力的理解

地基基础设计（指天然地基上的浅基础）的首要任务是确定基础尺寸，计算基础的底面压力。计算时要保证地基稳定，有足够的安全储备，同时地基的变形要满足建筑物正常使用的要求。

地基承载力是地基承担荷载的能力。在荷载作用下，地基产生变形，初始阶段荷载较小时，地基处于弹性平衡状态，当然是安全的。随着荷载的增加，变形增大，并在小范围内产生剪切破坏，称"塑性区"。塑性区较小时，地基尚能稳定，仍具有安全的承载能力。随着荷载继续增加，塑性区不断扩展，变形迅速增加，最后塑性区连成一片，地基承载力达到极限，失去稳定。因此，从以上发展过程看，变形与强度是耦合在一起的。但在解决工程问题时，通常将变形问题单独考虑，单独分析，而将地基承载力视为地基土抗剪强度的宏观表现。因此，地基承载力的建议值，虽然目前一般由勘察报告提出，但不同于岩土特性指标，本质是地基基础设计的一部分。

2.2　确定地基承载力的方法

确定地基承载力的方法有三类：一是用土的抗剪强度指标计算；二是根据载荷试验成果确定；三是根据与载荷试验相关分析的经验数据确定（查表法）。

根据土的抗剪强度指标确定地基承载力的方法又分两大类，一类是计算地基的极限承载力，除以某一安全系数，即所谓"刚塑性法"；另一类是采用临界荷载，根据塑性区开展的深度确定地基承载力，即所谓"弹塑性法"。刚塑性法最早由普朗特尔（Pandtl，1920）根据极限平衡理论导出，后有赖斯纳（Ressiner，1924）、太沙基（K. Terzaghi，1943）、梅耶霍夫（G. G. Meyerhoff，1951）、汉森（J. B. Hansen，1961）、魏锡克（A. S. Vesic，1963）等多次补充。该法优点是安全度明确，是国外确定地基承载力的主流。"弹塑性法"的临界荷载通常取塑性区的最大开展深度，对中心荷载为基础宽度的四分之一，对偏心荷载为基础宽度的三分之一，分别记为 $p_{1/4}$ 及 $p_{1/3}$。《建筑地基基础规范》考虑到计算结果与载荷试验成果有一定偏差，对承载力系数作了调整，适用于偏心距小于0.033 的条形基础，并对基础宽度做了限制。

从道理上讲，似乎只要知道了地基土的强度指标、基础的埋深和尺寸，地基承载力就可以计算了。但实际上，这种计算并不一定可靠。公式推导时，都有假定条件，如极限承载力公式不考虑土的变形、假定整体剪切破坏、均匀地基等。现在许多建筑物基础埋深大，宽度大，又涉及多层地基土，无论塑性区开展的规律或地基破坏模式，都可能与公式假定有一定出入。用这些公式计算地基承载力，土的抗剪强度指标是最灵感的参数。如何测定、如何取值，是计算是否正确的关键。此外，该法考虑的只是地基强度，而实际上多数情况由变形控制，还要进行变形验算，保证地基变形不超过限值。

载荷试验是一种原位测试，也可以理解为在现场原位进行的模型试验，直观，与实际基础对地基的作用相似，且绕开了取样、试验、计算和土力学的一些理论问题，一般认为是比较可靠和可信的确定地基承载力的方法，但必须进行深宽修正。不过，对于大面积的筏形基础、箱形基础，试验尺寸与实际基础尺寸悬殊，应力分布、破坏模式差别很大，地基承载力是个值得研究的问题。由于载荷试验的数据远少于取土试验及其他原位测试，故试验是否有代表性十分重要。载荷试验对操作要求也较高，如操作不慎，可能严重影响成果质量。

总之，确定地基承载力不存在哪种唯一可靠的方法，需要勘察设计人员根据地质条件、测试数据、基础和上部结构的特点，结合工程经验综合判断确定。

2.3 对我国地基承载力表的评价

建立我国自己承载力表的工作始于 20 世纪 60 年代，因"文革"停了几年，至《74规范》和《77规范》发布时完成。应该说，当年做的工作是大量的，相当扎实的，反映了我国的实际情况。有群众基础，是一代人的功绩。所有工作均以载荷试验资料为基础，不仅做了认真、细致的回归分析，建立了经验关系，而且与用土的抗剪强度计算进行了比较，与苏联规范进行了比较，与建筑物沉降实测和变形分析进行了比较，以求尽量与工程实际经验相符合。以后规范的修订只做了局部调整，再也没有做过如此系统深入的研究，也不可能设想再做如此规模的群众性研究。对承载力表应用情况的反应也是满意的，虽然有些地方反映偏于保守，但似乎没有听到用了承载力表导致工程事故的实例。因此，虽然国家规范取消了承载力表，但这些成果仍是一笔重要而宝贵的财富，应当继承，仍可根据情况加以利用。

2.4 地基承载力表的局限

"查表法"确定地基承载力的确十分简便，一定条件下也是可用的，但他的局限性也是显然的。

（1）土的物理性指标或静力触探、动力触探、标准贯入试验锤击数，与地基承载力之间不存在任何理论关系或函数关系，只有经验关系、统计关系。虽然对统计参数进行了筛选，对相关性进行了检验，但总有一些子样偏离回归曲线。况且子样的数量是有限的，我国疆土辽阔，各地土质条件差别很大，适用于全国的承载力表是很难编好的。

（2）地基承载力本来是相当复杂的设计问题，规范有了承载力表，客观上把复杂问题简单化了。似乎用不着土力学知识，不需要多少工程经验，会查表和简单计算就可确定地基承载力。而且是国家规范的规定，毋庸置疑。况且，过去地基设计主要对象是体形简单的多层建筑，简便的承载力表尚能适应；现在地基设计的对象大多是高层建筑，体形复杂或要求特殊的建筑，承载力表就更难适应了。

（3）将承载力表列入规范，客观上造成只要按规范操作就不必承担风险。但对于地基承载力，无论理论公式还是规范的承载力表，都不一定可靠，要依靠岩土工程师综合判断。判断是否正确，与岩土工程师的理论水平和工程经验有关，带有一定的风险性。在市场经济国家，这种风险责任由主持该工程的工程师负责。我国已是社会主义市场经济国家、法治国家，注册岩土工程师已经启动，由规范承担确定地基承载力的责任已经不适应了。

3　结语

（1）虽然对于多数工程，尤其是大型工程，地基基础设计由变形控制，但保证地基稳定，正确确定地基承载力仍是首先应当考虑的。而且，地基变形计算时，一般假定土的应力应变关系呈线性，地基土处在弹性平衡状态，因而必须控制地基中塑性剪切区的范围。

（2）对于大型工程、体形复杂的工程，地基条件复杂的工程，确定地基承载力是个相当复杂的问题。岩土工程师应当有良好的理论素养，熟悉力学、地质学和工程知识，对地基承载力的力学行为有深刻的理解，又有丰富的工程经验，处理各种复杂问题的能力，决非只会查查表、代代公式就能解决问题。

（3）建立全国范围的地基承载力表虽然不可取，但是，在相当于"市"的范围内，地质条件比较清楚，气候条件一致，土的种类有限，采用回归分析方法建立地方性的承载力表，应当是可行的。地基承载力本来是粗略的，无论采用什么方法都不可能十分精确，只要子样较多、数据可靠、分析方法合理，且有一定的工程验证，由回归分析方法建立的承载力表还是很可靠的。当然，这种承载力表也不能盲目滥用，对其应用范围应有所限制。

（4）由规范给出地基承载力的具体数据，具体经验系数，使规范成为"傻瓜规范"，今后不应提倡。这样做既限制了工程师的活动空间，不利于因地制宜和技术进步，也不利于明确法律责任。但编写一些指南、手册之类的工具书是有用的，目的是便利工程师工作，而不是代替他们负责。

（5）确定地基承载力是个设计问题，苏联一向由设计单位确定，欧美国家则由岩土工程咨询公司确定。按目前的体制，在我国由勘察单位确定地基承载力确有一定困难，但如果勘察单位不提建议，全部交给设计单位的结构工程师也行不通。这里存在体制性障碍，应当加速注册岩土工程师执业制度的实施，加速岩土工程专业体制的改革，使勘察设计一体化，从根本上解决问题。

致谢：本文成稿过程中，黄熙龄院士和卞昭庆大师提了宝贵意见，卞昭庆大师提供了宝贵资料，特致衷心的感谢！

下篇　工程实践案例选编

深圳平安金融中心超深超大基础岩土工程实践

丘建金　莫进丰　汤国山　周赞良

（深圳市勘察测绘院有限公司）

摘要：本文通过深圳平安金融中心超深超大基础的工程实践，针对超深基坑及巨型挖孔桩对周边环境的影响及其保护措施，运用三维数值分析方法对基坑和巨型桩施工期间各工况进行了详细分析和预测，根据分析结果提出并实施了一系列针对性的综合治理措施，保证了临近地铁的安全运营，同时对巨型挖孔桩施工技术进行了分析研究。本文以工程实录形式进行总结，可为类似工程的设计和施工提供参考。

1　工程概况

1.1　工程概况

深圳平安金融中心工程总用地面积约 1.8 万 m^2，建筑总高度为 600m。建筑地上 118 层，地下设 5 层地下室，基坑开挖深度最大 33.8m，属超深大基坑。基础采用挖孔桩，大部分由桩径 1.4～2.0m 扩底桩组成，另有 8 根桩径 8.0m（开孔直径 9.5m）的巨型桩和 16 根桩径 5.7m（开孔直径 7.0m）超大直径桩，桩基深度从地面算起最深可达到 68m。

基坑支护采用排桩＋4 道环型支撑＋3 道锚索，桩间高压摆喷与旋喷作为止水帷幕。基坑周边临近重要的建（构）筑物多，尤其是北侧有正在运行的地铁车站距离场地红线最近约 18m，埋深约 20m，其出入口与风亭结构距离场地红线仅 5m 左右，地铁轨道基床最大位移不能超过 20mm，对变形控制要求非常高。基坑、桩基平面图及周边环境如图 1 所示。

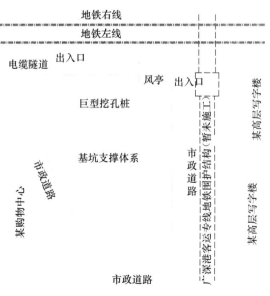

图 1　基坑、桩基平面图及周边环境

1.2　地质条件

根据勘察报告，场地内分布的主要地层如下（图 2）：

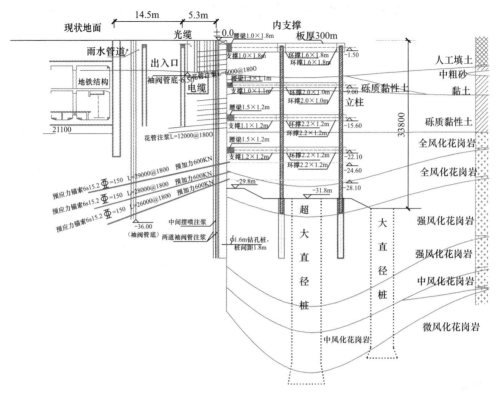

图 2　基坑临近地铁侧断面图

　　① 人工填土层（Qml）：褐灰、褐红等色，主要由建筑垃圾混碎石组成，不均匀地混碎石、角砾及黏性土，硬杂质含量大于 30%，未经分层压实，场地北侧因受地铁前期施工影响，回填厚度较大，下部主要由花岗岩残积土堆填组成。堆填时间 5～10 年，松散—稍密，各钻孔均遇见该层，层厚 2.10～8.80m，平均厚度 3.76m。

　　② 粗砾砂：灰白、浅黄色，成分为石英质，含少量黏性土，部分钻孔底部混卵石，直径 3～8cm，饱和，稍密—中密。层厚 0.50～5.00m，平均厚度 1.90m。

　　③ 砾质黏性土：浅灰、肉红色，系由花岗岩风化残积而成，原岩结构清晰可辨，残留 20%～30% 石英颗粒。按《建筑地基基础设计规范》DBJ 15—31—2003 分类标准属砾质黏性土。湿—稍湿，可塑—硬塑。摇振无反应，土面稍有光滑，干强度及韧性中等。所有孔均钻穿该层，其顶面埋深为 9.30～17.00m，标高介于 −10.140～−2.240m，层厚 1.70～12.40m，平均厚度 6.52m。

　　④ 全风化花岗岩：褐黄、褐红、灰黄色，部分矿物已风化变质，其中钾长石风化后呈粉末状，手捻有砂感，无塑性；标准贯入试验修正后锤击数一般介于 30～50 击；双管合金钻具易钻进，岩芯呈土状，岩芯采取率介于 82%～96%，平均 90%。所有钻孔均遇见该层，其顶面埋深 14.70～33.20m，标高介于 −26.25～−7.69m，层厚 0.80～11.40m，平均厚度 4.43m。

⑤ 强风化花岗岩

⑤₁ 强风化花岗岩-1，褐黄、灰黄色，大部分矿物已风化变质，石英及钾长石呈颗粒状及砂状，风化裂隙极发育，岩块用手易折断；标准贯入试验修正后锤击数＞50 击；双管合金钻具可钻进，岩芯呈坚硬土柱状，岩芯采取率介于 80%～95%，平均 88%；属极软岩，岩体极破碎，岩体基本质量等级属 V 级。所有钻孔均遇见该层，其顶面埋深 22.40～44.10m，标高介于 −37.150～−14.950m，层厚 2.90～26.20m，平均厚度 13.66m。

⑤₂ 强风化花岗岩-2，褐黄、灰黄色，大部分矿物已风化变质，石英及钾长石呈颗粒状及砂状，风化裂隙极发育，岩块用手易折断，底部不均匀残留少量中风化岩块；标准贯入试验反弹；双管合金钻具可钻进，略有响声，芯多呈砂砾状及土夹碎块状，岩芯采取率介于 80%～90%，平均 84%；属软岩，岩体极破碎，岩体基本质量等级属 V 级。其顶面埋深 30.20～54.80m，标高介于 −47.990～−23.150m，层厚 1.00～19.90m，平均厚度 5.59m。

⑥ 中风化花岗岩：肉红、灰白色，部分矿物已风化变质，见绿泥石化、绿帘石化等蚀变现象，并见石英脉及其他岩脉穿插。节理裂隙发育，倾角介于 40°～85°，多呈一组间距大致相等的平行状或"X"状，平直光滑、闭合或微张、无充填或充填石英，节理裂隙面局部可见擦痕、绿泥石化。节理裂隙面浸染暗褐色铁质氧化物，沿节理裂隙表面厚 2～10mm 风化较强烈。岩块敲击声较脆，用手难折断，局部岩层合金钻具难钻进，金刚石钻具可钻进，岩芯多呈块状，RQD=0～65%。属较硬岩，岩体破碎，岩体基本质量等级属 IV 级。其顶面埋深 36.10～64.80m，标高介于 −58.010～−29.370m，层厚 0.50～17.9m。

⑦ 微风化花岗岩：肉红色为主，夹灰白色，节理裂隙较发育，倾角介于 40°～80°，多呈一组间距大致相等的平行状或"X"状，平直光滑、闭合或微张、无充填或充填石英，节理裂隙面局部可见擦痕、绿泥石化。除节理裂隙面偶见铁质氧化物浸染外，无其他明显的风化迹象。质坚硬，较脆，合金钻具进尺困难，金刚石钻具可钻进，岩芯呈短柱状，局部呈块状，RQD=52%～90%。属坚硬岩，岩体较破碎，岩体基本质量等级属 III 级。其顶面埋深 40.10～76.30m，标高介于 −69.51～−32.91m，揭露厚度 0.30～19.60m，层厚不详。

主要地层物理力学参数如表 1 所示。

基坑北侧断面主要地层参数 表 1

地层名称	黏聚力 c (kPa)	内摩擦角 φ (°)	压缩指数 C_c	C_s	渗透系数 K (cm/s)	压缩模量 E_s (MPa)
人工填土	10	8	—	—	5.8e-05	4.5
粗砾砂	—	27			0.02	
砾质黏性土	22	21	0.21	0.024	7.0e-5	7.0
全风化	35	25	0.27	0.019	1.7e-4	15.0
强风化	45	28	—	—	1.9e-4	25.0
中风化	—	—			3.75e-3	—

地下水初见水位埋深为 2.20～4.70m，潜水主要赋存于中粗砂、粉细砂、粗砾砂中，为本地区主要的潜水含水层，赋存丰富的地下水，场地混合渗透系数为 3.24m/d，地下水影响半径为 36m，预测基坑涌水量≥1787m³/d。花岗岩各风化带内所赋存的地下水属基岩

裂隙水，受节理裂隙控制，且与潜水有明显水力连系。后经 2010 年 11 月下旬基坑底塔楼基岩深层抽水实验查明，裂隙水具有较高承压水头，实测高达 22m，强风化和中风化层的混合承压水渗透系数为 2.75m/d，地下水影响半径为 237.7m，预测坑底涌水量≥418.93m³/d。

2　本项目主要特点及难点

2.1　项目特点及难点

（1）基坑开挖深度为 33.0m，而临近的地铁埋深仅 20.0m，基坑开挖卸荷和引起的周边地下水位下降对地铁安全运营影响很大，如何保证基坑开挖期间地铁的安全是本工程的难点。

（2）巨型挖孔桩开挖地层主要为花岗岩各风化带，场地北侧存在北东向断裂带，强风化和中风化较厚，基岩裂隙水发育，且深层基岩裂隙水与潜水有明显水力联系，施工降水会引起临近的地铁产生较大的沉降。挖孔桩施工过程如何严格控制周边地下水水位是本工程的关键。

（3）桩径大，开挖深度大。桩径最大达到 8.0m（开孔 9.5m），开挖深度从深约 30m 的基坑底往下还需挖 20～40m 至微风化花岗岩，成孔过程自身的稳定问题及对基坑支护体系、周边环境的影响大。

（4）巨型桩需入中、微风化岩十几米，基岩爆破对周边环境影响大；钢筋笼制作复杂，每桩有 3 层钢筋笼，尤其是桩中心的钢筋笼直径可达 4m，距离护壁达 2m，给孔内钢筋笼制作提出了巨大的安全与技术挑战。

（5）巨型桩直径大，一次性浇筑混凝土量大，大体积混凝土浇筑和温控难度大，其中最深的 1 根巨型桩混凝土浇筑量约为 1500m³，如何控制巨型桩大体积混凝土的温度应力、避免桩身产生裂缝非常重要。

2.2　需解决的问题

基坑工程采用咬合桩加 4 道环型支撑＋3 道锚索支护，于 2010 年 10 月 21 日施工完成第四道内支撑，在此期间基坑及地铁等的相关监测数据均较稳定正常。2010 年 10 月底至 11 月中上旬，基坑开挖第四道支撑以下土方及锚索施工，监测数据表明基坑周边地下水位急剧下降、地铁结构沉降加速，至 2010 年 12 月上旬基坑开挖到 24～26m 时，地铁结构沉降常规监测值超过了 16mm 的报警值，基坑工程被停工，准备先施工挖孔桩后，再完成后续基坑开挖。

考虑到巨型挖孔桩的复杂程度，在国内外尚无类似成熟经验可循，如此密集的超大直径桩基施工国内外十分罕见，施工对地铁结构产生的影响难以控制。因此在桩基施工前应对巨型挖孔桩施工的工艺及相关的控制措施等问题进行分析，预测评价施工过程对环境的影响，并结合现场监测数据核定计算结果，为工程顺利实施提供科学依据。

3　三维数值模拟分析

3.1　数值分析模型建立

在挖孔桩施工前，采用 FLAC 3D 软件建立三维数值模型进行分析。计算模型边界条件：x 方向外扩约 2.8 倍开挖宽度即 340m；y 方向扩展约 2 倍开挖宽度即 320m；底部影响区沿基坑底再向下取约2.5倍基坑深度，模型尺寸基本可以消除边界效应对计算结果的影响；其中模型上表面为自由边界，下表面为x、y、z方向位移固定，左右边界为x方向位移固定。

数值计算中各结构的参数均按实际工程尺寸取值，基坑、桩基等网格划分如图3、图4所示。

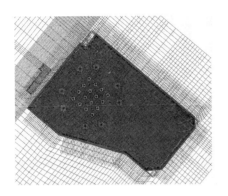

图3 基坑围护结构形式及巨型挖孔桩布置

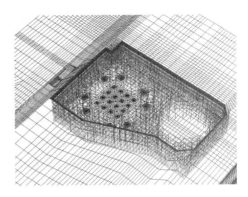

图4 大直径桩网格划分

大直径桩采用实体单元，地铁车站两层三跨形式采用结构单元模拟。数值分析按如下施工步进行模拟：

施工步骤及相应数值模拟 表2

顺序	工况	工况说明	深度（m）
1	建模	形成基坑开挖前的初始应力场	
2	位移归零	位移归零，仅留初始应力	
3	位移再归零	将地铁车站开挖引起的位移归零，仅留初始应力	
4	工况1	坑内第一次降水	−5.0m
5	工况2	挖第一层土方，架设第一道内支撑	−4.0m
6	工况3	坑内第二次降水	−11m
7	工况4	挖第二层土方，架设第二道内支撑	−10m
8	工况5	坑内第三次降水	−17m
9	工况6	挖第三层土方，架设第三道内支撑	−16m
10	工况7	坑内第四次降水	−24m
11	工况8	挖第四层土方，架设第四道内支撑	−23m
12	工况9	坑内第五次降水	−30.5m
13	工况10	挖第五层土方，架设两道锚索	−29.5m
14	工况11	大直径桩孔降水（回填后再进行大直径桩孔降水）	
15	工况12	开挖大直径桩，释放应力，灌注混凝土	
16	工况13	开挖底板土方，释放应力，基坑开挖到槽底，浇注混凝土	−29.8m、−33.8m

3.2 基坑施工过程分析

至工况8已完成所有相关参数的调整，计算至工况10，此时地铁结构沉降变形计算值如表3所示。

基坑开挖对地铁结构影响的变形值　　　　表3

地铁隧道最大变形（车站处）			车站结构	车站出入口
左线隧道沉降 （mm）	右线隧道沉降 （mm）	差异沉降 （mm）	最大沉降 （mm）	最大沉降 （mm）
14.3	12.5	1.8	10	15.8

计算结果显示，左线隧道与出入口沉降最为明显，分别为14.3mm与15.8mm，实际监测结果基本一致，略大于计算值，地铁基床结构沉降记录监测值达到17mm，超过了16mm的报警值，因此对大直径挖孔桩及基坑后续施工提出了非常严格的要求，要求后续基础施工期间地铁附加变形控制在5mm以内。

3.3　巨型挖孔桩施工过程分析

以基坑开挖降水的三维数值模拟计算结果为基础，按照挖孔桩实际设计参数，在工况13计算完成后进行两种方案计算对比。

1. 按原设计方案，即：基坑支护原有止水体系下，−29.5m标高两道锚索支护，坑底−33.8m开挖桩基，地铁结构变形值如表4所示。

挖孔桩对地铁结构的影响变形值　　　　表4

地铁隧道最大变形（mm）（车站处）		
左线隧道沉降	右线隧道沉降	差异沉降
32.6	29.5	3.1

2. 按改进方案，即：坑内另增设帷幕，加深至不透水层（微风化层），北侧回填至−26m，其他回填至−28m，增加第五道支撑代替原两道锚索。

挖孔桩对地铁结构的影响变形值　　　　表5

地铁隧道最大变形（mm）（车站处）		
左线隧道沉降	右线隧道沉降	差异沉降
24.3	22.3	2

两种方案分析结果对比显示：

（1）方案2利用增强措施后，变形影响显著减小，计算结果略高于20mm，可基本满足控制要求。原方案则变形值过大，不能满足要求。

（2）通过加深止水帷幕与适当加大支护体系刚度，对减少地铁变形效果明显，后续施工关键应为地下水控制和地铁变形控制为主，侧重考虑提高支护刚度。

3.4　巨型桩混凝土温度应力分析

由于担心巨型桩大体积混凝土温度应力可能导致桩身产生裂缝，我们采取三维有限元法模拟巨型桩桩芯混凝土的施工过程、热力学变化过程，分析桩身是否会产生裂缝，从而提出合理有效的温度控制方案。为此我们选择了现场浇筑的30号工程桩作为试验桩，进行桩的混凝土温度现场试验与热学参数反分析以获取适宜的热力学计算参数。

反演模型选取的地基弹模及导热系数见表6。根据监测的试验桩的温度进行参数反演，得到的温度实测值与反演计算值变化过程形态基本一致，如图5和图6所示，各个测点温度的整个变化过程都吻合得较好，说明该反演所得材料的特征参数（表7）误差较小，较为可靠，为进一步数值模拟计算提供了可靠的基础。

地 基 参 数 表 表6

地 基	全风化	强风化1	强风化2	中风化	微风化
弹性模量（GPa）	0.5	2	8	10	45
导热系数［KJ/(m·d·℃)］	80	100	120	160	190

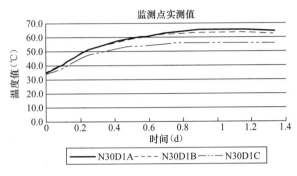

图5 监测点温度实测值

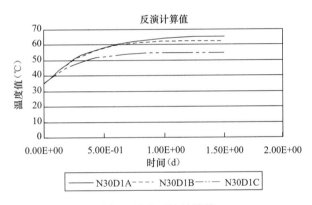

图6 温度反演计算值

混凝土热力学新参数 表7

泊松比	最终弹性模量（GPa）	导热系数［KJ/(m·d·℃)］	比 热［kJ/(kg·℃)］	线膨胀系数（10^{-6}/℃）	最终绝热温升（℃）	水化热散发一半时间（d）	密度（kg/m³）
0.15	33.5	201.312	1	10	48	0.5	2400

根据已获取的混凝土热力学和地基参数，对巨型桩混凝土温度变化进行仿真模拟。巨型桩混凝土一次性浇筑完成，浇筑温度为35℃，围岩温度为28℃，混凝土最终绝热温升值为80℃，水化热散发一半的时间为0.5天，仿真计算500d。取1/4断面，半径为4m，护壁厚0.5m，地基沿半径方向取约3倍桩径厚，约为15.5m，沿桩基深度方向取设计最大桩长40m，如图7所示，给出了巨型桩混凝土浇筑温度变化仿真云图（图7）。

由计算结果可知：最高温度出现在桩身混凝土的中部圆心点，为80.11℃，出现在第10d，$Z=40m$断面即表面最高温度为50.95℃，出现在第0.75d；$Z=10m$断面最高温度为56.28℃，出现在第9.25d。桩身混凝土由圆心到外侧，温度值逐渐减小。

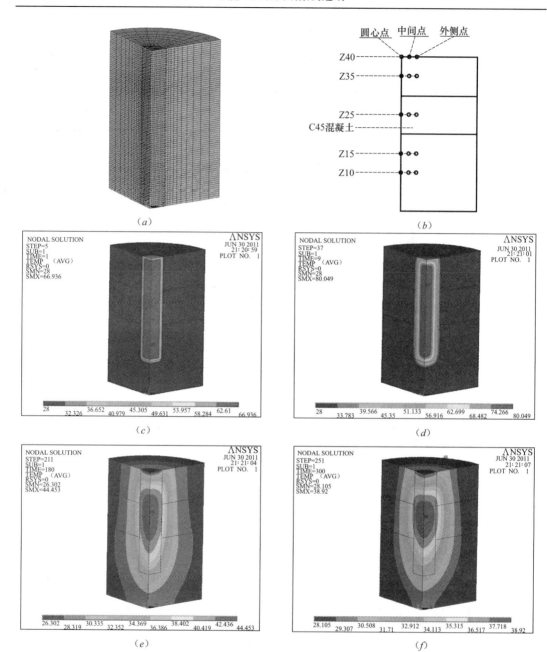

图7　巨型桩混凝土浇筑温度变化仿真云图

(a) 网络模型图；(b) 中央截面剖面图；(c) 第1天温度云图；(d) 第9天温度云图；

(e) 第180天温度云图；(f) 第300天温度云图

由计算结果可知：表层深0.5m应力较大，圆心点、中间点、外侧点的最大主应力分别为2.75MPa、2.61MPa、3.27MPa，对应的抗裂安全系数分别为0.91、0.91、0.55，不满足抗裂要求。而在桩端（Z39.5m断面）处，各特征点拉应力有所减小，圆心点、中间点、外侧点拉应力分别为2.26MPa、2.14MPa、2.06MPa，对应的抗裂安全系数分别为1.75、1.85、1.70，大于1.15，满足抗裂要求，所以裂缝可能出现在表层0.5m厚范围内，巨型桩有必要采取温度控制措施。

4 设计施工具体措施

4.1 周边环境保护措施

根据以上数值分析结果及监测数据，为保证地铁正常运营及周边建筑物的安全，降低后续挖孔桩施工及坑底土方二次开挖带来的不利因素影响，在后续施工时，制定和采取了以下针对性工程保护措施：

（1）止水措施：①桩基施工前，结合原有的咬合桩，在坑底内侧采取上段土层高压旋喷法、下段基岩裂隙帷幕灌浆法的组合形成止水帷幕（图8）；②在基坑周边布置回灌井，尽量恢复和维持坑外地下水位。

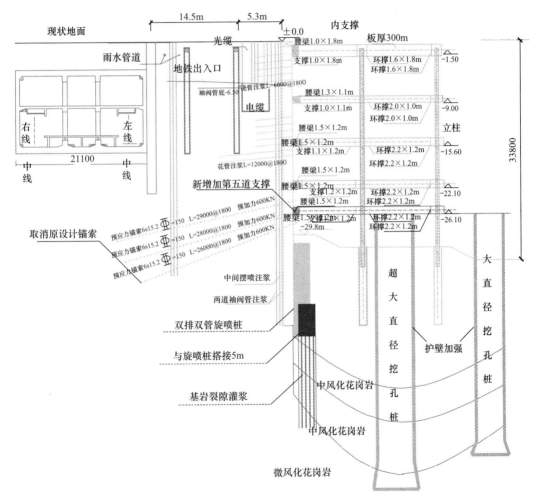

图 8　坑底止水帷幕等布置示意图

（2）加大围护结构刚度：①原基坑北侧底部设计有3排锚索，考虑到锚索施工必然对地铁下卧土层的扰动，锚头漏水很难堵死，因此取消原设计的底层3排锚索，改为一道水平钢筋混凝土支撑替代；②靠近地铁侧，增设支撑梁间板，加强支撑刚度；③坑内被动区高压旋喷桩加固（兼做帷幕上段）。

4.2　巨型桩成桩技术

1. 加大挖孔桩护壁刚度：（1）桩超前支护：沿护壁周围布设两排超前微型桩，梅花形布置；（2）第 1 模护壁和微型桩一起浇筑，顶部设置加强型冠梁；（3）早支护：护壁及冠梁采用 C45 早强混凝土；（4）短进尺：减少护壁模高至 65cm；（5）防下沉：为加强上下护壁连接及防止巨型桩护壁下沉，将一部分微型桩与护壁混凝土一起浇筑。如图 9 所示。

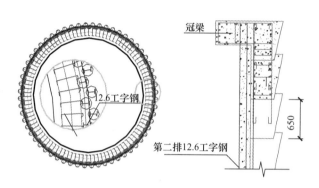 

图 9　加大巨型挖孔桩护壁刚度示意图　　　　图 10　巨型桩钢筋笼现场制作图

2. 控制爆破：优化爆破方案，减少对邻近地铁的影响。采用小断面短循环爆破，离立柱桩距离 1.0m 内的岩石采用风镐处理；对直径 5.7～8.0m 的巨型桩每层均采用 2 次爆破方式，第 1 次在桩中心掏 1 个 2.5m 的孔，然后再全断面爆破，如图 11 所示；起爆方式采用单孔单响非电起爆网路（图 12）。

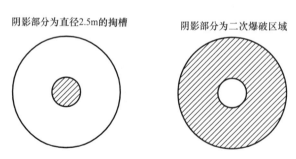

图 11　加大巨型挖孔桩护壁刚度示意图

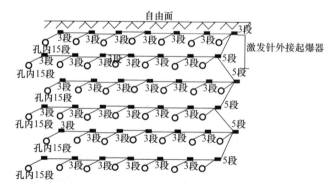

图 12　加大巨型挖孔桩护壁刚度示意图

3. 巨型桩钢筋笼制作技术：由于内支撑及立柱等限制了施工空间，难以采用常规的将钢筋笼制作后再用起重机安放的方法，本工程采用孔内逆作绑扎法制作钢筋笼（图10），孔内分层设置钢筋笼制作操作平台，完成1根巨型桩的钢筋笼仅用了5天。

4. 大体积混凝土温度控制主要措施：

（1）优化混凝土配合比：通过"双掺"技术减少水泥用量，选用低水化热水泥，使用缓凝高效减水剂降低水灰比，控制砂、碎石含泥量等措施优化混凝土配合比。

（2）控制出机温度：对石子和砂均进行搭棚遮盖，水泥则均提前一个月放置在阴凉干燥的仓库中储存。

（3）控制入模温度：①在地泵泵管的整个长度范围内覆盖一层麻袋，并经常喷洒冷水降温；②在制备过程中加冰屑进行搅拌，控制混凝土的入模温度小于28℃。

（4）控制坍落度：要求泵送混凝土坍落度140~180mm，直卸料坍落度100~140mm。

（5）养护：混凝土初凝后立即蓄水养护，蓄水深度大于30cm。

（6）控制超灌高度：通过对巨型桩进行温度场及应力场仿真分析，在桩顶表面极有可能出现温度裂缝，巨型桩混凝土超灌高度取50cm。

5. 大体积混凝土温度监测：在大体积混凝土养护过程中，对混凝土块体内外温差和降温速度进行了监测，根据现场实测结果可随时掌握与温控有关的数据（如内外温差、最高温升及降温速度等），以便调整保温养护措施。混凝土温度监测点埋设布置如图13所示，测试方法采用电阻测温法。图14显示混凝土的温差在浇筑后由于水化反应剧烈，中心温度急剧上升，而桩周与岩土介质接触，受环境温度的影响较大，温度上升趋势偏缓，故内表温差急剧上升，在200h左右达到峰值。此后，温差开始回落，且变化趋势逐渐变缓。混凝土浇筑完后，内表最大温差在17~20℃之间，没有超出规范25℃的范围，不存

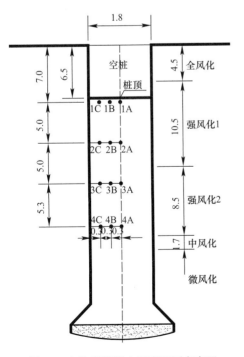

图13 大体积混凝土温度监测点布置

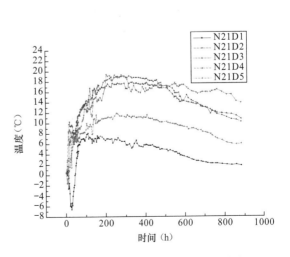

图14 巨型桩各测区内表温差变化曲线

在由于温度梯度产生的裂缝。

5　监测、检测结果

5.1　环境监测

在基坑北侧对应范围内设有地铁结构沉降监测点、自动化监测，如图15所示。其他监测项目包括地下水位监测、支护桩顶沉降、水平位移测点、桩体测斜等。

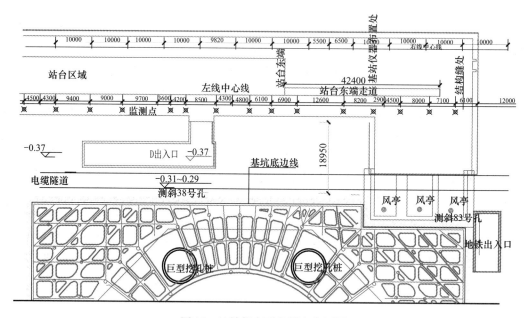

图15　地铁侧主要监测点布置图

图16可知：（1）在基坑开挖到第四道撑之前，由基坑卸载产生的沉降变形较小，监测显示在1～2mm内；（2）在第四道撑以下基坑后续施工期间，各沉降点监测显示地铁结构及附近均在此阶段产生明显沉降，沉降值在5～16mm，约占整个沉降量的60%～75%，地铁结构最大沉降值达到17mm；（3）在完成坑底注浆止水及相关增强措施后，沉降仍有所增加但逐渐趋于稳定；（4）在后续治理措施至挖孔桩施工完成期间，各监测点显示沉降仅增加约2～4mm，监测记录的最大累计沉降达到21.2mm，后续桩芯混凝土浇注及底板

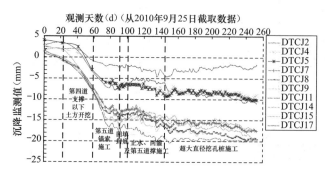

图16　地铁结构沉降监测随时间变化曲线图

分块施工期间略有所回弹。与治理方案计算分析得到的最大变形值 24.3mm 相比，实测结果略小于计算值，表明各项措施起到了预期的增强保护作用。

基坑北侧地下水位曲线图 17 表明，在完成止水帷幕和采取持续回灌措施后，北侧地下水位由 $-23 \sim -30$m 上升到 $-18 \sim -22$m 深度，挖孔桩施工期间稳定在 $-17 \sim -21$m 深度。

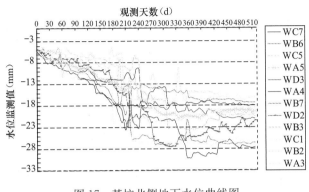

图 17　基坑北侧地下水位曲线图

监测表明后续采取的止水措施、加大围护结构刚度、优化工序等措施是积极有效的，对地铁及周边环境的影响基本控制在容许的范围内。

5.2　桩基质量检测

（1）对 47 条基桩进行了钻芯检测，共 47 个孔，总进尺 3308m。抽检的 47 根桩的混凝土芯样连续、完整、表面光滑、胶结好、骨料分布均匀、呈长柱状、断口吻合，完整性判定均为Ⅰ类。抽检的基桩混凝土强度也均满足设计要求。

（2）对 140 根挖孔灌注桩进行了超声检测，受检 133 根桩为Ⅰ类桩，占受检桩总数 95%；7 根桩为Ⅱ类桩，占受检桩总数 5%。

（3）对 36 根基桩进行了低应变动力检测，受检桩中 34 根为Ⅰ类桩，占受检桩总数 94%；2 根桩为Ⅱ类桩，占受检桩总数 6%。

（4）截至 2015 年 4 月底主塔楼已封顶，核心筒最终沉降量 30.6 ~ 35.1mm（见图 18，图 19 为监测点布置图），平均值为 33.1mm，外围大桩沉降量为 22.5 ~ 39.4mm，沉降差最大为 12.6mm，远小于 $0.002L = 26.4$mm 的要求，这个具有极高难度的桩基施工项目终于安全、保质并按期完成。

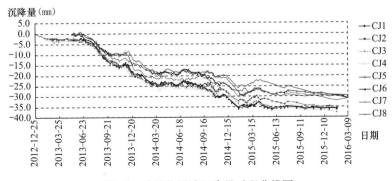

图 18　建筑物累计沉降量时程曲线图

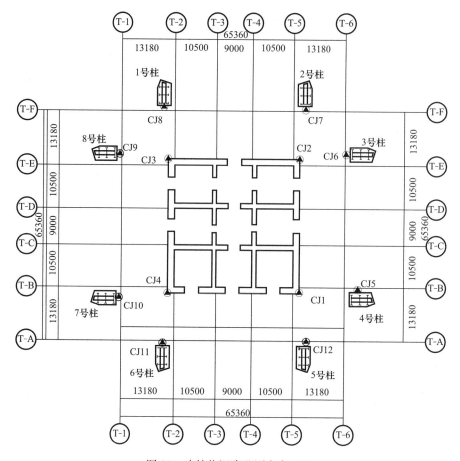

图 19 建筑物沉降监测点布置图

6 结语

（1）对超深基坑的设计和施工，需预先考虑后续挖孔桩施工的叠加影响，提前做好分析及应对措施。

（2）基坑周边有地铁及其他重要建（构）筑物时，锚索须谨慎采用。

（3）利用三维数值方法分析结果，及时采取了一系列针对性保护措施，除了采用传统的坑内被动区加固、加大支撑结构刚度、优化工序等保护方法外；针对不同土层岩层采用相应的组合止水帷幕，将水利工程采用的基岩裂隙帷幕灌浆技术引用到城市基坑截水措施中，可以有效控制基坑开挖和挖孔桩施工降水对周边环境的影响。

（4）巨型挖孔桩施工时，护壁的超前支护、钢筋笼的制作、基岩的爆破技术和大体积混凝土的温度控制技术等都需要认真研究，这对桩身质量和挖孔桩施工对环境的影响控制都很重要。

（5）监测和检测数据表明，只要采取合适的工程措施，超深基坑和超大直径挖孔桩施工对周边环境、特别是临近地铁结构变形的影响是可控的，桩基质量也是有保障的，本工程的许多做法可为类似工程参考。

南京紫峰大厦嵌岩桩静载试验工程

龚维明　戴国亮

（东南大学土木工程学院）

1　工程概况

绿地广场·紫峰大厦位于南京市鼓楼广场西北角，东靠中央路，南临中山北路，总建筑面积239400m²，由两幢塔楼（主楼和副楼）及7层裙房组成。主楼地上70层，地上建筑高度约400m，主要功能为甲级办公及五星级酒店；副楼地上24层，地上建筑高度约100m，主要功能为甲级办公楼；裙房地上为7层，地上高度约36m；地下4层，埋深约±0.000以下−20.5m。

本项目基础采用人工挖孔桩基础，根据国家规范和设计要求，进行了5根桩基静载荷试验，有关参数见表1。

试桩参数一览表

表1

编号	桩身直径 （mm）	扩大头直径 （mm）	桩顶标高 （m）	有效桩长 （m）	混凝土强度	类型	预定加载值 （kN）
SRZ1-1	2000	4000	−23.70	22.50	C45	抗压	75200
SRZ1-2	2000	4000	−27.45	22.50	C45	抗压	75200
SRZ3	1500	3000	−21.80	21.50	C40	抗压	42000
SRZ5	1400	3000	−21.70	8.00	C40	抗拔	22000
SRZ6	1100	2200	−21.70	6.00	C40	抗压/抗拔	20000/8400

2　地质条件

场地内上部土层以黏性土为主；下部为基岩，对于基岩部分：

⑤$_{1a}$全风化安山岩（J_3l）：褐红色，经强烈风化已成砂土状，夹有少许完全风化的原岩碎块。中偏低压缩性，遇水易散，层顶埋深6.70～21.50m，层顶标高−3.260～11.910m，层厚0.30～5.40m。

⑤$_{1b}$强风化安山岩（J_3l）：褐红色，风化成砂土状夹碎块状。岩石原有结构已完全破坏，遇水软化。层顶埋深8.70～23.00m，层顶标高−4.760～10.140m，层厚0.80～7.14m。

⑤$_2$中风化安山岩（J_3l）：层顶埋深12.00～29.50m，层顶标高−10.910～7.140m，根据岩体工程力学性质，划分为4个亚层如下：

⑤$_{2a}$较完整的较软岩、软岩：褐红—暗红间夹灰白色，斑状结构，块状构造。岩芯呈柱状—短柱状，局部节理发育，主要为闭合裂隙，裂隙呈"X"状，倾角45°～60°左右，裂隙填充有方解石脉，另有1组倾角75°～85°左右的微张节理。部分裂隙张开，可见小溶孔分布，

内有方解石晶簇。岩性较坚硬，场地北侧岩质坚硬部分硅化、褐铁矿化蚀变，强度较高。

⑤$_{2b}$较完整的软岩、极软岩：褐红色，局部呈灰白间夹紫红色，斑状结构，块状构造。岩芯呈柱状—短柱状间夹碎块状，节理裂隙发育，主要为闭合裂隙（倾角45°～60°左右），裂隙填充有高岭土及方解石脉，岩芯高岭土化、绿泥石化重，岩性较软，遇水极易软化崩解，部分手掰断，常见挤压镜面。

⑤$_{2c}$较破碎—破碎的软岩：褐红色，斑状结构，块状构造。岩芯破碎，岩芯以棱角状、碎石状为主，节理裂隙极发育，密集且杂乱，有1组呈"X"状（倾角45°～60°）闭合型节理，有1组倾角75°左右微张裂隙，裂隙填充有高岭土、绿泥石及少量钙质、铁质等。岩芯较坚硬，局部岩芯高岭土化、绿泥石化重，见溶蚀孔洞。

⑤$_{2d}$较破碎—破碎的极软岩：褐红—灰白色，斑状结构，块状构造。该层受构造运动的影响较大，挤压镜面和错动明显，形成软弱夹层，岩芯呈坚硬土状—碎石状，节理裂隙极发育，岩性软弱，强度较低，易碎，局部已泥化，遇水极易崩解。

岩石的物理力学指标见表2。

岩石的物理力学指标　　　　　　　　　　　　　　　　　　表2

层号	天然单轴抗压强度（MPa）		饱和单轴抗压强度（MPa）		软化系数	天然状态抗剪强度		天然弹性模量 E（MPa）	天然状态泊松比 μ	天然块体密度（g/cm³）
	平均值	标准值	平均值	标准值		内聚力（MPa）	内摩擦角（°）			
⑤$_{1b}$	0.46	0.35	0.22		0.09			600	0.19	241
⑤$_{2a}$	11.47	10.20	10.53	9.30	0.31	4.60	47.1	21335	0.13	252
⑤$_{2b}$	5.40	4.52	4.23	3.20	0.22	2.15	46.8	13454	0.15	246
⑤$_{2c}$	4.42	3.78	5.45	4.41	0.26	2.66	47.5	16022	0.15	247
⑤$_{2d}$	0.64	0.53	0.41	0.31	0.09			500	0.21	238

3　测试情况

（1）SRZ5试桩于2006年4月24日成桩，持力层为⑤$_{2c}$，荷载箱埋置于桩端，箱底标高为−30.400m，底板直径1.2m。在加载到22000kN时，桩向上位移10.71mm，向下位移21.80mm，压力稳定，继续加载至第11级（24200kN），桩向上位移13.30mm，向下位移25.15mm，本级压力已经达到荷载箱极限，故稳定后终止加载。加载值$Q_{u上}$取第11级（24200kN），$Q_{u下}$取第11级（24200kN）。

SRZ5试桩的抗拔极限承载力为：$Q_u = Q_{u上} = 24200$kN

SRZ5试桩⑤$_{2c}$层的极限端阻力为：$Q_{u下}/A_p = 24200/(3.14 \times 0.65^2) = 18240$kPa

（2）SRZ6试桩于2006年4月30日成桩，持力层为⑤$_{2b}$，荷载箱埋置于桩端，箱底标高为−28.200m，底板直径1.0m。2006年5月9日开始测试2006年5月10日测试结束。在加载到第10级（8400kN）时桩向上位移9.2mm，向下位移14.85mm，压力稳定，继续加载至第11级（9240kN），桩向上位移10.00mm，向下位移16.00mm，本级压力已经达到荷载箱极限，故稳定后终止加载。加载值$Q_{u上}$取第11级（9240kN），$Q_{u下}$取第11级（9240kN）。

SRZ6 试桩的抗拔极限承载力为：$Q_u = Q_{u\perp} = 9240\text{kN}$

SRZ6 试桩⑤$_{2b}$层的极限端阻力为：$Q_{u\top}/A_p = 9240/(3.14 \times 0.5^2) = 11770\text{kPa}$

（3）SRZ3 试桩于 2006 年 5 月 1 日成桩，持力层为⑤$_{2c}$，荷载箱埋置于扩大头顶面，箱底标高为 −41.900m，底板直径 1.3m。2006 年 5 月 9 日开始测试 2006 年 5 月 10 日测试结束。在加载到第 10 级（21000kN）时桩向上位移 5.01mm，向下位移 2.90mm，压力稳定，继续加载至第 11 级（23200kN），桩向上位移 5.60mm，向下位移 3.20mm，本级压力已经达到荷载箱极限，故稳定后终止加载。加载值 $Q_{u\perp}$ 取第 11 级（23200kN），$Q_{u\top}$ 取第 11 级（23200kN）。

SRZ3 试桩的抗压极限承载力为：

$$Q_u = \frac{Q_{u\perp} - W}{\gamma} + Q_{u\top} = \frac{23200 - 3.14 \times 075^2 \times (21.6 - 1.5) \times 24.5}{1} + 23200$$
$$= 45530\text{kN}$$

（4）SRZ1-1 和 SRZ1-2 桩身埋有钢筋计和光纤传感器，可测量各岩层的侧摩阻力；荷载箱埋设于扩大头上端。SRZ1-1 箱底标高为 −44.240m，底板直径 1.8m，SRZ1-2 箱底标高为 −48.550m，底板直径 1.8m，两根试桩采用等效转换方法得到的等效转换曲线如图 1 和图 2 所示。

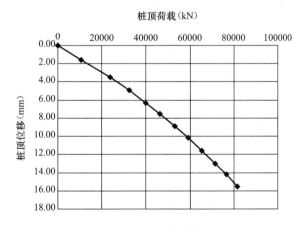

图 1　SRZ1-1 试桩等效转换曲线

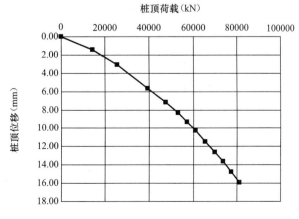

图 2　SRZ1-2 试桩等效转换曲线

等效转换曲线均为缓变型，取最大位移对应荷载值为极限承载力。

SRZ1-1 试桩整桩极限承载力为 81545kN，相应的位移为 15.53mm；

SRZ1-2 试桩整桩极限承载力为 81267kN，相应的位移为 15.92mm。

① 桩侧摩阻力

SRZ1-1 和 SRZ1-2 试桩的实测各土层摩阻力发挥情况见图 3 和图 4。

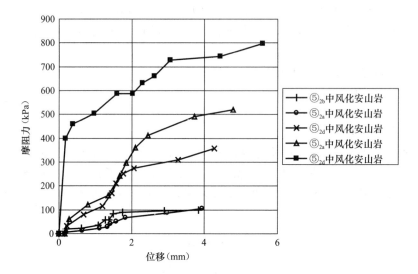

图 3 SRZ1-1 试桩桩侧摩阻力-位移曲线

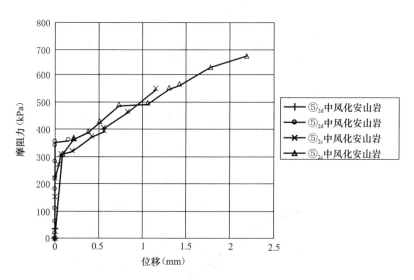

图 4 SRZ1-2 试桩桩侧摩阻力-位移

② 桩端承载力（整个扩大头部分）

SRZ1-1 试桩桩端阻力-位移曲线如图 5 所示。桩端极限阻力为 41360kN，相应位移为 2.63mm；SRZ1-2 试桩桩端阻力-位移曲线如图 6 所示。桩端极限阻力为 41360kN，相应位移为 2.91mm。

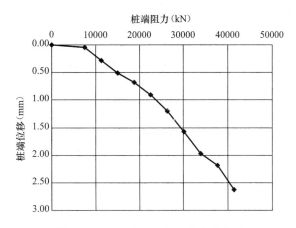

图 5　SRZ1-1 试桩桩端荷载位移曲线

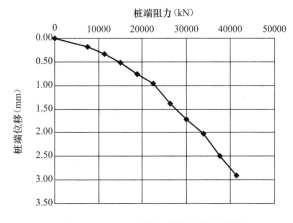

图 6　SRZ1-2 试桩桩端荷载位移曲线

4　结论

（1）自平衡测试法具有省时省力，场地适应性强，不受吨位限制等优点。两根试桩 SRZ1-1 和 SRZ1-2 的极限承载力都超过了 80000kN，且均在 20 多米深的基坑内进行，如果采用传统的锚桩法和堆载法是难以进行测试的。

（2）当荷载箱埋设于桩端时，可以直接提供试桩的抗拔承载力和桩端持力层的承载力。本工程的两根试桩 SRZ5 和 SRZ6 分别提供了抗拔力和⑤$_{2c}$层和⑤$_{2b}$层的端阻力。

（3）由 SRZ1-1 和 SRZ1-2 的端阻力（整个扩大头部分）测试结果可见，人工挖孔嵌岩桩扩大头部分可以提供很高的承载力。

（4）从试桩 SRZ1-1 和 SRZ1-2 的侧摩阻力-位移曲线来看，SRZ1-1 的侧阻力在 3mm 左右时达到极限值，而 SRZ1-2 试桩由于产生的位移较小，侧阻力尚未完全发挥。

（5）光纤传感器用于桩身应变的测量是可行的，其测试数据理想且稳定。

成都卵石地基锤击 PHC 管桩竖向承载力研究

康景文[1] 张仕忠[2] 甘 鹰[2] 王德华[3] 高岩川[1] 彭仕明[1]

(1. 中国建筑西南勘察设计研究院有限公司；2. 四川省成都市建设工程质量监督站；
3. 四川省建筑科学研究院)

摘要： 以收集四川地区 PHC 管桩竖向承载力监测资料为基础，从勘察、设计和试验等方面对目前卵石地区锤击式成桩工艺 PHC 管桩承载力普遍利用较低的原因进行了分析。利用置于中密～密实卵石土层上锤击式 PHC 管桩极限状态的静载试验、桩身应力和应变监测等测试成果，研究了 PHC 管桩极限承载力大小及构成、桩侧摩阻力大小和分布规律，以及桩端阻力和桩侧摩阻力对极限承载力的贡献程度，并得到了卵石地区锤击式 PHC 管桩极限端阻力提高系数，为成都卵石地区 PHC 管桩承载力确定和深入研究提供了可借鉴的依据和参考。

1 引言

高强预应力混凝土管桩（PHC 管桩）因具有单桩竖向承载力高、耐打性好、质量较可靠、长度易调整、施工速度快、对工程地质条件适应性强和造价低等优点[1]，得到广泛应用。PHC 管桩 2003 年起在成都地区建设工程中开始使用，解决了其他基础形式不能解决的问题。

PHC 管桩设计关键是竖向承载力的确定，但目前国内也未有一种计算方法能形成主导，不同的规范中有不同的方法，而且各地多年来 PHC 管桩大量的静载试验结果表明，绝大多数 PHC 管桩的静载试验所得出的单桩竖向极限承载力要大于现行规范经验公式计算所得的极限承载力，尤其对于一些中、短长度的端承桩更是如此。

在参照规范公式确定 PHC 管桩承载力设计计算时，需要有管桩相应的岩土力学指标。而在成都地区尤其卵石地基 PHC 管桩应用刚起步，地方经验很少。目前勘察单位提供的岩土力学指标基本是参考规范其他桩型指标或外地经验数值，无论是偏大还是偏小，均将导致工程建设的不安全或不经济。因此，PHC 管桩竖向极限承载力的研究，不仅为勘察、设计和施工提供依据，也将为四川建筑业带来显著的经济效益和社会效益。

成都地区 PHC 管桩持力层大多选择在中密及密实卵石层，在收集大量静载试验检验资料的基础上，本文通过 12 根（直径 $\phi 300$、$\phi 400$、$\phi 500$ 各 4 根）以中密及密实卵石层为持力层的 PHC 管桩的高应变试验、静载极限承载力试验、桩侧土应力和应变测试及研究，力争推求适合成都卵石地基的 PHC 管桩桩侧、桩端阻力发挥系数以及桩端极限承载力的提高系数，供勘察、设计和施工参考。

本文原载于《岩土工程学报》2010 年增刊 2。

2 成都卵石地基 PHC 管桩静载试验资料

为研究 PHC 管桩桩端置于中密～密实卵石上的承载力实际值，收集了 3 年来四川省内有代表性的 50 多个工程的 300 多根 PHC 管桩（其中 $\phi 300$ 桩 60 根，$\phi 400$ 桩 150 多根，$\phi 500$ 桩 110 根）包括桩径、桩长、桩端持力层、桩最后 3 阵贯入度等各项参数以及静载试验得到的最大试验荷载及对应的沉降值。

收集的静载试验资料中，当桩端置于中密—密实卵石上时，$\phi 300$ 桩最大荷载加至 2200kN，$\phi 400$ 桩最大荷载加至 3265kN，$\phi 500$ 桩最大荷载加至 4000kN 时，其对应的沉降分别为 11.05、18.83、21.44mm，单桩承载力均未达到极限承载力。

为分析 PHC 管桩实测承载力的分布，按桩径分组，将 300 多根在最大试验荷载时所对应沉降值整理，见图 1。图中打桩锤重在 45～62kN 之间，落距多在 1.2～2.2m，贯入

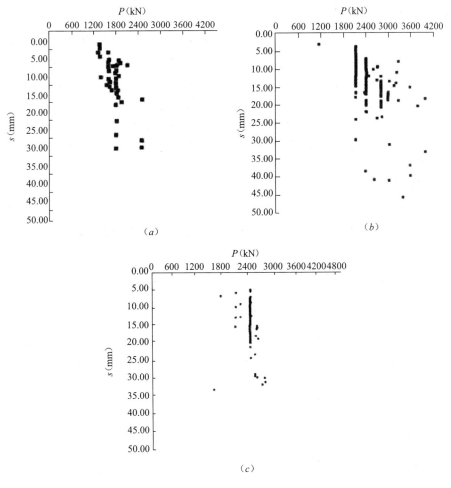

图 1 PHC 管桩荷载-沉降点位分布图

(a) $\phi 300$ 直径桩荷载-沉降点位分布图；(b) $\phi 400$ 直径桩荷载-沉降点位分布图；

(c) $\phi 500$ 直径桩荷载-沉降点位分布图

度控制在 20～100mm，即锤越重或落距越高，贯入度控制取上限；反之，锤轻或落距低，贯入度控制取下限。

从桩荷载与沉降的分布图可以看出，$\phi 300$ 桩试验最大荷载多用在 1400～2200kN，$\phi 400$ 桩最大荷载多用在 2000～3200kN，$\phi 500$ 桩试验最大荷载多用在 3000～4200kN，而最大荷载所对应的沉降多在 10～2mm，即大多工程桩承载力都远未达到极限状态，单桩承载力远没有发挥出来，即在正常使用情况下，$\phi 300$、$\phi 400$、$\phi 500$ 桩荷载分别在达到 2200，3200 及 4200kN 时，基桩沉降量较小。

根据收集到的资料分析，在单桩竖向承载力试验大多未做到极限状态的情况下，PHC 管桩置于中密及密实卵石层上的实测承载力比按现行规范计算的承载力普遍偏大，设计承载力或实际承载力究竟还有多少潜力？有待进一步研究。

3 PHC 管桩承载力试验

3.1 试验桩设置

为研究以卵石层为桩端土持力层的 PHC 管桩单桩竖向承载力实际值较按传统方法确定的值较大的原因，试验桩的设置考虑到以下几方面因素：①场地代表性问题，选择在成都岷江河流一级阶地上；②施工机具问题，选择目前成都市场主要采用的落锤打桩机完成 PHC 管桩施工；③桩入土深度问题，为了与已收集的管桩承载力资料作对比研究，试验桩的长度为 7.5～13m，试验桩施工时以贯入度控制为主，桩进入持力层——中密（密实）卵石层的标高为辅；④避免桩截面尺寸效应和兼顾目前成都市场常用的 $\phi 300$、$\phi 400$、$\phi 500$ 三种桩径规格各 4 根。

3.2 试验桩的基本条件

试验场地地基土物理力学指标建议值[1]见表 1。试验桩的基本概况见表 2。12 根试桩每根桩由 1～2 节、每节 5～7m 的桩段组成，桩端进入持力层深度不小于 $4d$。

地基土物理力学指标建议值 表 1

土 层		重度 γ (kN·m^{-3})	承载力特征值 f_{ak} (kPa)	压缩模量 E_{s1-2} (MPa)	变形模量 E_0 (MPa)	黏聚力标准值 c (kPa)	摩擦角标准值 φ (°)	泊松比 ν	预应力管桩	
									极限侧阻力标准值 q_{sik} (kPa)	极限端阻力标准值 q_{pk} (kPa)
杂填土		18.0	80	3.0		0	15	0.44	20	
素填土		19.0	100	5.0		18	16	0.42	24	
粉质黏土		19.6	200	6.5		30	20	0.38	50	
粉 土		19.6	130	5.5		13	20	0.35	30	
中 砂		19.0	140	16.0	12.0	0	30	0.30	50	
卵石	稍密	21.0	350	26.0	21.0	0	38	0.27	80	5000
	中密	23.0	550	32.0	27.0	5	40	0.25	140	7000
	密实	24.0	800	41.0	36.0	10	45	0.22	180	9000

试验桩基本概况 表2

试桩编号	钻孔编号	桩径(mm)	桩长(m)	桩端卵石持力层状态	最后三阵平均贯入度(cm/阵)	桩进入持力层深度(m)
1	ZK2	400	7.6	中密—密实	3.4	2.7
2	ZK6	500	13.0	密实	5.5	6.5
3	ZK3	400	10.5	密实	3.3	4.2
4	ZK12	500	12.0	密实	4.8	3.7
5	ZK1	400	9.0	中密—密实	2.5	4.0
6	ZK4	400	9.0	密实	3.0	1.6
7	ZK7	300	9.0	密实	3.6	2.0
8	ZK5	500	10.0	密实	4.5	3.5
9	ZK8	300	7.5	密实	3.6	1.2
10	ZK11	500	11.0	密实	4.5	3.5
11	ZK9	300	8.0	密实	3.2	1.6
12	ZK10	300	9.0	密实	3.3	2.2

3.3 试验桩的测试

根据规范[2]，PHC 管桩在成都地区作为一种新型的桩型，单桩承载力通过静载试验测定。

为了比较准确地了解桩顶荷载作用下桩侧土的阻力及桩端土阻力的发挥情况，在桩身中土层变化部位和桩端埋设量测元件。在每节桩距离端部约 200mm 处，分别取两个截面安装电阻应变测试元件，每个截面在桩身钢筋笼上设 2 个测点。

各测点各阶段的应力应变数据采集随 PHC 管桩的静载试验同步进行。每加一级荷载检测 2~3 次数据，直至试桩加载到极限荷载和卸载。量测时采用了温度补偿片消除由于工作环境温度变化而引起应变片的温度效应。

4 管桩承载力的试验结果分析及应用

4.1 静载试验结果

试验桩中除 7 号桩和 9 号桩由于桩头破坏未能做到破坏，其他桩均加荷至破坏荷载。单桩竖向极限承载力结果汇总表见表3。

根据表 1 参数，按规范[3]确定单桩极限承载力标准值和静载试验极限承载力实测值以及比较结果见表4。从表 4 中可得出 PHC 管桩极限承载力实测值较计算值增大比例在 1.32~2.50 之间。其中 $\phi300$ 桩提高比例在 2.00~2.50 之间；$\phi400$ 桩提高比例在 1.73~ 2.48 之间；$\phi500$ 桩提高比例在 1.32~1.72 之间，平均提高 1.80 倍。$\phi300$ 桩最大极限荷载实测值 2400kN，$\phi400$ 桩最大极限荷载实测值 4800kN，$\phi500$ 桩最大极限荷载实测值 5750kN；分别较收集资料的工程检验试验结果增大了 10%，47% 和 43%。

试验桩静载试验结果汇总表　表3

试验桩编号	钻孔编号	桩径（mm）	桩长（m）	桩端卵石持力层状态	桩最后三阵平均贯入度（cm/阵）	单桩竖向最大试验荷载（kN）	最大试验荷载对应的沉降（mm）	单桩竖向极限承载力（kN）	单桩竖向极限承载力对应的沉降（mm）
1	ZK2	400	7.6	中密—密实	3.4	4400	62.45	4000	39.88
2	ZK6	500	13.0	密实	5.5	5500	49.51	5000	34.65
3	ZK3	400	10.5	密实	3.3	4800	46.43	4400	31.96
4	ZK12	500	12.0	密实	4.8	5750	21.43	5750	21.43
5	ZK1	400	9.0	中密—密实	2.5	4800	49.86	4000	23.14
6	ZK4	400	9.0	密实	3.0	4800	21.02	4800	21.00
7	ZK7	300	9.0	密实	3.6	2100	13.28	桩头破坏	—
8	ZK5	500	10.0	密实	4.5	5500	30.81	5000	21.71
9	ZK8	300	7.5	密实	3.6	2400	16.49	桩头破坏	—
10	ZK11	500	11.0	密实	4.5	5500	29.64	5000	18.99
11	ZK9	300	8.0	密实	3.2	2700	43.57	2400	14.90
12	ZK10	300	9.0	密实	3.3	2700	42.07	2400	9.51

静载试验极限承载力实测值与规范公式计算值对比分析表　表4

试桩编号	桩径（mm）	桩长（m）	桩端卵石持力层状态	极限承载力实测值（kN）	极限承载力计算值（kN）			增加值（实测值－计算值）（kN）	承载力增加比值（实测值/计算值）
					桩侧	桩端	总阻力		
1	400	7.6	中密—密实	4000	735.3	879.2	1614.5	2385.5	2.48
2	500	13.0	密实	5000	2011.8	1766.2	3778.0	1222.0	1.32
3	400	10.5	密实	4400	1416.8	1130.4	2547.2	1852.8	1.73
4	500	12.0	密实	5750	1823.1	1766.2	3589.3	2160.7	1.60
5	400	9.0	密实	4000	1040.5	1130.4	2170.9	1829.1	1.84
6	400	9.0	密实	4800	977.1	1130.4	2107.5	2692.5	2.28
8	500	10.0	密实	5000	1149.0	1766.2	2915.2	2084.8	1.72
10	500	11.0	密实	5000	1530.8	1766.2	3297.0	1703.0	1.52
11	300	8.0	中密—密实	2400	465.0	494.5	959.5	1440.5	2.50
12	300	9.0	密实	2400	566.3	635.8	1202.1	1197.9	2.00

4.2　应力应变测试结果

在极限荷载作用下应力应变测试所测出的各桩桩侧阻力、桩端阻力以及与高应变所拟合的桩侧阻力、桩端阻力及规范承载力计算值进行比较结果见表5。

应力应变所测桩极限侧摩阻力、端阻力汇总表 表 5

试验编号	极限承载力计算值（kN）				高应变极限承载力（kN）				极限荷载作用下应力应变测试的侧阻力、端阻力值（kN）			
	桩侧	桩端	总阻	桩端/总阻	桩侧	桩端	总阻	桩端/总阻	桩侧	桩端	总阻	桩端/总阻
1	735.3	879.2	1614.5	0.545	832.7	3147.3	3980	0.791	1450	2550	4000	0.638
2	2011.8	1766.2	3778.0	0.467	1461.8	4488.2	5950	0.754	1980	3020	5000	0.604
3	1416.8	1130.4	2547.2	0.444	1127.0	2773.0	3900	0.711	1860	2540	4400	0.577
4	1823.1	1766.2	3589.3	0.492	1338.5	4661.5	6000	0.777	2740	3010	5750	0.523
5	1040.5	1130.4	2170.9	0.521	1028.6	3271.4	4300	0.761	1520	2480	4000	0.620
6	977.1	1130.4	2107.5	0.536	813.1	3486.9	4300	0.811	2050	2750	4800	0.573
8	1149.0	1766.2	2915.2	0.606	1322.6	4627.4	5950	0.777	1980	3020	5000	0.604
10	1530.8	1766.2	3297.0	0.536	1275.5	4724.5	6000	0.787	2050	2950	5000	0.590
11	465.0	494.5	959.5	0.515	505.3	1794.7	2300	0.780	1100	1300	2400	0.542
12	566.3	635.8	1202.1	0.529	582.2	1917.8	2500	0.767	990	1410	2400	0.588

从表 5 可见，最大试验荷载时规范计算的端阻比在 0.444～0.612 之间，平均值为 0.524；高应变试验所拟合的端阻比在 0.711～0.872 之间，平均值为 0.778；应力应变所测出的端阻比在 0.518～0.638 之间，平均值为 0.582。应力应变所测出的端阻比与规范计算的端阻比接近，高应变所拟合的端阻比较高。

由此可知，在以卵石为主的地基中 PHC 管桩单桩承载力的构成桩侧摩阻力所占比例近 50%，因此，桩侧摩阻力对 PHC 管桩单桩承载力的作用不可忽视。

4.3 极限端阻力分析

通过试验与计算结果的比较可知，当以中密—密实卵石层作为桩端持力层时，通过静载试验所得的单桩竖向极限承载力实测值比按规范[3]计算的单桩竖向极限承载力计算值有一定幅度的增大，提高系数在 1.32～2.50 之间（因直径而差异）。管桩单桩竖向承载力的提高主要是经强烈锤击的 PHC 管桩进入持力层一定深度并达到一定的贯入度，使桩尖附近的卵石层挤密，持力层的强度（包括端阻力）相应有了较大的提高。

根据管桩单桩竖向承载力的提高主要在于桩端阻力的提高，桩侧阻力变化不大的规律，利用静载试验所测得的极限荷载、规范[3]计算的桩侧摩阻力值、按规范[3]单桩承载力计算公式推算出 PHC 管桩极限端阻力标准值 Q'_{pk}，Q'_{pk} 与规范[3]桩端阻力计算值之比即为桩端阻力提高系数 η。根据以上研究成果，成都地区置于中密—密实卵石层上并进入持力层一定深度满足一定贯入度要求的 PHC 管桩极限端阻力在使用规范方法进行计算时，可考虑增加一提高系数 ψ_{cd}。考虑一定的安全储备后确定的 ψ_{cd} 值建议值见表 6。

成都卵石地基 PHC 管桩极限端阻力提高系数 ψ_{cd} 建议值 表 6

桩径（mm）	ψ_{cd} 值
ϕ300	1.8～2.5
ϕ400	1.5～1.8
ϕ500	1.3～1.6

5　结论

通过对 PHC 管桩在成都卵石地基应用几年来的 50 多项工程 300 多根桩的承载力数据的归纳总结，以及 12 根不同直径桩的极限承载力试验的研究成果得：

（1）当以中密—密实卵石层作为桩端持力层并进入持力层一定深度时，按规范方法计算的承载力普遍较试验测试值偏低。

（2）按规范[3]计算的极限侧阻力与桩极限侧阻力实测值基本符合，而桩极限端阻实测值较按规范[3]计算的桩极限端阻力普遍偏高。

（3）以中密—密实卵石层作为桩端持力层并进入持力层一定深度的锤击 PHC 管桩单桩承载力可采用端阻力提高系数的方式进行设计估算。

参 考 文 献

［1］　成都华建管桩厂工程岩土工程勘察钻探情况说明［R］. 成都：四川省川建勘察设计院，2006.
（Drilling conditions of geotechnical engineering investigation of Huajian Pile Factory in Chengdu［R］.
Chengdu：Survey and Design Institute of Sichuan Construction，2006．（in Chinese））

［2］　JGJ 106—2003　建筑基桩检测技术规范［S］.（JGJ 106—2003 Technical code for testing of building
foundation piles［S］.（in Chinese））

［3］　JGJ 94—94　建筑桩基技术规范［S］.（JGJ 94—2008 Technical code for building pile foundation
［S］.（in Chinese））

京津沪超高层超长钻孔灌注桩单桩静载
试验数据对比分析

孙宏伟

（北京市建筑设计研究院有限公司）

由于地质构造不一，基础施工难度较大，技术含量较高，所以在超高层建筑施工中，基础工程已经成为影响建筑施工总工期和总造价的重要因素。超高层建筑基础工程造价一般占土建工程总造价的 25％～40％，施工工期占总工期的 1/3 左右[1]。近期国内超高层的建造比较迅猛，已建的有上海金茂大厦（高 420.6m）、上海环球金融中心（492m）、北京的国贸三期（330m）、香港国际金融中心二期（415m）、台北 101 大楼（508m），广州的中信广场（391m）等。包括上海中心大厦（632m）和天津 117 大楼（600m）在内的各地许多超高层建筑都在建设中，未来随着经济发展和城市化进程，超高层发展势头仍将继续。

而对于地基基础专业而言，技术准备是不足的。具体表现在岩土工程勘察阶段对场区的地震地质、工程地质和水文地质调查的时间紧迫，影响到了勘察工作的精度和深度。目前对超高层建筑及其他大型公共建筑的"基础方案的分析、比选与现场试验研究缺乏必要的经费和时间"[2]。随着超高层建筑的发展，钻孔灌注超长桩、长桩在工程中得到越来越多地应用。"研究超长桩荷载传递机理不仅是桩基础理论自身发展的需要，更是工程界的迫切要求。"[3]

台北国际金融大楼（101 大楼）基础类型"针对荷载条件，对桩基施工进行了 7 种工法的比较；在现场压桩试验的基础上，用 15 种解释方法进行分析比较，在此基础上，利用 T-Z 关系曲线进行了结构-桩基-地层的共同作用分析。这样，开工前对地基基础的工作性状就有了比较量化的估计和把握。"[4,5]

借鉴台北国际金融大楼等超高大楼的成功经验，着手开展超高层建筑桩基础工程设计研究工作，基于对京津沪三地代表性超高层建筑（上海地区的上海中心大厦，天津的 117 大厦、北京的中国尊大厦、央视 CCTV 新台址主塔楼）的超长灌注桩的试验桩测试的数据分析，对于超长钻孔灌注桩的荷载传递规律、荷载-沉降的性状、侧阻力变化特征以及后注浆工艺增强效果进行比较研究，以期更好地把握超长桩的工程性状。

1 地基土层构成

对照上海地区滨海平原区地基土层层序表，以勘探所揭示的第⑥层暗绿色粉质黏土作为全新统与更新统分界，全新统厚度为 24m，其下为上更新世 Q_3 至下更新世 Q_1 沉积层，上海中心场地的第四纪覆盖层厚度为 274.80m，由黏性土、粉土、砂土组成，一般具有成层分布特点。

北京 CBD 核心区的国贸三期（A 阶段）"控制性钻孔 B14 达到了 171m，钻探至第三纪基岩"[6]。中国尊大厦的岩土工程详细勘察最大钻孔深度达 184m，钻至第三纪基岩层，完整地揭示了第四纪沉积层，其构成表现为 9 个沉积旋迴，每一沉积旋迴均呈现由粗粒土过渡为细粒土，典型地层构成为卵石（圆砾）层→砂层→粉土层/黏性土层，且以更新世沉积层为主。

天津市区全新统 Q_4 层底深度大致为 20m，包括人工填土层、新近沉积层、第Ⅰ陆相层、第Ⅰ海相层、第Ⅱ陆相层；上更新统 Q_3 层底深度大致为 75m，包括第Ⅲ陆相层（粉质黏土呈可塑偏硬状态）、第Ⅱ海相层（以可塑黏性土为主）、第Ⅳ陆相层（黏性土一般呈可塑—硬塑状态）、第Ⅲ海相层（黏性土多呈可塑状态）、第Ⅴ陆相层（以硬塑粉质黏土为主）；中更新统 Q_2，包括第Ⅳ海相层（黏性土多呈可塑状态），中更新统下界约为 94～98m；再下为下更新统 Q_1。

京津沪三地第四纪地基土层构成，可以概括为北京的黏性土层—粉土层—砂卵石层若干旋回迴沉积层，天津与上海的黏性土层—粉土层—砂层交互沉积层，而且超高层建筑的超长桩的桩周土层均系更新世沉积土层。基于地基土层构成的条件，结合试验桩数据进一步分析地基土层性状。

2　试验桩参数

对于超长桩的划分，普遍认为桩长 $L \geqslant 50\mathrm{m}$ 且长径比 $L/D \geqslant 50$ 的桩为超长桩。

上海中心和天津 117 大厦试验桩的长径比（桩长 L/桩径 D）分别达到 98.5 和 87.4。而北京 CCTV 试验桩长径比约为 45，考虑到其桩长已经超过 50m，也将其归入京津沪三地超长桩进行对比分析。

上海中心的 A02 号试验桩：桩长为 87.4m，桩径为 1.0m，0～25m 设置了双套管以消除侧摩阻力。天津 117 的 1-2 号试验桩：实际桩长为 98.5m，有效桩长为 76m，桩径为 1.0m，采用双护筒去除无效桩长段侧阻力对试验桩承载力的影响。北京 CCTV 的 TP-A3 号试验桩：桩径为 1.2m、桩长为 53.40m。

京津沪三地试验桩在成桩后均采用了桩端与桩侧后注浆工艺。

3　基桩载荷试验方法

目前超高层建筑的基桩静载荷试验的常用方法是锚桩反力法，也有采用传统的堆载法。堆载法对于地表土层承载力要求高，而过大的附加沉降还会影响试验结果。温州鹿城广场高度 350m 塔楼 110m 桩长的试桩静载荷试验采用的是桩梁式堆载支墩-反力架装置[7]。在天津滨海新区地区曾采用自平衡测试技术对 90m 超长钻孔灌注桩进行测试[8]。

上海中心大厦，天津 117 大厦、北京的 CCTV 主塔楼试桩均采用锚桩反力法。

4　三地试验桩数据分析

4.1　荷载-沉降曲线对比分析

三地试验桩 $Q\text{-}s$ 曲线对比分析如图 1 所示。上海中心大厦试验桩的最大试验荷载为 30000kN。北京的中国尊大厦试验桩最大试验荷载达 40000kN；CCTV 新台址主楼的 TP-A3 号试验桩的最大试验荷载为 33000kN[9]。天津 117 大厦试验桩的最大试验荷载达到 42000kN。

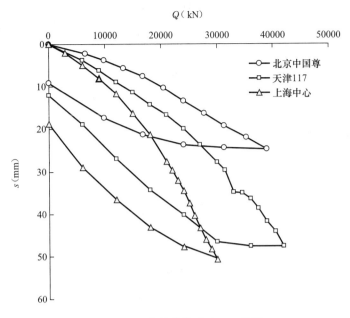

图1 三地基桩载荷试验 Q-s 曲线

由图1可以看出，京津沪试验桩曲线均为缓曲变形，三地试验桩的桩顶沉降量依次增大，北京中国尊的桩顶沉降量为 24.82mm，天津 117 大厦桩顶沉降量为 47.62mm，上海中心桩顶沉降量为 50.66mm。

量测的北京 CCTV 和上海中心试验桩的桩顶和桩端沉降的变化曲线分别如图2、图3所示，可以看出，桩端沉降量较小，桩顶沉降量主要来自桩身的压缩变形量。

当桩顶荷载同在 30000kN 左右时，北京中国尊大厦的桩顶沉降量约 19mm，而 CCTV 的桩顶沉降量为 16.53mm，天津 117 大厦桩顶沉降量为 27.88mm，均小于上海中心 50.66mm 的桩顶沉降量，试验结果可以反映出三地地基土层力学性质的总体性差异，北京土层强度高、压缩性低，天津土层次之，相比较而言上海土质最软弱。

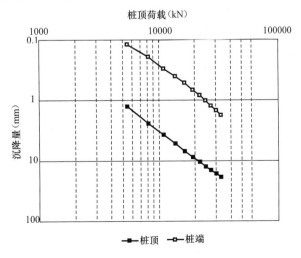

图2 桩顶与桩端沉降量对比

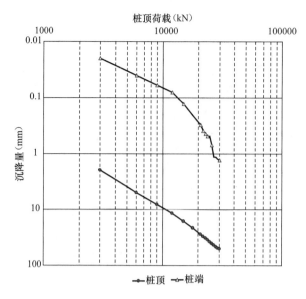

图 3　桩顶与桩端沉降量对比

上海中心（图 3）与北京 CCTV（图 2）试验桩桩端沉降量的变化趋势并不相同。在双对数坐标系中 CCTV 试验桩桩顶与桩端均表现为随试验荷载增大而增大的线性变形形态。而在双对数坐标系中上海中心试验桩桩顶沉降表现为线性变化，桩端沉降则表现为折线形态，即在 12000kN，25000kN 和 27000kN 出现了 3 个转折点。

上海中心进行了超长桩的后注浆效果的对比分析，桩端桩侧均进行了后注浆的试验桩与未进行后注浆的试验桩的 Q-s 曲线如图 4 所示。由图 4 可见后注浆效果非常显著。

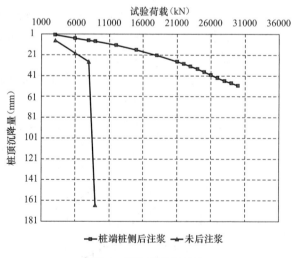

图 4　后注浆效果对比

北京地区的工程经验，"采用后压浆工艺确实能有效提高钢筋混凝土灌注桩的承载能力，一般可在 1.6～2 倍左右。"[1]

北京 CCTV 桩基设计时，为选择合理的桩端持力层，提高桩的利用效率，对两个可能的持力层作了比较，进行了两个不同持力层的试验桩的单桩承载力测试[9]，其 Q-s 曲线如图 5 所示。根据文 [9]，CCTV 的 TP-A3 号试验桩桩长为 53.40m（简称为长试验桩），TP-B1 号试验桩桩长为 33.40m（简称为短试验桩）。由图 5 可知，北京 CCTV 试验桩长短不同，但是其桩顶沉降量相近。造成这一现象的原因是"黏质粉土由于吸水崩解出现严重的塌孔，形成 2m 左右厚的沉渣[10,11]"。

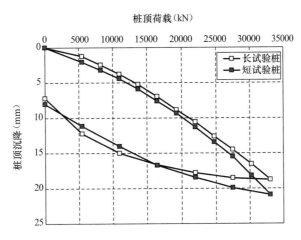

图 5 北京 CCTV 不同桩长试验桩 *Q-s* 曲线对比

北京 CCTV 短试验桩的桩身压缩变形量占桩顶变形量的比例为 74.3%～84.8%（平均值为 77.7%），长试验桩则为 83.4%～90.9%（平均值为 88.3%）。数据分析表明桩长的加长会使得桩身的压缩变形量增加。

4.2 桩身轴力变化对比分析

三地试验桩均测试了桩身内力，桩身轴力变化分别参见图 6～图 8。上海中心试验桩采用了光纤测试验桩身应力，可以获得桩身应力的连续变化，因此桩身轴力曲线非常平滑，本文按照每 5m 间隔取值绘制桩身轴力变化曲线。光纤测试验桩身应力的方法值得其他地区推广测试与研究。

根据文献 [3]，桩的长径比 *L/D* 为 34、40、55 的 3 根桩，在容许荷载作用下，端阻所占比例分别为 7.3%，10%，8%。

根据京津试验桩数据，对应最大试验荷载时，传至桩端的荷载与桩顶荷载的比值分别为 1.74%、0.66%，北京中国尊仅为 0.1%。根据上海中心试验数据，A02 号试验桩的端阻比为 13.08%，A01 号试验桩因黏粘导致双套管未发挥作用，而其端阻比为 3.23%，明显小于 A02 号试验桩，故双套管对于超长桩承载性状影响值得继续研究。原型试验测试数据表明三地试验桩均为摩擦型桩。由此可见，超长桩长径比的变化对端阻的影响是很明显的，在容许荷载作用下，长径比增大则端阻比减小。北京中心区的软硬交互地层条件与超长桩端阻比之间的关系，有待进一步研究。而天津滨海新区于家堡金融区试验桩数据，根据文献 [12] 当 SZ1-1 试验桩在试验荷载为 16440kN 时的端阻比达到 25%，同时桩顶沉降出现了陡降，沉降值达到了 73mm，该试验桩长径比为 83。结合钻孔地层岩性和土工试验指标分析推测出现问题的原因很可能与沉渣过厚有关。

因此可以通过加大桩长，适当加大长径比，选择更为密实的深部土层作为桩端持力层以减小桩基沉降，但同时会增加施工质量的控制难度。为此不仅需要认真清孔，而且还应当针对具体的成桩施工工艺、地层土质条件等因素及时调整桩端后注浆工艺参数。

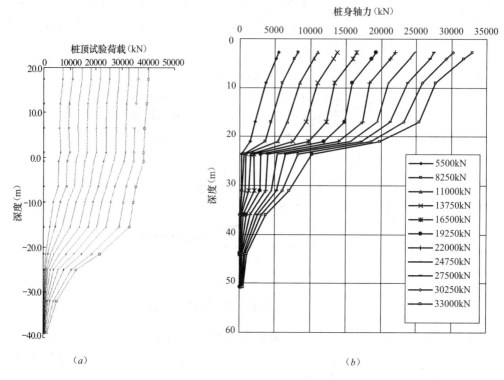

（a）

（b）

图 6　北京超长桩实测桩身轴力

（a）中国尊大厦；（b）CCTV 央视新台址

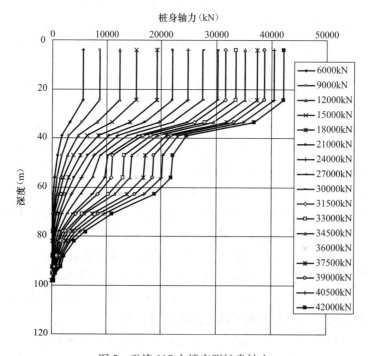

图 7　天津 117 大楼实测桩身轴力

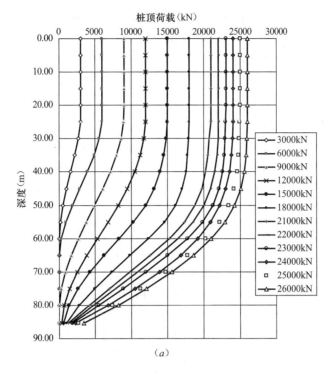

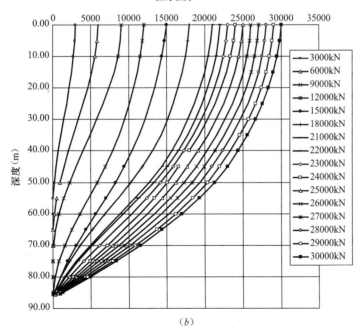

图 8　上海中心实测桩身轴力

（a）A02 号试验桩；（b）A01 号试验桩

根据文献［8］采用自平衡法所进行天津滨海新区超长钻孔灌注桩载荷试验，其结果为"钻孔灌注桩采用 $\phi 2.0$m 钻孔灌注桩，桩长 90m，容许承载力为 14550kN"而且桩土体系"破坏时，桩端位移值较小，桩端阻力尚未充分发挥"。自平衡法试验过程中的桩土相互作用机理以及荷载传递变化规律有别于基桩静载荷试验。文献［13］指出目前工程中利用荷载传递法将自平衡结果转化为传统静载 Q-s 曲线所常用的"精确转化法"没有考虑土体连续性，忽略了桩侧土体侧阻向下传递造成的桩端沉降，将会对超长桩的沉降分析带来较大影响。目前利用荷载传递法研究自平衡试桩所，鉴于此，如何应用自平衡测桩法评价桩基承载性状尚值得深入研究。

4.3 侧阻力实测值对比分析

由文献［6］，温州鹿城广场"超长桩桩侧上部土层侧摩阻力具有不同程度的软化现象，而中下部土层侧摩阻力具有微弱的强化效应"。

为此，对于京津沪三地试验桩的桩侧不同层位土层的侧阻力随试验荷载变化规律进行了对比分析。

对于天津 117 大厦，选择了代表性的土层进行对比分析，如图 9 所示，天津上部粉质黏土层，即⑦₄层（图 9 中表示为⑦₄层）的侧阻力表现为软化特征，在试验荷载为 31500kN 时出现了明显的拐点。而下部土层，无论是粉土⑩₁层（图 9 中表示为⑩₁层）还是粉质黏土⑩₄层（图 9 中表示为⑩₄层）均表现为强化特征，即随试验压力的增大而始终增加，以 30000kN 为界大致可以分为两段，之前表现为平缓增强，其后增强速率明显增加。由于粉土⑩₁层较厚，该大层深浅部位，粉土⑩₁层浅部的侧阻力发挥至 155kPa，而其深部则仅达到 38kPa。数据分析发现，天津 117 大厦超长灌注桩的侧阻力因地层土质及层位的不同而表现出非同步发挥的变化特征。

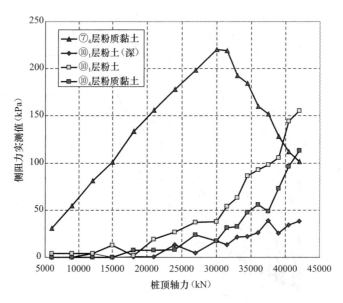

图 9 天津 117 大厦不同层位侧阻力变化对比

对于上海中心，选取了上部和下部的代表性土层进行侧阻力变化特征比较研究，其侧阻力变化详见图 10 和图 11。所选取的上部土层，包括粉质黏土⑥层，砂质粉土⑦₁层，粉砂⑦₂层，下部土层包括了粉砂⑦₃层，砂质粉土⑨₁层，粉砂⑨₂层。上部土层侧阻力均表现为软化效应，而下部土层侧阻力则均表现为强化效应，而且在试验荷载达到 23000kN 之后，粉砂⑦₃层和砂质粉土⑨₁层增加趋势趋于平缓，而在达到 24000kN 之后，粉砂⑨$_2$ 层侧阻力强化效应亦趋缓。

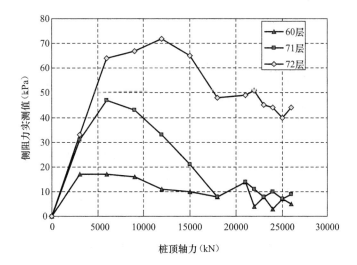

图 10　上海中心上部土层侧阻力变化

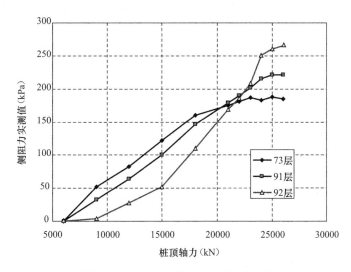

图 11　上海中心下部土层侧阻力变化

　　粉砂⑦$_2$ 层和砂质粉土⑦$_1$ 层侧阻力实测最大值分别为 72kPa 和 47kPa，比较建筑桩基技术规范给出的对应于泥浆护壁钻孔桩工艺的密实粉细砂层 q_{sik} 值为 64～86kPa，取其中值为 75kPa，则上部土层侧阻力均低于建筑桩基技术规范所给出的 q_{sik} 值。粉质黏土⑥层侧阻力实测最大值仅为 17kPa，远小于建筑桩基技术规范所给出的 q_{sik} 值。反观下部土层，粉砂⑦$_3$ 层，砂质粉土⑨$_1$ 层，粉砂⑨$_2$ 层的侧阻力值分别为，188kPa，221kPa，266kPa，均大大高于建筑桩基技术规范所给出的 q_{sik} 值。对于这一问题，在超长桩设计过程中应予以充分重视。数据分析发现，上海中心超长灌注桩的侧阻力因地层土质及层位的不同亦表现出非同步发挥的变化特征。

　　北京 CCTV 长短试验桩的浅部黏性土层侧阻力变化如图 12 所示。由图 12 可以看出，不同于天津和上海试验桩情况，北京的浅部黏性土层侧阻力呈现随试验压力增大而一直增大的总体趋势。

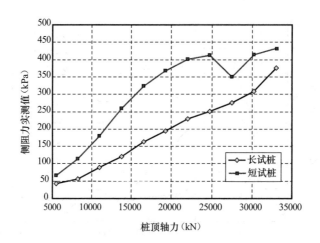

图 12　CCTV 上部黏性土层侧阻力变形

根据试验桩数据分析，超长灌注桩承载力确定应有别于普通桩，不能笼统套用经验公式及经验参数，必须通过试验桩明确承载性状，应当考虑不同层位不同土层侧阻力软化或强化效应。

为了明确采用双套管隔离方式对于基桩承载性状影响，北京 CBD 中信 Z15 工程将通过超长桩试验桩测试加以进一步研究。截至目前，该工程试验桩已完成施工，采用了双套管隔离措施，正处于养护阶段。该工程基桩原型试验资料无疑将丰富超长桩测试资料，并将促进超长桩深入研究。

5　结论

京津沪三地第四纪地基土层构成可以概括为北京的黏性土层—粉土层—砂卵石层若干旋回迴沉积层，天津与上海的黏性土层—粉土层—砂层交互沉积层，而且超高层建筑的超长桩的桩周土层均系更新世沉积土层。

根据京津沪三地超长后注浆钻孔灌注桩试验桩资料对比分析，京津沪试验桩 Q-s 曲线均呈缓曲变形，三地试验桩的桩顶沉降量依次增大，桩顶沉降量主要来源于桩身压缩变形量，数据分析表明桩长的加长会使得桩身的压缩变形量增加，应通过增加桩身配筋及提高桩身混凝土强度等措施以减小桩顶沉降。

建议按沉降控制进行桩基设计，通过加大桩长，适当加大长径比，选择更为密实的深部土层作为桩端持力层以减小桩基沉降，但同时会增加施工质量的控制难度。为此不仅需要认真清孔，而且还应当针对具体的成桩施工工艺、地层土质条件等因素及时调整桩端后注浆工艺参数。

数据分析发现，天津 117 大厦超长灌注桩的侧阻力因地层土质及层位的不同而表现出非同步发挥的变化特征。天津和上海地区，桩身上部土层随荷载增加会出现不同程度的软化效应而下部土层则呈现强化效应的变化特征。

而北京地区上部黏性土层则始终表现为强化特征，而且短桩长较之长桩长所表现出强化效应更明显，对此尚应继续深入研究。

根据试验桩数据分析，超长灌注桩承载力确定应有别于普通桩，不能笼统套用经验公式及经验参数，必须通过试验桩明确承载性状，应当考虑不同层位不同土层侧阻力软化或强化效应。

试验桩测试数据是重要的设计依据之一，希望建设单位和设计单位给予更多的重视。基础工程设计过程中还应加强对试验桩方案的策划及试验数据的分析。

基桩静载荷试验装置建议采用锚桩反力法，亦可考虑采用堆载法。若表层地基土软弱时，可采用桩梁式堆载支墩-反力架装置。桩基自平衡测试技术尚需要积累试验对比分析资料并加以研究分析。

参 考 文 献

[1] 胡玉银. 超高层建筑的基础与结构（一）[J]. 建筑施工，2007，29（2）：146-148.

[2] 张在明. 北京地区高层和大型公用建筑的地基基础问题 [J]. 岩土工程学报，2005，27（1）：11-23.

[3] 池跃君，顾晓鲁，周四思，等. 大直径超长灌注桩承载性状的试验研究 [J]. 工业建筑，2000，30（8）：26-29.

[4] 超高大樓基礎設計與施工（三）—金融大樓大口徑場鑄樁之試驗、分析與應用 [J]. 地工技術，2000，第 80 期：87～102.

[5] 超高大樓基礎設計與施工（四）—臺北國際金融中心工址斷層及大地工程調查 [J]. 地工技術，2001，第 84 期：29～48.

[6] 张志尧，耿一然，吴亚丽，等. 中国国际贸易中心三期工程勘察及岩土工程的相关问题，工程勘察，2009（S2），76-84.

[7] 张忠苗，张乾青，张广兴，等. 软土地区大吨位超长试验桩试验设计与分析 [J]，岩土工程学报，2011，33（4）：535-543.

[8] 穆保岗，龚维明，黄思勇. 天津滨海新区超长钻孔灌注桩原位试验研究 [J]. 岩土工程学报，2008，30（2）：268-271.

[9] 邹东峰，钟冬波，徐寒. CCTV 新址主楼 ϕ1200mm 钻孔灌注桩承载特性研究 [A] //桩基工程技术进展（2005）[C]，北京：知识产权出版社，2005：90-96.

[10] 汪大绥，等. CCTV 新台址主楼结构设计与思考 [J]. 建筑结构学报，2008，29（3）：1-9.

[11] 王卫东，吴江斌，翁其平，等. 中央电视台新主楼基础设计 [J]，岩土工程学报，2010，32（S2）：253-258.

[12] 孙宏伟，沈莉，方云飞，等. 天津滨海新区于家堡超长桩载荷试验数据分析与桩筏沉降计算 [J]. 建筑结构，2011，41（S1）：1253-1255.

[13] 朱向荣，汪胜忠，叶俊能，等. 自平衡试验桩荷载传递模型及荷载-沉降曲线转换方法改进研究 [J]，岩土工程学报，2010，32（11）：1717-1721.

北京 Z15 地块超高层建筑桩筏基础的数值分析

王　媛　孙宏伟

（北京市建筑设计研究院有限公司）

摘要： 岩土工程数值软件在工程中的应用已经得到了越来越多的重视，持续的改进使得计算软件得到不断的优化。应用岩土工程数值软件可实现地基土—桩—筏板—上部结构的整体建模，可以为桩筏基础共同作用进行精细计算，进而为岩土工程师提供更加可靠的分析数据，并为结构设计过程提供技术支持。结合北京 Z15 地块超高层建筑的桩筏计算分析实例，对 PLAXIS 和 ZSOIL 数值软件的建模过程、参数指标选取及计算数据分析进行全过程介绍，以期能为应用数值计算软件对桩筏基础开展精细计算，积累工程应用经验。

1　前言

建筑规模的不断增大，建筑形体与结构体系越来越复杂，对地基承载力和基础变形控制提出更高要求。前者使高层建筑基础呈现大尺度和大埋深，对其承载力评价从理论和实践上都提出了新的问题；后者则要求进行更加精细、可信的共同作用分析[1]。岩土工程数值软件的开发利用发展已得到了越来越多的重视和应用。岩土工程数值软件不仅能够为岩土地基部分提供经典的土力学本构模型，而且为分析地基—基础—上部结构共同相互作用提供大量的通用结构单元以及相应的本构模型，为工程师开展更加精细、可信的共同作用分析，提供了有力支持。

目前，ABAQUS，FLAC，PLAXIS，ZSOIL 等岩土工程数值软件的开发及不断优化，在桩筏基础共同作用的实际工程案例中已经得到大量的验证[2-5]。PLAXIS 3D Foundation 最初由荷兰代尔夫特工业大学岩土工程研究所在荷兰水利与公共事业部支持开发，1993 年底成立 PLAXIS 公司，进一步研发。是适用于岩土工程的变形、稳定性以及地下水渗流等大多数岩土工程问题的通用有限元软件[6]。

ZSOIL 三维岩土工程有限元软件是由瑞士联邦理工学院研发，软件提供了解决土力学和岩石力学、地下结构、基坑开挖、土—结构相互作用、地下水和温度分析的统一方法[7]。其中 ZSOIL 在国内应用的代表性项目有：虹桥交通枢纽桩基、基坑科研项目，上海中心桩基科研项目，上海莲花河畔倒楼事故机理调查等项目[2-4]。

基于对 PLAXIS 和 ZSOIL 软件的应用，对北京 CBD 核心区 Z15 地块超高层桩筏基础共同作用进行精细建模和精细计算。不仅提供岩土工程师和结构工程师共同关心的基础总沉降、主裙楼差异沉降、主楼挠度数据等，而且可以核对结构设计提供的桩顶反力和基础底板弯矩等数据。

本文原载于《建筑结构》2013 年第 17 期

2 工程介绍及难点

工程项目位于北京 CBD 核心区 Z15 地块,东至金和东路,南至规划绿地,西至金和路,北至光华路。工程为集甲级办公楼、会议、商业、观光以及多种配套服务功能于一体的综合性建筑。主塔楼地上共 108 层,建筑高度约 528m,地下 5 层,地下埋深约 37m。纯地下室部分地下 6 层,埋深约 37m;东、西两侧与 CBD 核心区地下管廊紧邻,南侧与拟建文化中心相邻。

工程桩筏基础设计与分析过程中的关键性技术难点包括:(1)桩端持力层的比选及桩长的确定;(2)单桩竖向抗压承载力特征值的确定;(3)超高层主楼核心筒与角部巨柱的差异沉降控制;(4)超高层主楼与裙房的差异沉降协调。桩筏计算与分析的核心是土与结构相互作用(SSI),即地基土-桩-筏板共同作用。在基础设计过程中,岩土工程师始终与结构工程师密切合作,为了实现桩筏基础精细设计,岩土工程师团队应用数值计算软件开展了一系列复杂地基基础问题的计算分析。下面结合超高层建筑桩筏计算与分析工程实例,主要探讨应用岩土工程数值软件精细建模,以及为桩筏设计提供技术支持的精细计算的实现过程。

2.1 工程场区主要参数

基底直接持力层为第⑦大层,主要为黏性土层,由黏土、重粉质黏土组成。该大层土层顶标高约为 0.49~2.58m,按目前基础埋深,基底下余留第⑦大层土厚度最薄处不到 1.0m。按现况条件进行抗突涌稳定性分析,在承压水作用下,基底土将发生突涌破坏。因此,必须采取基坑围护体系与地下水控制相结合措施,有效降低基底以下承压水水头高度,确保基底土的安全稳定[8]。

层⑫卵石、圆砾为目前试验桩的桩端持力层。主塔楼范围内该层的层顶标高约为 -37.47~-34.04m,分布厚度约 7.30~12.90m(不含局部层间夹细砂薄层)。该层工程性质良好,为试验桩工作的桩端持力层[8]。土层物理力学参数及分层情况见表 1 和图 1,图中场地地层及布桩示意图中标明了每个地层平均厚度。

2.2 水文地质条件

工程场区自然地面下约 60m(开挖地面下约 40m)深度范围内主要分布 4 层地下水,地下水类型自上而下依次为层间潜水和承压水(3 层),与区域地下水分布条件基本一致,抗浮设计水位可按 31.00m 考虑。地下含水层的汇总见表 2[8]。

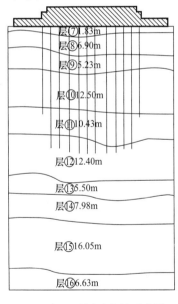

图 1 场地地层及布桩示意图

土层物理力学参数 表 1

岩土层	黏聚力 c(kPa)	内摩擦角 φ(°)	压缩模量 E_s(MPa)	侧摩阻极限 q_{sa}(kPa)	端摩阻极 q_{pa}(kPa)
⑦黏土	65	11	14.8	70	—
⑧卵石、圆砾	0	40	115	140	—
⑨粉质黏土	64	10	18.6	75	—

续表

岩土层	黏聚力 c(kPa)	内摩擦角 φ(°)	压缩模量 E_s(MPa)	侧摩阻极限 q_{sa}(kPa)	端摩阻极 q_{pa}(kPa)
⑩中砂、细砂	3	38	59.5	80	—
⑪粉质黏土	28	10.5	20.3	75	—
⑫卵石、圆砾	0	42	155	160	3000
⑬粉质黏土	24	26	25.8	80	—
⑭中砂、细砂	4	37	99.6	85	2000
⑮重粉质黏土	64	27.6	23.1	80	—
⑯卵石、圆砾	0	43	190	80	—

注：引自岩土工程勘察报告。

地下水分布汇总　　　　　　　　　　　　　　　　　表 2

层号	地下水类型	含水层岩性	静止水位埋深（m）	分布特征
1	层间潜水	层④₁卵砾石	0.52～2.49	局部分布
2	承压水	层⑥、⑥₁砂、卵砾石	7.08～7.62	连续分布
3	承压水	层⑧卵砾石	7.63～8.34	连续分布
4	承压水	层⑩中砂、细砂	8.72～9.14	连续分布

注：引自岩土工程勘察报告。

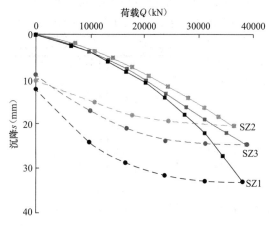

图 2　抗压静载试验荷载-沉降（Q-s）测试曲线

2.3　试验桩结果

试验桩桩径 1000mm，试验时标高为绝对高程 20.2m，设计桩顶标高为绝对高程 0.2m，施工桩长 62.2m，有效桩长 42.2m。试验标高至设计桩顶标高段采用双层钢套管消减桩侧土阻力。施工采用 R-622HD 型旋挖钻机成孔，泥浆护壁，下放钢筋笼后导管法灌注混凝土成桩[9]。

图 2 为三根试验桩在设计标高（0.2m）处抗压静载试验测试曲线，单桩抗压极限承载力可取试验最大加载平均值 38000kN。且桩顶竖向荷载主要由桩侧阻力承受，桩侧阻力约占总荷载值的 97%，桩端荷载约占总荷载值的 3%。

3　岩土工程数值软件建模过程

根据工程的结构图、布桩方案、场地土层的参数以及试验桩报告等提供的数据，用 PLAXIS 3D Foundation 和 ZSOIL 2011 两款岩土工程数值软件对 Z15 地块超高层建筑桩筏基础共同作用分别进行精细分析和精细计算。选取相同的土体及结构本构模型，相同的参数数据，相同的尺寸布置等，通过精细建模，两款软件得到相似的结构土体模型。图 3 为 PLAXIS 3D Foundation 数值软件的结构模型图。再通过精细计算，得出工程师比较关心的基础沉降图、基础底板弯矩图及桩顶反力的数值分布图等。这一方面是对该项目结构设计及布桩方案合理性的校核，另一方面两款软件同时建模计算分析也是对结果有效性的保证。

3.1 参数和本构模型的选取

土层参数的选取可参看表 1；桩的参数选取结合勘察报告和试验桩报告；工程数值建模的上部结构取 37m 的地下室结构，以保证精细计算时结构刚度的合理性，进而保证计算结果的有效性。其中结构部分的梁、板、墙及柱采用线弹性模型模拟，桩体部分分别使用两款软件提供的桩单元来模拟。

使用数值有限元对实际工程建模，土体本构模型的选取是一个重点。常用的土体本构模型有线弹性模型、非线性弹性模型（邓肯-张模型）理想弹塑性模型、（修改）剑桥模型、应变硬化（软化）模型、硬化图模型等[10]。除了上述提到的简单经典的土力学弹塑性模型，在研究边界值问题需要使用一些复杂的高等弹塑性本构模型，如 Lade 双屈服面硬化模，此模型已广泛用于堤坝工程中填土材料的力学性质模拟[11]。

PLAXIS 3D Foundation 和 ZSOIL 2011 两款软件都提供大量经典本构模型以及自定义本构模型，以便分析不同的岩土工程问题。工程在选取土体本构模型时，为保证数值计算的有效性和准确性，采用了不同的本构模型，包括：莫尔-库伦模型（MC）[6,7]，土体硬化模型（HS）[6,7] 及小应变土体硬化模型（HSsmall）[6,7]。

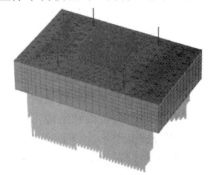

3.2 PLAXIS 3D Foundation 数值软件建模分析过程

工程项目数值建模使用 PLAXIS 3D Foundation2.2 版本。建模过程分为三个阶段：（1）输入阶段，包括几何尺寸、材料属性、荷载的输入及网格生成（图 3）等；（2）计算阶段，包括施工阶段定义以及计算分析参数的设置；（3）分别输出结果，即对数值模型计算结果的分析（图 4，图 5）。

图 3　三维结构模型

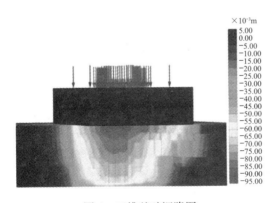

图 4　三维基础沉降图

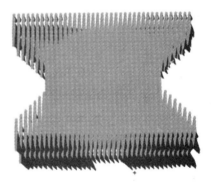

图 5　桩侧摩阻力图

3.2.1 输入阶段

几何尺寸输入：PLAXIS 3D Foundation 输入阶段的显示为 2D 模式，在输出阶段可查看 3D 模型。通过更换操作平面才能完成每层的结构布局，各平面中重叠部分只需做一次几何尺寸输入即可。

材料属性输入：PLAXIS 3D Foundation 提供大量的经典土力学本构模型及结构本构模型，再依据勘察报告、结构设计图、规范及工程周边已建建筑物土层参数的选取经验完成材料属性的合理设置。PLAXIS 3D Foundation 提供了大量的结构单元供基础和上部结构的建模：柱梁使用"Beam"单元，楼板采用"Floor"单元，墙采用"Wall"单元，桩采用"Embedded pile"单元模拟。"Embedded pile"界面单元与普通界面单元不同，在桩单元节点位置上相应土体单元中建立虚拟节点，使用特殊的界面单元分别连接桩单元节点和虚拟节点。"Embedded pile"中的桩土相互作用参数仅是承载力参数，材料参数并不包含桩与土体的刚度响应。刚度响应与桩的长度、直径、材料刚度、承载力和周围土体的刚度相关。"Embedded pile"单元提供桩侧摩阻力和桩端阻力的输入设置，且"Embedded pile"单元不参与网格划分。

在完成几何尺寸和材料属性的输入操作后，根据勘察报告定义钻孔位置，每个钻孔需要根据勘察报告分别定义各土层标高和层厚，进而形成与实际工程相似的地层。结构部分通过更换操作面，对几何点、直线、线框根据结构图定义不同的结构单元及相应材料属性。楼板、梁、墙、柱等结构上由上部未建模结构等效传递下来的面荷载、线荷载及点荷载需要进行位置选取和大小定义，对已建上部结构中需考虑的活荷载等也需要进行定义。

网格划分：在完成上述操作后，定义模型的网格划分尺寸，可整体定义也可对某些重要位置进行单独加密，进而进行网格划分操作。

3.2.2　计算及输出阶段

在完成输入及网格划分后，进入计算准备阶段，即施工阶段步骤定义。工程项目包括初始阶段、打桩阶段和结构作用阶段三个大过程。为方便计算机后期数据处理，可将每个大过程分成几个小过程来计算。

输出阶段可直接查看基础沉降变形图，基础底板弯矩图、桩身轴力及桩顶反力分布图等等。在此，提供 PLAXIS 3D Foundation 输出程序提供的三维基础沉降图和桩侧摩阻力图，如图4～5；其中桩侧摩阻力图中具体某根桩某点的摩阻力（单位 kN）数值可在软件输出程序中查得。

3.3　ZSOIL 数值软件建模过程

工程项目数值建模使用 ZSOIL 2011v11.14 版本。ZSOIL 数值建模过程可划分为四个阶段：（1）参数定义，包括"Analysis & Divers"，"Materials"，"Existence function and load function"的定义；（2）"Preprocessing"，包括几何建模、网格划分、确定荷载及各结构的施工步骤；（3）"Run analysis"，在运行计算程序之前，需要对所建数值模型的各个参数以及网格划分结果进行检查和修改，以保证计算顺利进行；（4）"Post-processing"，即对计算结果进行分析。

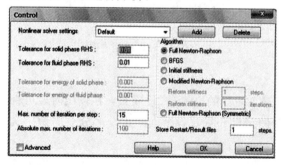

图6　分析运行定义的设置

3.3.1　参数定义阶段

"Analysis & Drivers definition"是对土层初始应力状态和施工阶段步骤数进行定义。在"set"选项中可以对"默认设置"进行修改，如图6。"Time Dependent"即为对施工阶段步数的定义。

"Material definition"是对土层参数、各个结构参数以及辅助接触面进行的定义。可以单个添加，也可以从之前

的 .INP 文件导入。需要说明 "Shells" 单元可以定义基础底板、楼板以及墙等结构；桩单元组成部分包括定义主体的 "Beams" 单元以及桩侧摩阻的 "Pile interface" 单元和桩端阻力的 "Pile foot interface" 单元，桩单元模型如图 7 所示[12]。

桩土接触模型采用理想弹塑性模型，其中在定义桩侧摩阻力时建议根据不同土层的黏聚力 c 和内摩擦角 φ 值来分层定义，当然如需要与规范统一，桩土摩擦强度为恒定值，仅需设置接触面材料 $\varphi=0$ 即可实现[2,12]。

"Existence functions definition" 是对施工步骤的详细定义。包括名称定义（即此步骤的目的为何）、开始时间和结束时间定义（开始和结束分别用 "Exist" 和 "In-exist" 表示）。而 "Load function definition" 是对建模过程中即将涉及的集中荷载、线荷载以及面荷载进行提前定义，定义作用时间和大小；作用方向则是在第二阶段的 "Preprocessing" 中定义。

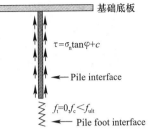

图 7　桩单元模型

3.3.2 "Preprocessing" 阶段

此阶段就是最为重要的建模过程，对后面的计算分析起着至关重要的作用。分为以下几个步骤：第一步建立 "2D continuum"：首先需要在 "construction lines" 选项中分别对 X，Y 和 Z 轴中涉及基础结构和土层的重要轮廓线进行输入，可以辅助后续基础结构和土层 "3D continuum" 的建立；其次，可通过 "Import from DXF" 选项将 AutoCAD 文件中已经修改好的 .DXF 文件导入（但需要对导入文件进行线处理）或者将基础结构以及土层平面轮廓线直接绘制在 $y=0.0$ 的 XZ 平面上；最后，建立模型的参考面 "2D continuum"，为方便后续建模，即后续结构及土层 "3D continuum" 的建模，将 "2D continuum" 作为参考面，一般考虑在 "2D continuum" 上就进行 "Virtual mesh" 的划分，ZSOIL 网格划分为手动划分，根据结构的重要性采取不同的精密度，如图 8 所示。

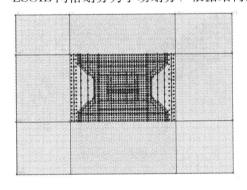

图 8　二维参考面

第二步建立 "3D continuum"：考虑到计算机内存对单元节点数的处理效率，可先建基础结构模型后建土层模型。基础结构建模涉及楼板、墙体、梁柱等结构构件：基础底板可直接用 "3D shell on faces" 选项在 "2D continuum" 参考平面上建立，进而通过 "Parameter" 选项定义材料、厚度、施工步骤以及荷载，楼板可通过 "copy by translation" 和 "Parameter" 选项组合生成；墙模型和柱梁模型分别使用 "3D shell by object extrusion" 和 "Beam on object" 选项。

ZSOIL 数值软件中的桩单元同 PLAXIS 3D Foundation 软件中的 Embedded 桩单元相似，不参与网格划分，可考虑在基础结构生成完毕后建桩体部分，在单独的 "pile" 选项中进行操作。程序提供了桩顶与基础底板的连接选项，可根据实际条件释放 3 个平移自由度和 3 个转动自由度中的任意项目，即可控制完全铰接、部分铰接、固接等条件[2]。

土层模型在 2D continuum 参考面的辅助下通过 "3D continuum by faces extrusion" 选项生成，生成过程直接选择 "create virtual mesh" 自动生成网格。

第三步将结构和土层的 "Virtual mesh" 模型生成 "Real mesh" 模型，其区别于

图9　三维结构模型

"Virtual mesh"模型的主要特点："Real mesh"模型中的结构和土体单元都是以网格单元为单独个体的。图9是生成"Real mesh"后，部分结构及桩基础的模型图。在生成"Real mesh"模型之前需要删除"2D continuum"辅助参考面。

第四步定义荷载及边界。模型的荷载为四个角柱的上点荷载和核心筒的线荷载，在生成"Real mesh"模型后，分别选择准确的节点以及辅助梁单元定义"nodal load"和"beam load"。模型因为只考虑定义土层边界，可直接选择"Solid BC"选项中的"on box"来定义。最后在退出"Preprocessing"子程序之前，需要对模型进行检查，保证没有重复单元以及各个单元节点吻合等，因为这将直接影响到下一步的操作。

3.3.3　计算分析阶段

计算阶段是"Run analysis"阶段，计算机内存、"Analysis & Drivers definition"以及"Preprocessing"建模过程都影响计算的顺利进行，因此需要足够的内存，合理的参数设置以及高质量的模型。

分析阶段即"Post-processing"阶段，根据需求通过设置"Select reference time step"和"Select current time step"两个选项，得到任何两施工阶段间的基础沉降值、基础底板弯矩图、桩身轴力等等。图10，图11分别为三维基础底板的沉降图与弯矩图。

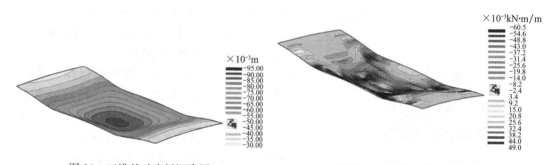

图10　三维基础底板沉降图　　　　图11　三维基础底板弯矩图

3.4　两款岩土工程数值软件比较

在对Z15地块超高层建筑桩筏基础的数值分析中，PLAXIS和ZSOIL选取相同的土体及结构本构模型，相同的参数数据，相同的尺寸布置等，且选取相同的理论计算方法。在其建模的操作性上两款软件有各自的特点：

（1）桩单元建模

初次桩单元建模PLAXIS和ZSOIL的操作难易程度相似，但由于对于超高层建筑，布桩方案需要经过多次修改，因此数值建模也相应需要不断修改。PLAXIS数值软件对桩单元的删除和修改，需要对每根桩单元来操作，操作起来比较繁琐。在ZSOIL数值软件中，桩单元的删除和修改可以批量进行，且对其他结构部分没有任何影响，操作方便简单。

（2）地下室结构精细建模

考虑到结构刚度对最终数值分析的影响，在 PLAXIS 中，只需在某一层输入几何尺寸，就可以映射到其余各层，然后对各层楼板、梁、墙等进行材料参数的输入。在 ZSOIL 中，无论是几何尺寸还是材料参数都需要每层输入，但是可以对结构进行复制和移动。

（3）土层输入

PLAXIS 通过钻孔定义土层。ZSOIL 可以通过钻孔定义土层，也可以直接通过实体建模进行土层定义。

（4）荷载的输入

在 ZSOIL 中，首先在荷载模块中对荷载的大小以及阶段性进行定义，然后在"Pre-processing"阶段中，进行位置以及荷载方向定义。在 PLAXIS 中，在结构建模后直接进行荷载所有信息的一次性输入，较之 ZSOIL 中更具可操作性。

（5）软件的操作性　PLAXIS 中所有建模和计算模块在同一个界面中。在 ZSOIL 中，各个定义阶段都分属于不同模块，操作时较为繁琐。

PLAXIS 和 ZSOIL 的精细计算分析结果：①证明将桩端持力层选定为层⑫且主楼区域采用变刚度调平（变桩长、变桩径）设计是合理的；②超高层主楼与裙房的差异沉降满足规范要求，不大于其跨度的 0.1%[12]；③主楼下筏板的整体挠度值不大于规范要求的 0.05%[13]；④主楼的最大沉降、建筑物各主要点的沉降以及基础底板的弯矩，两款数值软件的计算分析结果比较相似，在工程允许的误差范围内。

PLAXIS 3D Foundation 和 ZSOIL 2011 两款岩土工程数值软件对同一实际工程，选择同样的分析对象、土体结构参数及本构模型，进而进行精细的地基—基础—上部结构互相作用的建模和计算。就精细建模过程而言：通过 .DXF 文件导入，ZSOIL 2011 在建立土体结构模型方面占有优势；但是在网格划分速率以及调整模型方面，PLAXIS 3D Foundation 又有其比较大的优势。因此在进行实际案例建模分析时，可根据软件的优势及案例本身的特点选择岩土工程数值软件。

4　结论

基于 PLAXIS 3D Foundation 和 ZSOIL 2011 两款岩土工程数值软件对北京 CBD 核心区 Z15 地块超高层建筑物桩筏基础共同作用的精细建模和精细计算，探讨了如何利用岩土工程数值计算为桩筏设计提供技术支持。

通过分析数值计算结果，比对规范要求和地区经验，证实 PLAXIS 3D Foundation 和 ZSOIL 2011 两款数值软件，在根据勘察报告、试桩报告、规范及地区经验选取合理的模型尺寸、模型参数后再进行精细建模与计算，将会得到较为合理的分析数据。

应用岩土工程数值计算软件，可以为工程师开展更加精细、可信的共同作用分析，对精细建模和精细计算提供有力的支持。岩土工程师与结构工程师密切合作可以实现桩筏基础精细设计。

致谢：岩土工程数值计算分析团队成员还有李伟强、方云飞两位岩土工程师。工程桩筏精细计算分析得到了齐五辉总工程师和束伟农院副总工程师指导。对开展岩土工程数值计算分析，薛慧立副总工程师给予了大力支持，在此表示衷心感谢。

参 考 文 献

[1]　张在明. 北京地区高层和大型公用建筑的地基基础问题 [J]. 土木工程学报, 2005, 27 (1): 11-23.

[2]　尹骥, 魏建华. 基于地基—基础—上部结构共同作用分析的长短 PHC 管桩基础处理 [J]. 岩土工程学报, 2011, 33 (增刊 2): 265-270.

[3]　尹骥. 某高层长短桩地基-基础-上部结构共同作用分析 [J]. 地下空间与工程学报, 2009, 5 (增刊2): 1568-1572.

[4]　尹骥, 徐枫. 某在建住宅楼倾倒的三维数值分析 [J]. 地下空间与工程学报, 2010, 6 (1): 208-212.

[5]　王春茶. 应用有限元软件 PLAXIS 分析水平荷载作用下 PHC 管桩承载性能 [J]. 福建建设科技, 2010, (6): 2-4.

[6]　北京金土木软件技术有限公司. 岩土工程软件使用指南 [M]. 北京: 人民交通出版社, 2010.

[7]　TRUTY A, ZIMMERMANN H, PODLES K. ZSOIL. PC2011 manual [M]. Elmepress International, Lausanne, Switzerland.

[8]　北京市勘察设计研究院有限公司. 北京市 CBD 核心区 Z15 地块岩土工程勘察报告 [R]. 工程编号: 2012 技 003. 2012.

[9]　国家工业建筑物质量安全监督检测中心. 北京市 CBD 核心区 Z15 地块试验桩工程检测报告 [R]. 报告编号: NTC-DJ-T—2012—005. 2012.

[10]　俞登华, 尹骥. 复合土钉支护基坑位移和稳定性的有限元分析 [J]. 岩土工程学报, 2010, 32 (增刊 1): 161-165.

[11]　POTTS D M, ZDRAVKOVIC L. 岩土工程有限元分析: 理论 [M]. 周建, 谢新宇, 胡敏云, 等译. 北京: 科学出版社, 2010.

[12]　ZACE Services Ltd. Soil-structure interaction [M]. 2011.

[13]　GB 50007—2011 建筑地基基础设计规范 [S]. 北京: 中国建筑工业出版社, 2012.

北京丽泽 SOHO 桩筏基础设计与沉降分析

王　媛　孙宏伟　方云飞

（北京市建筑设计研究院有限公司）

丽泽 SOHO 大厦的结构高度达 191.5m，工程建设场地紧邻地铁 14 号线及 16 号线，地铁联络线隧道自西北向东南贯穿整个地下室，Zaha Hadid 的设计方案为反对称的双塔联体形式，其通高的中庭被称为目前世界最高中庭（World's tallest atrium），建筑造型独特，因而荷载集度差异显著，而地基土层为密实砂卵石层及其下分布的第三纪黏土岩，为复杂地质条件的桩筏基础设计案例。针对不同桩长、不同持力层的单桩承载变形性状，对现场静载试验数据进行了对比分析，考虑桩土-筏板基础-结构相互作用进行基础沉降变形计算分析，最终确定的桩筏设计方案符合差异沉降控制限值要求，设计采用"短桩"方案，避开第三系不利影响，充分发挥砂卵石层侧摩阻力，工程桩承载力检验测试全部合格，达到设计预期。

1 工程概况

丽泽 SOHO 项目地块位于北京市丰台丽泽商务区开发用地 E04 地块，紧邻地铁 14 号线及 16 号线的丽泽商务区站，见图 1。工程主体为办公楼，其结构高度 191.500m，由两个反对称复杂双塔用跨度 9～38m 弧形钢连廊连接组成，是筒体-单侧弧形框架的两个单塔

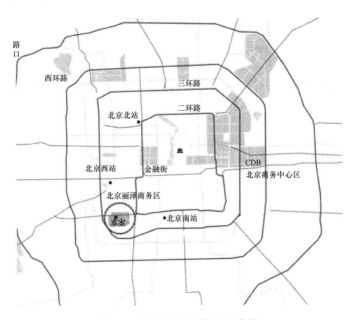

图 1　工程场地地理位置示意图

与椭圆形腰桁架组成的结构体系。本工程地上 45 层，地下 4 层，且有地铁联络线隧道自西北向东南贯穿整个地下室的 3、4 层，纯地下室部分采用钢筋混凝土框架-剪力墙体系，详见图 2～图 4。

图 2　建筑效果示意

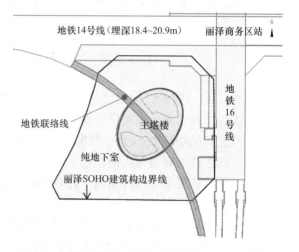

图 3　与周边地铁工程相对位置关系平面示意图

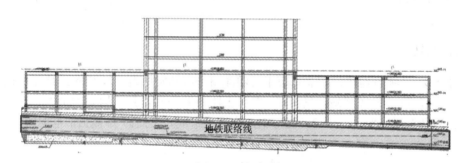

图 4　本工程与地铁联络线剖面示意图

本工程±0.00＝44.60m，板底标高－22.70m（相对标高），基底持力层为⑤层卵石土；综合考虑场地地质条件、复杂的结构荷载受力情况、施工的可行性，以及基桩承载形状及试验桩数据，进行桩基设计，图 5 为土层剖面与桩筏基础位置图。

2　岩土工程条件

2.1　工程地质条件

拟建场地地面标高为 43.00～45.00m 左右，位于古漯水河故道范围内，场区的第四系覆盖层厚度为 40m 左右。根据现场勘探、原位测试及室内岩、土实验成果，按地层沉积年代、成因类型，将最大深度 70.00m 范围内的地层划分为人工堆积层、新进沉积层、第四纪沉积层及第三纪岩层四大类，地面以下至第三系基岩顶板之间的土层岩性以厚层的卵砾石为主，局部夹有薄层的黏性土、粉土和砂土层。按地层岩性及其物理力学数据指标，进一步划分为 8 个大层及亚层，表 1 为工程设计的土层及其物理力学参数。

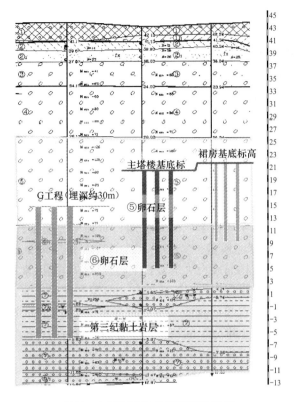

图 5   土层剖面与桩筏基础位置图

其中第三系沉积岩层中⑦全风化—强风化黏土岩层，勘察报告中定义为极软岩，胶结差—中等，成岩性差。

土层物理力学参数   表 1

土层	黏聚力 c/kPa	内摩擦角 φ (°)	桩极限侧阻力标准值 q_{sik} (kPa)	桩极限端阻力标准值 q_{pk} (kPa)	地基承载力标准值 f_{ka} (kPa)
⑤卵石（密实）	0	42	150	—	550
⑥卵石（密实）	0	42	160	2400	650
⑦全（强）风化黏土岩	45	30.0	80	800	280
⑦₁全（强）风化砾岩	35	35	120	1200	350
⑦₂全（强）风化砂岩	35	30	100	1000	300
⑧中风化黏土岩	50	35	90	1000	320
⑧₁中风化砾岩	40	45	140	1600	380
⑧₂中风化砂岩	30	32	120	1400	340

（引自勘察报告）

2.2 水文地质条件

根据区域水文地质资料，工程场区自然地面下 40m 深度范围内的揭露①层地下水，地下水类型为潜水。潜水主要赋存于标高 25.55～26.33m 以下的砂、卵石层（相应于工程地质剖面图中的⑤层）。用于本工程的建筑抗浮设防水位按标高 39.00m 考虑。

3 岩土特性与基桩承载性状分析

主塔楼基底以下约有 19m 厚第四纪⑤卵石层及⑥卵石层，⑥层重型动力触探击数为 $N_{63.5}=125\sim250$，桩端极限阻力标准值 q_{pk} 为 2400kPa，属低压缩性土。第四纪以下分布着"岩似非岩，似土非土"且极易受环境影响的⑦全风化—强风化黏土岩，桩端极限阻力标准值 q_{pk} 为 800kPa。

本工程的桩基设计方案需对桩端持力层以及桩径进行比选：（1）桩端持力层的选择需研究分析第三纪黏土岩的工程地质特点；（2）比较不同桩长桩径下的单桩承载力特征值。

3.1 第三系工程特性分析

影响泥质岩工程特性的主要因素：一是湿度，对强度、模量、风化崩解有重要影响；二是蒙脱石含量，影响强度、模量，特别是膨胀性；三是层理、页理、劈理等结构面密度，造成高度各向异性，结构面成为决定岩石工程性状的主要因素[1]。

在北京市区西部，第四纪沉积岩以下普遍分布有第三纪黏土岩，其中北京西客站、中华世纪坛、公主坟一带黏土岩埋藏较浅（本工程场地就位于这一带附近），野外观测往往具有"岩不岩、土不土，岩土难分"的特点，具有如下独特的工程特性[2,3]。

（1）湿度（含水量）高：黏土岩的天然含水量一般为 12%～20%，含水量随深度的增加而减少，相对于其他种类泥岩来说黏土岩的天然含水量较高，黏土岩中大量吸附水的存在会降低其强度和抗风化能力。

（2）耐久性差：黏土岩的胶结成岩程度低，就决定了其耐久性差，试验表明，岩样经一次干湿循环后便呈泥状或碎屑泥状破坏。

（3）浸水饱和单轴抗压强度低：根据有关岩样试验表明，黏土岩天然湿度单轴抗压强度一般为 0.3～2.0MPa，浸水饱和单轴抗压强度一般为 0.1～0.5MPa，故岩土工程勘察中提供的地基承载力标准值往往很低，低于上覆卵石层的地基承载力标准值，有时会成为建筑地基相对软弱的下卧层。

（4）黏土岩浸水软化特征明显。反复干湿交替作用会使暴露的黏土岩的结构发生显著变化，强度快速降低，甚至发生岩体破坏，以致施工开挖边坡发生剥落或局部垮塌，因此边坡稳定性分析必须考虑干湿变化对黏土岩强度和变形的影响。

（5）近十多年来，工程开挖作用对岩土体变形破坏的影响问题受到了普遍的关注，工程开挖对软弱岩土的影响更为显著，经常会导致黏土岩内裂隙张开，岩体松弛，从而造成岩体强度弱化和变形性质的改变。

（6）第三系黏土岩的性质极易受环境（包括自然环境和工程环境）的影响，干湿交替和工程开挖可导致黏土岩工程性质恶化和工程问题的发生。

3.2 单桩承载力比较及桩型比选

综合周边桩基施工资料、勘察报告及第三纪岩土层研究，由于：（1）第三纪⑦全风化—强风化黏土岩层属极软岩，胶结差—中等，成岩性差；（2）第四纪⑥卵石层，密实、饱和，属低压缩性土，且平均层厚大于 10m；（3）第三纪黏土岩的独特特性和成桩工艺无法保证承载力和变形要求：旋挖钻孔及泥浆护壁工艺，相对稳定状态的黏土岩层必然会经历多次干湿循环，从而大大降低饱和单轴抗压强度，且黏土岩浸水软化后会造成桩端相对较厚的沉渣无法清除干净；（4）卵石粒径偏大，桩长过长，不利于成孔；（5）通过比较两个不同桩型的基桩方案，其设计参数见表2，单桩承载力特征值基本相同。

因此，本工程选定的桩型采用旋挖钻孔、桩底及桩侧联合后注浆工艺钻孔灌注桩，并通过试验桩静载试验进一步掌握承载变形性状，为下步设计优化工作提供技术依据。

基桩方案比较   表 2

基桩参数	初设方案	对比方案
桩径（mm）	800	850
桩长（m）	22	16.5
桩端持力层	全风化—强风化黏土岩⑦层	卵石⑥层
单桩承载力特征值（kN）	12370	10000

4 试验桩设计及测试数据分析

4.1 试验桩设计

本工程试验桩方案为一组抗压试验桩和一组抗拔试验桩，具体如下：（1）抗压试验桩桩径850mm，有效桩长17.0m，桩端持力层为⑥层卵石土，桩身混凝土强度等级C50，单桩试验荷载25000kN，采用桩底及桩侧联合注浆工艺；（2）抗拔试验桩桩径600mm，有效桩长12.0m，桩身混凝土强度等级C35，单桩试验荷载3000kN，采用桩侧注浆工艺；（3）两组试验桩，采用锚桩法加载，共六根试验桩，8根锚桩，试验桩布置图见图6。

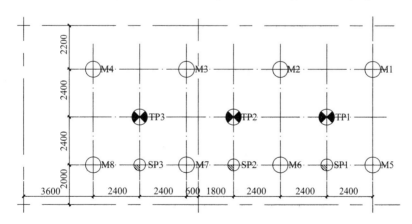

图 6 试验桩布置图

4.2 试验桩检测数据分析

图 7 为抗压试验桩竖向静载试验 Q-s 曲线，竖向试验荷载加载到 25000kN 且稳定后，试验桩最大竖向沉降为 14.90mm；设计工作荷载下，即单桩承载力特征值取 10000kN，对应的沉降最大 5.34mm；表明在设计工作荷载下试验桩是安全可靠的。

大直径超长灌注桩所承受的竖向荷载克服桩侧摩阻力向下传递，桩身轴力随埋深增加而减少，且减少幅度受桩周土层性状影响。采用振弦式传感器测试桩身轴力，桩身轴力测试数据详见图8：设计工作荷载 10000kN 下桩端阻力占总荷载比例 18%；竖向试验荷载 25000kN 下桩端阻力占总荷载比例 20%。

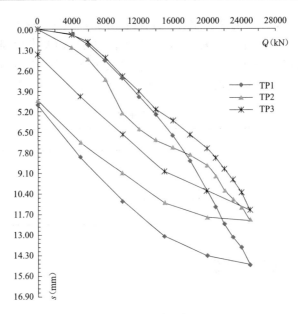

图 7　抗压试验桩竖向静载试验 Q-s 曲线图

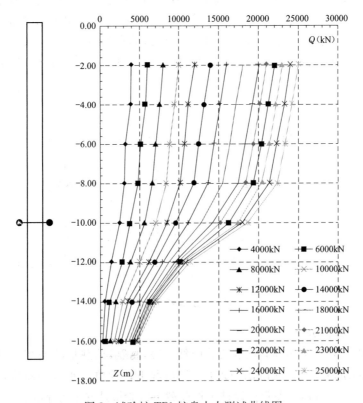

图 8　试验桩 TP1 桩身内力测试曲线图

图 9 为试验桩 TP1 桩侧摩阻力实测值与勘察报告取值对比图，根据受力情况，本项目工程桩为摩擦端承桩，呈现桩中间摩阻力相对较大趋势，最大单位摩阻力介于 1280～1440kPa，位置距桩端 4～6m，处于⑥卵石层。试验桩 TP1 在桩顶以下 10～17m 范围内，

桩侧阻力比勘察报告值大很多，经分析，与桩侧桩端联合注浆、桩端持力层为卵石层、桩长较短都有一定的关系。

从图 10 桩侧摩阻力分布曲线可以看出，随着竖向荷载增大，⑥卵石层侧摩阻力逐步被激发，侧摩阻力分布曲线峰值呈逐渐增大趋势并且展开，而桩体上部分桩侧摩阻力逐渐发挥到极致，并出现不同程度软化。

图 11 为抗拔试验桩竖向静载试验 U-δ 曲线，极限荷载 3000kN 对应的最大位移值为 18.23mm；设计工作荷载 1200kN 对应最大位移值约为 4.16mm；表明在设计工作荷载下试验桩是安全可靠的。

4.3 不同持力层的试验桩数据对比分析

北京丽泽金融商务区内另一超高层建筑（G 工程）采用桩筏基础，其基础埋深约 30m，其主塔楼抗压桩：桩径为 1m，有效桩长 34.0m，以第三系为桩端持力层。图 12 为 G 工程土层剖面与桩筏基础位置图。选择 G 工程和丽泽 SOHO 相同深度的试验桩桩侧阻力比对，如图 13 所示，丽泽 SOHO 的试验桩桩侧阻力约为同深度 G 工程试验桩桩侧阻力的 2 倍。

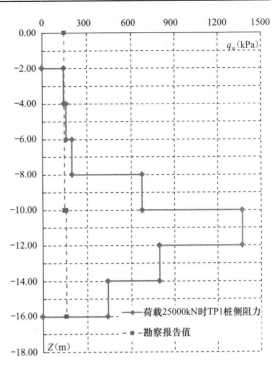

图 9　桩侧摩阻力实测值与勘察报告取值对比图

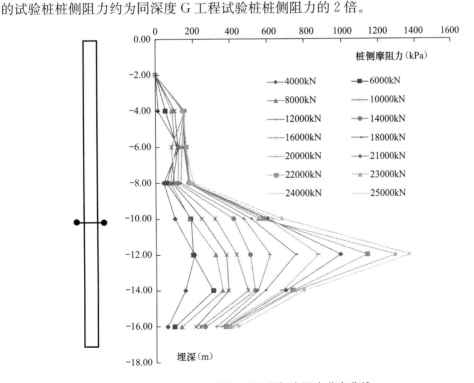

图 10　试验桩 TP1 桩侧摩阻力分布曲线

分析图 13 深度 10～34m 范围内桩侧阻力，此段桩身正好进入第三纪黏土岩层，桩侧阻力骤减且桩侧阻力值都小于第四纪卵石层的桩侧阻力值，推测是由于试验桩施工扰动对第三纪黏土岩的影响比较大，虽然桩长加长，但是单桩承载力特征值并没有得到有效地提高，而且还影响到卵石层侧阻力的发挥。

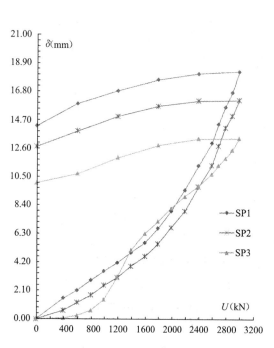

图 11 抗拔试验桩竖向静载试验 U-δ 曲线

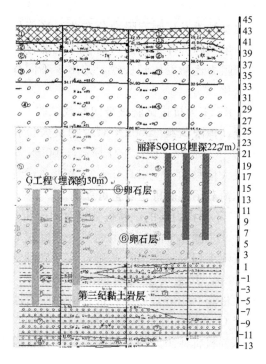

图 12 G 工程土层剖面与桩筏基础位置图

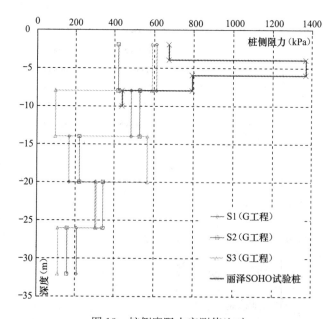

图 13 桩侧摩阻力实测值比对

5 桩筏基础设计优化与沉降计算分析

5.1 桩筏基础设计方案优化调整

本工程主塔楼核心筒和框架柱区域设计荷载都较大，核心筒和框架柱基础刚度都需要强化，囚此采用相同桩型：桩径 850mm，桩长 16.5m，单桩承载力特征值 10000kN；主塔楼基础底板板厚 3m，核心筒下根据轴网布置，采用 3 倍桩径的桩间距均匀布桩；框架柱区域，按照框架柱的弧形分布进行弧形布桩，桩间距不小于 3 倍桩径；裙房及纯地下室区域采用柱下及地梁下抗拔桩布置，桩径 600mm，桩长 12m，单桩竖向抗拔承载力特征值 1200kN。桩位平面布置见图 14，图 15 为主塔楼核心筒与框架柱结构示意图。主裙楼之间过渡区，此区域板厚 1.9m。

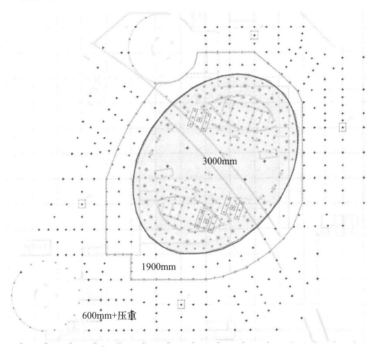

图 14 桩位平面布置示意

本工程桩筏基础采用如下形式，图 16 为土层剖面与桩筏基础位置示意图：

（1）主塔楼采用桩筏基础，筏板板厚 3.0m，抗压桩桩型采用后注浆钻孔灌注桩，旋挖成孔灌注桩施工工艺，桩侧、桩端均后注浆，桩径 0.85m，有效桩长为 16.5m，桩端持力层为⑥层卵石土，单桩竖向承载力特征值暂定为 10000kN。

（2）裙房及纯地下车库区域，抗浮设防水位绝对标高为 39.00m，采用压

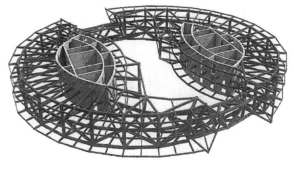

图 15 核心筒与框架柱
结构示意图

重（素混凝土回填）及抗拔桩方案：素混凝土回填高度为2.05m，素混凝土重度要求：不小于24.0kN/m³；抗拔桩桩径600mm，有效桩长不小于12m，采用桩侧后注浆钻孔灌注桩，旋挖成孔灌注施工工艺，单桩竖向抗拔承载力特征值1200kN。图16为土层剖面与桩筏基础位置示意图。

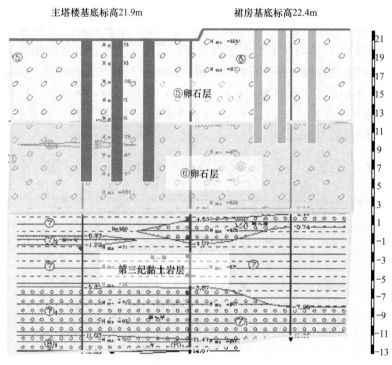

图16 土层剖面与桩筏基础位置示意图

5.2 桩筏基础沉降计算分析

在桩筏基础设计过程中，基于基桩—基础—地基协同作用通过岩土数值软件进行沉降变形计算分析，经过了初设方案优化调整、变支承刚度设计深化、施工图设计三个阶段，最终桩筏基础设计方案的总沉降量、差异沉降量以及工后沉降均满足要求。

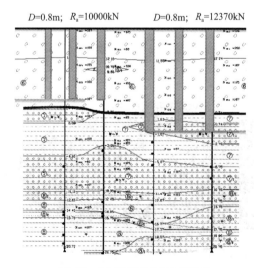

图17 土层剖面与不同桩长的
位置示意图

第一阶段：初设方案优化调整

本工程初设方案：主楼抗压桩桩长22m，桩端持力层全风化黏土岩⑦层，桩径0.8m，单桩承载力特征值12370kN。考虑到第三纪黏土岩层特殊的物理力学性质，优化桩长为17m，桩端持力层为卵石⑥层，单桩承载力特征值为10000kN。图17为土层剖面与不同桩长的位置示意图。初设优化方案的主塔楼桩基平面布置图如图17所示。沉降变形图如图19所示，主塔楼沉降最大值为41.51mm，主裙楼差异沉降最大0.17%远大于规范设计要求。

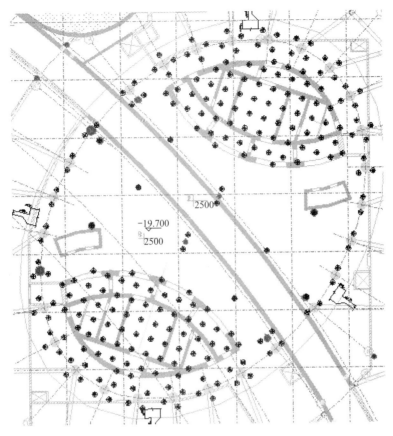

图 18　主塔楼桩基平面图（初设优化方案）

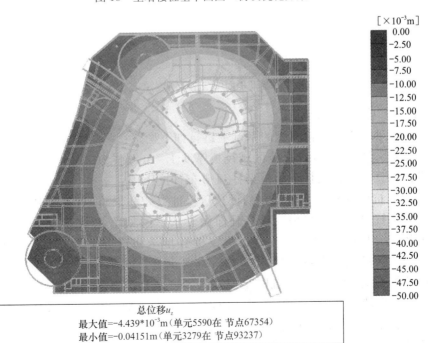

总位移u_z
最大值=-4.439*10^{-3}m（单元5590在 节点67354）
最小值=-0.04151m（单元3279在 节点93237）

图 19　沉降变形图（初设优化方案）

129

第二阶段：变支承刚度设计深化

在第一阶段基础上，深化图纸：主裙楼之间设置过渡区域，板厚1500mm，且过渡区域不设置抗拔桩，见图20。经过岩土数值软件计算，沉降结果见图21，主塔楼沉降值有所减小，其最大值由原先41.51mm降为40.22mm，主裙楼差异沉降局部仍达0.13%，亦较第一阶段有所减少，尚需要继续设计调整。

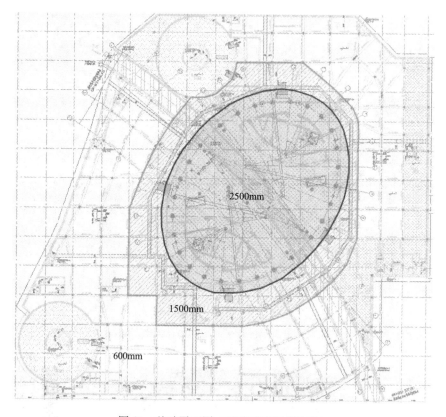

图 20　基础平面图（基础刚度深化阶段）

第三阶段：施工图设计阶段

施工图在第二阶段深化图纸的基础上进行如下调整：（1）增加基础刚度，主楼筏板厚度2.5m调整到3.0m，过渡区域筏板厚度1.5m调整为1.9m，见图13；（2）主楼基桩平面图调整，框架柱下沿框架柱弧形布置抗压桩，主楼抗压桩桩径由0.8m调整为0.85m，抗压桩桩数278根（初设抗压桩桩数299根）；（3）采用压重＋抗拔桩组合方案作为抗浮方案，裙房区域基础面做法示意图见图22；压重不仅减少了主裙楼差异沉降，而且减少抗拔桩数量，抗拔桩数量从初设方案的530根减到317根。（4）主裙楼过渡区域，应业主要求，适当布置少量抗拔桩。岩土数值模型见图23，沉降变形计算见图24，主塔楼沉降量值基本不变，其最大值为40.32mm，主裙楼差异沉降比第二阶段再减少，仅局部为0.12%，略大于规范限值要求（0.1%），为了确保安全，在主裙楼之间设置沉降后浇带。

主塔楼核心筒与中庭差异沉降0.06%，主楼筏板挠度值为0.025%，满足规范限值要求。

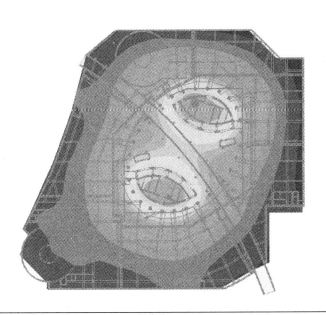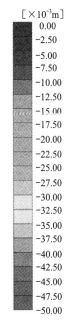

总位移u_z

最大值=-5.672×10^{-3}m（单元12472在 节点133487）

最小值=-0.04022m（单元7295在 节点95264）

图21　沉降变形图（基础刚度深化阶段）

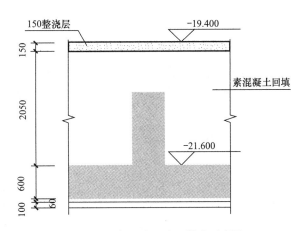

图22　裙房区域基础面做法示意图

6　工程桩设计与检验测试

本工程桩筏基础设计施工图采用如下形式：

（1）主塔楼采用桩筏基础，筏板板厚3.0m，抗压桩桩型采用后注浆钻孔灌注桩，旋挖成孔灌注桩施工工艺，桩侧、桩端均后注浆，桩径0.85m，有效桩长为16.5m，桩端持力层为⑥层卵石土，单桩竖向承载力特征值暂定为10000kN。主塔楼桩基平面布置图见图25。

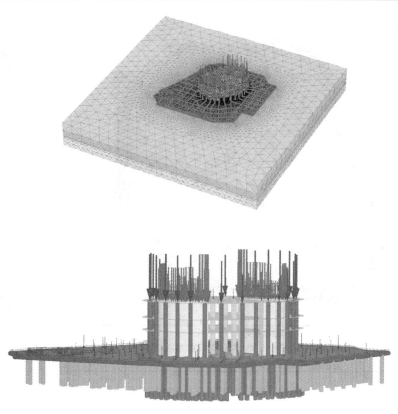

图 23 数值模型图（施工图）

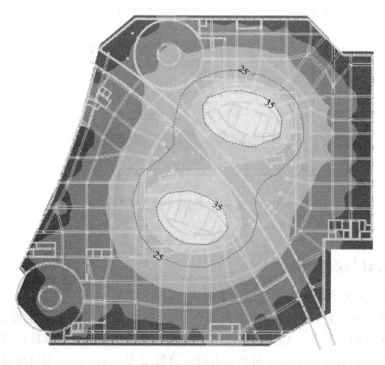

图 24 数值沉降计算结果（施工图）

（2）裙房及纯地下车库区域，抗浮设防水位绝对标高为 39.00m，采用压重（素混凝土回填）及抗拔桩方案：素混凝土回填高度为 2.05m，素混凝土重度要求：不小于 24.0kN/m³；抗拔桩桩径 600mm，有效桩长不小于 12m，采用桩侧后注浆钻孔灌注桩，旋挖成孔灌注施工工艺，单桩竖向抗拔承载力特征值 1200kN。

工程抗压检验桩竖向承载力静载试验 Q-s 曲线见图 26，设计荷载 10000kN 对应的最大桩顶沉降 6.15mm，极限荷载 20000kN 对应的最大桩顶沉降 20.53mm。工程抗拔检验桩 U-δ 曲线如图 27 所示，设计荷载 1200kN 对应的最大桩顶位移为 3.22mm；均满足设计要求。

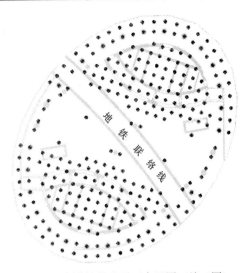

图 25 主塔楼桩基平面布置图（施工图）

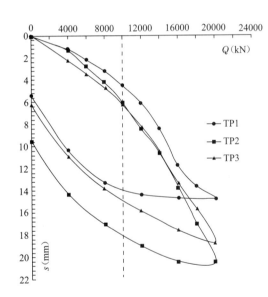

图 26 工程抗压检验桩 Q-s 曲线

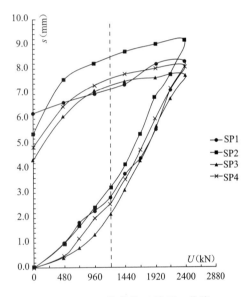

图 27 工程抗拔检验桩 U-δ 曲线

抗压工程桩桩顶沉降统计表（单位：mm）　　　　表 3

桩号	竖向荷载 10000kN	竖向荷载 20000kN
TP1	4.48	14.68
TP2	6.01	20.53
TP3	6.15	18.72

本工程基于桩土基础协同作用通过岩土数值软件进行了桩筏基础沉降变形计算分析，并据此进行了设计方案优化调整，不断积累高层建筑桩筏基础沉降数值分析经验、提高计算准确度提供依据，沉降观测数据至关重要。目前本工程正在施工，沉降观测工作同时在进行，实测数据与数值计算进行比对将另文叙述。

参 考 文 献

［1］　顾宝和，曲永新，彭涛. 劣质岩（问题岩）的类型及其工程特性［J］. 工程勘察，2006，（1）：1-7.

［2］　陈爱新. 北京第三系黏土岩的工程特性研究［J］. 工程勘察，2009，（1），28-30.

［3］　张永双，曲永新. 鲁西南地区上第三系硬黏土的工程特性及其工程环境效应研究［J］. 岩土工程学报，2000，22（4），445-449.

北京雪莲大厦桩筏基础与地基土相互作用分析

阚敦莉　方云飞　孙宏伟　徐　斌

（北京市建筑设计研究有限公司）

1　前言

北京雪莲大厦二期工程位于北京朝阳区三元桥东北角，总高度达到150m，建成后将成为三环路和机场高速路上的醒目标志。本工程结构的特点是高层主楼上部结构采用混合结构，即矩形钢管混凝土框架-钢筋混凝土核心筒结构，核心筒荷载集度高、刚度大，外围框架刚度相对较弱，荷载集度相对较小，核心筒与其外围框架亦易引起较大的差异沉降。同时高层写字楼与纯地下室连成一体，置于同一个基础筏板上，不能设永久缝，两者荷载相差悬殊，还需要控制和协调超高层主楼与低层裙房之间的差异沉降。

本文着重介绍了后注浆钻孔灌注桩设计、桩筏基础与地基土相互作用分析、试验桩数据分析、工程桩承载力检验、沉降变形计算分析与实测结果等超高层建筑应用后压浆灌注桩的分析与工程实践。

2　工程简介

本工程为大型综合性建筑，地上部分为一栋36层写字楼（包括设备层及避难层），局部出屋顶1层，建筑总高度（室外地面至主要屋面）为146.30m。最高檐口处高度153.70m（详见图1）；地下部分共四层，地下1层为商业层，地下2~4层为车库和设备电气机房。

本工程的地上部分为带加强层的方钢管混凝土框架-钢筋混凝土核心筒结构体系。地下部分结构形式采用全现浇钢筋混凝土框架—剪力墙结构。建筑结构安全等级为二级，结构设计使用年限为50年。抗震设防类别为丙类。抗震设防烈度为8度，设计基本加速度值为0.20g，设计地震分组为一组，建筑场地类别为Ⅲ类。

本工程高层写字楼与纯地下室连成一体，置于同一个基础筏板上，地基基础设计等级为甲级。设计室内地坪标高（±0.00）绝对标高为40.30m，基础板底相对标高为－20.80m，槽底相对标高为－20.96m。主楼基础采用钢筋混凝土后压浆钻孔灌注桩基础，建筑桩基安全等级为一级；纯地下室部分采用天然地基上的平板式筏形基础。在主楼和纯地下室连接部位设沉降后浇带，地下室每30~40m间距留出施工后浇带。

3　地基勘察资料

根据岩土工程勘察报告，本工程地处北京市区永定河洪冲积扇的中下部全新世古河道

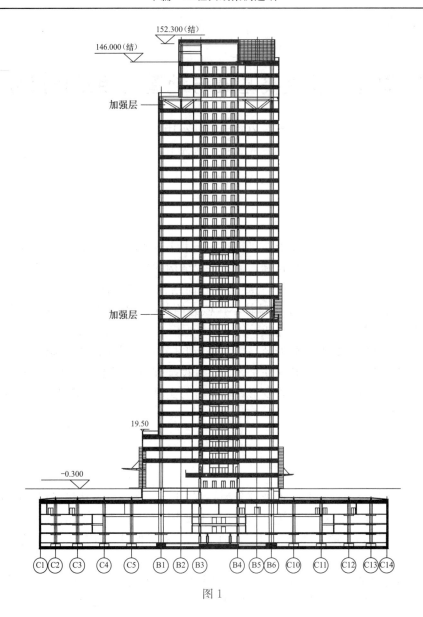

图 1

边缘的台地上，不存在影响拟建场地整体性的不良地质作用，地形基本平坦，自然地面标高约为 39.0m 左右。

如图 2 所示，地面以下至基岩顶板间为第四纪沉积土层，岩性分布特征为黏性土、粉土与砂土，碎石类土构成的多元沉积交互层。有 3 个备选的桩基持力层，如图 2 所示，第 1 个桩基持力层较为均匀，但其厚度相对较小，其下为黏性土层；第 2 个桩基持力层厚度较大，但层间夹有黏性土层，且黏性土层在空间上的分布具有不确定性；第 3 个桩基持力层均匀、密实，且厚度大，但埋深过大。

由于黏性土的隔水作用，有多层含水层，实测水位见表 1。地下水位较高，基底附近有承压水，对基础的抗浮、防水设计极为不利。

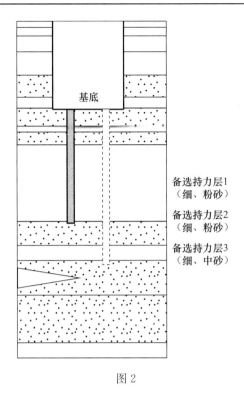

图 2

地下水位情况 表 1

序号	地下水类型	静止水位	
		埋深（m）	标高（m）
第 2 层	台地潜水	5.80～6.70	32.87～33.72
第 3 层	层间潜水（微承压）	12.20～13.50	26.08～26.85
第 4 层	承压水	19.00～21.20	19.00～21.22

注：水位为钻探期间（2005 年 11 月上旬）实测。

4 基础设计与计算分析

4.1 基础选型

在初步设计阶段，针对地基基础方案选型 CFG 桩复合地基设计方案和后注浆钻孔灌注桩基础方案进行了分析比较，并进行了多次专家技术论证。结合本工程结构特点，地基基础设计的核心问题是控制沉降和差异沉降，地基土层条件并不适合 CFG 桩复合地基，最终确定高层主楼采用后注浆钻孔灌注桩方案。

4.2 桩基设计基本思路

（1）根据高层主楼上部荷载、结构体系情况，减小主楼核心筒与其外围框架之间产生的差异沉降是核心问题之一，这样可减小桩承台和上部结构的次应力。因此可按变刚度调平设计原理[1]调整和优化基础设计方案。

（2）高层主楼与纯地下室连成一体，两者荷载相差悬殊，容易引起较大的沉降和差异

137

沉降，应采取措施控制和协调沉降差。纯地下室地基刚度应予弱化，抗浮措施，采用适当增加结构自重、地下室顶板覆土、基础底板上回填级配砂石的方法平衡水浮力，与设置抗拔桩和预应力抗拔锚杆的方法相比，不仅可以节约造价、减少施工难度、缩短施工周期，并且利用其回弹再压缩变形，可以减小与高层主楼之间的差异沉降。

（3）核心筒不仅荷载大，而且桩数量多，桩群面积大，群桩效应导致沉降量加大。因此布桩时要重点加强核心筒桩群的支承刚度，尽量减小其沉降量。而外围框架柱桩基，由于荷载相对小，桩数少，沉降量较小，因此要相对弱化外围框架柱桩基支承，按复合桩基设计，以适当增加其沉降，使其与核心筒沉降趋于接近。

（4）核心筒基桩力求布置于墙边 45°线以内，以使其冲切力与基桩反力尽可能平衡；外围框架柱荷载与基桩反力和承台土反力趋于平衡，因此可以减少筏板厚度和配筋。

（5）工程桩结合采用桩底、桩侧后注浆工艺施工，以提高基桩承载力并减小基桩沉降变形。

（6）为控制沉渣，提高承载力，施工中采用双控条件，即计算桩长控制和进入持力层深度（至少一倍桩径）控制。

4.3　试桩数据分析

压注浆技术是由桩端和桩侧的预埋管阀压入水泥浆，通过浆液的渗透、劈裂、压密等方式，加固泥皮和桩底沉渣的固有缺陷，改善桩土界面，从而大幅度地提高单桩承载能力并有效地减小沉降量。粗粒土中的桩承载力增幅可达 $80\%\sim160\%$，细粒土中的桩承载力增幅为 $40\%\sim80\%$，软土中的增幅最小。"从北京地区的经验，采用后压浆工艺确实能有效提高钢筋混凝土灌注桩的承载能力，一般可在 $1.6\sim2$ 倍左右。"[2]北京名人广场桩底压浆使单桩竖向承载力提高幅度为 50%[3]。

本工程桩基持力层为粉细砂，与文献［2］汇总资料持力层为卵石层有所不同。采取后压浆工艺，初步估算基桩容许承载力需要达到 7000kN。由于当时如此长的后注浆钻孔灌注桩在北京的施工经验并不多，最后需经过成桩施工和静压桩试验对所选用的桩基承载力进行验证。

本工程在工程桩正式施工前进行了 2 组试桩静载试验以确定工程桩设计依据。试验桩位置选取在建筑物基础范围内未布设工程桩的区域内布设（详见图 5）。并在试验桩周边专门设置了 4 根锚桩，以提供试验过程中的加载反力。

试验桩设计参数为：桩径 800mm，桩顶相对标高为 -20.80m（绝对标高 19.5m），桩长约 38m，进入桩端持力层（细砂、粉砂层）不少于 1.2m，桩身混凝土强度等级 C45，主筋为 $14\phi20$ 均匀布置，保护层厚度 70mm。

试验桩 Q-s 曲线如图 3 所示。静载荷试验结果表明，初步设计所选用的单桩容许承载力为 7000kN，可以满足承载力及变形要求，是合理可行的。

4.4　桩筏土相互作用分析与沉降计算

高层主楼与纯地下室连成一体，两者荷载相差悬殊，采用不同的地基方案，高层主楼采用了桩基，但由于荷载大，又有群桩效应，在持力层下有相对较软的土层时，会有较大沉降量；纯地下室荷载较小，地基土处于回弹再压缩状态，亦会产生一定沉降量，设计中要考虑二者之间产生的沉降和差异沉降。本工程采用的上部结构体系，抵抗水平位移的刚度较大，但是抵抗整体竖向变形的刚度较差，加之高层主楼核心筒与其外围框架在刚度和荷载上的差异易引起较大的差异沉降。过大的沉降和差异沉降对上部结构会带来不利影响。

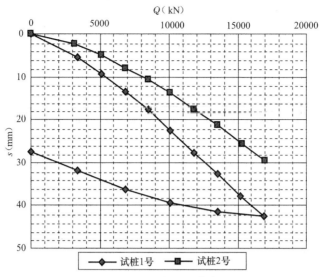

图 3 试验桩 Q-s 曲线

根据本工程地基条件、荷载分布和结构特点，考虑桩与筏板基础及地基土相互作用地基、基础及上部结构共同作用原理，进行地基变形、基础沉降的计算分析，验证沉降和差异沉降控制在规范允许范围，计算结果见图 4。

PLAXIS 3D FOUNATION 三维基础专业软件是专为筏型基础、桩基础以及近海基础的三维变形分析而设计的有限元分析软件包。它考虑了上部结构和土体之间的相互作用，特别是对于桩筏基础，桩、筏板、土体之间相互作用，共同承担上部荷载。这时相互作用对变形有重要影响。在这种情况下，只有采用适当的模型来模拟土体力学行为和土体-结构相互作用，并使用三维有限单元软件才能更加有效地进行分析。PLAXIS 三维基础软件具备以上分析功能。

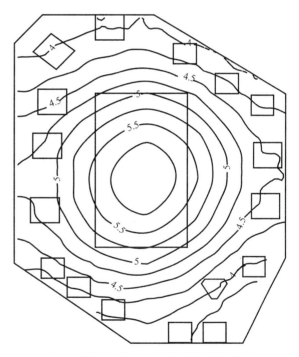

图 4 桩筏基础沉降变形计算值等值线图

本工程采用该软件进行了桩筏基础沉降变形的计算分析，深入分析评价地基基础方案的合理性与可行性，根据勘察报告确定后压浆钻孔灌注桩的合理桩长、桩径、桩端持力层，以及单桩承载力，优化桩基础设计。

4.5 桩基础的优化设计

在桩基础设计过程中，对不同桩径 1000mm 和 800mm 的桩基进行试算比较，优化桩筏基础的设计。并按照直径 800mm 后注浆钻孔灌注桩制定了试桩方案。由试桩数据分析可知，选用直径 800mm 后注浆钻孔灌注桩以及第 1 个桩基持力层可以满足设计要求。

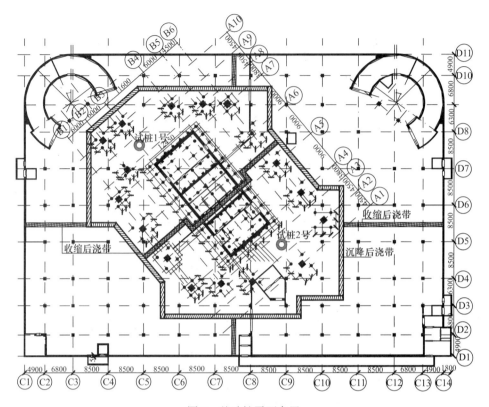

图 5　基础桩平面布置

S—基础桩的承载力检测桩；M—锚桩

　　采用 800mm 直径的后注浆钻孔灌注桩，与采用 1000mm 直径的后注浆钻孔灌注桩比较，承载力没有降低，基础底板和承台的造价可大大节省，并减少了基槽深度，对纯地下室部分的抗浮问题的解决很有好处，并减少开挖土方量。经计算桩数量由 168 根减为 160 根。图 3 是桩基平面布置图。建筑桩基技术规范[3] 规定最小桩间距为 3 倍直径，采用 800mm 直径的灌注桩后，由于桩中距由 3m 变成了 2.4m，容易布桩，承台冲切容易控制。承台的宽度和厚度都大大减小，特别是核心筒下的底板厚度由 2500mm 减为 1600mm；高层主楼与核心筒间设置基础梁，核心筒外与地下部分的纯地下裙房底板厚由 1000mm 减为 800mm；桩承台高由 2500mm 改为 1900mm。仅混凝土一项大约减少 2000m³。

4.6　工程桩检验

　　在土方施工挖至－16.0m（24.3m 绝对标高）时进行基础桩施工。采用旋挖钻机成孔，水下灌注混凝土，后压浆工艺施工提高承载力，后压浆管布置见表 2。

后注浆管布置　　　　　　　　　　　　　　　　　　　表 2

压浆管编号	后压浆类型	压浆阀位置	土层性质	注浆导管
1	桩侧	桩顶以下－10.50m（绝对标高 9.0m）	第⑧层粉细砂	φ20mm 焊管下端与螺旋形加筋 PVC 注浆管阀相连
2		桩顶以下－19.50m（绝对标高 0.0m）	第⑨层粉质黏土	φ20mm 焊管下端与螺旋形加筋 PVC 注浆管阀相连
3	桩端	地面以下－38.00m（绝对标高－18.50m）	第⑫层粉细砂	φ25mm 焊管下端与单向注浆管阀相连

如图 6 所示，由基础桩 Q-s 曲线可以看出，桩基施工质量可以达到设计要求。

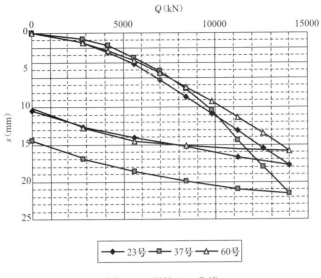

图 6　工程桩 Q-s 曲线

5　基础沉降实观结果

本工程进行了基础沉降变形观测，观测点的布置详见图 7，各观测点的沉降实测值详见表 3。

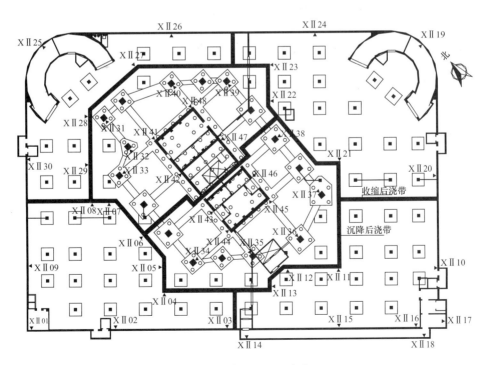

图 7　沉降观测地下点位

141

实际沉降观测值　　　　　　　　　　　　　　　　　表 3

观测点号	实测值（cm）	观测点号	实测值（cm）	观测点号	实测值（cm）
Ⅶ31	2.2	Ⅶ37	2.8	Ⅶ43	2.6
Ⅶ32	2.7	Ⅶ38	2.8	Ⅶ44	2.9
Ⅶ33	2.6	Ⅶ39	2.9	Ⅶ45	3.0
Ⅶ34	2.8	Ⅶ40	2.7	Ⅶ46	3.0
Ⅶ35	3.0	Ⅶ41	2.3	Ⅶ47	2.6
Ⅶ36	2.9	Ⅶ42	2.9	Ⅶ48	3.0

6　结语

1. 由基础沉降变形的实测数据可知，本工程选用 800mm 直径的灌注桩结合后注浆方案，地基沉降量和差异沉降的计算值与实测结果相符，能满足设计要求，证明设计思路是科学合理的，取得了很好的经济和社会效益。

2. 引入有限元计算软件 PLAXIS 进行桩筏基础与地基土的相互作用的计算分析，经过实测验证，应用于工程计算分析是可行的，当然还应不断验证对比，积累更多使用经验。

3. 本工程应用后压浆灌注桩的研究分析与工程实践，为高度高、自重大的高层建筑基础设计积累了经验，对类似工程设计有参考意义。

参 考 文 献

[1] 刘金砺. 高层建筑地基基础概念设计的思考 [J]. 土木工程学报，第 39 卷第 6 期，2006，（6）：100-105

[2] 张在明. 北京地区高层和大型公用建筑的地基基础问题 [J]. 岩土工程学报，第 27 卷第 1 期，2005，1（11）：11-23

[3] 朱炳寅，陈富生. 水下钻孔灌注桩桩底压浆的工程实践及分析 [J]. 建筑结构，1998，（3）：29～33

西安国际金融中心超高层建筑
桩型比选与试验桩设计分析

方云飞　王　媛　孙宏伟

（北京市建筑设计研究院有限公司）

摘要：国瑞西安金融中心，地下4层，地上塔楼75层，建筑总高度349.7m，为目前西北第一高楼。综合周边工程设计资料和勘察报告，塔楼采用混凝土灌注桩基础方案，基桩采用桩径1.0m、桩长约70m超长桩。该地区超长桩施工经验较少，特进行了试验桩工程，试验桩桩径1.0m、施工桩长76m，反循环成孔施工工艺，桩侧桩端后注浆。检测成果表明，成孔质量、桩身完整性均满足规范和设计要求，76m试验桩单桩竖向极限承载力均可取30000kN，根据勘察报告提供的侧阻力和采用滑动测微应力测算得到侧阻力计算，桩长70.0m单桩竖向抗压极限承载力可取为28000kN。完备的试验桩设计、施工及检测工程为后续的工程桩设计和施工提供了可靠的依据。

1　前言

国瑞西安金融中心位于高新区创业新大陆北侧，紧邻城市主干道——锦业路，东西侧紧邻规划路，南侧临市政规划创业新大陆绿化广场。地理环境优越，交通便利，项目用地面积1.9万m²；总建筑面积29万m²，其中地上面积22.6万m²，塔楼部分21.9万m²，裙房部分0.7万m²，地下面积6.4万m²；地上塔楼75层，建筑总高度349.7m（室外地坪至屋面结构高度）；商业群房3层，建筑高度为24m，裙房和主楼通过设置在地上三层的连廊连为一体；地下共四层。

本工程塔楼和裙房在地面以上相互独立，塔楼平面建筑轮廓尺寸为54.5m×54.5m，结构尺寸53.8m×53.8m，高宽比约6.5，采用框架核心筒结构体系。核心筒尺寸约29.6m×30m，核心筒底部加强区采用钢板混凝土剪力墙，其余部分采用钢筋混凝土剪力墙。塔楼外框架采用钢骨混凝土柱和钢梁的混合框架，柱距6m。具体详见图1和图2。

图1　建筑效果图

图2　PKPM计算模型

本工程±0.00 为绝对标高 413.20m，基础埋深约 22 米，地基土以厚层的粉质黏土为主，夹密实状中砂薄层或透镜体，地基承载力不满足承载力要求，采用桩筏基础，基底压力大，对桩基础的承载能力和变形控制都提出了较高的要求，在西安黄土地基地区相关工程经验较少，桩型的选择与设计难度大。

2　岩土工程条件

2.1　工程场地概况

本工程场地主以 2m 左右的回填土、建筑垃圾和生活垃圾为主。南部地势整体平坦，北部局部地段有起伏。勘探点地面标高介于 411.83～414.98m。拟建场地地貌单元属皂河一级阶地。

2.2　岩土工程条件

2.2.1　地基土层单元的划分

在勘探深度 220m 范围内，本场地地基土层根据地层的沉积时代、成因及工程性质分为三个单元，从上到下依次编号为Ⅰ、Ⅱ、Ⅲ。

单元Ⅰ为粉质黏土④层及其以上各土层，该单元地层为后期发育的皂河冲积物，以黄土状土和粉质黏土为主，夹中密—密实状中砂层，土层主色调为褐黄色，下部为灰色，时代成因为 Q_4。

单元Ⅱ为粉质黏土⑤、⑥层，该单元地层以厚层的粉质黏土为主，夹密实状中砂薄层或透镜体，为晚更新统的洪积物（Q_3），土层主色调为黄褐色。

单元Ⅲ为粉质黏土⑦～⑰层，该单元地层以浅灰色调的厚层粉质黏土与密实状的中砂夹层或透镜体，为上中更新统的湖相沉积物（Q_2）。

2.2.2　地基土力学性状

拟建场地地貌单元属皂河一级阶地。地基土主要由填土、黄土状土、粉质黏土及砂层组成。

在深度方向上，填土①层，为素填土或杂填土，性质差；黄土状土②层局部具湿陷性，可塑，局部硬塑，属中压缩性土，中局部夹有厚度不等的中砂层夹层或透镜体；粉质黏土③层，可塑—软塑，属中压缩性土，中局部夹有厚度不等的中砂层夹层或透镜体；粉质黏土④、⑤、⑥层，硬塑，局部可塑，中压缩性，工程性质一般，中局部夹有厚度不等的中砂层夹层或透镜体。粉质黏土⑦～⑩层，可塑—硬塑，强度一般，具中压缩性，局部夹有厚度不等的中砂层夹层或透镜体。⑪层～⑭为硬塑，局部可塑，具中压缩性，工程性质较好，局部夹有厚度不等的中砂层夹层或透镜体。⑮～⑰层硬塑，局部可塑，具中压缩性，工程性质好。局部夹有厚度不等的中砂层夹层或透镜体。岩土工程勘察报告提供的地基土力学及建议的设计参数见表 1。

地基土力学及设计参数勘察报告建议值　　　　　　　　　表 1

土层编号	土层名称	最大层厚（m）	地基土承载力特征值 f_{ak}（kPa）	压缩模量 E_s（MPa）	桩侧阻力特征值 q_{sia}（kPa）	桩的端阻力特征值 q_{pa}（kPa）
⑤	粉质黏土	11.9	200	9.5	41	
⑤₁	中砂夹层	2.7	240	25.0	44	

续表

土层编号	土层名称	最大层厚（m）	地基土承载力特征值 f_{ak}（kPa）	压缩模量 E_s（MPa）	桩侧阻力特征值 q_{sia}（kPa）	桩的端阻力特征值 q_{pa}（kPa）
⑥	粉质黏土	13.8	190	10.0	42	
⑥₁	中砂夹层	4.2	240	30.0	45	
⑦	粉质黏土	16.2	210	12.0	43	600
⑦₁	中砂夹层	3.9	260	35.0	45	1000
⑧	粉质黏土	11.5	210	13.0	43	700
⑧₁	中砂夹层	2.0	280	35.0	45	1000
⑨	粉质黏土	9.5	220	17.0	43	800
⑨₁	中砂夹层	2.0	280	40.0	45	1200
⑩	粉质黏土	14.9	240	19.0	43	800
⑩₁	中砂夹层	2.7	280	40.0	45	1200
⑪	粉质黏土	10.8	240	23.0	43	850
⑪₁	中砂夹层	1.5	280	45.0	45	1300
⑫	粉质黏土	15.0	250	21.0	43	900
⑫₁	中砂夹层	3.5	280	45.0	45	1300
⑬	粉质黏土	16.8	250	30.0		
⑫₁	中砂夹层	3.5	250	50.0		
⑭	粉质黏土	19.9	260	31.0		
⑭₁	中砂夹层	4.9	300	40.0		
⑮	粉质黏土	23.20	260	33.0		
⑮₁	中砂夹层	6.10	300	50.0		
⑯	粉质黏土	18.5	260	36.0		
⑯₁	中砂夹层	2.3	300	50.0		
⑰	粉质黏土	38.0		39.0		
⑰₁	中砂夹层	2.0		55.0		

同时表 1 中，本工程岩土工程勘察报告建议：（1）当采用旋挖工艺成孔时，单桩承载力可在上表的基础上乘以 1.2 倍的系数；（2）采用后压浆工艺单桩承载力提高约 35%；（3）抗浮桩的参数可按上表中参数乘以 0.8 的系数采用。

2.3 水文地质条件

勘察期间（2014 年 3 月），实测本场地地下水位埋深为 22.20～25.60m，相应标高 389.82～391.82m，属潜水类型。

在钻探过程中，局部地段部分钻孔中有上层滞水，水位埋深 10～12m，水位标高 400.98～404.82m。

2.4 建筑场地类别

场地地表下 20m 范围内土层等效剪切波速 V_{se} 均介于 140m/s 及 250m/s 之间。场地覆盖层厚度大于 50m，建筑场地类别为Ⅲ类。拟建场地抗震设防烈度为 8 度，设计基本地震加速度值为 0.20g，设计地震分组属第一组，特征周期为 0.45s。

3　桩型比选

作为目前西安第一高楼,其基底压力远远大于地基承载力,桩基础为地基基础方案首选,且不可避免的将使用超长桩[1],同时,鉴于西安黄土地区地基土的力学特性,需对施工工艺、后注浆[2]效果等方面进行调研。

查找和收集了本工程周边项目的地基基础设计方案[3],其中包括一些设计图纸及检测报告,在此不一一列举。所收集到的周边项目建筑及桩基设计参数详见表2。

周边工程建筑及桩基设计参数　　　　　　　　　表2

项目名称	迈科商业中心	中铁·西安中心	永利国际金融中心
建筑高度(m)	207	231	195
地上/地下层数/层	办公楼42/B4 塔楼35/B4	51/B3	45/B3
结构形式	框架核心筒	框架核心筒	框架核心筒
有效桩长(m)/桩径(mm)	52/0.8	60/1.0	55/0.8
施工工艺	反循环、泥浆护壁	旋挖成孔灌注桩	反循环、泥浆护壁
混凝土强度等级	C50	C45	C45
极限荷载(kN)	办公楼14675 塔楼14642	＞20000	14051(折减后)
桩顶沉降量(mm)	19.14~27.59	28.24~31.98	36.12~38.67
基桩类型	试验桩	试验桩	工程桩

注:均采用后注浆施工工艺。

根据结构导荷初步估算,基底压力约1400kPa(包括基础底板自重),根据勘察报告桩基设计参数建议值进行了三种桩径(0.8m、1.0m和1.2m)和不同桩长(50~90m)的单桩承载力特征值计算表,见图3。

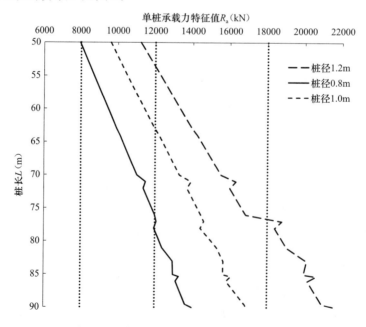

图3　根据勘察报告参数建议值R_a计算结果

根据表 2 和表 3 的统计，综合各种因素，选取了桩径 1.0m、有效桩长 70.0m 进行试验桩工程。

4 试验桩设计与检测成果

本工程试验桩工程存在以下难点：（1）为控制成本，业主要求工程桩与锚桩共用，如此带来试验桩定位的精确性问题，同时试验桩检测时，需严格控制锚桩裂缝，即锚桩配筋按裂缝控制；（2）成孔施工工艺的抉择，争议较多，不同角色不同的观点，西安地区，反循环成孔施工工艺应用较多，但也有旋挖施工工艺的成功经验[4]（如表 2 中"中铁.西安中心"项目），两种施工工艺各有优缺点，最终业主选定了成本相对低廉的反循环成孔施工工艺；（3）成桩质量控制，作为超长桩，单桩承载力由地基土和桩身强度控制，因此桩身混凝土质量显得非常重要[5]。

4.1 试验桩设计方案

鉴于锚桩和工程桩共用，故根据未来可能采用的桩基方案，设计了试验桩平面布置图，见图 4。

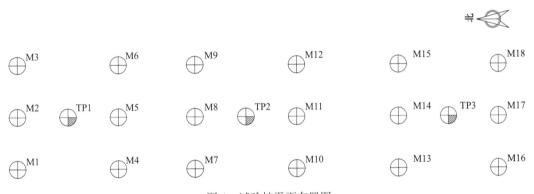

图 4 试验桩平面布置图

注：TP1～TP3 为抗压试验桩，M1～M18 为锚桩

抗压试验桩编号为 TP1～TP3，桩径 1.0m，最大加载荷载值取 30000kN，有效桩长 70.0m，施工桩长及检测桩长 76.0m，桩身混凝土强度等级为 C50，桩端和桩侧进行复式后注浆，均采用滑动测微计进行桩身轴力监测，采用反循环钻孔泥浆护壁施工工艺。

4.2 试验桩检测成果

4.2.1 成孔质量检测

实际施工时因未开挖至设计的施工桩顶标高（实际施工标高约 -10.000m 左右），故所测孔深均大于 82.0m。由检测结果可知：（1）由成孔实测曲线等，在所检测的桩孔中，实测深度为 82.11～85.16m，计算各桩孔在设计桩顶标高下的深度均大于设计孔深，满足设计要求；（2）实测孔径成果表明，最小孔径为 951mm，最大孔径为 1103mm，平均孔径介于 1003.5～1021.4mm，满足规范要求；（3）在所检测桩孔中，垂直度偏差均 <1%，满足规范要求；（4）各桩孔的沉渣厚度均小于等于 10cm，满足规范要求。

4.2.2 桩身完整性检测成果

采用低应变法和声波透射法进行桩身完整性检测，图 5 为低应变法实测波形曲线，检测结果表明，21 根检测桩桩身完整性类别均为Ⅰ类，混凝土桩身波速介于 3614~4007m/s 之间，平均值为 3804m/s。

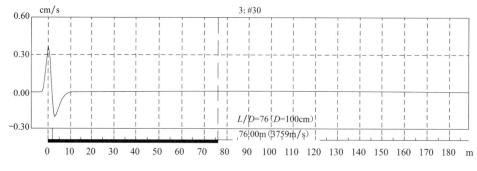

图 5 低应变法实测波形曲线

灌注桩施工过程中，部分测管损坏或堵塞，故部分桩只对个别剖面上部未堵塞桩长范围内混凝土灌注桩进行了声波透射法测试。检测结果表明，所检测基桩在测试范围内桩身完整，平均声速 3.1~4.9km/s，平均波幅 44.6~138.9km/s，声速标准差 0~0.3617。

4.2.3 承载力检测成果

图 6 为抗压试验桩 Q-s 曲线，由图可见，各试验桩 Q-s 曲线均为缓变型，s-lg$t$ 曲线无明显向下弯曲，根据规范［6］和［7］，桩长 76.0m 情况下单桩竖向极限承载力均可取 30000kN。

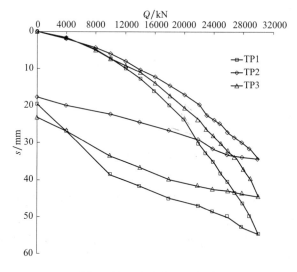

图 6 抗压试验桩 Q-s 曲线

4.2.4 桩身轴力监测成果

滑动测微法是一种较新发展起来的桩身应变测试方法。与传统桩基内力测试方法包括多点伸长计法及固定式仪器点法量测相比，滑动测微计具有测点连续、测试结果可靠、精度高、零点漂移可得到有效地修正、具有温度补偿功能，能够随时监测构件温度等优点，还可用评估桩身混凝土质量。

滑动测微计主要由探头（内含电感位移计和温度传感器）、电缆、导杆、读数仪、数据处理仪、校准装置组成，其主要原理是沿测线以线法测量位移量，探头采用球锥定位原理来测量测管上的标记，在塑性套管上每米间隔有一个金属测标，将测线划分成若干段，通过预埋测标使其与被测桩牢固的浇注在一起，当被测桩发生变形时，将带动测标发生同步变形。用滑动测微计逐段测出各标距长度随时间的变化，从而得到反映被测桩沿测线的变形分布规律。

3根抗压试验桩均进行了滑动测微应力测试，检测单位进行了土层摩阻力的计算分析，结果见表3。将桩侧摩阻力实测值与勘察报告取值进行对比（见图7），可见检测成果很好的反映了基桩受力情况，抗压桩端阻力为零，为纯摩擦桩，呈现桩顶桩端摩阻力小、桩中间摩阻力相对较大的趋势，最大单位摩阻力介于180~194kPa之间，位于距桩顶39~47m处的粉质黏土⑧层或中砂夹层⑦₁和粉质黏土⑧层交界面。

桩顶荷载 3 万 kN 作用下各土层单位侧摩阻力和桩端阻力（kPa）　　表 3

试桩号		TP1	TP2	TP3	平均值
各土层侧摩阻力	④	17.6	16.4	20.3	18.1
	⑤	56.8	70.6	59.6	62.3
	⑥	111.7	128.8	108	116.2
	⑥₁	—	156.3	141.8	149.1
	⑦	164.1	173	171.9	169.7
	⑦₁	—	180.4	190.6	185.5
	⑧	187.5	175.7	193.2	185.5
	⑨	177.7	151.4	176	168.4
	⑩	125.7	109.2	127.2	120.7
	⑩₁	44.5	73.4	81.1	66.3
	⑪	—	42.1	31.5	36.8
桩端阻力		0	0	0	0

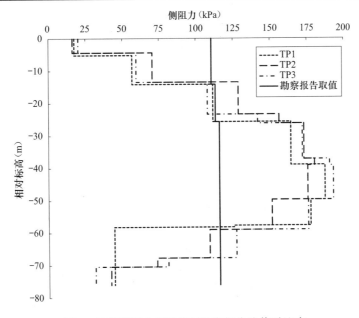

图 7　桩侧摩阻力实测值与勘察报告取值对比表

3根抗压试验桩各地基土摩阻力随桩顶荷载变化曲线见图8，可见在桩顶荷载20000kN后，粉质黏土④层摩阻力不再增加，或呈减小趋势（TP2），在粉质黏土④层以下附近地层，其摩阻力增加量亦较小。

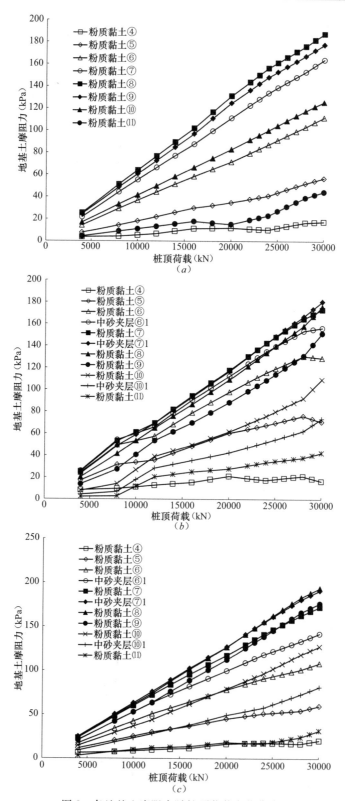

图8　各地基土摩阻力随桩顶荷载变化曲线

(a) TP1 试验桩；(b) TP2 试验桩；(c) TP3 试验桩

5 试验桩检测成果分析

5.1 单桩承载力取值

因试桩桩顶标高均高于设计标高，故应扣除桩顶高差部分土层的侧摩阻力作为有效桩长（76.0m）下的单桩极限承载力。

（1）根据岩土工程勘察报告提供数据进行折减

根据岩土工程勘察报告提供数据计算，有效桩顶标高以上6.00m长度部分极限侧摩阻力可取为781.86kN（未考虑后压浆影响），在扣除此桩侧摩阻力后，桩长70.0m时单桩竖向极限承载力可取为29218.14kN。

（2）根据滑动测微应力实测结果进行折减

滑动测微计实测试桩桩身上部6.00m长度范围内侧摩阻力结果见表4。

抗压试桩有效桩顶标高以上部分桩侧土层摩阻力实测结果　　　　表4

试验点编号	TP1	TP2	TP3
桩侧摩阻力（kN）	430.05	581.27	579.89

由表4可见，由滑动测微计实测有效桩顶标高以上6.00m长度部分3根试桩极限侧摩阻力介于430.05～581.27kN之间，则在扣除此桩侧摩阻力后，桩长70.0m单桩竖向极限承载力介于29418.73～29569.95kN。

本工程抗压桩桩长70.0m单桩竖向抗压极限承载力可取为28000kN，满足设计要求。

5.2 工程桩设计

鉴于本工程的重要性、复杂性及相关计算分析，同时考虑试验桩检测时周边堆土的影响等综合因素，另参考了周边项目桩基设计方案（中铁·西安中心，桩径1.0m，有效桩长60m，单桩承载力特征值10000kN），70m单桩竖向抗压承载力特征值取12000kN，同时为进行变调平设计，采用长短桩变调平设计思路，框架柱最外侧两排抗压桩桩长取65m，单桩抗压承载力特征值取11000kN，具体设计方案如下：核心筒区域，布设桩径1.0m、桩长70.0m、抗压承载力特征值12000kN，桩端持力层为第⑪层粉质黏土；框架柱区域，布设桩径1.0m、桩长65.0m、抗压承载力特征值11000kN，桩端持力层为第⑩层粉质黏土；反循环成孔灌注施工工艺，桩侧、桩端均后注浆。

5.3 锚桩作为工程桩使用的可行性

由图6"抗压试验桩Q-s曲线"可知，各试验桩Q-s曲线均为缓变型，s-lgt曲线无明显向下弯曲，尚未达到破坏，故认为该基桩可继续作为工程桩使用。同时试验中的18根锚桩，在最大荷载作用下锚桩的上拔量介于4.232～10.154mm之间，其中，在试验过程中，对TP1和TP2的锚桩上拔量进行了全程监测，监测结果详见图9，由表可见，TP2试验桩锚桩回弹率高于TP1试验桩锚桩。锚桩上拔量较小，且在卸载后均有部分回弹，故认为该18根锚桩可以继续作为工程桩使用。

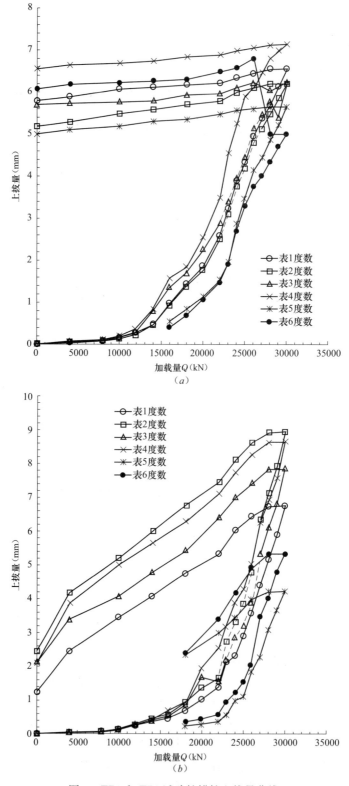

图 9 TP1 和 TP2 试验桩锚桩上拔量曲线

(a) TP1 试验桩锚桩；(b) TP2 试验桩锚桩

6 结语

作为350m超高层基础，桩基设计备受关注，试验桩工程显得尤为重要，本文对该试验桩进行如下分析和总结：

（1）综合周边建筑桩基设计方案和勘察报告建议，进行了桩型比选，最终确定桩基初步方案为桩径1.0m、桩长约70m混凝土灌注桩；

（2）黄土地区超长桩施工难度大，本工程试验桩经检测，结果表明成孔质量、桩身完整性均满足规范和设计要求；

（3）经检测确定76m试验桩单桩竖向极限承载力均可取30000kN；

（4）根据勘察报告提供的侧阻力和采用滑动测微应力测算得到侧阻力测算，桩长70.0m单桩竖向抗压极限承载力可取为28000kN。

参 考 文 献

[1] 冯世进，柯瀚，陈云敏等. 黄土地基中超长钻孔灌注桩承载性状试验研究 [J]. 岩土工程学报，2004. 1，26（1）：110～114.

[2] 刘焰. 后压浆灌注桩在黄土地区的工程应用 [J].《建筑结构》2007. 10，37（10）：85～87.

[3] 杨静. 超长灌注桩在西安永利国际金融中心中的应用 [J]. 山西建筑，2015. 1，41（1）：77～78.

[4] 张炜，茹伯勋. 西安地区旋挖钻孔灌注桩竖向承载力特性的试验研究 [J]. 岩土工程技术，1999. 4：39～43.

[5] 孟刚，李永鹏，张凯峰. 西北地区超长桩基混凝土配合比设计研究 [J]. 混凝土，2013. 11，289（11）：130～131.

[6] 中华人民共和国国家标准. 建筑地基基础设计规范 GB 50007—2011 [S]. 北京：中国建筑工业出版社，2011.

[7] 中华人民共和国行业标准. 建筑基桩检测技术规范 JGJ 106—2014 [S]. 北京：中国建筑工业出版社，2014.

唐山岩溶地区桩基工程问题分析与设计要点

方云飞　孙宏伟　阚敦莉

（北京市建筑设计研究院有限公司）

摘要： 岩溶在我国是一种相当普遍的不良地质作用，鉴于其分布和性状的不确定性和复杂性，显著增加了岩溶地区高层建筑地基基础设计和施工的难度。唐山岩溶地区某高层建筑群为桩筏基础。试验桩检测结果不满足设计要求，通过分析原因与总结经验，在调整桩基设计和施工后检测结果完全达到设计要求。岩溶地区嵌岩桩设计和施工的基本要点和经验有：基桩嵌岩深度应在规范和试验桩的基础上，结合施工勘察资料进行综合分析确定；岩溶地质条件下施工勘察十分必要，是合理确定设计桩长的重要依据；采用桩侧、桩端后注浆施工工艺，既可消除岩溶隐患，又可有效提高基桩承载力，使岩溶治理与基桩施工有机结合。

1 引言

　　岩溶在我国是一种相当普遍的不良地质作用，在一定条件下可能发生地质灾害，严重威胁工程安全。鉴于其分布和性状的不确定性和复杂性，显著增加了岩溶地区高层建筑地基基础设计和施工的难度。唐山市中心区坐落在浅埋石灰岩区，岩溶裂隙发育，地下隐伏破碎构造构成径流通道基础，历史上地下水动态变化使第四系覆盖层结构受到了不同程度的塌陷破坏[1]。鉴于岩溶地质的不利因素，该地区高层建筑，桩基础设计成为建筑工程设计中的重点和难点。

　　本文以唐山岩溶地区一高层建筑群桩基础为例，基于该工程未达到设计目的的试验桩工程和场地附近一类似工程桩基设计失败案例的分析总结，对嵌岩桩桩基础中嵌岩深度的确定、施工勘察的必要性、桩身后注浆必要性等问题进行具体的分析总结，对类似岩溶地质条件地基与基础设计具有参考价值。

2 工程概况与岩土工程条件

2.1 工程概况

　　工程位于唐山市中心，共分为两块地：一号地由 2 栋塔楼（1 号楼、2 号楼）、裙房以及地下车库等组成，其中 1 号楼地上 29 层，建筑高度 99.5m，2 号楼地上 37 层，建筑高度 149.2m，均为地下 3 层、框架核心筒结构、桩筏基础形式，为本文主要分析研究对象。二号地由 5 栋住宅楼及地下车库等组成，住宅采用筏板基础，其中 2 栋高层住宅采用 CFG 桩复合地基。

本文原载于《岩土工程学报》2013 年增刊 2

2.2 岩土工程条件

根据岩土工程勘察报告，工程场区地层主要为新生界第四系冲积地层，下伏古生界奥陶系石灰岩、石炭系、泥岩、页岩、砂岩、泥灰岩等，局部存在煤层，典型地质剖面详见图1。工程地基土为⑤细砂，该层浅黄色，密实，饱和，以石英、长石为主，颗粒均匀，级配不良，磨圆度中等，呈亚圆状，局部夹粉质黏土薄层。各地层岩土参数详见图1。

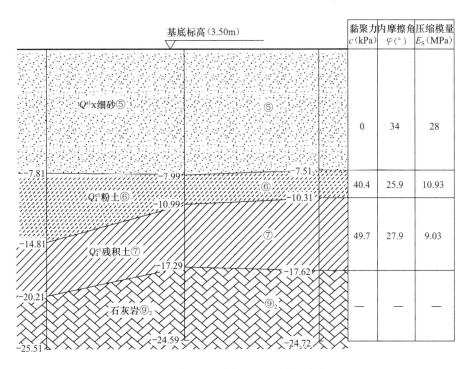

图1 典型地质剖面及地层岩土参数

岩溶地质灾害勘察表明二号地5号楼为岩溶危险区，建议采用注浆治理；6号楼上部基岩岩性破碎，分布明显的破碎带，短期内不会对建筑物安全造成威胁，为较不稳定区，建议进行岩溶治理。

3 工程问题分析

工程主要问题为在有溶洞发育的岩溶地质条件下建造高层和超高层建筑，保证其地基基础安全性和控制沉降及差异沉降是地基基础设计的核心问题。根据结构荷载及地基情况，初步确定选用桩筏基础，并结合桩基施工采取一桩一探，进一步探明基桩分布范围内土洞或溶洞的分布和发育情况，采取有针对性的治理措施。

工程场区附近一高层建筑，建筑高度近100m，采用桩筏基础，桩径0.8m，桩长20～30m（根据一桩一探结果确定），单桩承载力特征值10000kN。该工程桩基检测结果未达到设计要求，进行了补桩加固。因此本工程的地基基础设计须慎之又慎。

工程桩基础施工图设计前进行了试验桩工程，试验桩方案如下：共3根试验桩，桩径1.0m，桩身混凝土强度等级C45，主筋28 Φ 32，试验桩设计施工参数详见表1。桩端要求进入⑨₂中风化石灰岩不少于1.0m，试验预估最大加载22000kN，进行桩身轴力监测，布置4根锚桩。灌注桩采用旋挖钻机成孔、泥浆护壁、导管法水下灌注混凝土成桩。

试验桩设计施工参数表　　　　　　　表 1

试验桩编号	TP1	TP2	TP3
实际有效桩长（m）	23.50	25.65	25.69
入岩深度（m）	1.15	1.07	1.00
后注浆量	桩端1.8t	桩端1.8t	桩侧0.9t、桩端1.8t

注：初步判断为端承桩，TP1、TP2采用桩端后注浆，TP3采用桩侧、桩端后注浆，以期对比。

检测结果表明，成孔质量满足规范要求，静载试验结果详见图2和表2。

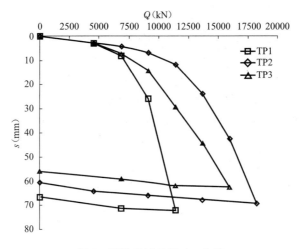

图 2　灌注桩试验桩 Q-s 曲线

试验桩静载试验结果汇总表　　　　　　表 2

桩号	试验最大加载及其对应沉降		单桩极限承载力综合取值（kN）
	加载值（kN）	沉降（mm）	
TP1	11400	71.91	9120
TP2	18240	69.19	15600
TP3	15960	62.38	13000

由图2和表2可见，3根试验桩检测结果偏低、离散性较大，试验桩单桩承载力均未达到设计预估和勘察报告提供的相应参数，其中TP1较TP2、TP3明显偏低，其极差为平均值的30.9%。根据《建筑基桩检测技术规范》JGJ 106—2003第4.4.3条规定，不能取其平均值为单桩竖向抗压极限承载力，而应分析极差过大的原因，并结合工程具体情况综合确定。

4 嵌岩桩设计要点

4.1 嵌岩深度问题

对于嵌岩桩，要确定其桩长，首先需确定桩端嵌岩深度。《建筑桩基技术规范》JGJ 94—2008（以下简称桩基规范）第3.3.3条规定：对于嵌岩桩，嵌岩深度应综合荷载、上覆土层、基岩、桩径、桩长诸因素确定；对于倾斜度大于30％的中风化岩，宜根据倾斜度及岩石完整性适当加大嵌岩深度；对于嵌入平整、完整的坚硬岩和较硬岩的深度不宜小于0.2d，且不应小于0.2m。工程场地岩溶裂隙发育，局部发育小规模溶洞，嵌岩桩的桩端必须保证进入足够稳定的岩层，故要求试验桩嵌岩深度加深至1.0m。

为进一步找出试验桩承载力较低的原因，对TP1试验桩进行了再次堆载试验（复压，结果见图3），可见在试验后期，其沉降量急剧增加，明显呈刺入破坏。对TP1和TP3尚进行了钻芯取样检测，结果表明：TP1桩端存在30mm沉渣现象，两根检测桩桩端基岩抗压强度较低，后注浆效果不明显。

在基桩承载力检测过程中，进行了桩身轴力测试，见图4。在极限荷载作用下，TP1试桩桩侧阻力约占总荷载的70％，TP2、TP3试桩桩侧阻力各约占总荷载的50％，均不符合嵌岩桩承载特性，可见其桩端持力层承载力偏低。因此施工图设计时综合考虑将嵌岩深度从1.0m增加到2.0m。

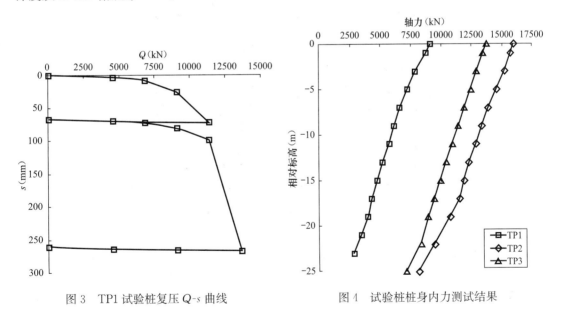

图3　TP1试验桩复压Q-s曲线　　　　图4　试验桩桩身内力测试结果

4.2 施工勘察的必要性及其数据处理

对常规地质条件的工程，一般只需进行初步勘察、详细勘察，对于基岩面起伏较大、而又准备利用该基岩时，基岩埋深及其性状对基础设计十分重要，详细勘察难以精确反应基岩分布和起伏情况，达不到施工图设计要求精度，故必须进行施工勘察。本工程采用"一桩一探"施工勘察方案。

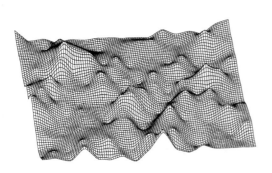

图 5　⑨₂ 层层顶标高 3D 线框图

注：图中数值为⑨₂ 层层顶相对桩顶标高，

其中灰点为灌注桩桩位

试验桩工程施工勘察要求如下：钻孔深入预计桩端平面以下不小于 5 倍桩径，若遇溶洞，应进入相对稳定岩层。由于工期原因，建设方在试验桩施工、养护、检测的同时，按照施工图预设计方案进行了施工勘察，在试验桩检测结果确定后，通过分析试验桩检测结果和前期工程桩施工勘察资料，对工程桩施工勘察进行了调整，具体为：一桩一探的钻孔深入稳定基岩面以下不小于 9.0m，且终孔标高不低于绝对标高 −30.00m，若遇溶洞，应进入相对稳定岩层。

为确定基桩设计桩长，对工程桩施工勘察成果数据进行整理与分析，绘制各桩位⑨₂ 层层顶标高等势线图，详见图 5 和图 6。

图 6　⑨₂ 层层顶标高等势线图（单位：m）

由图 5 和图 6 可见，⑨₂ 层层顶标高变化极大，从 −18.64m 到 −35.37m 不等，其剖面示意图见图 7，图中岩层面曲线为根据岩层面标高拟合的样条曲线，该曲线看似平滑，实际情况更为复杂。图 7 中 P2 和 P4 为岩层层顶较高的桩位，P3 和 P7 为岩层层顶较低的桩位，可见 P2 和 P4 桩桩端采用常规的进入岩层 1 倍桩径并不能保证桩端进入稳定岩层。在基岩面标高统计基础上，兼顾工程安全和建设成本，确定了工程桩施工桩长标准：选取一适中桩长作为控制桩长，常规方法确定的桩长小于该桩长的，采用控制桩长作为设计桩长；常规方法确定的桩长大于该桩长的，则按常规方法确定（图 7）。本工程按 28.5m 作为控制桩长。

4.3 基桩后注浆的必要性

5号楼为岩溶危险区，在CFG桩施工之前进行了注浆岩溶治理，施工注浆量很小，远远没有达到设计方案预估的工程量。在6号楼的施工勘察过程中，亦没发现明显的土洞和溶洞，故没有先期进行岩溶治理，鉴于试验桩检测结果不理想和工程安全，为最大限度地减小岩溶地质条件对桩基工程的不利影响，工程桩均要求进行桩侧、桩端后注浆。

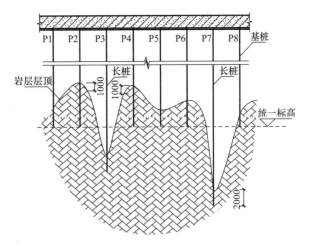

图7　嵌岩桩桩长示意图

根据设计预估与实际施工情况，进行了注浆量对比分析，见表3。其中经验注浆量为根据桩基规范公式（6.7.4）计算所得（"系数取小值"和"系数取大值"分别对应于经验系数建议值上限和下限）；施工注浆量为6号楼施工实际发生的桩侧、桩端注浆量；注浆量比值为施工注浆量与经验注浆量两者的比值。

桩侧、桩端后注浆平均水泥用量统计表　　　　　　　　　表3

部位		第一道桩侧注浆	第二道桩侧注浆	桩端注浆	单根注浆总量
经验注浆量 （kg）	系数取小值	500	500	1500	2500
	系数取大值	700	700	1800	3200
施工注浆量（kg）		1111.7	1150.0	5235.9	6379.3
注浆量比值	系数取小值	2.22	2.30	3.49	2.55
	系数取大值	1.59	1.64	2.91	1.99

可见单根桩后注浆总量为经验值的2倍多，尤其是桩端注浆，其施工注浆量占注浆总量的82.1%，并为经验注浆量的3倍左右，与5号楼岩溶治理情况完全不同。分析认为，根据桩基规范，桩端后注浆浆液能扩散至桩端以上5～15m范围，本工程该区域正好位于岩溶发育深度区域，其间存在一些或大或小的土洞或溶洞，由于这些孔洞的隐蔽性和随机性，在详细勘察和施工勘察中难以揭露，而在后注浆过程中，由于浆液填充、挤压及渗透进这些土洞或溶洞，从而造成注浆量过大。如此不但提高了单桩承载力，同时还消除了岩溶隐患，一举两得，十分具有工程应用价值。

5　桩基设计及检测结果

1号楼、6号楼桩基方案如下：塔楼核心筒采用均匀布桩，周边框架柱采用柱下集中布桩方式，整体厚筏板基础，板厚约2.0m。具体如下：桩径1.0m，设计桩长28.5m，单桩竖向抗压承载力特征值 $R_a = 7000$ kN。其中，设计桩长根据施工勘察结果确定，基底与⑨₂层层顶距离小于26.5m的桩位，其设计桩长不小于28.5m；两者距离超过26.5m的桩位，其设计桩长以桩端进入⑨₂层不少于 2.0m 为准。

工程桩检测结果详见图 8，可见在 2 倍单桩承载力特征值荷载下，其沉降量仅为 8～15mm，表明其承载力安全系数大于 2，设计是合理可靠的。

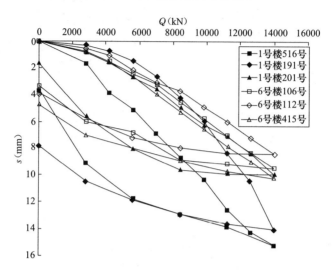

图 8　桩基竖向承载力检测 Q-s 曲线

6　结论

本文结合工程实例详细地介绍了唐山岩溶地区高层和超高层建筑桩基础设计，并从设计和施工方面，得出以下相关基本要点和经验。

（1）桩基础试验桩工程非常重要，能使工程问题提前暴露，进而确保工程桩设计和施工顺利进行。

（2）岩溶地区桩基嵌岩深度不能简单地依据相关规范进行确定，而需在规范和试验桩的基础上，结合施工勘察资料进行综合分析考虑确定。

（3）岩溶地质条件下，为取得嵌岩桩桩基础设计的充分可靠依据，施工勘察十分有必要，同时其数据需进行整理分析，以确保基桩长度设计的合理性。

（4）岩溶治理应与桩基础设计和基桩施工相结合，采用桩侧、桩端后注浆，并考虑岩溶特点，加大注浆量，既消除了岩溶隐患，也提高单桩承载力。

参 考 文 献

[1]　张龙起. 唐山岩溶区地基评价治理分析与探讨 [J]. 工程勘察，2010（增刊 1）：142-147.

劣质岩（问题岩）的类型及其工程特性

顾宝和[1]　曲永新[2]　彭　涛[1]

（1. 建设综合勘察研究设计院；2. 中国科学院地质与地球物理研究所）

摘要： 本文将具有各种不良工程特性并极易引发工程事故的岩石和岩体称为"劣质岩"（问题岩）。文中分别论述了极软岩、膨胀岩、构造岩、片状变质岩、含盐岩、疏松岩、风化岩等常见劣质岩（问题岩）的成因和工程特性，以引起工程界的注意和进一步研究。

1　引言

　　尽管自然界的岩石和岩体成分和性状千差万别，但对工程而言，最值得注意的是劣质岩（问题岩）。这类岩石有两种情况：一是在工程作用下表现为低强度和大变形，性质介于岩石和土之间，"似岩非岩，似土非土"状；二是在工程环境下易"劣化"，具有膨胀性、崩解性、易溶解、易风化等性质，有些岩石兼有上述两种性质。这类岩石的成因、成分和结构极为多样，测试、评价和工程处理都相当困难，经常对工程设计和工程安全起控制作用，特别是边坡和地下工程，因而也是勘察、设计、施工、检验、监测的重点。

　　工程地质学家、岩石力学家、土力学家和岩土工程师都很重视这方面的研究。这类岩石和岩体目前尚无统一的、公认的名称。有"软弱岩石"、"复杂岩石"、"半坚硬岩石"、"问题岩石"、"特殊岩石"、"硬土／软岩"、"特殊工程地质岩组"等称谓。俄罗斯ГОСТ25100—95《岩土分类规范》专列"半坚硬岩石类"，包括火山碎屑岩、泥质岩、疏松砂岩、蛋白石岩、硅藻岩、白垩、石膏、硬石膏、岩盐等。欧美国家多用"问题岩石（problem rock）"或"软岩（soft rock，weak rock）"。虽然"问题岩石"的称谓在国外较常见，但作为中文专门术语似不理想。在尚无标准术语前，本文暂称劣质岩（问题岩），包括自然条件的"劣质岩"和工程条件下易于"劣化"的岩石和岩体。

　　软弱岩石（weak rock）的工程性质问题，D°U°Deere 1975 年在第五届全美土力学与基础工程会议上就已提出，并于 1979 年在瑞士举行的第四届国际岩石力学大会上再次强调，1981 年在东京举行的软弱岩石国际会议上得到了广泛认可，并将软岩（soft rock）、风化岩（weathered rock）和碎裂岩（fractured rock）包括在内。1986 年在布宜诺斯艾利斯举行的第五届国际工程地质会议上，将软弱岩石的工程性质列为第二专门议程，1990年在伦敦地质学会举行的软弱岩石工程地质会议进一步推动了国际工程地质界的研究。对于性质介于软岩和硬土之间的"硬土／软岩"，1993 年和 1998 年国际土力学基础工程学会、国际岩石力学学会、国际工程地质协会联合两次专门召开国际会议讨论（Geotechnical

本文原载于《工程勘察》2006 年第 1 期

Engineering of Hard Soils-Soft Rocks）。对于膨胀岩，1979 年瑞士召开的第四届岩石力学会议上作为专门问题提出，并成立了膨胀岩专门委员会。

我国对软质岩的大量研究始于 20 世纪 70 年代，许多专家结合实际工程做了大量工作，研究范围不但涉及东京国际会议上的软岩、碎裂岩、风化岩，而且包括了含盐岩、蚀变岩等；研究内容涉及软质岩的成分、工程性状、分布、成因和演化规律。

劣质岩（问题岩）可按地质成因和成分进行分类，也可按工程特性分类。本文重点不是研究科学分类问题，这个问题可留待以后进一步讨论。本文仅从实用出发，对我国常见的几种类型做简单介绍，以引起工程界的注意和进一步研究。

2　极软岩

本节主要介绍泥质的极软岩。现行国内外技术标准均无岩石与土之间明确的分界标准，对极软岩无下限，对硬土无上限，客观上存在"似岩非岩，似土非土"的过渡性岩土。对极软岩，我国《工程岩体分级标准》和《岩土工程勘察规范》规定，饱和单轴极限抗压强度小于 5.0MPa；国际岩石力学学会规定小于 1.25MPa；ISO13689—2003 规定小于 1.0MPa；ГOCT25100—95 规定小于 1.0MPa，均无下限；对于硬土，ISO13688—2003 规定不排水强度大于 300kPa 为很高；国际土力学与基础工程学会规定不排水强度大于 300kPa 为极硬，均无上限。国际上不少人主张将介于岩石和土之间，"似土非土，似岩非岩"的过渡性岩土称为硬土软岩（Hard Soils/Soft Rocks）。本文建议，过渡性岩土的天然湿度单轴极限抗压强度可定为 0.3～1.0MPa，视具体性状或地质年代有时可称"硬土"，有时可称"极软岩"。

现有国内外标准（规范）多是以岩石的饱和单轴抗压强度为判别依据，但对于极软岩和极破碎岩，以天然湿度单轴抗压强度为依据较为合理。理由是：极软岩和极破碎岩制样过程中极易风干，浸水后一般呈不稳定状态，易产生膨胀、崩解、泥化或沿裂隙面开裂，在无侧限条件下抗压强度极低，甚至为零。如像原状土那样，取样后密封，保持天然湿度制样，再进行抗压强度试验，用以划分岩石坚硬程度比较合理。且土的无侧限抗压强度用的也是天然湿度原状土，使土和岩石软硬程度的划分统一起来。实际上，半个世纪以来我国各部门在工程地质研究与实践中，也几乎都是在天然湿度条件下进行测试的。

在"似岩非岩，似土非土"的土岩过渡类型中，中新生界沉积类泥质岩分布最广。它们富含黏土矿物，特别是膨胀性黏土矿物，因此多数泥质岩强度低、变形大、崩解耐久性差，易于膨胀和风化，对工程不利。据曲永新研究，我国东部上古生界泥质岩单轴抗压强度大多介于 15～35MPa 之间，而中、新生代泥质岩则明显降低。黄土高原和内蒙高原的三趾马红土（N_2），系炎热干旱环境下形成，因铁质胶结，强度较高，单轴极限抗压强度达 0.8～1.0MPa。而华北盆地、苏北盆地、南阳盆地的下草湾组（N_1）灰绿色硬黏土沉积，蒙脱石含量高，单轴极限抗压强度仅 0.4～0.5MPa，且有很高的膨胀势。此外，攀枝花、西昌地区的昔格达组（Q_1～N_1）泥岩（黏土）岩质松软，性质复杂，工程事故较多。

泥质岩的成岩作用早期主要为固结，有的伴生胶结物的胶结。后期主要为在温度和压力作用下的粘土矿物再结晶和胶结物的胶结，包括强氧化条件下的铁质胶结，强还原条件下的有机质胶结作用，使泥质岩工程性质发生较大改善。泥质岩的蜕化（degredation）

是使岩石工程性质劣化的重要原因。蜕化是指由于剥蚀、卸荷和风化作用引起的工程性质的蜕化，表现为强度降低，崩解性和膨胀性增强。这种作用不仅发生在埋深数米、十数米的浅表和古风化壳中，甚至在埋深数十米、上百米的泥质岩中也有显现。

楣华遵孟等研究，兰州地区上第三系和白垩系地层泥岩、砂岩、砂砾岩，因以泥质胶结为主，岩芯不能成柱状，浅部手可捻碎，强度差别较大。载荷试验表明，软化系数只有 0.1～0.3，浸水附加下沉不超过 0.5mm，不具湿陷性。地基承载力一般取 500~700kPa。

1965 年，顾宝和收集了若干极软岩的载荷试验资料（当时均未做单轴抗压强度试验）：邯郸水泥厂石炭二叠系风化砂质页岩，风干后分裂成 3～10cm 表面较平整的碎块，天然含水量 4.8%～8.1%，孔隙度 18.0%～22.6%，载荷试验加荷至 0.8MPa，压力与沉降关系呈直线，未出现比例界限；石炭二叠系紫色泥岩，裂隙弯曲而密集，水中崩解快，开挖数日后分裂成球状碎块，直径 1～5cm，天然含水量 4.8%～5.1%，孔隙度 14%～16%，载荷试验加荷至 0.8MPa，压力与沉降关系呈直线，未出现比例界限。内蒙卓资山上第三系红土，天然含水量 15.1%～18.7%，孔隙比 0.405～0.527，塑性指数 17，液性指数小于 0，载荷试验加荷至 0.9MPa，压力与沉降关系呈直线，未出现比例界限，变形模量 24.8～36.9MPa。以上数据说明，极软岩与土相比，作为地基还是不错的。

泥质岩的应力应变关系有自己的特点，据许宝田等对南京长江三桥泥岩地基的研究，该泥岩裂隙发育，失水干裂，浸水软化崩解，岩石重度 23.9kN/m³，含水量 6%～8%，天然含水量单轴抗压强度为 1.86～4.68MPa，刚度和强度均随侧压增加而增加，破坏压力和弹性模量均随侧压增加呈线性增长，低围压时脆性破坏，高围压时塑性变形。应力、应变发展分四个阶段：（1）裂隙闭合阶段，孔隙压密，曲线呈上凹形态；（2）弹性变形阶段，应力、应变呈线性；（3）微裂隙扩大阶段，曲线下凹形态，呈双曲线；（4）微裂隙贯通，达峰值强度，塑性变形，破坏。

影响泥质岩工程特的主要因素：一是含水量，对强度、模量、风化崩解有重要影响；二是蒙脱石含量，影响强度、模量，特别是膨胀性；三是层理、页理、劈理等结构面密度，造成高度各向异性，结构面成为决定岩石工程性状的主要因素。

泥质岩对于工程，主要问题是边坡易风化、失稳，巷道常发生大变形，持续变形和"四面来压"，巷道越深，变形越大，支护越困难。何满潮提出了"软岩软化临界荷载"和"软化临界深度"的概念，即超过了临界荷载或临界深度，软岩将发生大变形、大地压，巷道将难以支护。但作为一般建筑物地基，在快速封闭条件下，性质并不算"劣"，承载力还相当高。但有一定含水量和微裂隙的泥质岩，天然状态下完整且比较坚固，但开挖暴露后，失去水分，体积收缩，裂隙扩大，崩解成碎块状。故边坡和地下工程开挖后如不及时封闭，可继续风化，逐渐剥落和失稳。

3 膨胀岩

膨胀岩的成因类型，国际岩石力学协会膨胀岩委员会分为：（1）泥质岩类膨胀岩；（2）含硬石膏、无水芒硝类膨胀岩；（3）断层泥类膨胀岩；（4）含黄铁矿等硫化矿物类膨胀岩。曲永新将我国膨胀岩的主要成因类型分为：（1）沉积型泥质岩类膨胀岩（尤其是上侏罗系、白垩系、下第三系、上第三系）；（2）蒙脱石化侵入岩类膨胀岩（中小型侵入体，尤其是低温热液作用的中基性侵入体）；（3）蒙脱石化凝灰岩类膨胀岩；（4）断层泥类膨胀岩；（5）含硬石膏、无水芒硝类膨胀岩。本节主要介绍泥质岩类膨胀岩，含硬石膏、无水芒硝膨胀岩类将在第 6 节中介绍。

我国对膨胀岩土的研究始于 20 世纪 50 年代末，20 世纪 70 年代对建筑地基膨胀土的研究形成热潮，20 世纪 80 年代以后膨胀土研究扩大到边坡、路堤以及作为填筑材料的改性研究。我国 20 世纪 60~70 年代的铁路新线建设经过膨胀土地区，几乎出现了"逢堑必滑，无堤不塌"的严重局面，20 世纪 70 年代的专题研究总结了膨胀土的"三性"，即裂隙性、胀缩性、超固结性。大规模的膨胀岩的研究要晚一些，20 世纪 80 年代以后，随着煤矿软岩、军事工程、铁路、公路、水利和油气管道的建设，中科院地质所等单位对膨胀岩做了大量专门研究。曲永新等在国家自然科学基金的资助下研究了中国东部膨胀岩、北方三趾马红土、第三系裂隙化黏土，并对中国膨胀岩土一体化工程地质分类提出了方案。

泥质岩中的黏土矿物，有蒙脱石、伊利石、高岭石、绿泥石、混层矿物等多种类型，它们具有不同的晶格特征、不同的比表面积、不同的物理化学特性，吸水能力差别很大，是控制泥质岩变形和强度性质，崩解和膨胀性质的内在因素，而蒙脱石含量是其中最重要的控制因素。蒙脱石的比表面积为 $810m/g$，伊利石为 $67~100m^2/g$，高岭石的比表面积则更低。据曲永新研究，膨胀岩与非膨胀岩之间的蒙脱石含量界限为 8%~10%，除了油页岩等强胶结岩石外，通常岩石中有效蒙脱石含量<10% 为非膨胀，10%~15% 为弱膨胀，15%~25% 为中等膨胀，大于 25% 为强膨胀。

黏土和泥质岩的膨胀有两种类型：一类是粒间膨胀，由静电吸水产生，为一般黏土矿物共有，通常不会发生与膨胀有关的工程问题；另一类是晶格膨胀，因干燥晶层收缩和吸力势增高，在潮湿环境下水作为晶格的一部分进入矿物晶层，产生很大的膨胀力和膨胀量。在各类黏土矿物中，以钠蒙脱石膨胀量为最大。

在富镁和微碱性水环境下蒙脱石易于生成，富钾环境有利于伊利石的生成，酸性环境有利于埃洛石和高岭石的生成。因此，中基性岩石有利于蒙脱石生成，在沉积水盆地中火山灰的蚀变、中小型侵入体和超浅层侵入体低温热液蚀变均可产生蒙脱石化。干热的中低纬度地带易于蒙脱石的富集，湿热的南方地面虽然红土化发育，但强风化层的中下部仍可能大量富集蒙脱石。

除了蒙脱石含量（包括单矿物蒙脱石和混层矿物中的蒙脱石）这个重要因素外，泥质岩的成岩胶结作用也很重要。成岩胶结除了胶结物的胶结作用外，还包括在温度、压力作用下的矿物重结晶作用，蒙脱石向伊利石转化等。在这两种作用下，泥质岩不仅密度和强度得到提高，且可使膨胀性弱化或丧失。胶结的强弱不仅取决于胶结物的成分、含量和存在形式（晶质、非晶质），而且与被胶结的黏土矿物的活性有关，高岭石、伊利石活性弱、易胶结；蒙脱石活性强、难胶结。

研究表明，同一膨胀岩的活性、膨胀性、崩解性的显现，与干燥失水程度有密切关系。未经扰动和未失水的膨胀性泥岩在水中可长期保持其天然性状而不发生崩解，但随着干燥失水程度增加，膨胀和崩解特性强烈显现。阴干样品与天然湿度样品相比，膨胀力和膨胀变形量可增大 5~10 倍，这就是干燥活化效应。

为了识别膨胀岩和估计膨胀性的强弱，除了采用精细的 X 射线衍射（XRD）技术查明膨胀性黏土矿物类别和相对含量外，还可采用甲基蓝染色法测定蒙脱石含量，但需受过专门训练的土化学分析人员。为了寻找快速简易的判别方法，国际岩石力学学会膨胀岩委员会于 1994 年提出了一个膨胀岩现场快速判别方法，但没有定量判别指标。曲永新在研究泥质岩成岩胶结与干燥活化作用的基础上，提出了一个泥质岩膨胀势的"不规则岩块干燥饱和吸水率判别方法"。经全国 20 多省市区不同地质时代上千样品的试验，总结并提出岩块干燥饱和吸水率（％）小于 10 为非膨胀，10～20 为微膨胀，20～50 为弱膨胀，50～100 为强膨胀，大于 100 为剧膨胀。该方法简单快捷，并已在我国煤矿、铁路、水利等工程上广泛应用。

膨胀岩的其他成因包括蒙脱石化蚀变作用形成的蚀变岩和膨胀性泥灰岩，简要介绍如下：

（1）与中基性侵入岩有关的蚀变岩

超浅层侵入体和中小型侵入体在侵入过程中的残余热液和挥发组分与围岩交代而发生蚀变，造成矽卡岩化、角岩化、绢云母化、绿泥石化、高岭石化、蒙脱石化等。其中蒙脱石化作用形成的蚀变岩性质最差，在水的作用下易产生强烈的膨胀变形和强度衰减。

（2）蒙脱石化凝灰岩

火山喷发活动中，随火山灰的沉积环境不同而形成不同矿物成分、不同性质的岩石。沉积在湖沼环境中的火山灰通常因脱玻作用蚀变形成蒙脱石化凝灰岩。当蒙脱石含量很高（＞50％）时，形成有工业价值的膨润土矿。多数情况虽蒙脱石含量不到 50％，但强度很低，干燥活化特性显著。

（3）蒙脱石化砂岩

砂岩通常为稳定而坚硬的岩石，但也有的砂岩成岩后因地下水中富镁而蚀变，形成蒙脱石化砂岩，引黄入晋南干线某隧洞三叠系砂岩，岩芯完整，但强度不足 10MPa，风干后在水中发生强烈崩解，岩块干燥饱和吸永率高达 17.0％～22.6％，长石碎屑已蒙脱石化，蒙脱石含量 6.7％～8.8％。

（4）膨胀性泥灰岩

虽然并非所有的泥灰岩都是膨胀岩，但却有一部分泥灰岩属于膨胀岩，如法国、西班牙和阿尔巴尼亚的上第三系蓝色泥灰岩。研究表明，泥灰岩的膨胀性与膨胀性黏土矿物密切相关，如云南蒙自盆地上第三系泥灰岩，富含蒙脱石，具有强膨胀性；石太客运专线太行山隧洞穿过峰峰组（O_{2f}）、上马家沟组（O_{2s}）的底部分布的一层数米至数十米厚的灰色、灰黄色白云质泥灰岩和角砾状泥灰岩，其饱和单轴抗压强度小于 0.5MPa，且具有显著的膨胀性和崩解性，其岩块干燥饱和吸水率 13.87％～44.35％，X 射线衍射分析结果表明，其膨胀性主要与含有较多的伊利石/蒙脱石（I/S）或绿泥石/蒙脱石（C/S）混层矿物即膨胀性黏土矿物有关。

膨胀岩的工程问题主要表现在以下方面：

（1）地基胀缩变形，破坏轻型建筑；

（2）裂隙性和强度衰减导致边坡失稳；

（3）高侧压力导致挡土结构变形和破坏；

（4）底鼓、强度衰减和高侧压力导致矿井、隧洞破坏；

（5）膨胀岩填料导致堤坝、路基不实，强烈变形、失稳，地坪、道面开裂。

例如云南小龙潭电站，二迭系及第三系黏土岩及黏土，自由膨胀率 47%～80%，载荷试验天然湿度的承载力为浸水的 3 倍，天然边坡不大于 14°。再如南昆线下第三系风化泥岩边坡，蒙脱石含量 15%～30%，放坡 1 比 5 仍不稳，极易滑坡，基坑较深时很难支护。

4 构造岩

构造岩包括断层岩和层间剪切带。断层岩是断裂作用产生的带状分布的不同破碎程度的岩石，规模大小不一。区域性大断层的长度达数百公里，宽数百米，小断层的宽度仅 10cm 左右。构造岩的特征不仅是强烈的破碎和各向异性，而且因强烈碾磨、热液和地下水的参与而发生矿物成分的转化，形成断层泥，使原岩强度大大削弱，透水性在空间上显著不均匀。因而边坡、坝基和地下工程极易沿断层带破坏，地下水沿断层带渗流，对工程设计、施工和事故的防范极为重要，是工程地质和岩土工程的要害所在。

断层岩的空间分布有不同的分带模式，其中之一是四分模式，即泥化带、劈理带、节理带和原岩。但实际上，受地质、力学环境和多期断裂活动影响，断层岩的空间分布重叠交叉，极为复杂。断层泥可挤入距主断裂数米的裂隙中。在实用上，通常按粒度分为断层糜棱岩（小于 5mm）、断层角砾岩（5～20mm）、断层碎块岩（20～200mm）和节理较密的原岩（大于 200mm），未胶结的为断层泥、断层角砾和断层碎块。

断层泥富含黏土矿物，是"构造黏土"，具有密集定向的鳞片状构造，各向异性显著。新开挖时呈坚硬或硬塑状态，卸荷松弛后因含水量明显增高而变软，有明显的流变特性，是工程上最要重视的薄弱环节。

软硬相间的层状岩体在强烈褶皱时产生层间剪切，可在软岩层的顶部、底部或内部发生，其形态有平直，有波状起伏，有凹凸不平。沿剪切带强度很低，又往往是层间导水带，在河谷区或卸荷带产生极其复杂的水岩相互作用，形成泥化夹层。泥化夹层对边坡和地下工程往往起控制作用。

5 片状变质岩

区域变质作用使岩石重结晶而形成变晶结构。变晶结构有鳞片状、纤维状、片状等。鳞片状、纤维状、片状的变晶结构为高定向排列，形成片理构造。这类岩石最显著的特点是高度各向异性，沿片理面的强度很低，极易变形、失稳。片状变质岩多产生在区域变质带或造山带。区域变质作用范围大，片状变质岩是其中最常见的岩石之一。区域变质带中的片麻岩，是条带状的片麻理，各向异性相对不十分显著，故不列入劣质岩。板岩、千枚岩和片岩由板状、千枚状、片状矿物及其聚合体组成，各向异性十分显著。其中板岩的原岩一般是泥或页岩，浅变质，虽高度各向异性，但其工程性质一般优于原岩。千枚岩的原岩与板岩类似，因片理面上有强烈的丝绢光泽，常有变质斑晶，变质程度较板岩深。片岩的片理状构造十分发育，原岩已全部重结晶，变质程度较深，矿物成分为云母、绿泥石、滑石、角闪石等，构成云母片岩、滑石片岩、绿泥石片岩、角闪石片岩等，片理面光滑，抗剪和抗拉强度很低，在浅表层易于风化，在深埋隧洞易产生大变形，在变质岩中是工程特性最"劣"的一种。

6 含盐岩

由氯盐和硫酸盐等强溶解性和中溶解性盐类组成的岩石通常称蒸发岩，如岩盐、石膏、硬石膏、芒硝、无水芒硝等，在干旱气候环境下，在海湾、泻湖或内陆盆地中形成。此外，还有呈分散状、团块状、薄层状、透镜状、脉状等分布的岩盐、石膏、硬石膏、芒硝、无水芒硝，含在砾岩、砂岩、粉砂岩、泥岩中。当含量超过 0.5％时，可能对工程产生不利影响。因此，这里所说的含盐岩，既包括与碎屑岩、泥灰岩等共生的蒸发岩，也包括盐类矿物在孔隙、裂隙或空洞中次生充填的岩石。

含盐岩在我国分布很广，时代上从元古界到第四系，地域上从我国西部边疆到东部沿海均有分布。如上元古界宜宾灯影组的石膏、硬石膏；下寒武系重庆永川、江津清虚洞组的岩盐；四川盆地中下三选系南充凹陷、威西凹陷、成都凹陷的岩盐、硬石膏，奉节和石柱盆地的石膏；长江中下游地区白垩系、第三系的石膏、硬石膏、芒硝等。

易溶盐和中溶盐的问题首先是溶蚀性，由溶蚀产生的溶洞、溶孔威胁工程的安全。与石灰岩区的溶洞不同，由于溶解速度快，这类溶洞、溶孔在工程使用期内还会发展，顶板和侧壁的坚固性也差。溶蚀还会导致地基溶陷、路基下陷，造成工程失稳。

此外，硫酸盐的膨胀性（盐胀性）也不容忽视，硬石膏吸水转化为石膏时，吸收 2 个结晶水，体积增加 61％。条件是要通过裂隙提供水源，封闭的无裂隙的硬石膏，水解只能在表面产生，一般对工程不产生严重危害。含硬石膏的页岩、泥灰岩等易产生复合型膨胀，应予注意。无水芒硝在 32.4℃以上为无水芒硝晶体，当温度降至 32.4℃以下产生吸水膨胀，吸附 10 个结晶水，使体积增至原体积的 3.1 倍，密度由原来的 2.68 降至 1.48。当硫酸盐含量超过 0.5％时，体积会显著膨胀，土体松散，且反复性很强，对工程危害很大。溶于水中的 SO_4^{2-} 进入混凝土中，与活性 CaO 作用，在形成石膏的同时，因盐胀作用而使混凝土产生严重腐蚀。

含盐岩的危害主要是：溶陷作用、膨胀作用、腐蚀作用和污染影响。例如成昆铁路百家岭隧道遇到的嘉陵江组含石膏、硬石膏层，路基、边墙、拱顶衬砌都发生膨胀变形，溶蚀坍塌，强烈腐蚀。再如敦煌机场跑道，地基以山前粗粒土为主，浅层含盐量平均 0.75％，最高达 3.1％，砂砾层底和粉土层顶富集芒硝和石膏，厚 10cm，无水芒硝膨胀变形造成跑道路面破坏。该工程始建于 1982 年，1984 年开始鼓胀，多次翻修无效，2000 年重建时进行了系统研究，发现芒硝与无水芒硝的转化反复性很强。由于跑道路面覆盖减少了蒸发，气态水的冷凝和迁移提供了水源，助长了路基的鼓胀。重建时采用换填措施，做土工膜隔离层，切断水源，效果较好。

7 疏松岩

贝壳岩、硅藻岩、珊瑚等形成年代短，结构极为疏松，强度较低，性质很不稳定，是一类很特殊的劣质岩，应仔细描述鉴定，结合工程要求进行专门研究。如南海珊瑚礁，成岩较好的外礁坪冲刷带，标准贯入锤击数大于 70；中礁坪堆积带胶结程度不一，标准贯入锤击数 40～65；内礁坪生长带，胶结弱，标准贯入锤击数 25～40；而泻湖中的生物碎屑，基本无胶结，标准贯入锤击数仅 6～20，称钙质砂，性质很特殊，孔隙比高，内摩擦角较大，低应力下剪胀，高应力下剪缩，易压碎，压缩后回弹量极小。

疏松岩还包括浅表含石膏地层，因溶蚀而形成的疏松砂岩，如汉江王莆洲水利工程。内蒙东部平庄小风水沟煤矿、吉林舒兰煤矿的中新生代煤系地层中，未胶结和泥质胶结所谓"砂岩"，在地下开挖中极易产生流砂和溃砂。

8　风化岩

风化作用包括物理风化、化学风化和生物风化，是在表生地质环境下母岩成分、结构、性质发生蜕化的地质过程，使坚硬完整的母岩变松、变软。风化岩的性状极为多样，随母岩成分、气候环境和风化程度而异。

在母岩成分方面，表生地质环境下生成的碎屑岩，化学成分、矿物成分和工程性质一般比较稳定；而各种结晶岩的矿物成分复杂，抗风化能力各异，导致风化过程中不同矿物的差异风化，如广东、福建一带的二长花岗岩，石英不风化，正长石、黑云母弱风化，斜长石全部风化成为埃洛石、高岭石等黏土矿物，形成的全风化和强风化岩表现为高透水性，高摩擦强度、低黏聚力，暴雨作用下极易产生滑坡、泥石流等地质灾害。不同岩石的抗风化能力不同，使风化程度和风化岩的厚度差别很大，如花岗岩中的辉绿岩脉可形成很深的风化沟槽，而正长岩脉、石英岩脉不易风化而形成岩墙，使岩体严重不均匀。

气候环境的控制作用也称纬度效应，高温、潮湿、多雨的南方，化学风化远比暖温带的北方强烈，风化岩和残积土的厚度远比北方大。构造断裂的控制作用也很明显，断层带和节理密集带可形成很深很厚的风化槽，即使小规模的节理也会使两侧强烈风化。"球状风化"现象就是节理切割的风化结果。

一般风化岩位于新鲜基岩的顶部，上覆残积土及其他第四系堆积物，下接新鲜岩石。风化程度大体上由深而浅加剧。风化岩的特点是成分、结构极不均匀，分布很不规律，勘探、测试和评价都有相当难度。按风化程度分级（分带）进行岩土工程评价是简易而实用的方法。但应注意，不同风化带之间是逐渐过渡的，并无明确界限，且常有交叉穿插的复杂变化。由于钻孔岩芯的取芯率低，代表性不强，故应注意天然露头和人工露头的描述，开挖探井、探槽鉴定，加强原位测试。

作为建筑地基，风化岩的承载力还是不低的。据顾宝和收集的资料，秦皇岛花岗岩残积土，筛分结果为中粗砂，天然含水量 12.9%～15.1%，天然孔隙比 0.59～0.72，载荷试验加荷至 0.5MPa，压力与沉降关系呈直线，未出现比例界限，天然含水量变形模量为13.7～17.3MPa，浸水状态为 5.4～7.3MPa，降低幅度很大；再如山东南墅石墨矿太古界片麻岩，全风化—强风化，未扰动时为整体状，挖开暴露后失水崩解，呈土状或碎块状，天然含水量 7.1%～18.8%，孔隙比 0.3～0.80（平均 0.48），载荷试验加荷至 0.8MPa，压力与沉降关系呈直线，未出现比例界限，变形模量 19.6～40.0MPa，浸水影响不大；柬埔寨某水泥厂石炭二迭系砂岩，全风化成土状，含少量岩块，局部有铁质结核，稍湿至湿，天然含水量 5.8%～12.1%，孔隙比 0.12～0.58，平均 0.30，载荷试验加荷至0.40～0.42MPa，压力与沉降关系呈直线，未出现比例界限，变形模量为 19.1～35.2MPa。以上数据说明，由于有一定的结构强度，承载力和变形性质不算差，但变异性大。

香港气候湿热，花岗岩风化层厚达百米，全风化和强风化层厚 30～40m。暴雨入渗时，基质吸力丧失，强度急剧降低，导致大范围浅层滑坡和泥石流，香港称之为"山泥倾泻"，常造成严重人员伤亡和经济损失。经多年研究，已探索出一套斜坡整治的技术措施和安全管制制度，使边坡失稳得以有效控制。

除了近代风化壳外，还有古风化壳。深埋的古风化壳对深埋地下工程和煤矿竖井井筒的影响很大，应予注意。以北京西山某工程为例，二迭系绿泥石板岩风化成厚层高岭土化红色黏土岩，单轴极限抗压强度小于 5MPa，因软岩大变形致使某地下工程报废。

近年来，有专家提出抗风化设计的概念，这个问题涉及工程的耐久性。工程建设改变了岩石的环境，开挖使岩体暴露，可能加速风化进程，带来边坡和围岩的长期稳定问题。此外，还有以土石为材料的文物，如石窟、摩崖石刻、生土建筑的保护问题。目前主要是采取防水、隔离等措施，尚未建立完整的理论和实用体系。随着科技进步，结合环境变化趋势预测，应对风化过程进行定量描述。研究风化历史和风化机理（如酸性降水对可溶岩和砂岩胶结物的溶蚀作用），预测风化发展趋势，研究工程设施对风化速度的影响，进而做抗风化设计。

9 结语

本文将极软岩、膨胀岩、构造岩、片状变质岩、含盐岩、疏松岩、风化岩等工程特性差，对工程不利的岩石与岩体暂称劣质岩（问题岩），并对其成因类型和工程特性进行了讨论。尽管这些岩石（岩体）所占比例并不高，但对工程的影响和危害不容忽视。由于其成因、分布、性质均极为复杂，因而在进行工程勘察时，应予密切注意，并结合实际工程开展专门研究，包括这类岩石的标准术语、分类、地质成因、工程特性、处理措施等。鉴于这类岩石对工程建设的特殊重要性，建议在制订有关标准规范时将其放在突出的位置，作为重点和关键，做出相应规定。

参 考 文 献

[1] 中华人民共和国国家标准. 工程岩体分级标准 GB/T 50218—94. 北京：中国建筑工业出版社，1995.

[2] 中华人民共和国国家标准. 岩土工程勘察规范 GB 50021—2001. 北京：中国建筑工业出版社，2002.

[3] 陈祖安. 全国软弱岩石及软弱夹层专题讨论会综述. 水文地质工程地质，1981（1）.

[4] 韩文峰，张咸恭，聂德新. 断层岩工程地质分类原则的讨论. 地质论评，1987，33（2）：166～174.

[5] 曲永新. 泥质岩的胶结作用与活化作用，岩体工程地质力学问题（八）. 北京：科学出版社，1988.

[6] 曲永新. 泥质岩的工程分类和膨胀势的快速预报. 水文地质工程地质，1988（5）.

[7] 张咸恭，肖树芳. 软岩工程地质研究概况（一），工程地质料学新进展. 成都科技大学出版社，1989.

[8] 曲永新. 对中国东部膨胀岩的研究，软岩工程（软岩巷道掘进与支护论文选编）第二辑. 1991，（1—2）.

[9] 肖树芳，K. 阿基诺夫. 泥化夹层的组构及强度蠕变特征. 吉林科学技术出版社，1991.

［10］ 曲永新. 火成岩侵入体的蒙脱石化作用及其工程地质预报. 第四届全国工程地质大会论文选集（二）. 海洋出版社，1992.

［11］ 曲永新. 泥质岩成岩胶结作用的工程地质研究，中国煤矿软岩巷道支护理论与实践. 北京：中国矿业大学出版社，1996.

［12］ 何满朝，彭涛，王英. 软岩沉积特征及力学效应. 水文地质工程地质，1996（2）.

［13］ 彭涛，何满潮. 通二矿高应力软岩的地质工程特征. 第五届全国工程地质大会论文集. 北京：地震出版社，1996.

［14］ 张咸恭等主编. 中国工程地质学. 北京：科学出版社，2000.

［15］ 张永双，曲永新. 硬土/软岩（岩土间新类型）的确认及其判别分类研究. 工程地质学报，2000，18（增刊）.

［16］ 曲永新，张永双等. 中国膨胀型岩土一体化工程地质分类的理论与实践，中国工程地质五十年. 北京：地震出版社，2000：140～164.

［17］ 王思敬，黄鼎成主编. 中国工程地质世纪成就. 地质出版社，2004，109～170.

［18］ 许宝田等. 三轴试验泥岩应力应变特征分析. 岩土工程学报，2004.（6）.

［19］ 沈珠江. 抗风化设计——未来岩土工程设计的一个重要内容. 岩土工程学报，2004. 6.

［20］ Proc Inter Symp. On Weak Rock (Soft，Fractured and Weathered Rock). Tokyo，Japan，1981.

［21］ The Engineering Group of the Geological Socity of London，26th Annual Conference. The Engineering Geology of Weak Rock. the Universi ty of Leeds，Septermber，1990.

［22］ Manuel Romana et al. Design of tunnel in swelling marls. 5th Int. Cong. Rock Mech. Mecbnrne，189～194.

成都地区泥质软岩地基主要工程特性及利用研究

康景文[1]　田　强[2]　颜光辉[1]　章学良[1]　荀　波[2]

（1. 中国建筑西南勘察设计研究院有限公司；2. 中建地下空间有限公司）

摘要： 随着成都地区超高层建筑的激增和基础埋深的加大，基础逐渐深入到覆盖层以下泥质软岩基岩中。由于不同风化程度的软岩工程特性差异较大，且对水的敏感性较强，同时具有局部溶蚀现象，导致其工程特征极其复杂。如何合理利用软岩的承载和变形等工程特性，如何防治溶蚀带来的工程隐患，现已成为工程技术人员关注和主要思考及必须面对的问题。本文通过现场试验、室内试验及测试，对成都地区泥质软岩的工程特性及工程利用进行了深入系统的研究，以期积累工程资料，指导工程应用。

1　引言

近年来，成都地区超高层建筑日益增多，超高层建筑基础对地基承载能力的高要求已成为制约超高层建筑安全建造与正常使用的关键。成都地区地层浅部卵石层，对低矮建筑基础可置于其中；但超高层建筑因地下空间利用致使基础逐渐深入至下部软质基岩，而不同风化程度的软岩其承载特征差异较大，且对水的敏感性较强，同时具有局部溶蚀现象，如何合理利用复杂软岩的承载和变形等工程特性，如何防治溶蚀带来的工程隐患，成为近年来工程师们关注的问题[1,2]。

针对上述问题，通过大量现场和室内试验及理论分析，对成都地区软岩的工程特性及其工程应用进行了深入研究，以期积累资料，指导工程应用。

2　成都地区泥质软岩工程地质特征

2.1　成都地区泥质软岩基本情况

成都地区分布的软岩为白垩系中统灌口组（K_2g）泥岩，按风化程度一般分成三类：

（1）强风化泥岩：紫红色，中厚层构造，矿物成分为黏土质矿物，局部夹有少量砂岩，风化裂隙发育，岩体破碎，遇水易软化，镐可挖掘，干钻可进，层厚几米至十几米不等。因全风化泥岩一般厚度较薄，通常在强风化层中一并考虑；

（2）中等风化泥岩：紫红色，层理清晰，矿物成分为黏土质矿物，局部夹有少量砂岩，风化裂隙较发育，巨厚层构造，整体结构。镐难挖掘，岩芯钻可钻，岩芯采取率达90%以上。岩体较完整，等级为Ⅳ级，层厚十几米至几十米不等；

（3）微风化泥岩：紫红色，层理清晰，矿物成分为黏土质矿物，风化裂隙不发育，巨厚层构造，整体结构，局部充填白色方解石。镐难挖掘，岩芯钻可钻，岩芯采取率达

本文原载于《工程勘察》2015 年第 7 期

100%。岩体完整，等级为Ⅳ级，层厚较大，一般勘察不会揭穿。

2.2　地下水

地下水是赋存于基岩层中的裂隙水。一般埋藏在强风化及中等风化泥岩层内，主要受邻区地下水侧向补给，无统一的自由水面。水量主要受裂隙发育程度、连通性及裂隙充填特征等因素的控制，总体上看，水量一般不大。由于其埋藏较深，对桩基方案会造成一定影响。

2.3　化学成分

根据化学分析结果，泥岩样品中 SiO_2 含量约 60%，Al_2O_3 含量约 10%，Fe_2O_3 含量约 3%，CaO 含量约 5%，游离氧化物 Fe_2O_3 含量约 0.4%。成都泥岩及其风化物为红色，主要缘于其成分中含有的 Fe_2O_3 在风化过程中氧化环境的变化，并与水相互作用，致使一部分铁离子与氧离子结合被破坏，游离 Fe_2O_3 含量减少以及部分被水搬运流失。另外，其不同的组合构成了以蒙脱石、伊利石为主的片状黏土矿物，泥岩较粉砂质泥岩片状黏土矿物含量高，成层性更强，各向异性特征更明显，且结构更疏松，胶结程度更低。

3　成都地区泥质软岩主要力学性质研究

3.1　单轴抗压试验

对成都地区 70 组强风化泥岩试样、133 组中风化泥岩试样和 172 组微风化泥岩试样进行了室内单轴抗压试验。试验得到这三类泥岩的天然抗压强度及饱和抗压强度指标数据，统计结果见表 1。

泥岩的单轴抗压指标统计成果　　　　表 1

岩石名称	统计指标	单轴抗压强度（MPa）		
		天然状态	饱和状态	烘干状态
强风化泥岩	统计数量（组）	22	24	24
	最大值	1.99	1.95	11.94
	最小值	0.50	0.59	2.49
	平均值	1.48	1.28	8.04
	标准值	1.29	1.15	7.26
中等风化泥岩	统计数量（组）	54	48	31
	最大值	7.60	5.56	26.72
	最小值	3.06	2.09	8.11
	平均值	4.99	3.49	16.92
	标准值	4.73	3.27	15.35
微风化泥岩	统计数量（组）	60	61	51
	最大值	21.6	13.3	44.5
	最小值	7.3	5.0	11.2
	平均值	11.82	8.31	26.71
	标准值	11.07	7.77	24.92

由表 1 可知，强风化泥岩的饱和抗压强度为 0.59～1.95MPa，平均值为 1.28MPa，软化系数为 0.13～0.22，平均值为 0.18；中等风化泥岩的饱和抗压强度为 2.09～5.56MPa，平均值为 3.49MPa，软化系数为 0.15～0.33，平均值为 0.21；微风化泥岩的饱和抗压强度为 5.0～13.3MPa，平均值为 8.31MPa，软化系数为 0.19～0.50，平均值为 0.31。由此可见，无论强风化泥岩还是微风化泥岩均属于极软岩和软化岩石。

3.2 抗剪强度试验

利用角模法对成都地区 22 组强风化泥岩试样、34 组中风化泥岩试样和 29 组微风化泥岩试样进行了剪切试验，试验结果见表 2。

泥岩的抗剪强度指标统计成果
表 2

岩石名称	统计指标	天然抗剪强度		饱和抗剪强度	
		c（MPa）	φ（°）	c（MPa）	φ（°）
强风化泥岩	统计数量（组）	11	11	11	11
	最大值	0.35	36.3	0.22	31.9
	最小值	0.16	26.6	0.07	23.3
	平均值	0.25	32.4	0.16	27.5
	标准值	0.20	30.2	0.13	26.0
中等风化泥岩	统计数量（组）	18	18	16	16
	最大值	0.66	38.6	0.32	34.3
	最小值	0.27	34.2	0.11	23.7
	平均值	0.38	35.7	0.22	31.0
	标准值	0.34	35.2	0.19	29.7
微风化泥岩	统计数量（组）	15	15	14	14
	最大值	0.78	39.8	0.50	36.1
	最小值	0.42	36.6	0.15	26.2
	平均值	0.60	38.2	0.38	34.6
	标准值	0.55	37.7	0.33	33.3

由表 2 可知，强风化泥岩的天然抗剪强度指标标准值为：内摩擦角 30.2°、黏聚力 200kPa，饱和抗剪强度指标标准值为：内摩擦角 26.0°、黏聚力 130kPa；中等风化泥岩的天然抗剪强度指标标准值为：内摩擦角 35.2°、黏聚力 340kPa，饱和抗剪强度指标标准值为：内摩擦角 29.7°、黏聚力 190kPa；微风化泥岩的天然抗剪强度指标标准值为：内摩擦角 37.7°、黏聚力 550kPa，饱和抗剪强度指标标准值为：内摩擦角 33.3°、黏聚力 330kPa。

3.3 点荷载试验

点荷载试验可测定岩石的单轴抗压强度、抗拉强度、抗剪强度、弹性模量、软化系数和岩石强度各向异性指数等。为了确定岩石（特别是难以取得满足室内单轴抗压强度试验样品尺寸的强风化泥岩）的天然抗压强度，对成都地区 131 组岩块进行了点荷载强度试验，其指标统计结果见表 3。

表 3

岩块点荷载强度试验成果统计

岩石名称	统计数量（次）	最大值（MPa）	最小值（MPa）	平均值（MPa）	标准差（MPa）	变异系数	统计修正系数	标准值（MPa）
强风化泥岩	34	1.93	0.60	1.36	0.38	0.29	0.91	1.24
中等风化泥岩	47	6.85	2.37	4.22	1.24	0.29	0.93	3.90
微风化泥岩	50	20.06	6.70	13.77	3.54	0.26	0.93	12.90

由表 3 可见，强风化泥岩点荷载强度标准值为 1.24MPa，与其室内单轴抗压试验饱和抗压强度平均值 1.28MPa 相比低 3.3%；中风化泥岩点荷载强度标准值为 3.9MPa，与其室内单轴抗压试验的饱和抗压强度平均值 3.49MPa 相比高 11.75%；微风化泥岩点荷载强度标准值为 12.9MPa，与其室内单轴抗压试验的饱和抗压强度平均值 8.31MPa 相比高 55.24%。

3.4　声波波速试验

采用 RSMSY5 声波仪对某工程场地 26 组岩样进行了声波波速测试，试验结果见表 4。

由表 4 可知，中风化泥岩岩体的声波波速均值为 2767.5m/s，岩块的声波波速平均值为 3304.8m/s，完整性指数在 0.65～0.74 之间；微风化泥岩岩体的声波波速均值为 3002.5m/s，岩块的声波波速平均值为 3524.4m/s，完整性指数在 0.67～0.74 之间。

4　成都地区泥质软岩的变形特性研究

4.1　单轴压缩试验

采用电阻应变仪法对成都地区 39 组不同风化程度的泥岩进行单轴压缩试验，以（0.5～1.0）MPa/s 的速度逐级加荷直至破坏。试验结果见表 5。

由表 5 可知，强风化泥岩的弹性模量标准值为 59.85MPa，泊松比标准值为 0.36；中风化泥岩的弹性模量标准值为 134.46MPa，泊松比标准值为 0.31；微风化泥岩的弹性模量标准值为 342.67MPa，泊松比标准值为 0.28。

某场地岩石（体）的声波波速试验成果统计

表 4

岩样编号	采样位置（m）	岩体风化状态	岩体声波速度 v_{pm} (m/s)	岩样声波速度 v_{pr} (m/s)	完整性指数 K_v	完整性评价
TL01	39.0～41.0	中风化	2594	3123	0.65	较完整
	49.0～51.0	微风化	2863	3341	0.72	较完整
	61.0～63.0	微风化	2934	3463	0.72	较完整
	70.0～72.0	微风化	3040	3568	0.73	较完整
TL03	40.0～42.0	中风化	2688	3186	0.71	较完整
	45.0～47.0	中风化	2881	3342	0.74	较完整
	58.0～60.0	中风化	2556	3127	0.67	较完整
	64.0～66.0	中风化	2580	3068	0.71	较完整

续表

岩样编号	采样位置（m）	岩体风化状态	岩体声波速度 v_{pm}（m/s）	岩样声波速度 v_{pr}（m/s）	完整性指数 K_v	完整性评价
TL07	37.0～39.0	中风化	2654	3164	0.70	较完整
	42.0～44.0	中风化	2813	3289	0.73	较完整
	55.0～57.0	微风化	2926	3568	0.67	较完整
	66.0～68.0	微风化	2872	3452	0.69	较完整
TL09	45.0～47.0	中风化	2893	3368	0.71	较完整
	55.0～57.0	微风化	2893	3368	0.71	较完整
	63.0～65.0	微风化	3161	3687	0.74	较完整
TL12	40.0～42.0	中风化	2914	3503	0.69	较完整
	52.0～54.0	微风化	2987	3486	0.73	较完整
	60.0～62.0	微风化	3003	3496	0.74	较完整
	66.0～68.0	微风化	3024	3519	0.74	较完整
TL22	39.0～41.0	中风化	2738	3238	0.71	较完整
	46.0～48.0	微风化	3058	3568	0.73	较完整
	54.0～56.0	微风化	3240	3765	0.74	较完整
TL29	40.0～42.0	中风化	2633	3517	0.69	较完整
	46.0～48.0	中风化	2873	3351	0.74	较完整
	53.0～55.0	微风化	3067	3598	0.73	较完整
	56.0～58.0	微风化	3125	3625	0.74	较完整

泥岩的变形指标统计成果　　　　　　　　　　表5

统计指标	强风化泥岩		中等风化泥岩		微风化泥岩	
	弹性模量 E（MPa）	泊松比 μ	弹性模量 E（MPa）	泊松比 μ	弹性模量 E（MPa）	泊松比 μ
数量（组）	6	9	10	12	16	18
最大值	90.0	0.39	260.00	0.37	670.0	0.34
最小值	50.0	0.33	110.00	0.27	270.0	0.25
平均值	73.33	0.38	161.00	0.33	388.13	0.29
标准值	59.85	0.36	134.46	0.31	342.67	0.28

4.2 动三轴试验

采用动三轴压缩仪对成都地区不同风化程度泥岩的动力学参数进行了测试。试验成果见表6～表8。

全风化泥岩动剪切模量比与动阻尼比测试成果　　　　　　　　　　表6

孔号	围压（kPa）	饱和密度（g/cm³）	天然含水率（%）	参数	剪应变 γ_d（10^{-4}）							
					0.05	0.1	0.5	1	5	10	50	100
TL03-2	300	2.02	20.99	G_d/G_{max}	0.990	0.944	0.689	0.515	0.170	0.093	0.020	0.010
				λ_d	0.023	0.029	0.067	0.098	0.126	0.156	0.202	0.213

续表

孔号	围压(kPa)	饱和密度(g/cm³)	天然含水率(%)	参数	剪应变 γ_d（10^{-4}）							
					0.05	0.1	0.5	1	5	10	50	100
TL03-2	320	2.00	21.30	G_d/G_{max}	0.987	0.972	0.865	0.761	0.387	0.240	0.059	0.031
				λ_d	0.028	0.034	0.075	0.098	0.131	0.161	0.209	0.220
	340	2.03	25.36	G_d/G_{max}	0.997	0.993	0.966	0.934	0.738	0.585	0.220	0.124
				λ_d	0.030	0.037	0.088	0.140	0.169	0.209	0.267	0.274
TL09-4	360	2.08	24.78	G_d/G_{max}	0.997	0.995	0.974	0.949	0.789	0.652	0.273	0.158
				λ_d	0.025	0.031	0.065	0.096	0.128	0.158	0.205	0.216
	380	2.02	24.55	G_d/G_{max}	0.996	0.992	0.962	0.927	0.718	0.561	0.203	0.113
				λ_d	0.030	0.037	0.077	0.113	0.150	0.186	0.241	0.249
	400	2.04	20.04	G_d/G_{max}	0.995	0.991	0.954	0.912	0.676	0.510	0.172	0.094
				λ_d	0.021	0.024	0.048	0.065	0.136	0.168	0.221	0.226

强风化泥岩动剪切模量比与动阻尼比测试成果　表7

孔号	围压(kPa)	饱和密度(g/cm³)	天然含水率(%)	参数	剪应变 γ_d（10^{-4}）							
					0.05	0.1	0.5	1	5	10	50	100
QL03-1	330	2.05	20.12	G_d/G_{max}	0.998	0.996	0.982	0.965	0.845	0.732	0.353	0.214
				λ_d	0.014	0.018	0.037	0.054	0.075	0.093	0.120	0.127
	420	2.01	20.95	G_d/G_{max}	0.999	0.997	0.987	0.974	0.881	0.787	0.425	0.270
				λ_d	0.011	0.014	0.028	0.042	0.055	0.068	0.088	0.092
	440	2.07	19.06	G_d/G_{max}	0.999	0.999	0.995	0.990	0.951	0.906	0.658	0.490
				λ_d	0.010	0.013	0.026	0.039	0.052	0.064	0.083	0.087
TL03-3	480	1.97	22.25	G_d/G_{max}	0.998	0.995	0.976	0.953	0.802	0.669	0.288	0.168
				λ_d	0.016	0.019	0.040	0.059	0.079	0.098	0.127	0.130
	500	1.98	10.40	G_d/G_{max}	0.999	0.997	0.986	0.973	0.877	0.781	0.416	0.263
				λ_d	0.010	0.013	0.026	0.037	0.049	0.061	0.080	0.085
	520	2.08	16.24	G_d/G_{max}	0.999	0.998	0.989	0.979	0.902	0.822	0.479	0.315
				λ_d	0.010	0.013	0.026	0.038	0.049	0.061	0.079	0.080

中风化泥岩动剪切模量比与动阻尼比测试成果　表8

孔号	围压(kPa)	饱和密度(g/cm³)	天然含水率(%)	参数	剪应变 γ_d（10^{-4}）							
					0.05	0.1	0.5	1	5	10	50	100
QL09-7	600	2.28	5.44	G_d/G_{max}	0.999	0.999	0.995	0.991	0.956	0.916	0.685	0.520
				λ_d	0.007	0.009	0.021	0.034	0.043	0.048	0.062	0.064
	620	2.29	4.12	G_d/G_{max}	0.999	0.998	0.990	0.980	0.906	0.827	0.599	0.396
				λ_d	0.008	0.010	0.020	0.029	0.038	0.047	0.061	0.062
	640	2.25	5.36	G_d/G_{max}	0.999	0.999	0.994	0.988	0.943	0.893	0.624	0.454
				λ_d	0.008	0.010	0.021	0.031	0.040	0.046	0.061	0.064

孔号	围压 （kPa）	饱和密度 （g/cm³）	天然含水率 （%）	参数	剪应变 γ_d（10^{-4}）							
					0.05	0.1	0.5	1	5	10	50	100
TL03-4	660	2.28	6.44	G_d/G_{max} λ_d	0.999 0.008	0.999 0.009	0.996 0.022	0.992 0.032	0.960 0.040	0.924 0.049	0.707 0.063	0.547 0.067
	680	2.24	4.77	G_d/G_{max} λ_d	0.999 0.015	0.999 0.017	0.996 0.035	0.992 0.050	0.961 0.064	0.924 0.073	0.844 0.098	0.626 0.101
	700	2.31	7.36	G_d/G_{max} λ_d	0.999 0.017	0.998 0.021	0.983 0.040	0.966 0.062	0.915 0.080	0.814 0.099	0.684 0.126	0.518 0.130

通过室内动三轴试验结果可知，成都地区泥岩的动剪切模量比与动阻尼比符合一般规律。

5 成都地区软岩特殊工程性质研究

5.1 含膏泥岩物质成分

从某代表性工程现场取 4 组泥岩试样进行了全矿粉晶 X 射线衍射分析和扫描电镜及能谱分析，取样深度及分析结果见表 9。

另一工程泥岩全矿 X 射线粉晶衍射分析成果列于表 10。7 个钻孔不同深度泥岩样矿物成分主要为：伊利石、石英、绿泥石、正长石、方解石、蒙脱石，部分泥岩中含石膏、白云石。可见，石膏层在地表浅层泥岩中的石膏含量较少，且多在下部分布。

某工程泥岩物质成分分析成果　　　　　　　　　　表 9

编号	取样深度（m）	全矿粉晶 X 射线衍射分析	扫描电镜及能谱分析
1 号	15.5～15.8	石英、正长石、方解石、伊利石、石膏	伊利石、方解石、铁白云石、正长石
2 号	22.5～22.8	正长石、石英、高岭石、伊利石、方解石	伊利石、方解石、铁白云石、正长石
3 号	28.8～29.2	石英、正长石、高岭石、伊利石、方解石、石膏	方解石、伊利石、正长石、氧化铁胶结物
4 号	33.6～34.0	正长石、石英、石膏、伊利石、高岭石	石膏、伊利石、正长石、石英

另一工程泥岩全矿 X 射线粉晶衍射分析成果　　　　　　　　　　表 10

序号	岩样编号	取样深度 （m）	试件 岩性	矿物含量（%）								
				蒙脱石	伊利石	高岭石	绿泥石	石英	正长石	方解石	白云石	石膏
1	7#-14	17.0	泥岩	4	10		7	12	3	64		1
2	7#-14	19	泥岩	4	7		3	3	1		4	78
3-3	7#-20	23.1	砂岩	3	18		13	15	11	39		2
6-1	7#-21	—	泥岩		28		16	38	15	3		
3	7#-24	4.5	泥岩	7	27		13	29	10	15		
7-2	7#-24	5.5	泥岩		31		14	17	10	28		
4	7#-24	8.6	泥岩	6	22		34	17	9		6	22
5	7#-24	14.5	泥岩		7		4	13	4	72		
5-1	7#-25	11.0	泥岩	3	41		19	26	9	2		

续表

序号	岩样编号	取样深度(m)	试件岩性	矿物含量（%）								
				蒙脱石	伊利石	高岭石	绿泥石	石英	正长石	方解石	白云石	石膏
6	7#-25	14.5	泥岩	4	29		14	26	9	18		
7	7#-26	5.0	泥岩	7		31	13	18	8	23		
8	7#-26	6.9	泥岩	3	21		10	13	6	46		
4-3	7#-26	10.0	泥岩	3	43		18	21	7	9		
9	7#-26	11.0	泥岩	5	31		12	27	11	13		
1-1	7#-31	12.0	泥岩	3	23		13	23	8	30		
10	7#-31	12.5	泥岩	3	16		7	19	5	46	4	
11	7#-31	13.4	泥岩	2	3		3	2	1	3	4	83

5.2　含膏泥岩溶蚀洞穴分布特征

（1）典型工程Ⅰ：场地基础桩施工过程中发现桩孔内泥岩结构裂隙发育，岩土破碎，并发育大量的溶蚀空洞（图1），施工勘察共钻孔167个，可见空洞的钻孔共99个，见洞率为59.3%。

钻孔经全景摄像，孔壁的岩状及结构见表11。通过对全景图像的逆变换还原真实的钻孔孔壁，形成钻孔孔壁的数字柱状三维图像，见图2。

空洞数量累计142个，空洞不明显的记录25处，此外部分钻孔有漏水、掉钻等现象。空洞主要集中在6m深基坑下5~15m范围内的强风化层，占空洞总数87%；洞径小于2m的空洞约占73.74%，小于3m的空洞占85.86%，小于4m的空洞占93.94%。

图1　角砾状泥岩中的溶蚀空洞

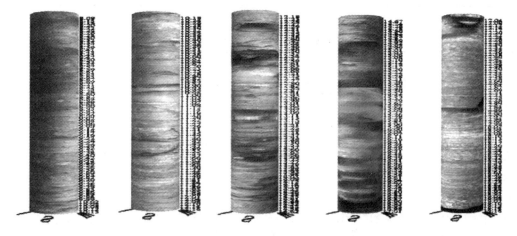

图2　钻探孔数字柱状三维图像

孔深位置（m）		地质现象	备注
起点（m）	终点（m）		
8.00	9.10	其他弱结构面	
9.22	10.18	溶蚀面	轻微溶蚀
10.57	10.98	溶蚀面	轻微溶蚀
11.35	11.57	溶蚀面、弱结构面	轻微溶蚀
12.27	12.35	溶蚀面	严重溶蚀
12.45	12.63	溶蚀面	严重溶蚀
13.07	13.18	溶蚀面	轻微溶蚀
13.43	13.77	溶蚀面	严重溶蚀
14.03	14.41	溶蚀面	轻微溶蚀
14.86	15.10	溶蚀面	轻微溶蚀
16.41	16.62	溶蚀面	严重溶蚀
17.75	17.88	其他弱结构面	

（2）**典型工程Ⅱ**：在勘察钻探过程中多处钻孔发现红层泥岩中发育有溶蚀空洞，见图3和图4。

图 3　某钻孔岩芯

图 4　某钻孔岩芯溶蚀空洞

5.3　含膏泥岩岩体浸水试验

为了深入分析与评价含膏泥岩与环境水的相互作用，进行了浸水模拟试验，主要研究在静水环境下，含膏岩体中可溶成份流失程度及其对环境水腐蚀性的影响。为此分别进行了以下两种试验：①不同深度含膏泥岩在蒸馏水环境下浸泡（静态）21d过程中环境水腐蚀性的变化规律试验；②试验中配置了硫酸水（pH值1.09）、碳酸水（pH值8.56）和蒸馏水三类环境水，浸泡（静态）含膏泥岩6个月，分析其形成的环境水的pH值（环境水的酸碱度）和电导率（环境水的矿化度）的变化规律。

（1）浸水21d。在前述的工程Ⅰ中取不同深度含膏泥岩试样4个，1号试样深度15.7m，2号深度22.7m，3号深度29m，4号深度33.8m，分别浸泡在蒸馏水中21d，每7d取水样一次进行水质分析，同时测试其pH值和电导率。

浸泡后溶液的SO_4^{2-}浓度（mg/L）随深度变化规律（图5）表明，随着试样深度的增加，环境水中的硫酸根离子浓度变化显著，尤以深度 34m 处的四号试样其硫酸根离子浓度大于 1500mg/L，达到了弱腐蚀程度，这说明深处岩体中的石膏含量显著增加，可能引起的环境水腐蚀问题也更加严重。

四个试样溶液的矿化度（图 6）也出现了显著的变化，尤其深部四号试样的可溶成份流失严重，使得原来的蒸馏溶液的矿化度显著增加，虽未达到腐蚀标准，但可能对岩石的结构和强度产生影响。

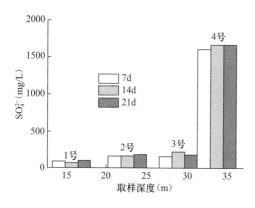

图 5　溶液 SO_4^{2-} 浓度（mg/L）随深度变化　　图 6　溶液矿化度（mg/L）随深度变化

环境水的 pH 值、硫酸根离子浓度、电导率、矿化度等测试参数随着浸泡时间的变化规律见图 7～图 10，由图 7～图 10 可知，随着浸泡时间的延长，所有曲线均呈现出变化缓和的趋势。

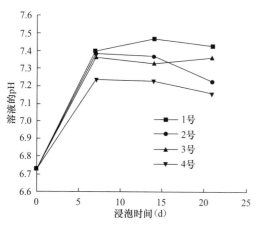
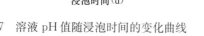
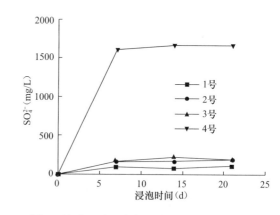

图 7　溶液 pH 值随浸泡时间的变化曲线　　图 8　溶液 SO_4^{2-} 浓度随浸泡时间的变化曲线

所有试验结果都表明，浸泡初期（7d 内）蒸馏水水质参数变化显著而剧烈，但 7d 后，各水质参数逐渐趋于稳定，与 7d 时的参数值相差不大。

（2）浸水 6 个月。图 11（a）为岩样浸泡试验装置，图 11（b）为浸泡 6 个月的岩样。

观察发现，蒸馏水浸泡试样表面变化不明显；硫酸水浸泡试样表面变化明显，岩样表面出现白色石膏硬壳，并有明显的鼓胀现象，表面细粒成分流失，颗粒松散，腐蚀厚度约

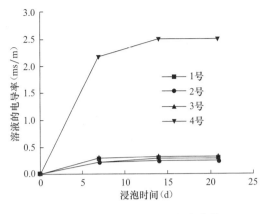

图9 溶液电导率随时间变化曲线 　　　　图10 溶液矿化度随时间变化曲线

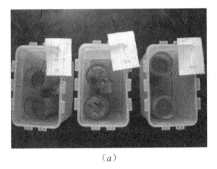

（a）　　　　　　　　　　　　　（b）

图11 浸泡试验

（a）岩样浸泡试验装置；（b）岩样浸泡后试验结果

1～2cm；碳酸水浸泡试样表面的零星白色晶体为碳酸钙。试验结果表明，在蒸馏水作用下化学效应不明显，在酸性环境水的浸泡下化学效应显著，在碳酸水作用下肉眼可以观察到化学效应现象。

5.4 含膏岩体溶蚀试验

对成南高速（成都—南充）、达成铁路（达州—成都）等地段的现场调查结果见图12。图12（a）为公路路堤边坡挡墙排水孔中结晶析出的白色碳酸钙固体，几十个排水孔均出现了类似的堵塞现象；图12（b）为铁路隧道附近岩石边坡表面渗流结晶出的白色条带，经现场鉴别为白色芒硝和石膏；图12（c）为公路涵洞顶板渗出的碳酸钙晶体，已经形成小型的钟乳石；图12（d）为涵洞地面的碳酸钙固体，打开后呈现结核状。

调查结果表明，在长期溶解、淋蚀、渗流等水的作用下，泥岩中的易溶盐、石膏、碳酸钙等成分均出现了不同程度的流失、溶蚀现象；淋溶作用使边坡表面的石膏层被溶蚀殆尽，岩体呈中—强风化状态。

室内试验结果（图13）表明，泥岩遇到酸性溶液腐蚀严重，图13（a）为被5mol/L硫酸腐蚀后，在打开有机玻璃管前可以看到试样两端呈现明显的松散状态，管壁附着细粒的黏粒粉末；图13（b）为打开有机玻璃管后的状态，试样的腐蚀从端部逐渐向内部侵蚀，试样端部松散，孔隙大，结构疏松，中部有少部分仍保留原岩状态（缘于因硫酸量较少而未与岩石完全反应）。室内试验结果重现了现场调查现象，结果也表明泥岩在酸性水环境中将会产生显著的溶蚀现象。

图 12　溶蚀效应现场调查

（a）排水管中碳酸钙粉末；（b）岩层中渗出芒硝和石膏；（c）涵洞顶板渗出碳酸钙晶体；（d）涵洞地面碳酸钙固体

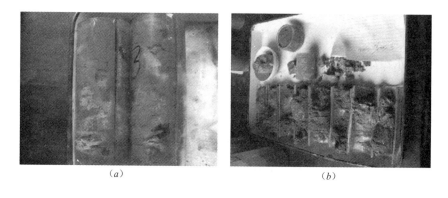

图 13　室内溶蚀试验结果

（a）硫酸溶液腐蚀后岩样；（b）腐蚀后状态

6　工程利用

目前，由中建西勘院发明的软岩大直径（直径大于 0.80m）素混凝土桩复合地基在成都地区已有大量成功的工程实例，但是对于软岩大直径素混凝土桩复合地基承载特性与承载机理的研究还并不多见，特别是对其沿用现行规范的复合地基设计理论的合理性等问题缺乏深入的研究[3~7]。为此，对某工程软岩采用大直径素混凝土桩复合地基中的素混凝土桩桩身轴力和桩间土应力进行了长期的现场测试，以分析桩—土中的应力分布特征、复合地基顶面桩—土荷载分担比例及复合地基中荷载传递过程和规律。

项目为地上 34 层、地下 2 层的框架剪力墙结构，采用筏形基础，设计基底压力约 700kPa。场地内基础下为强风化泥岩和中风化泥岩，基础置于强风化泥岩上。采用大直径挖孔素混凝土桩对软岩地基进行处理，正方形布桩，桩径 1.1m（包括挖孔护壁），桩间距 2.3m，桩端进入中风化泥岩 0.5m，桩身混凝土强度等级为 C20，基础下设置厚 300mm 碎石褥垫层。场地内地层结构及复合地基示意剖面见图 14。

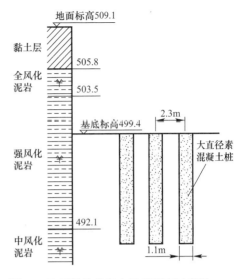

图 14　地层结构及复合地基剖面示意图

6.1　桩身轴力测试结果

根据施工过程中桩顶压力盒与桩身应变计测试结果，绘制随楼层变化的代表性 22 号、77 号桩的桩身轴力—深度曲线，见图 15 和图 16。从图中可以看出，桩身轴力随楼层的增多而增大，在桩顶下 2m 范围内桩身轴力随深度增加持续增加并达到最大，之后桩身轴力随着深度的增加而逐渐减小。主体结构封顶后测得 22 号、77 号桩的桩顶压力分别为 1024kN、1260kN，桩底压力分别为 879kN、581kN，深度 2m 时桩身轴力最大，分别为 1347kN、1527kN。

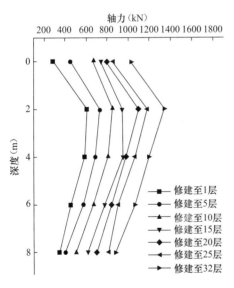

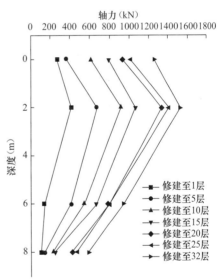

图 15　22 号桩桩身轴力随楼层和深度的变化曲线　　图 16　77 号桩桩身轴力随楼层和深度变化曲线

6.2　桩间土应力测试结果

根据施工过程中桩间土应力测试结果，分别绘制出 22 号、77 号桩随楼层变化的桩间土应力曲线，见图 17 和图 18。图 17 中 1 号和 3 号压力盒与桩中心距离为 0.6m，5～7 号压力盒与桩中心距离为 1.15m。主体结构封顶后，1 号和 3 号压力盒测得的桩间土应力在 170～200kPa 之间，5～7 号压力盒测得的桩间土应力在 470～540kPa 之间；图 18 中 1～3 号压力盒与桩中心距离约 0.85m，5～8 号压力盒与桩中心距离约 1.98m。主体结构封顶后，1～3 号压力盒测得的桩间土应力在 160～176kPa 之间，5～8 号压力盒测得的桩间土应力在 321～526kPa 之间。

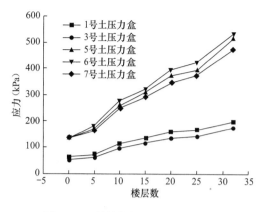

图 17 22 号桩桩间土应力变化曲线

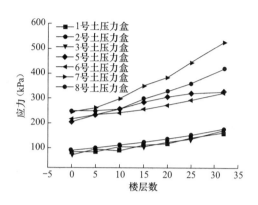

图 18 77 号桩桩间土应力变化曲线

6.3 软岩大直径素混凝土桩复合地基承载特性分析

软岩大直径素混凝土桩复合地基桩身轴力测试结果表明，桩身轴力随着深度的增加呈现出先增大后减小的特征，即软岩大直径素混凝土桩复合地基与一般的刚性桩复合地基承载机理基本相同。

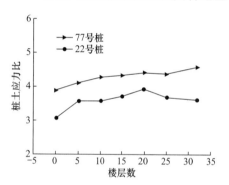

图 19 桩土应力比随楼层数变化曲线

软岩大直径素混凝土桩复合地基基底应力测试结果表明，桩间土应力随着与桩中心距的增加而增大。从桩-土应力比随楼层建设进度的变化曲线图 19 可以看出，随着楼层数的增加，桩-土应力比变化大致表现为先增大后逐渐趋于稳定的规律；桩-土应力比基本在 3～4.5 之间，表明软岩大直径素混凝土桩复合地基中对桩间土（软岩）的承载力利用十分充分。

7 结论

通过本文的系列试验和现场测试，获得了成都地区泥质软岩的工程特性。

（1）强风化泥岩的饱和抗压强度为 0.59～1.95MPa，软化系数 0.13～0.22；中等风化泥岩的饱和抗压强度为 2.09～5.56MPa，软化系数 0.15～0.33；微风化泥岩的饱和抗压强度为 5.0～13.3MPa，软化系数 0.19～0.50，均属于极软岩和软化岩石。

（2）强风化泥岩天然抗剪强度指标标准值为：内摩擦角 30.2°、黏聚力 200kPa，饱和抗剪强度指标标准值为：内摩擦角 26.0°、黏聚力 130kPa；中风化泥岩天然抗剪强度指标标准值为：内摩擦角 35.2°、黏聚力 340kPa，饱和抗剪强度指标标准值为：内摩擦角 29.7°、黏聚力 190kPa；微风化泥岩天然抗剪强度指标标准值为：内摩擦角 37.7°、黏聚力 550kPa，饱和抗剪强度指标标准值为：内摩擦角 33.3°、黏聚力 330kPa。

（3）强风化泥岩点荷载强度标准值为 1.24MPa，中风化泥岩点荷载强度标准值为 3.9MPa，微风化泥岩点荷载强度标准值为 12.9MPa。

（4）中风化泥岩岩体波速均值为 2767.5m/s，岩块波速均值为 3304.8m/s，完整性指数为 0.65～0.74；微风化泥岩岩体波速均值为 3002.5m/s，岩块波速均值为 3524.4m/s，完整性指数 0.67～0.74。

（5）场地岩土和环境水具有弱—中等的腐蚀性，尤其是含膏泥岩及其环境水的腐蚀性显著增强，对深基础结构强度将产生重要影响，应采取必要的防腐措施，或避让富含石膏的层位。

（6）基坑开挖形成局部地下水的径流条件，使得含膏红层岩土赋存水环境剧烈变化，浸泡、流动侵蚀等作用强烈，将会导致环境水腐蚀性增强，岩土强度降低等，应在施工、运营阶段进行预防，并分析含膏泥岩及其环境水的腐蚀作用。

（7）软岩大直径素混凝土桩复合地基承载机理与一般刚性桩复合地基承载机理相似，在基底压力的作用下，复合地基中桩间土（软岩）可以承担部分基底荷载。

参 考 文 献

[1] 中华人民共和国国家标准. 建筑地基基础设计规范 GB 50007—2011 [S]. 北京：中国建筑工业出版社，2011.

[2] 中华人民共和国行业标准. 建筑地基处理技术规范 JGJ 79—2012 [S]. 北京：中国建筑工业出版社，2012.

[3] 龚晓南. 广义复合地基理论及工程应用 [J]. 岩土工程学报，2007，29（1）：1-12.

[4] 王丽娟. 成都地区大直径素混凝土桩复合地基受力特性研究 [D]. 成都：西南交通大学，2013.

[5] 闫明礼，张东刚. CFG 桩复合地基技术及工程实践 [M]. 北京：中国水利水电出版社，2006.

[6] 陈耀光，连镇营，彭芝平等. 大直径桩复合地基的工程实践 [J]. 建筑科学，2006，22（5）：66-67.

[7] 彭柏兴，刘颖炯，王星华. 红层软岩地基承载力研究 [J]. 工程勘察，2008（S1）：65-69.

南宁佳得鑫广场软岩桩基静载试验工程

龚维明　戴国亮

（东南大学土木工程学院）

南宁盆地第三系泥岩主要是第三纪晚期的湖沼相沉积物，由不同岩性的岩层组成，其中粉砂质泥岩为半成岩，属软岩，浸水有软化现象，受清水回转钻进机械搅动影响较大，取芯强度较"原状"大为降低，故室内抗压强度试验值比"原状"岩石低，试验结果只能供参考。相应地其室内土工试验的压缩模量也偏低。对于大直径嵌岩桩承载力的确定不能以试样的室内抗压强度试验值作依据，要进行岩层现场载荷试验。以往试验采用的方法为平板载荷试验，南宁佳得鑫广场的桩基采用自平衡法进行软岩试验研究，获得了软岩桩基的承载性能的相关参数。

1 工程概况

佳得鑫广场商住区处在南宁市琅东经济开发区金湖路与金洲路岔口南西侧。由四栋31层的塔楼（高 100.00m）和与其相连的四层裙房组成，地下室二层，二层地下室板底埋深约−12.00m。塔楼单柱最大轴力 35000kN，裙房单柱最大轴力为 10000kN，工程重要性等级为一级。基础采用人工挖孔灌注桩，桩身进入持力层后进行桩端扩大，形成扩大头。

场地内自上而下分布有：杂填土、素填土、淤泥质粉质黏土、坚硬状黏土、硬—可塑状粉质黏土、稍密—中密状粉土、松散—稍密状粉砂、中密状砾砂、中—密实状圆砾、强风化粉砂质泥岩、中风化粉砂质泥岩、中风化粉砂岩。持力层选择在下伏第三系里彩组中风化粉砂质泥岩（⑩层），其层面坡度<10%，产状平缓。

勘察部门根据室内土工试验得出持力岩层的物理力学指标，并结合地方经验提出了建议的人工挖孔桩桩周摩阻力特征值和桩端承载力特征值，如表1所示。

基岩的物理力学指标 表 1

岩层编号及名称	天然重度 γ （kN/m³）	天然含水率 w （%）	天然孔隙比 e_0	内聚力 c_k （kPa）	内摩擦角 φ_k （°）	标准贯入击数 N	压缩模量 E_s （MPa）	人工挖孔桩桩周的摩擦力特征值 q_{sa} （kPa）	人工挖孔桩桩端的承载力特征值 q_{pa} （kPa）
⑩中风化粉砂质泥岩	21.6	15.86	0.464	76.13	22.51	63.6	9.61	100	2000

2 试桩概况

鉴于本工程的重要性，为更好掌握持力层的承载性能，进行岩层承载性能的测试。

人工挖孔桩按设计要求挖至持力岩层后，由中心位置向下挖一小直径的桩孔，孔底用30mm细石混凝土找平，将荷载箱放入孔底，将位移棒引至已开挖基坑的标高，用C20混凝土浇筑小孔，如图1所示。

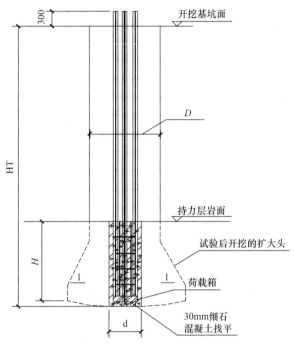

图1　试桩示意图

各试桩小孔的参数如表2所示。

其中试桩302和325在开挖过程中有水渗出，试桩325中心有地质钻探孔。

试桩参数表　　　　　　　　　　　　　　　　　　　　　表2

试桩号	d（m）	H（m）	D（m）	H_T（m）	荷载箱高度（m）	荷载箱底板直径（m）	预估加载值（kN）
208	1.0	3.5	2.3	25.0	0.4	0.8	2×3500
242	1.0	3.1	2.3	24.0	0.4	0.8	2×2500
302	1.0	3.0	2.7	23.0	0.4	0.8	2×2500
325	1.1	3.5	2.0	24.0	0.4	0.8	2×3500

试验时，从地面对荷载箱内腔施加压力，箱顶与箱底被推开，产生向上与向下的推力，从而调动桩周岩石的侧阻力与端阻力。通过位移传感器可以测得荷载箱加载的每一级荷载所对应的上顶板和下底板的位移。

3　测试情况

测试采用慢速维持荷载法，每级加载为预估加载值的1/10，第一级按两倍荷载分级加载。

试桩325加载至2×2100kN时，发现向下位移增长较快，达15.07mm。为更好地判断承载力，将加等级细分，最终加载值 $2 \times 2800kN$。

4 根试桩的测试所得的 Q-s 如图 2～图 5 所示。

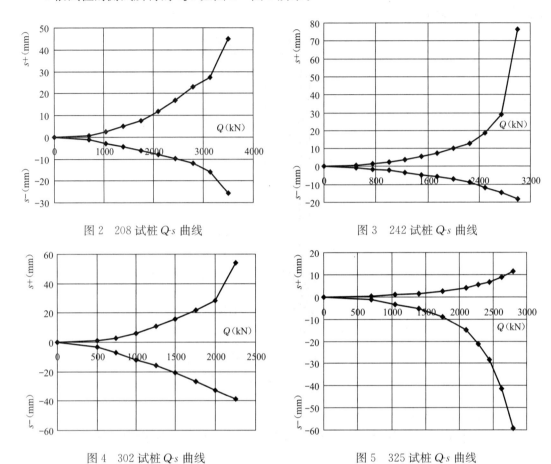

图 2　208 试桩 Q-s 曲线　　　　　图 3　242 试桩 Q-s 曲线

图 4　302 试桩 Q-s 曲线　　　　　图 5　325 试桩 Q-s 曲线

4　测试结果分析

根据已测得的桩端和桩侧阻力极限值，则桩端和桩侧极限承载力分别按式（1）和式（2）确定：

$$q_{uk} = Q_{u下}/A \tag{1}$$

$$q_{sik} = Q_{u上}/\pi dh \tag{2}$$

式中　$Q_{u上}$、$Q_{u下}$——分别为荷载箱上部桩、下部桩的实测极限值，按《建筑桩基技术规范》JGJ 94—94 附录 C 之 C.0.10 条确定；

　　　A——荷载箱底板面积；

　　　d——小孔直径；

　　　h——小孔深度减去荷载箱高度。

根据《岩土工程勘察规范》GB 50021—2001，持力层变形模量可按式（3）计算：

$$E_0 = \omega \frac{pd'}{s} \tag{3}$$

式中 d'——荷载箱底板直径；

  p——向下 Q-s 曲线线性段的压力；

  s——与 p 对应的沉降；

  ω——与试验深度和土类有关的系数，可查规范表 10.2.5 得 ω。

各试桩汇总如表 3 和表 4 所示。

桩端和桩侧极限承载力计算 表 3

试桩号	桩端阻力极限值 $Q_{u下}$（kN）	桩侧摩阻力极限值 $Q_{u下}$（kN）	荷载箱底板面积 A（m²）	小孔直径 d（m）	小孔深度减去荷载箱高度 h（m）	桩侧极限承载力 q_{sik}（kPa）	桩端极限承载力 q_{uk}（kPa）
208	3150	3150	0.503	1.0	3.1	323	6268
242	3000	2750	0.503	1.0	2.7	324	5968
302	2250	2000	0.503	1.0	2.6	245	4476
325	2630	2800	0.503	1.1	3.1	261	4874

持力层变形模量计算 表 4

试桩号	系数 ω	线性段的压力 p（kPa）	对应的沉降 s（mm）	荷载箱底板直径 d'（m）	持力层变形模量 E_0（MPa）
208	0.423	4175	8.04	0.8	175.7
242	0.423	4473	8.78	0.8	172.4
302	0.423	1491	7.03	0.8	71.8
325	0.424	3479	8.94	0.8	131.7

5 分析及结论

根据本次试验，获得了南宁泥岩桩基的一些重要性质。

（1）从 4 根试桩的破坏形式上看，两根试桩（242 和 302）是桩侧发生突然破坏，一根试桩（208）是桩侧、桩端同时发生突然破坏，另一根试桩（325）则是桩端缓变至破坏。

（2）从桩端阻力-位移曲线（图 6）来看，各试桩在荷载水平较低时，位移随荷载增长呈线性变化。其中试桩 302 受浸水影响，曲线斜率从一开始就较大。试桩 208、242 及 325 在荷载小于 1200kN 时曲线基本一致。其后随着荷载增大，受浸水影响的试桩 325 曲线的斜率开始增大，而试桩 208 和 242 的曲线仍基本一致。就桩端阻力-位移关系而言，未浸水的软岩表现良好的线性关系，浸水后软岩在荷载水平较大时表现出明显的非线性。

（3）从桩侧摩阻力-位移（桩侧中点处位移）曲线（图 7）来看，试桩 302 桩侧承载能力受浸水影响，在达到相同摩阻力时位移较大，其余三根试桩的摩阻力-位移曲线形状差别不大。根据曲线形状可以推断试桩 325 的桩端虽受浸水影响大，但其桩侧几乎没有受浸水影响，在桩端破坏时，其桩侧仍有一定承载能力未发挥出来。

（4）未浸水试桩的桩端极限承载力均值 6118kPa，约是原建议特征值 2000kPa 的 3.1 倍，变形模量均值 174.05MPa 约是室内得到的压缩模量 9.61MPa 的 18.1 倍。这进一步证实了泥岩的工程地质特征使室内抗压强度试验值比"原状"岩石低。

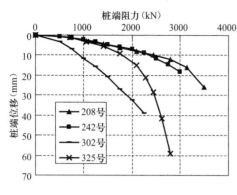

图 6　各试桩桩端阻力-位移曲线汇总

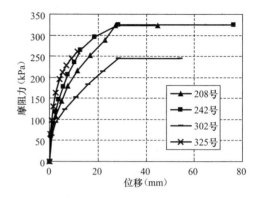

图 7　各试桩桩侧摩阻力-位移曲线汇总

泥岩具有许多蠕滑剪切结构面和细小的网状裂隙，取样卸荷和试样制备期间，泥岩膨胀，裂隙增大。由于试样的工作环境和条件与原岩相差太大，在加轴向力时，试样沿结构构面或增大了的裂隙破坏。而泥岩处于天然状态时，这些不利因素的影响就较小。

（5）泥岩浸水后承载力下降，未浸水的桩端极限承载力是浸水的 1.22～1.40 倍，桩侧极限摩阻力前者是后者的 1.24～1.32 倍。

该场地泥岩具有明显的湿化崩解性，是膨胀性泥岩。其矿物成分中蒙脱石含量较高，粒度组成中黏粒含量高，比表面积大，吸水能力强。相比于非膨胀性泥岩其天然含水量高、密度小、孔隙比大。含水量对其抗剪强度影响较大，随着含水量增加，抗剪强度值明显非线性下降。

（6）试桩 208 是桩端桩侧同时达到破坏的，其桩侧极限承载力与桩端极限承载力的比值是 0.0515，其余三根试桩的比值是 0.0543（试桩 242）、0.0547（试桩 302）和 0.0535（试桩 325）。可见泥岩桩侧极限承载力与桩端极限承载力的比值略大于 0.05。根据这个比例关系，可根据平板载荷试验得到桩端承载力极限值推算出桩侧摩阻力极限值。

针对膨胀性泥岩浸水后承载力下降的问题，在施工中应采取有效措施防止地下水、地表水渗入。

通过本次试验，获得了软岩桩基设计所需的重要参数，设计人员对设计进行了优化设计。

长沙北辰项目高层建筑软岩地基
工程特性分析

方云飞　王　媛　孙宏伟

（北京市建筑设计研究院有限公司）

摘要： 软岩在世界上分布非常广泛且其工程性质特殊，目前日益得到岩土工程工作者的关注。本文以长沙北辰 A1 地块项目为例，对软岩进行了工程实践研究。首先，通过调研勘察资料研判岩土参数指标，有针对性地制定了专项现场试验方案，即浅层平板载荷试验和旁压试验，验证了工程特性指标，试验结果表明强风化泥质砂岩的天然地基承载力可以满足要求，同时测得了变形模量和旁压模量。然后在此基础上，运用数值软件 PLAXIS 3D Foundation 进行了筏板基础天然地基方案的沉降计算，通过对计算结果的分析，判断总沉降量和差异沉降均满足《建筑地基基础设计规范》GB 50007—2011 要求。最后通过对沉降实测资料的分析，发现沉降计算结果与沉降观测值两者变形趋势完全吻合，实测值略小于计算值。本工程采用现场平板载荷试验及旁压试验确定工程特性指标进而据此完成了地基基础设计，实践证明是科学合理、安全可靠的。本工程为目前长沙软岩场地已经建成的第一栋采用天然地基方案的超高楼，为今后该地区超高层建筑地基岩土工程评价与地基基础设计积累了经验。

1　引言

软岩在世界上分布非常广泛，泥岩与页岩占地球表面所有岩石的50%左右。就我国而言，也有着广泛的分布，尤其在西南、华东、华南和西北等地区。而相对而言，软岩的工程特性研究相对滞后。传统的地基评价和地基计算的方法并不完全适用于软岩，使得软岩地基评价偏离实际情况，一方面使得地基承载力和压缩性指标的评价过于保守，而容易造成投资加大；另一方面，因软岩的特殊工程性质，而导致安全隐患。目前对于软岩的工程特性评价仍属于基础工程难点问题。

长沙北辰工程采用筏板基础天然地基方案，为长沙地区首次采用软岩天然地基方案的超高建筑，基础沉降实际观测数据为软岩地基工程研究积累了重要的资料，为今后推动软岩天然地基的工程应用具有积极意义。

2　工程概况

本工程位于长沙市开福区新河三角洲，北临长沙市标志性建筑"两馆一厅"，西临湘

本文原载于《工程勘察》2015 年第 7 期

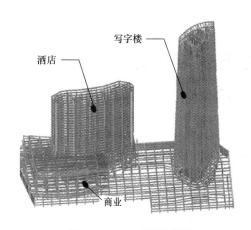

图 1　PKPM 建筑效果图

江大堤，东连浏阳河隧道，由北京北辰实业集团投资。本工程由一栋写字楼、一栋酒店和商业组成，均设 3 层地下室，±0.00 均为绝对标高 33.00m。其中写字楼地上 45 层，建筑高度 206m，型钢混凝土框架—钢筋混凝土筒体结构，基底标高－16.30～－21.80m，基底平均压力 p_k 为 800kPa；酒店地上 24 层，框架剪力墙结构，基底标高－14.20～－16.20m，基底平均压力 p_k 为 600kPa；商业地上 6 层，框架剪力墙结构，基底标高－14.00m，基底平均压力 p_k 为 250kPa，均采用筏板基础。图 1 为建筑设计软件 PKPM 绘制的建筑效果图。

3　岩土工程条件

3.1　工程地质条件

根据岩土工程勘察报告，场地原始地貌单元属湘江冲积阶地，场地范围内埋藏的地层主要为人工填土层、第四系冲积层和第四系残积层，下伏基岩为第三系泥质砂岩、泥质砾岩。基底以下各地层自上而下依次描述如下：

⑤层残积粉质黏土（Q^{el}）：紫红色，系由下伏泥质砂岩、泥质砾岩风化残积而成，稍湿，硬塑；

⑥层第三系泥质砂岩（E）强风化层：岩石组织结构已基本破坏，大部分矿物已显著风化，岩芯呈硬土状、块状，冲击钻进困难，岩块用手易折断或捏碎，属极软岩，基本质量等级为Ⅴ级；

⑦层第三系泥质砂岩（E）中风化层：部分矿物风化变质，节理裂隙稍发育，岩芯较完整，多呈中长柱状，岩体完整，岩块锤击易碎，失水易崩解，属极软岩，基本质量等级为Ⅴ级。

⑧层第三系泥质砾岩（E）强风化层：岩石组织结构大部分已破坏，胶结物已部分风化变质，岩体较为破碎，属极软岩，基本质量等级为Ⅴ级；

⑨层第三系泥质砾岩（E）中风化层：岩石节理裂隙稍发育，岩体较完整，其基本质量等级为Ⅴ级，岩芯多呈中长柱状，岩块锤击易碎。

各土层分布可见图 2 地质剖面，各土层设计参数详见表 1。

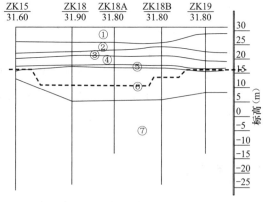

图 2　地层剖面

地基基础设计参数建议值 表1

地层	压缩模量 E_s（MPa）	承载力特征值 f_{ak}（kPa）	预应力混凝土管桩		人工挖孔桩	
			q_{sia}（kPa）	q_{pa}（kPa）	q_{sia}（kPa）	q_{pa}（kPa）
⑤粉质黏土	9.1	250	50	—	45	—
⑥强风化泥质砂岩	80.0*	500	80	4000	70	2200
⑦中风化泥质砂岩	300.0*	1000	—	—	120	3000
⑧强风化泥质砾岩	150.0*	600	100	4500	90	2500
⑨中风化泥质砾岩	500.0*	1200	—	—	—	3500

注：1. 表中带"＊"号者为变形模量；2. q_{sia}为桩的侧阻力特征值，q_{pa}为桩的端阻力特征值

3.2 水文地质条件

长沙北辰 A1 地块所处区域北邻浏阳河、西临湘江，其水文地质条件直接影响到深基础工程。根据工程勘察报告，本场地地下水分为上层滞水、承压潜水和基岩裂隙水三种类型。上层滞水主要赋存于杂填土中，受大气降水补给，水量和水位随天气和季节变化而变化，勘察期间测得上层滞水稳定水位埋深 0.20～1.90m；潜水赋存于③粉砂层和④圆砾层中，与湘江具有紧密的水力联系，勘察期间测得湘江水位标高与其稳定水位标高基本一致，水位随天气和季节而变化，地下水位变化幅度一般为 3～4m，水量大，略具承压性。

4 地基基础工程问题分析

4.1 工程问题分析

写字楼在不考虑核心筒基础底板范围外扩影响情况下，基底压力高达 2718.6kPa（已考虑底板自重，未考虑地下水浮力），首先需要考虑控制总沉降量。其次，由图3可见，核心筒基础底板底标高存在高差，为控制裂缝宽度，两者间差异沉降需严格控制。同时写字楼与酒店由商业建筑直接连接，三者形成大底盘建筑，其之间的差异沉降亦须控制，而纯地下车库区域抗浮措施采用抗浮锚杆方案，加剧了该差异沉降的不利程度。

同时，长沙北辰 A1 地块所处区域的西侧为湘江，其北为浏阳河，因此深基坑安全至关重要，而地基基础方案及其施工工期则成了重中之重的关键性问题，需要针对软岩地基工程特性进行深入评价分析，并考量天然地基方案的可靠性。

4.2 工程问题解决思路

鉴于本工程地基基础设计的需要，为进一步确定地基土的力学性状，首先对软岩地

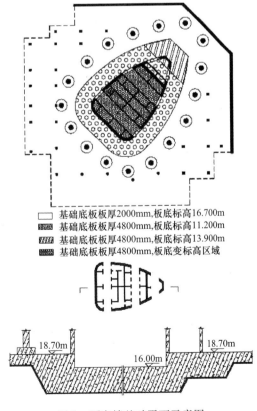

□ 基础底板板厚2000mm，板底标高16.700m
▨ 基础底板板厚4800mm，板底标高11.200m
▧ 基础底板板厚4800mm，板底标高13.900m
▩ 基础底板板厚4800mm，板底变标高区域

图3 写字楼基础平面示意图

基承载力的判别方法进行梳理，在此基础上确定进一步补勘方案。目前，软岩地基评价及地基设计计算的方法主要有：查表法[1,2]、岩样饱和单轴抗压强度试验[3,4]和原位试验法[5-9]，其中原位试验法又包括现场静载荷试验法和旁压试验法，另还有一些辅助方法，比如岩石质量指标法和弹性波测试法[10-12]等。根据本工程特点，选取浅层平板载荷试验和旁压试验作为软岩地基工程评价的方法和依据，以此解决软岩地基承载能力和变形参数的问题，在此基础上进行沉降计算与变形分析，以确定天然地基方案下最大沉降值及差异沉降能否满足《建筑地基基础设计规范》GB 50007—2011[6]要求，最终确定天然地基方案的可行性。

5　软岩地基工程评价

5.1　软岩地基承载力已有研究成果

经过调研，关于软岩承载力评价问题，已取得了一些研究成果。文献［3］对广州地区软岩运用载荷板试验进行了承载力研究；文献［13］研究了贵阳粉砂质泥岩承载力，采用静载荷试验方法测得三个试验点承载力分别为 2167kPa、2333kPa、2133kPa；文献［14］对长沙地区白垩系泥质粉砂岩进行了相关统计和研究，并提供了单轴抗压强度 R_0、临塑压力 P_f 和极限压力 P_L（表2），同时认为本地区的泥质粉砂岩地基承载力尚有一定潜力可挖。由这些资料可见，不同场地的软岩特性是有一定差异的，承载力能力变化较大，故工程设计时应视工程具体情况区别对待。

岩基试验资料对比[14]　　　　　　　　　　表2

工程名称	单轴抗压强度 R_0（MPa）	临塑压力 p_f（MPa）	极限压力 p_L（MPa）
省机电立体仓库	(1.63～2.34)/1.84	(3.35～6.5)/3.85	9.90～11.50
某综合大楼	(3.20～6.30)/4.30	(5.75～7.90)/7.2	13.40～18.70
省公厅高层住宅	(1.83～3.20)/4.00	(5.10～8.1)/7.1	8.96～11.30
国税大楼	3.80～4.30	4.32～7.60	13.20～17.86
省人民银行综合楼	(1.50～2.40)/2.0	(4.0～5.70)/4.70	5.6～16.5
朝阳电器城	(2.20～8.30)/5.90	(4.70～8.60)/6.90	—
省检察院培训中心	(2.60～5.90)/4.40	—	—

注：表中分子为范围值，分母为平均值。

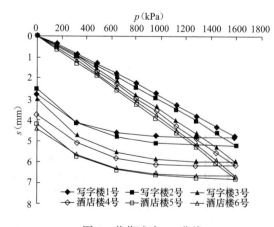

图4　载荷试验 p-s 曲线

本工程为了验证直接持力层软岩的承载能力，进行了浅层平板载荷试验，为进一步确定在地基主要受力范围内软岩层的承载能力和变形参数，进行了旁压试验。

5.2　天然地基浅层平板载荷试验结果分析

本试验采用圆形承压板，直径 0.56m，面积 0.25m²，在加荷量达到 1600kPa 后，开始卸荷。试验 p-s 曲线见图4，载荷试验成果见表3。根据以上分析可见，长沙北辰 A1 地块强风化泥质砂岩天然地基承载力特征值满足 800kPa，且均未达到极限荷载 p_u，其承载能力仍有潜力。

载荷试验成果汇总　　　　　　　　　　　　　表3

试验编号		试验点标高（m）	总加荷量 p（kPa）	原始总沉降量 s'（mm）	修正后总沉降量 s（mm）	变形模量 E_0（MPa）	承载力基本值 f_{ak}（kPa）
写字楼	1号	16.50	1600	4.80	4.97	118	800
	2号	16.50	1600	5.20	5.34	107	800
	3号	16.50	1600	5.98	6.26	89	800
酒店	4号	16.80	1600	6.14	6.27	95	800
	5号	16.80	1600	6.77	6.75	96	800
	6号	16.80	1600	6.64	6.78	94	800

注：极限荷载 p_u 均未出现。

5.3 旁压试验结果分析

旁压试验成果详见表4，净比例界限压力随埋深的变化规律见图5。

旁压试验成果汇总　　　　　　　　　　　　　表4

孔号	试验编号	试验深度（m）	净比例界限压力 p_f-p_0（kPa）	净极限压力 p_f-p_0（kPa）	旁压模量 E（MPa）
测1	测1-1	3.10～3.70	1378	4469	73.24
	测1-2	6.00～6.60	1532	4809	68.44
	测1-3	9.70～10.30	≥3888	—	≥362.58
	测1-4	13.00～13.60	≥3462	—	≥291.09
	测1-5	16.40～17.00	≥4218	—	≥452.63
	测1-6	19.30～19.90	≥4339	—	≥548.56
测2	测2-1	2.90～3.50	1298	4563	67.62
	测2-2	6.40～7.00	1479	4742	75.87
	测2-3	10.00～10.60	≥3809	—	≥367.77
	测2-4	13.50～14.10	≥3830	—	≥459.48
	测2-5	16.70～17.30	≥4162	—	≥512.90
	测2-6	19.50～20.10	≥4238	—	≥525.80
测3	测3-1	1.90～2.50	1226	3841	64.64
	测3-2	5.10～5.70	1501	4716	66.88
	测3-3	8.40～9.00	2120	5724	82.53
	测3-4	12.00～12.60	2245	6159	87.77
	测3-5	15.50～16.10	2553	9101	131.01
	测3-6	19.40～20.00	2855	10226	149.49

依据《岩土工程勘察规范》GB 50021—2001[15]，采用旁压试验评价地基土承载力有两种方法：①第一种方法：根据当地经验，直接取用 P_f 或（p_f-p）作为地基土承载力；②第二种方法：根据当地经验，取（p_L-p_0）除以安全系数作为地基土承载力。由表4可知，以第一种方法计算，（p_f-p_0）平均值为1301kPa，即地基承载力为1301kPa，大于800kPa；以第二种方法计算，（p_L-p_0）平均值为4291kPa，根据《工程地质手册》[11]（第四版）安全系数取3，则地基承载力为1430kPa，也大于800kPa。由此可见，A1地块强风化泥质砂岩天然地基承载力特征值满足800kPa。

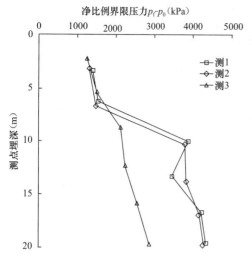

图 5　旁压试验净比例界限压力（$p_\mathrm{f}-p_0$）
沿埋深变化曲线

6　地基基础沉降变形计算与分析

本工程地基基础设计过程中为了更为准确地进行沉降分析，运用国际地基基础与岩土工程专业数值分析有限元计算软件 Plaxis 3D Foundation 进行了地基沉降计算，分析考虑地基与结构相互作用（Subgrade-Structure Interaction），对本工程天然地基方案的总沉降量和差异沉降进行了深入分析。

6.1　计算参数取值及建模

底板设计与结构设计图相同，混凝土标号均为 C35，弹性模量取 $3.15 \times 10^7\,\mathrm{kN/m^2}$，泊松比取 0.2。根据 PKPM 计算模型确定各墙柱下荷载。计算模型详见图 6。

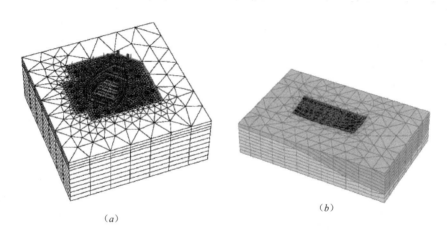

（a）

（b）

图 6　计算模型
（a）写字楼；（b）酒店

6.2　计算结果分析

沉降计算结果详见图 7，由图 7 可见，写字楼最大沉降量为 37.2mm，筏板挠度最大值为 0.038%；酒店最大沉降量为 40.3mm，筏板挠度最大值为 0.049%。沉降值均满足《建筑地基基础设计规范》GB 50007—2011 的要求。

7　基础设计方案

根据试验成果及沉降计算结果，基础设计结合了地基与结构的相互作用分析结果，超高层写字楼采用了变厚度平板式筏板基础，核心筒区域筏板较厚，核心筒外筏板减薄，柱

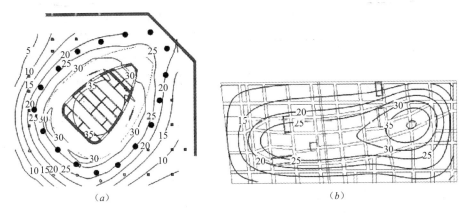

图 7　沉降计算结果

(a) 写字楼沉降等值线；(b) 酒店沉降等值线

下设置柱墩以满足设计要求；酒店及商业的地下采用了梁板式筏板基础。基础配筋设计也根据协同计算的沉降及内力分析结果进行了复核。

　　本工程基础底板不设永久性沉降缝，为保证工程安全，同时因本工程基坑工程采用止水方案，不存在对降水工期的限制，为沉降后浇带的留置创造了有利条件，故在主楼周边设置了沉降后浇带。沉降后浇带封闭时间要求：沉降后浇带应在主体结构封顶之后，根据沉降观测成果，并经设计、勘察等相关单位协商同意后再进行封闭。施工期间应采取有效措施保护留缝不受污染，浇捣前应清洗干净，用强度等级高一等级的微膨混凝土将后浇带封闭。

8　建筑基础沉降观测数据分析

　　写字楼于 2013 年 2 月 6 日封顶，在施工过程中全程进行了沉降观测，沉降观测时间为从基础底板开始施工到 2014 年 2 月 18 日。最后一期沉降观测结果详见图 8。

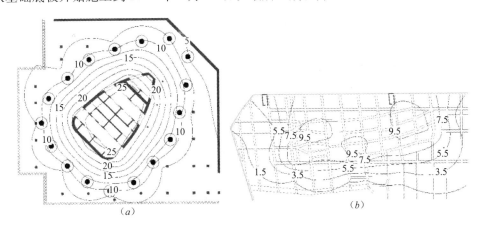

图 8　沉降观测等值线

(a) 写字楼；(b) 酒店

注：由于部分裙房区域未布置沉降观测点，因此观测点范围外区域的沉降等势线是数值分析软件推算出来的

197

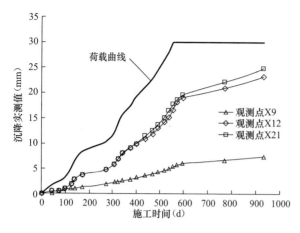

图 9　写字楼施工过程沉降观测曲线

对比图 7 与图 8 可知，沉降计算结果与实际沉降观测值两者变形趋势完全吻合，但实测值比计算值偏小，证明本沉降计算分析是合理的。

图 9 为写字楼施工过程中的沉降观测曲线。根据《建筑变形测量规范》JGJ 8—2007[16]：当最后 100d 的沉降速率小于 0.01～0.04mm/d 时可认为沉降已进入稳定阶段。由图 9 可知，写字楼最后 161d 的沉降速率为 0.015mm/d，故认为此时沉降已进入稳定阶段。

需要说明的是，目前对于软岩的工程评价仍属于难点问题，根据设计要求结合当地工程经验，本工程通过旁压试验进行了软岩地基评价，本工程的基础沉降观测数据为今后推动软岩工程特性研究及软岩天然地基的应用积累了重要的资料。

9　结语

经过各方精诚合作，针对超高层建筑，在进一步验证地基参数的基础上，最终采取科学合理的结构措施与地基措施，确保了工程的安全质量，节约了工期，提高了投资效益，推动了软岩地基的工程应用研究。主要结论有如下几点。

（1）本工程地基基础设计计算分析过程中，首先对勘察报告进行研判，校核分析了岩土参数指标，针对当地特定的软岩地基条件评价开展了调研分析。

（2）根据工程特点，进行了专项试验（包括天然地基浅层平板载荷试验和旁压试验），试验结果表明，强风化泥质砂岩天然地基承载力特征值满足 800kPa，验证了软岩地基工程特性指标。

（3）在验证软岩地基工程特性指标的基础上，进行了筏板基础天然地基方案的沉降数值计算分析，并且考虑了地基基础协同作用，经过计算分析判断总沉降量和差异沉降均满足规范要求，为最终判断天然地基方案的可靠性提供了有力的设计依据。

（4）本工程沉降数值计算结果与沉降实测变形趋势完全吻合，实测值比计算值偏小，证明本工程的地基基础设计科学合理、安全可靠。

致谢：本项目设计过程中得到了雷晓东副总工、姚莉女士的大力支持，程懋堃总工和齐五辉总工给予了特别指导，在此一并表示衷心感谢！

参 考 文 献

[1]　向志群. 对软质岩石地基承载力的一点新认识 [J]. 岩石力学与工程学报，2001，20（3）：412～414.

[2]　梁笃堂，黄志宏等. 某高层建筑软质岩石地基承载力的确定 [J]. 贵州工业大学学报（自然科学

版），2006，35（6）：70-73.

[3] 吕军. 广州地区软岩承载力的讨论 [J]. 岩土工程技术，2002，（1）：4-7.

[4] 郑剑雄. 软质岩石桩桩端岩石变形破坏机理的研究 [J]. 福建建筑，2000，（1）：40-42.

[5] 高文华，朱建群等. 软质岩石地基承载力试验研究 [J]. 岩石力学与工程学报，2008，27（5）：953-959.

[6] 中华人民共和国国家标准. 建筑地基基础设计规范 GB 50007—2011 [S]. 北京：中国建筑工业出版社，2012.

[7] 程晔，龚维明等. 南京长江第三大桥软岩桩基承载性能试验研究 [J]. 土木工程学报，2005，38（12）：94-98.

[8] 张志敏，高文华等. 深层平板载荷确定人工挖孔桩软岩桩承载力的研究 [J]. 建筑科学，2007，23（7）：75-77.

[9] 彭柏兴，刘颖炯，王星华. 红层软岩地基承载力研究 [J]. 工程勘察，2008，（增刊1）：65-69.

[10] 康巨人，刘明辉. 旁压试验在强风化花岗岩中的应用 [J]. 工程勘察，2010，（增刊1）：932-937.

[11] 《工程地质手册》编委会. 工程地质手册（第四版）[M]. 北京：中国建筑工业出版社，2007.

[12] 梁笃堂. 贵州地区软质岩石地基（泥岩、泥质白云岩）承载特性研究 [D]. 贵州：贵州大学硕士研究生学位论文，2007.

[13] 张云，杨忠. 不同实验条件下软质岩石地基承载力分析 [J]. 贵州地质，2006，23（2）：137-141.

[14] 彭柏兴，王星华. 软岩旁压试验与单轴抗压试验对比研究 [J]. 岩土力学，2006，27（3）：451-454.

[15] 中华人民共和国国家标准. 岩土工程勘察规范 GB 50021—2001（2009年版）[S]. 北京：中国建筑工业出版社，2009.

[16] 中华人民共和国行业标准. 建筑变形测量规范 JGJ 8—2007 [S]. 北京：中国建筑工业出版社，2007.

软岩地质嵌岩桩工程应用研究现状

卢萍珍　孙宏伟　方云飞　王　媛

摘要：通过搜集文献资料，总结了软岩地质条件的嵌岩桩工程应用研究近年来的现状及进展，主要包括：软岩嵌岩桩承载力的计算方法、软岩嵌岩桩侧阻力、端阻力的计算方法及其承载特性，如端阻比、侧摩阻力、端阻力的发挥性状，入岩深度对承载力的影响等。软岩的载荷试验、旁压试验等原位测试成果资料是工程设计的重要依据。今后软岩地质嵌岩桩承载性状研究依赖于不同地区的试桩经验的不断积累。

1　引言

规范[1]（地基基础）根据饱和单轴抗压强度 f_{rk} 将岩石划分为坚硬岩、较硬岩、较软岩、软岩和极软岩，其中 5MPa$<f_{rk}\leqslant$15MPa 为软岩；$f_{rk}\leqslant$5MPa 为极软岩。工程界一般将 $f_{rk}\leqslant$15MPa 的岩石统称为软岩。本文所称典型软岩即指此类。

近年来，随着高层建筑、核电站等设施的大荷载基础置于软弱岩石上的项目的增多，城市扩展占据岩石地区的增多，以及城市地铁建设过程中涉及软弱岩石的工程问题的增多，对软弱岩石工程问题的研究需求也日益增加。

软弱岩石性质介于岩石和土之间，"似岩非岩，似土非土"[2]。在不同地区、不同条件下的工程性质差异较大。已经完成的大量工程实践及相关试验为探讨解决软弱岩石工程问题提供了有利的条件。因此，及时整理和总结已有工程应用研究进展情况，以为后续工程问题提供有力参考，显得尤为重要。

本文回顾了软岩嵌岩桩工程应用研究近年来的现状及进展，主要包括：软岩嵌岩桩承载力的确定、软岩嵌岩桩侧阻力、端阻力确定方法的研究及其承载特性，如端阻比、侧摩阻力的发挥性状；入岩深度（嵌岩深度）对承载力的影响等。

2　软岩嵌岩桩承载力的确定

单桩竖向承载力的确定方法通常有静力学计算法，原位测试法，经验法等。所谓经验法是根据静力试桩结果与桩侧、桩端土层的物理力学性能指标进行统计分析，建立桩侧阻力、桩端阻力与物理力学性能指标间的经验关系，利用这种关系预估单桩承载力。经验法被引入一些国家的国家标准、行业标准或地区标准中用于桩基的初步设计和非重要工程的设计，或作为多种方法综合确定单桩的承载力依据之一。也有的规定在无条件进行静载试桩的情况下应用这种方法确定单桩承载力[3]。

2.1　《建筑地基基础设计规范》

① GBJ 7—89[4]规定"嵌岩灌注桩按端承桩设计"。

② GB 50007—2002[5]中关于嵌岩桩的承载力的规定：

桩端嵌入完整及较完整的硬质岩中，可按下式估算单桩竖向承载力特征值：

$$R_{a} = q_{pa}A_{p} = \psi_{r}f_{rk}A_{p} \tag{1}$$

式中：q_{pa}为持力层岩层端阻力特征值；ψ_{r}为折减系数，对完整岩体可取 0.5，对较完整岩体可取 0.2~0.5.

而对于嵌入破碎岩和软质岩石中的桩，其单桩承载力则按下式估算：

$$R_{a} = q_{pa}A_{p} + u_{p}\sum q_{sia}l_{i} \tag{2}$$

式中，q_{pa}、q_{sia}分别为桩端阻力特征值、桩侧阻力特征值；l_{i}为第 i 层岩土的厚度。

③ GB 50007—2012[1]中关于嵌岩桩的承载力的规定：对于嵌入破碎岩和软质岩石中的桩，其单桩承载力估算式与 2002 版中一致；只是在桩端嵌入完整及较完整的硬质岩中时，补充增加了"当桩长较短且入岩较浅"的条件。

由该规范发展历程来看，进入 90 年代后，我国对嵌岩桩的认识逐渐细化，并突破了嵌岩桩即端承桩的观念。现行 2012 规范中考虑到岩质及桩长、嵌岩深度对嵌岩桩承载力的影响。但针对软质岩嵌岩桩的规定，相对较粗略，加之其出现在规范条文部分，国内有些工程师将式（1）用于估算软岩嵌岩桩承载力[6-7,19]。

2.2 《建筑桩基技术规范》

① JGJ 94—94[8]规定，嵌岩桩单桩竖向极限承载力标准值，由桩周土总侧阻、嵌岩段总侧阻和总端阻三部分组成：

$$Q_{uk} = Q_{sk} + Q_{rk} + Q_{pk} = u\sum_{i=1}^{n}\zeta_{si}q_{sik}l_{i} + u\zeta_{S}f_{rc}h_{r} + \zeta_{P}f_{rc}A_{p} \tag{3}$$

式中，ζ_{si}为覆盖层第 i 层土的侧阻力发挥系数；f_{rc}为岩石饱和单轴抗压强度标准值；h_{r}桩身嵌岩深度，超过 5d 时，取 $h_{r}=5d$；ζ_{S}、ζ_{P}为嵌岩段侧阻力和端阻力修正系数，与嵌岩深径比 h_{r}/d 相关。

② JGJ 94—2008[9]：与 94 规范相比，桩基 08 规范基于更多的嵌岩桩基工程和试验研究结果，考虑了嵌岩段侧阻力和极限端阻力的发挥机理，侧阻和端阻的修正系数不仅与嵌岩深度比相关，而且与岩石软硬程度关联；此外，深径比范围由 94 规范中的 0~5，扩大到 0~8。具体计算式为：

$$Q_{u} = Q_{sk} + Q_{rk} = u\sum_{i=1}^{n}q_{sik}l_{i} + \zeta_{r}f_{rk}A_{p} \tag{4}$$

式中，$Q_{sk}Q_{rk}$分别为土的总极限侧阻力标准值、嵌岩段总极限阻力标准值；ζ_{r}为嵌岩段侧阻和端阻综合系数，与嵌岩深度比 h_{r}/d、岩石软硬程度和成桩工艺有关。

不论是桩基 94 规范还是 08 规范，嵌岩段侧阻和端阻均与岩石饱和单轴抗压强度相关联，国内一些学者对此提出异议。如文献［10］认为，桩基规范中嵌岩段侧阻用岩石饱和单轴抗压强度来回归对应在理论机理上说不通，侧阻应与岩石的抗剪强度回归对应机理上更明确；文献［11］认为，侧阻力采用岩层抗剪强度指标更符合桩的承载机理，端阻力采用岩体原位抗压强度则更接近岩体实际受力状态。

文献［12］认为，规范计算方法利用单轴抗压强度 f_{rc}折算端阻力，本质是将桩端软岩体作为单轴压缩岩块进行研究，未反映三向受力状态和岩体结构及围压对岩层承载力影响，理论上不够严谨，且我国典型软岩大多具软弱夹层，对环境因素极为敏感，单轴抗压试验的强度损失值使计算值偏小。

文献［13］选择了12组工程实测资料，根据桩基规范计算了嵌岩桩桩侧阻力（包括桩侧土摩阻力）和桩端阻力，将计算结果与实测结果进行比较得出：采用桩基规范计算得到的桩侧阻力和桩端阻力均比实测值小，规范设计偏于保守。认为：嵌岩桩竖向极限承载力是通过岩石单轴抗压强度 f_{rc} 换算得到的（f_{rc} 是在可靠度 $P=95\%$ 时由单轴试验得到的标准值），由于桩端平面的岩石不仅受桩身荷载的作用，而且还受围岩压力的影响，处于三向受压状态，因此采用上述规范所设计的竖向承载力将偏于保守，很难反映嵌岩桩桩基的实际承载力。

2.3　行业标准及地区规范

主要包括《公路桥涵地基与基础设计规范》（JGJ 024—85[14]、JTG D63—2007[15]）；《高层建筑岩土工程勘察规程》JGJ 72—2004[16]等，以及广东省标准[17]、南京规范[18]等。

一般认为，地区规范针对本地区岩石性质制定，因此对于该地区单桩承载力的估计可靠性相对较高。文献［19］将南京同仁大厦某试桩结果与各类规范的计算比较，得出：GBJ 7—89只计端阻力的作用，容许承载力最小，只有静载试验结果的11.59%，而南京规范 DB 32/112—95是静载试验的93.66%。JGJ 94—94为适应全国各地的岩性，人为地降低了 ζ_r、ζ_p 的取值，对软岩的嵌岩桩亦有一定的局限性，仅是载荷试验的66.35%。JGJ 024—85不计及土层的摩阻力，比 JGJ 94—94计算的极限承载力更小，为静载试验的56.45%，详细数据如表1所示。

嵌岩桩经验方法实例计算结果表[19]　　　　　　　表1

使用规范	GBJ 7—89	JTJ 024—85	JGJ 94—94	DB 32/112—95	静载试验结果
计算式	$R_k=q_pA_P$	$[P]=(c_1A+c_2Uh)R_a$	$Q_{uk}=Q_{sk}+Q_{rk}+Q_{pk}$	$Q_{uk}=Q_{sk}+Q_{rk}+Q_{pk}$	
桩周土侧阻力（kN）	0	0	4598	6438	
嵌岩段侧阻力（kN）	0	3786	6311	8835	
桩端总端阻力（kN）	1159	1854	371	649	
极限承载力（kN）			11280	15922	20000
容许承载力（kN）	1159	5640	6635	9366	10000
备注	$\varphi=0.25$ $R_k=1.025$ MPa	$c_1=0.4$ $c_2=0.03$	$\zeta_s=1$ $\zeta_r=0.05$ $\zeta_p=0.08$ $k=1.7$	$\zeta_s=1.4$ $\zeta_r=0.07$ $\zeta_p=0.2$ $k=1.7$	$k=2$

3　软岩嵌岩桩侧阻力的确定

软岩嵌岩桩的荷载传递性状研究表明，剪切机理和剪胀机理同时存在，桩身轴力传递深度超过 $5\sim10d$（d 为桩身直径），嵌岩段的侧阻力起着决定性的作用。常用的确定方法有规范方法和试验方法，其中试验主要包括直剪试验、侧摩阻力试验、旁压试验和原型试验等。

文献［20］根据南昌市两个工程6根嵌岩桩单桩静载荷试验结果和按桩的极限侧阻力经验值和岩石饱和单轴抗压强度值的计算结果，并结合岩块的三轴试验、岩石原位强度试验和单轴抗压强度的比较及综合分析，建议：遇到泥质粉砂岩这类软岩时，在 JGJ 94—94 嵌岩桩计算公式中，引入一项软岩的发挥系数 ψ_r，ψ_r 采用 1.4～2.2 比较合适。岩石裂隙发育时取低值，岩石完整时取高值。从而使嵌岩桩单桩承载力更接近实测值，也更接近桩基实际所处的应力状态。

文献 [21] 针对长沙泥质某工程粉砂岩嵌岩桩，采用不同的试验方法得到嵌岩段侧阻力的分布，并对不同的方法进行了比较。同时，应力应变测试结果表明，中风化段的侧摩阻力值低于侧摩阻力试验，高于旁压试验均值，对比数据及侧阻力分布结果见下表 2 及图 1。

文献 [22] 针对长沙全风化泥质粉砂岩，分别按库伦公式和旁压试验，以及 JGJ 94—94 三种不同方法获得的侧阻力标准值与 JGJ 94—94 的范围值相比有如下规律：对硬塑状的全风化红层，三种方法所得结果差别不大；对坚硬状的全风化红层，按规范确定的极限侧阻力值明显偏低。针对长沙某高层建筑下强风化红层侧阻力采用了多种试验方法，其中旁压试验与摩阻力试验结果相近，二者均高于抗剪指标计算值，约为抗剪指标计算结果的 1.5～2.0 倍。不同方法所得结果具有如下关系：抗压强度计算值＜抗剪指标计算值＜旁压试验结果＜侧摩阻力试验结果。

不同计算方法得到的极限侧阻力与 R_0 的比值对比[20]　　　　　　表 2

岩层	抗剪指标计算	侧摩阻力试验	旁压试验结果	JGJ 94—94
中风化层极限侧阻力	702～781kPa	560～945kPa	483～678kPa	224kPa
与 R_0 的比值（$R_0=0.2～4.7$MPa）	0.219～0.244	0.175～0.295	0.151～0.212	0.07

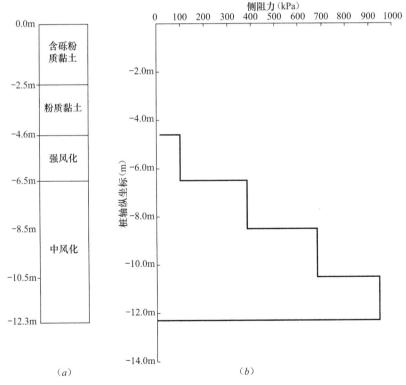

图 1　侧阻力分布图示[20]（根据原文信息，反算桩径＝2m）

（a）土层剖面图；（b）侧阻力分布图

4 软岩嵌岩桩端阻力的确定

随着建筑物对基础持力层承载力和沉降要求越来越高，许多地区选择其下覆软岩作为高层和超高层建筑深基础的理想持力层，端阻力是软岩深基础承载力的重要组成部分，短粗的桩基础更是如此。因此，软岩深（桩）基础端阻力取值是工程界比较关注的问题[12]。

软岩嵌岩桩端阻力的确定方法主要有规范法、经验公式计算法、三轴应力法及原位试验法等。其中规范法内容详见表3。

表 3

现行国家标准关于嵌岩桩端阻力的计算对比表

规范名称	计算公式	备注
《建筑地基基础规范》(GBJ 50007—2011)	$f_a = \psi_r f_{rk}$	完整、较完整和较破碎岩石。f_a-岩石地基承载力特征值（kPa）；f_{rk}-岩石饱和单轴抗压强度标准值（kPa）；ψ_r-折减系数，与岩石完整程度等有关，取 0.1～0.5
《建筑桩基技术规范》(JGJ 94—2008)	$Q_{rp} = \zeta_p f_{rk} \dfrac{\pi d^2}{4}$	Q_{rp}为总极限端阻力；ζ_p 与单轴抗压强度、嵌岩深度相关，并受清底情况影响较大

经验公式包括 Rowe 和 Armitage（1987）[23]在试验基础上，对岩石抗压强度 $f_{rc} <$ 30MPa 的软岩、泥质粉砂岩的桩端阻力计算公式推荐公式，及 O'Neill（1993）[24]建立的软岩桩极限端阻力的经验公式。原位试验法主要有深层平板载荷试验（岩基载荷试验与大直径桩端阻力载荷试验）及旁压试验法。

文献［25］针对长沙强风化泥质粉砂岩，采取了 36 组岩石进行天然状态下的单轴抗压试验、12 次高压旁压试验及 4 次岩基载荷试验。结果表明：按规范 JGJ 94—94 计算的端阻力最低，按地基规范 GB 50007—2002 的结果也远低于载荷试验结果，而按 Rowe&Armitage 公式虽有成倍提高，仍低于岩基试验确定的试验结果，未能真正发挥红层的端阻力。旁压试验的临塑压力值与刚塑体理论结果接近，其极限压力法确定结果较载荷试验高出近 10%。

文献［26］对湖南永州市某商业广场工程岩基（炭质泥岩）载荷试验进行分析，得到：桩端阻力特征值是岩样单轴抗压强度标准值的 3.15 倍，是根据勘察资料提供的参数计算的单轴竖向承载力的 2 倍。根据原位测试结果，建议勘察时对极软质岩石中的桩基础宜提桩端阻力特征值及桩侧阻力特征值，而不宜仅提供岩石的单轴抗压强度标准值；单桩竖向承载力设计时，如没有静载荷试验资料时，可以用岩石单轴抗压强度标准值乘以 1.5～2.0 的调整系数，来确定桩的端阻力特征值。

文献［27］根据旁压试验结果，估算得厦门某工程中人工挖孔桩强风化花岗岩的极限端阻力 $q_{ps} = 0.9 p_L$。通过静载荷试验检验及变形观测验证，认为该端阻力取值合理可靠，并取得了良好的经济效益和社会效益。

文献［12］对长沙红层、广州泥岩、南宁泥岩等不同区域大量工程资料进行对比分析，认为：软岩深基础端阻力，按规范方法计算值都远低于实际值；利用单轴抗压强度、三轴试验参数和标准贯入度击数等参数计算软岩端阻力值，仅可作为工程勘察建议参考的初设值；各地区不同软岩的端阻力值差异较大，但国家规范建议的参考值是远偏低的，按国家规范考虑最不利情况设计偏于安全，却未充分挖掘软岩承载潜力，工程人员设计宜参照地方规范和经验值。

文献［28］通过对贵阳地区某工程 14 个泥（砂）岩端阻载荷试验，分析了岩石种类和风化程度对桩的极限端阻力的影响。结果表明，泥岩风化程度不同，其桩端载荷-位移曲线的初始直线段斜率相差不大；计算出来的极软岩（泥岩）承载力系数远大于软岩（砂岩）。

文献［29］以南宁盆地第三系泥岩为代表，采用原位平板载荷试验、刚塑性理论及弹塑性理论三种方法研究其桩端承载力，并获得两个计算广西第三系泥岩桩端极限承载力的经验回归公式。而文献［11］对上述经验公式提出异议，认为其进行了大量假定，计算结果误差较大，仅可作为岩基承载力初设值。

文献［30］基于广西 19 个深层平板载荷试验资料，对刚塑性太沙基理论计算承载力的公式进行了修正，提出了广西第三系泥岩桩端承载力的计算公式。

5 软岩嵌岩桩承载特性

5.1 端阻分担比

20 世纪 90 年代以前，世界许多国家的地基规范，包括我国 GBJ 7—89[4]，都规定嵌岩桩按端承桩设计，完全不考虑侧阻力；有的规范虽考虑嵌岩段的侧阻力，却忽略覆盖土层的侧阻力。进入 90 年代，中国在修订《建筑桩基设计规范》[8]时有所突破，认识到桩侧阻力不可忽视，提出了嵌岩桩承载力由桩侧土总阻力、嵌岩段总阻力和总桩端阻力 3 部分组成，并给出了半经验公式。同期各研究机构及学者也针对嵌岩桩的荷载传递机理展开了广泛地现场试桩试验研究。

文献［31］通过对 150 例现场实测资料和两例原位长期观测资料分析，总结出了竖向荷载下嵌岩桩端阻力分担比 Q_b/Q 随桩的长径比（L/d）而变化的规律，否定了嵌岩桩均属端承桩的传统观点，并阐述了形成这些规律的机理。

文献［32］通过对不同场地嵌岩桩测试结果分析得到，嵌岩桩桩端阻力占桩顶荷载为 9.4%～30%，表现为端承摩擦桩。

文献［33］通过对浙江地区部分工程试桩资料综合分析，得出其端阻分担比一般处于 22%～48%之间，为典型的端承摩擦桩特征。桩顶沉降一般位于 40～60mm，且其中的绝大部分在 40mm 以内。

文献［34］通过对 43 根试桩进行统计分析得出，试桩荷载下软岩嵌岩桩承载特性主要表现为端承摩擦桩，亦具有摩擦端承桩或端承桩的特性；同时，嵌岩桩侧阻与端阻的发挥是异步的，即侧阻先于端阻发挥，建议将侧阻和端阻分别取不同的安全系数来设计单桩竖向承载力；

文献［35］在对南京地区 11 幢高层建筑的 20 根嵌岩灌注桩的应力测试与静载试验结果进行统计分析的基础上，研究了泥质软岩嵌岩桩的荷载传递机理，得出：无论钻孔灌注桩还是人工挖孔灌注桩，泥质软岩地区嵌岩桩主要表现为摩擦桩的性状，桩端阻力一般小于 20%；

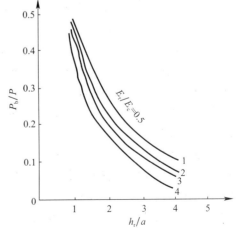

图 2 P_b/P，h_r/a 和 E_r/E_c 关系曲线[36]

而如图 2 所示，文献［36］中认为嵌岩桩的类型取决于嵌岩比 h_r/a 和及桩周岩体和桩身混凝土的弹性模量比值（E_r/E_c），并得出，在相同嵌岩比条件下，随着 E_r/E_c 的降低，桩端阻力所占桩顶荷载的比例增大，反之，则减小。

文献［10］认为侧阻与端阻的比值除与桩长、桩侧土、桩端土性状、入岩深度、泥壁性能、沉渣厚度、施工工艺等因素有关外，还与桩顶荷载水平有关。侧阻与端阻呈异步发挥。在不同的桩顶荷载水平下，侧阻与端阻具有不同的安全系数。

文献［37］基于软土地基超长嵌岩桩的受力性状的研究，得出，软土地基超长嵌岩桩侧阻与端阻的发挥不是同步，而是异步的，即侧阻先于端阻发挥，且软土地基超长嵌岩桩一般表现为端承摩擦桩的受力性状。软土地基嵌岩桩桩侧摩阻力充分发挥所需的桩顶位移并非定值，它与桩端位移量近似有一个对应关系，所以钻孔桩的静载试验必须同时测桩顶与桩端沉降。

5.2　桩侧阻力分布

文献［38］对我国东部红色碎屑沉积为主的软质岩进行了大直径钻孔灌注桩静荷载试验，并得到桩侧摩阻力沿深度方向上呈由小变大再变小的变化特征，即桩侧阻力呈单峰分布。

文献［39］基于大直径嵌岩灌注桩的实测资料分析得到，桩侧阻力沿桩身非线性分布明显，并呈现双峰曲线结果。其中初始峰值出现在 1 倍桩径处，第二个峰值出现在 3～5 倍桩径处。同时，靠近桩端附近桩侧阻力有明显增大，即出现侧阻力桩端强化效应。

文献［40］对嵌岩压桩（强风化泥质岩）试验结果分析得到，当嵌岩压桩轴向压力由小到大时，单位面积侧壁阻力 T_i 的分布图的变化顺序为：上大下小（上层先发挥作用）、两头大中间小（上层工作硬化）、大小大小（上层继续硬化）、上小中大下小（最上层工作软化）、重新出现大小大小（上层工作再硬化）。

文献［41］基于有限元对嵌岩桩承载性状进行了分析，得到：桩侧阻力的非线性分布现象突出，较多的情况下则为双峰曲线。就侧阻力曲线峰值的大小而言，一般上部侧阻力峰值大于下端侧阻力峰值，但当桩顶荷载继续增大时，侧阻力的最大峰值有向下转移的趋势。上峰值多出现在 $0.15l$（嵌岩深度）附近，下部峰值多出现在 $0.75l$ 附近。在嵌岩深度 $10d$ 时，下部峰值逐渐退化。

文献［42］以南宁软质岩中的嵌岩桩为对象，使用有限元软件模拟了其荷载传递性状。研究发现，嵌岩段桩侧摩阻力沿桩的深度方向呈非线性分布，具有双峰分布特征。上峰值较大，大都出现在 $0.17h$ 附近；下峰值较小，大都出现在 $0.83h$ 附近。随着荷载的增大，下峰值逐渐退化。随嵌岩深径比的增大，侧阻力的最大峰值有向下转移的趋势。在破坏荷载附近，双峰曲线的下峰已经退化，图形转变成单峰形。同时，研究表明，桩侧摩阻力和桩端阻力呈异步发挥，桩侧阻力先达到极限，桩端阻力后达极限。

5.3　入岩深度

在对嵌岩桩承载性能研究的初期，曾一度认为嵌岩桩嵌固深度越深，嵌岩桩桩端阻力越大，从而承载能力越大，但随着研究的逐渐深入，学者们开始意识到，单纯的增加入岩深度，在一定深度范围内能有效提高承载力，超过某一深度后，对单桩承载力几乎没有影响。也就是所谓的最大嵌岩深度和最佳嵌岩深度的问题。

文献［35］认为泥质软岩地区嵌岩桩的嵌岩深度可适当加深至 $7D$。

文献［38］结合某工程对我国东部的"红层"进行了研究，认为从工程造价和安全综合考虑，对于软质岩层采用较大的嵌岩深度，其深度不宜大于长径比 $h/d=10$。当嵌岩深度大于或等于 10 倍桩径时，桩底反力仅是桩顶荷载的 $2.5‰\sim3.0‰$，桩的承载能力将被桩身混凝土的强度所控制。因此建议嵌岩深度以 $10D$ 较为合理。

文献 [37] 对温州典型试桩数据统计表明：由于泥浆护壁及界面粗糙度差等因素，嵌岩钻孔桩不存在端阻力为零的最大临界入岩深度，但从承载力发挥、经济性和施工方便角度存在一个最优的入岩深度 $1.0\sim2.5\mathrm{m}$。

文献 [43，44] 通过对浙江地区大量的试桩资料分析认为，实际工程中不存在最大嵌岩深度，但有最佳嵌岩深度，最佳嵌岩深度与桩径相关（其中桩径 1000mm，其最佳嵌岩深度为 $1.5\sim3.0\mathrm{m}$）；同时，桩-岩界面的粗糙度对最佳嵌岩深度有影响。认为最佳嵌岩深度的确定方法最可行的是做静载试验。

文献 [40] 认为，对于均质岩层，南宁泥质砂岩中嵌岩桩的最佳嵌岩深度约为 $4.0d$。嵌岩深度较大的桩，桩的变形较小。

关于嵌岩深度问题目前国内外虽仍未有统一标准，但大部分学者较为一致的看法是：增加嵌岩深度能有效提高承载力，然而一味地增加嵌固深度是不可取的，实际嵌岩深度应视实际情况确定。

6 结语

总结和回顾了软岩嵌岩桩工程应用研究的现状及进展。梳理了规范在软岩嵌岩桩承载力确定等方面的规定和建议。并对软岩深基础方面的已有工程应用研究进行了整理。得到以下几点认识：

（1）规范是工程实践中成熟的工程经验总结，是做初步设计时用的。加之，如顾宝和大师在软岩地基研讨会（2014 年南宁）上所言"建筑地基基础设计规范设计主要基于土力学理论，近年涉及岩石地基不少，但经验不多"。因此，针对软弱岩石问题的研究，"应理论研究与工程实践研究并举"。

（2）已有工程经验表明，软岩嵌岩桩承载力，包括侧阻力和端阻力的计算确定，应结合地区实际情况，参照地方经验，将载荷试验、旁压试验等原位试验结果作为工程设计的重要依据。

（3）在软岩嵌岩桩的承载性状方面的研究依赖于不同地区的试桩经验的积累。

参 考 文 献

[1] 中华人民共和国国家标准. 建筑地基基础设计规范 GB 50007—2011 [S]. 北京：中国建筑工业出版社，2011.

[2] 顾宝和，曲永新，彭涛. 劣质岩（问题岩）的类型及其工程特性 [J]. 工程勘察，2006，(01)：1-7.

[3] 葛崇勋，张永胜. 关于嵌岩桩竖向承载力计算方法的探讨 [J]. 江苏建筑，2001，(04)：47-52.

[4] 中华人民共和国国家标准. 建筑地基基础设计规范 GBJ7—89 [S]. 北京：中国建筑工业出版社，1989.

[5] 中华人民共和国国家标准. 建筑地基基础设计规范 GB 50007—2002 [S]. 北京：中国建筑工业出版社，2002.

[6]　有智慧，龚维明，戴国亮. 嵌岩桩极限承载力理论分析与试验研究 [J]. 路基工程，2009 (1)：162-163.

[7]　葛崇勋，张永胜. 关于嵌岩桩竖向承载力计算方法的探讨 [J]. 江苏建筑，2001 (4)：47-52.

[8]　中华人民共和国行业标准. 建筑桩基技术规范 JGJ 94—94 [S]. 北京：中国建筑工业出版社，1994.

[9]　中华人民共和国行业标准. 建筑桩基技术规范 JGJ 94—2008 [S]. 北京：中国建筑工业出版社，2008.

[10]　张忠苗，"大直径泥质软岩嵌岩灌注桩的荷载传递性状"讨论之一 [J]. 岩土工程学报，1999，(04)：514-515.

[11]　吴其芳，刘冬柏，谭晓东. 泥质软岩嵌岩桩竖向承载力探讨 [J]. 地基与基础，2002，(06)：59-61.

[12]　彭海华. 典型软岩深基础端阻力计算方法探讨 [J]. 岩石力学与工程学报，2007，26 (增1)：2913-2920.

[13]　钟亮，许锡宾，许光祥. 嵌岩桩竖向承载力设计问题的分析与探讨 [J]. 路基工程，2009，(05)：38-40.

[14]　中华人民共和国行业标准. 公路桥涵地基与基础设计规范 JTJ 024—85 [S]. 北京：人民交通出版社，1986.

[15]　中华人民共和国行业标准. 公路桥涵地基与基础设计规范 JTG D63—2007 [S]. 北京：人民交通出版社，2007.

[16]　中华人民共和国行业标准. 高层建筑岩土工程勘察规程 JGJ 72—2004 [S]. 北京：中国建筑工业出版社，2004.

[17]　广东省标准. 建筑地基基础设计规范 DBJ 15—31—2003 [S]. 北京：中国建筑工业出版社，2003：108-109.

[18]　江苏省标准：南京地区地基基础设计规范 DB 32/112—95 [S]. 南京：1995.

[19]　叶琼瑶. 软岩嵌岩桩嵌岩段的荷载传递及破坏模式的试验研究. [硕士学位论文 D]. 南宁：广西大学. 2000.

[20]　蒋治和. 嵌岩桩软岩侧阻与端阻的修正 [J]. 工程勘察，2008 (增1)：65-69

[21]　彭柏兴. 红层软岩地基承载力研究 [J]. 工程勘察，2002 (2)：46-49

[22]　彭柏兴. 红层软岩工程特性及其大直径嵌岩桩若干问题研究. [博士学位论文 D]. 湖南：中南大学. 2009

[23]　Rowe, R. K., Amritage, H. H.. A design method for dilled Piers in soft rock [J]. Canadian Geotechnical Journal，1987，24 (2)：126-142

[24]　O. Neill M W. Summary of preliminary design methods for drilled shafts in intermediate geomaterials developed in task A of FHWA contract DTFH61-91-Z-041 FHWA STGEC, Natehez, MS, 1993，199：4-8.

[25]　彭柏兴，王星华. 红层软岩嵌岩桩端阻力研究 [J]. 城市勘测，2007，(1)：79-84.

[26]　李建平，张芝勇. 浅析极软质岩石地基中桩的端阻力特征值的取值 [J]. 中国煤田地质. 2006，(12)：38-42.

[27]　康巨人，刘明辉. 旁压试验在强风化花岗岩中的应用 [J]. 工程勘察，2010，1 (增刊)：932-937.

[28]　戴国亮，杨超，龚维明. 贵州地区泥（砂）岩层桩端阻力试验研究 [J]. 建筑结构. 2013，43 (19)：95-98.

[29]　吴起星. 广西第三系泥岩桩承载力研究 [硕士学位论文 D]. 南宁：广西大学，2002.

[30]　范秋雁，吴起星，周国贵. 广西第三系泥岩桩端承载力确定方法 [J]. 工程地质学报，2004，12

（04）：408-411.

[31] 史佩栋，梁晋渝. 嵌岩桩竖向承载力的研究 [J]. 岩土工程学报，1994，16（4）：32-39.

[32] 董金荣. 嵌岩桩承载性状分析 [J]. 工程勘察，1995（3）：13-18.

[33] 俞炯奇，张土乔，龚晓南. 钻孔嵌岩灌注桩承载特性浅析 [J]. 工业建筑，1999，29（8）：38-43.

[34] 邢皓枫，孟明辉，罗勇，叶观宝，何文勇. 软岩嵌岩桩荷载传递机理及其破坏特征//全国桩基工程会议论文集，岩土工程学报（52），2011

[35] 刘松玉，季鹏，韦杰. 大直径泥质软岩嵌岩灌注桩的荷载传递性状. 岩土工程学报 [J]，1998，20（4）：58-61.

[36] 刘建刚，王建平. 嵌岩桩的嵌固效应及载荷试验 *P-s* 曲线特征分析 [J]. 工业建筑，1995，25（5）.

[37] 张忠苗. 软土地基超长嵌岩桩的受力性状 [J]. 岩土工程学报，2001，23（5）：552-556.

[38] 王国民. 软岩钻孔灌注桩的荷载传递性状 [J]. 岩土工程学报，1996，18（02）：99-102.

[39] 郑祖恩. 软岩地基中大直径嵌岩灌注桩承载性能研究 [硕士学位论文 D]. 湖南：中南大学. 2007.

[40] 吴斌，吴恒立，杨祖敦. 虎门大桥嵌岩压桩试验的分析和建议 [J]. 岩土工程学报，2002，24（1）：56-60.

[41] 陈斌等. 嵌岩桩垂直承载力的有限元分析（上）. 水运工程，2001，232（9）：5-8

[42] 李婉，林育樑，陈正汉. 南宁地区软岩嵌岩桩的有限元计算机模拟 [J]. 工业建筑，2005，35（增刊）：492-496.

[43] 宋仁乾，张忠苗. 软土地基中嵌岩桩嵌岩深度的研究 [J]. 岩土力学，2003，24（6）：1053-1056.

[44] 宋仁乾. 嵌岩桩受力性状及嵌岩深度的研究 [硕士学位论文 D]. 杭州：浙江大学，2003.

填土场地桩基负侧摩阻力设计计算方法试验研究

康景文[1]　毛坚强[2]　许　建[1]　姚文宏[1]　章学良[1]　李可一[1]

（1. 中国建筑西南勘察设计研究院有限公司；2. 西南交通大学土木工程学院）

摘要： 厚填土场地地基自身固结变形对桩基产生的负侧摩阻力不可忽视。依托实际工程现场监测资料，对厚填土场地的桩基负侧摩阻力的分布规律进行分析，提出了简化的负侧摩阻力沿轴向线性分布理论计算图及负侧摩阻力系数计算方法。通过与监测资料进行的对比分析，得到本工程填土场地基桩的负侧摩阻力系数为 0.09～0.15，验证了所提出的计算方法的合理性，为以后类似场地地基桩基的合理设计提供参考依据和工程借鉴。

1　引言

修建于丘陵地带场地的建筑工程，常会遇到厚填土地基处置的问题。与正常沉积形成的土层相比，新近厚填土地基具有压缩量大、稳定时间长等特点；同时，厚填土地基中，因自重固结变形对桩基础产生的负侧摩阻力不可忽视。目前，国内外对厚填土地基中负侧摩阻力的系统研究并不多见，现场量测资料也非常有限，因此，开展现场量测，并深入分析研究量测数据，对掌握厚填土中桩基负侧摩阻力的特性、计算方法具有重要的实际意义。

某生产基地工程由 20 幢建筑物组成，场地位于丘陵地区，混凝土灌注桩基础，桩端以中风化砂岩层为持力层。整个场地的地基土为无序堆填方式形成的深厚土层，最大填筑厚度近 30m，因其自重固结尚未完成，故地基土后期变形量较大，将造成桩基在使用过程中受到负侧摩阻力作用，对工程的安全及经济性产生重大的影响。

本文通过现场量测并结合理论分析，对该场地厚填土中桩侧负摩阻力的分布规律进行较为系统的研究，提出了一种基桩负侧摩阻力的设计计算方法，为以后类似场地地基桩基的合理设计提供参考依据和工程借鉴。

2　工程概况

工程总用地面积为 $2.5 \times 10^5 m^2$，总建筑面积为 $3.0 \times 10^5 m^2$，包括车间、仓库、办公楼等，1～4 层框架结构。建筑物跨度在 8～12m 之间，单柱荷载为 6.5～13.0MN。设计采用机械成孔混凝土灌注桩基础，桩直径为 1.0～1.5m，桩端进入中风化砂岩层，桩长为 26～33m。场地地基土为无序新近填筑的 30m 厚的开山石料。

本文原载于《岩土力学》2014 年增刊 2

该工程的场地原始地貌属山丘坡残坡积物沉积地带及丘前冲沟地带，地形起伏较大，桩基施工时已被回填。填筑情况如图1所示，填筑后开挖填土情况见图2。

图1　场地地貌　　　　　　　　图2　填土层状态

场区所在区域属新华夏系，川中褶皱带威远辐射状构造东北翼，场区微构造不发育，未发现断层、褶皱等构造。场区内地层倾角平缓，地层总体倾向东北方向，倾角为1°～2°。填筑后勘察所揭露的深度内，场地地层可分4层[1]：

（1）填土层（Q_4^{ml}）：以回填黏土、砂岩块体为主，局部趋于回填，有建筑垃圾、淤泥质土，填土厚度为1.5～28.2m。

（2）淤泥质粉质黏土层（Q_4^{pl+dl}）：流塑—软塑状态，含有机质，为原古河道、池塘淤积形成，场地内局部分布，厚度为1.1～6.8m。

（3）黏土层（Q_4^{pl+dl}）：软塑—可塑状态，场地内局部分布，厚度为1.1～12.1m。

（4）基岩层（J_2s^2）：其中强风化砂岩岩芯破碎，为极软岩，裂隙发育，厚度为0.6～14.0m；中等风化砂岩裂隙较发育，结构面结合一般，勘察时未揭穿。

场地土层中赋存有上层滞水和基岩裂隙水两种类型的地下水。勘察期间为枯水期，未测得地下水。

3　基桩受力测试及分析

为研究和掌握桩基负侧摩阻力的分布规律，选取8根基桩（编号1号～8号）进行量测[2]。通过钢筋计量测桩身不同位置处钢筋的应变，根据应变计算出对应截面上的轴力，再由各截面的轴力和桩顶所受荷载确定出桩侧摩阻力及其分布。

3.1　测桩方案

各测桩的基本信息见表1。

测桩基本信息　　　　　　　　　　　　　　　表1

桩号	桩侧土层（非岩）厚度（m）			入岩深度（m）		桩径（m）	桩长（m）
	填土	淤泥质粉质黏土	黏土	强风化	中风化		
1	21.5	0.0	0.0	2.4	1.4	1.0	25.3
2	25.5	0.0	0.0	1.3	1.7	1.0	28.3

续表

桩号	桩侧土层（非岩）厚度（m）			入岩深度（m）		桩径（m）	桩长（m）
	填土	淤泥质粉质黏土	黏土	强风化	中风化		
3	23.8	0.0	0.0	1.6	1.2	1.0	26.6
4	13.8	0.0	0.0	5.3	4.3	1.4	23.4
5	16.3	1.6	10.4	0.7	2.0	1.1	31.0
6	15.0	2.0	11.5	2.9	1.6	1.1	33.0
7	15.5	6.8	5.2	3.0	1.5	1.1	32.0
8	19.6	5.5	0.0	0.5	2.0	1.0	27.6

每个测桩量测截面布置3根钢筋计（图3），安装后见图4。每根测桩第1个量测截面（钢筋计中心）距桩顶面0.4～1.5m，中部截面间的距离为2.0～3.2m（根据桩长及土层情况进行了适当调整）最下端量测截面距桩底端1～2m。各测桩量测截面及所需的钢筋计数量见表2。

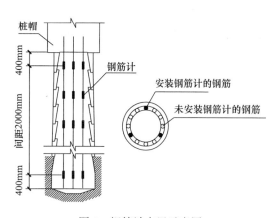

图3 钢筋计布置示意图

图4 测桩钢筋计安装

测桩量测断面及钢筋计数量统计表　　　表2

桩号	设计桩号	桩长（m）	主筋直径（mm）	量测截面数×每个截面钢筋计数量
1	A1-J05	25.3	16	8×3
2	A1-J10	28.3	16	10×3
3	A1-F16	26.6	16	8×3
4	A2-AZ02	23.4	20	7×3
5	B2-E01	31.0	18	11×3
6	B2-D01	33.0	18	12×3
7	C2-D16	32.0	18	14×3
8	A1-E01	27.6	16	10×3

3.2 测试结果及分析

对1号～8号桩在上部结构施工期间及主体结构完成后进行长达2a监测。采用在同一断面3处测得的钢筋应力平均值作为该位置处钢筋应力，以此计算出桩身轴力及桩侧摩阻力。

图 5 和表 3 为 8 根测桩最终侧摩阻力沿深度的分布。表 3 中给出了各桩正侧摩阻力、负侧摩阻力大小和相应深度以及中性点深度（表中 l_0 为土层总深度；l_{nmax} 为最大负摩阻深度；l_n 为中性点深度）。

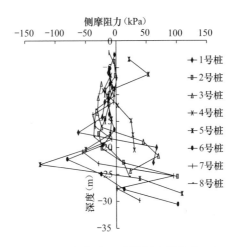

图 5　桩侧摩阻力沿深度的分布

桩侧摩阻力汇总表　　　　　　　　　表 3

| 桩号 | 桩长（m） | 桩侧土层厚度（m） | | | l_0（m） | 不同深度下最大正摩阻力 | | 不同深度下最大负侧摩阻力 | | $\dfrac{l_{max}}{l_0}$ | 不同深度下中性点 | |
		填土	淤泥质粉质黏土	黏土		分布深度（m）	摩阻力值（kPa）	分布深度（m）	摩阻力值（kPa）		深度（m）	$\dfrac{l_n}{l_0}$
1	25.3	21.5	0.0	0.0	21.5	19.90	66.68	17.10	62.43	0.80	18.6	0.86
2	28.3	25.5	0.0	0.0	25.5	25.45	101.49	17.35	28.62	0.68	22.3	0.87
3	26.6	23.8	0.0	0.0	23.8	21.55	69.61	13.45	30.68	0.57	16.5	0.69
4	23.4	13.8	0.0	0.0	13.8	20.45	30.00	9.25	20.85	0.67	11.5	0.83
5	31.0	16.3	1.6	10.4	28.3	28.60	108.65	23.00	125.65	0.81	25.0	0.88
6	33.0	15.0	2.0	11.5	28.5	30.60	102.15	22.20	80.66	0.78	25.8	0.91
7	32.0	15.5	6.8	5.2	27.5	25.25	94.47	20.65	55.38	0.75	23.5	0.85
8	27.6	19.6	5.5	0.0	25.1	25.35	21.46	17.85	37.16	0.71	24.0	0.96

由图 5 和表 3 可以发现：

（1）除 5 号和 3 号桩（3 号桩只进行了较短时间的测量，所得数据不是稳定后的值）外，基桩在填土层（包括淤泥质粉质黏土及黏土）中的大部分范围内受负侧摩阻力作用，"中性点深度与土层总深度比"介于 0.83～0.96 之间。

（2）场地原有的淤泥质粉质黏土层及黏土层的固结变形虽在填土以前已经完成，但在新近填土荷载作用下发生新的沉降变形，对基桩也产生了负侧摩阻力。对周围存在后填筑的淤泥质粉质黏土层及黏土层的桩，中性点的位置不是处于总填土层的底面而是处于该土层中部。

（3）整体上看，负侧摩阻力沿深度增大到桩侧土层偏下的某一位置达到最大值，"最大负侧摩阻深度与土层总深度比"介于 0.67～0.81 之间（3 号桩除外），负侧摩阻力值最大位置之后逐渐减小，负侧摩阻力的最大值为 125.65kPa，并最终过渡变为正摩阻力。

（4）桩侧正摩阻力的最大值为 108.65kPa。从量测结果看，测桩最大正摩阻力的位置为砂岩的顶面位置或处于砂岩层一定深度。

4　负侧摩阻力简化计算

由图 5 和表 3 可知，桩侧负侧摩阻力的分布形式较为复杂，很难直接用于实际工程的设计计算。为便于工程应用，根据测得的桩侧负侧摩阻力的分布特点，参考文献 [3] 中负侧摩阻力确定方式建立简化的计算方法。

4.1　负侧摩阻力分布简化分析

根据量测结果整理并简化，提出负侧摩阻力分布形式如图 6 所示。

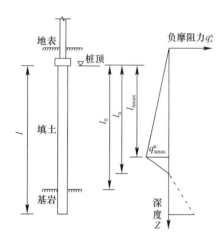

图 6　填土负侧摩阻力简化计算方法

（1）负侧摩阻力是桩-土之间相互作用的结果，其大小及分布形式与桩、土的变形等密切关联。达到极限状态时的负侧摩阻力的大小，忽略桩-土之间的变形协调的影响，主要取决于桩-土界面的性质及桩-土之间的作用力，即达到极限状态时的负侧摩阻力。

（2）负侧摩阻力的分布形式简化：由地表从 0 开始线性增加，至填土层下部某一位置达到最大值（将此段称为"负侧摩阻力增大段"，即负侧摩阻力分布的主要范围 l_{nmax}），之后负侧摩阻力逐渐减小，在填土层底部附近减至 0。参照文献 [3] 将增大段的负侧摩阻力表示为

$$q_{si}^n = \xi_{ni}\sigma_i' \tag{1}$$

式中：ξ_{ni} 为第 i 层土的负侧摩阻力系数；σ_i' 为第 i 层土的竖向有效应力。

（3）l_n 及 l_{nmax} 的变化范围已确定，因此只需确定 ξ_{ni}，即可获得负侧摩阻力的分布。

4.2　计算方法

由于通过对轴力进行差分法获得的桩侧摩阻力有较大的误差，很难由获得的侧摩阻力分布求得所需的负侧摩阻力系数，因此，本文提出了一种新的确定方法。

（1）按图 6 分布形式，侧摩阻力假设为沿深度 z 线性分布，可表达成下式：

$$q_s^n(z) = Az + B \tag{2}$$

式中：A、B 为待定参数。

按此假设，地表处的负侧摩阻力并不为 0，因工程中桩的轴力主要来源为填土下沉和上部结构荷载，而量测数据中很难将其分离，系数 B 即为反映上部荷载作用。

（2）对式（2）积分后得到轴力的表达式：

$$N(z) = \frac{1}{2}uAz^2 + uBz + C \tag{3}$$

式中：C 为待定参数；u 为桩的周长。

或写为

$$N(z) = A'z^2 + B'z + C \tag{4}$$

式中：A'、B'为待定系数。

（3）通过负侧摩阻力增长段（l_{nmax}范围内）的轴力量测结果即可确定 3 个特定系数 A'、B'、C'，并由 A'求得式（1）中的 ξ_{ni}。

4.3 参数确定及计算方法验证

选用实测数据较为完整的 2 号桩、6 号桩、7 号桩、8 号桩进行计算分析。

表 4 为负侧摩阻力增长段的轴力量测结果汇总，表中的深度从桩顶井始算起。用表 4 中的轴力实测数据分别对各桩进行拟合计算，得到相应的待定参数 A'、B'、C（表 5）。

轴力量测结果（负侧摩阻力增长段）　　　　　　　表 4

2 号桩		6 号桩		7 号桩		8 号桩	
深度 z（m）	轴力 N（kN）	深度 z（m）	轴力 N（kN）	深度 z（m）	轴力 N（kN）	深度 z（m）	轴力 N（kN）
4.25	100.3	3.55	509.3	3.45	238.5	6.55	373.0
6.95	124.6	6.35	529.3	5.75	332.0	9.05	452.7
9.65	131.2	9.15	635.5	8.05	342.1	11.55	503.5
12.35	284.7	11.95	732.8	10.35	329.8	14.05	533.0
15.05	385.0	14.75	852.1	12.65	347.9	16.55	797.4
17.75	540.2	17.35	959.8	14.95	378.9	19.05	999.1
20.45	782.9	20.35	987.1	17.25	681.5	21.55	1290.9
23.15	1243.5	23.15	1198.3	19.55	957.3	24.05	1363.0
		25.95	1978.8	21.85	1016.6		
		28.75	2215.4	24.15	1456.8		
				26.45	1690.5		

图 7 给出了相应的轴力拟合曲线（负侧摩阻力增长段），可见由表 5 中给出的相关系数拟合效果良好，说明式（2）的合理性。

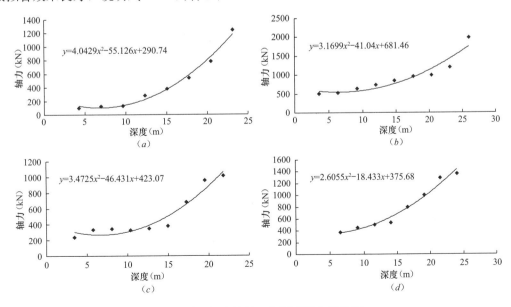

图 7　轴力拟合结果（负侧摩阻力增长段）
（a）2 号桩；（b）6 号桩；（c）7 号桩；（d）8 号桩

待定参数拟合结果

表 5

桩号	A'	B'	C'	ξ_{ni}	相关系数 R
2 桩	4.043	−55.127	290.77	0.143	0.964
6 桩	3.442	−47.994	714.66	0.111	0.974
7 桩	3.863	−54.746	457.25	0.124	0.989
8 桩	2.606	−18.438	375.71	0.092	0.987

根据式（1）～式（3），容易推得负侧摩阻力系数 ξ_{ni} 与 A' 之间的关系为

$$\xi_{ni} = \frac{2A'}{u\gamma} \tag{5}$$

式中：γ 为填土的重度，本文计算时近似取为 $18\mathrm{kN/m^3}$。将表 5 中各桩 A' 的值代入式（5），即可求得相应的 ξ_{ni}（见表 5）。可以看出，ξ_{ni} 介于 $0.092 \sim 0.143$ 之间应是比较合理的，也说明本文提出的计算方法及数据处理方法是可行的。

5 结论

本项目的量测历经近 2a 的时间（期间经过两个雨期），由于施工因素等影响，虽初期有少部分测试元件被损坏，但至量测工作结束，各测点的量测值已完全稳定。整体上看，测试结果比较可信。通过对量测数据的整理及分析，可得到以下结论：

（1）各测桩均表现出显著的负侧摩阻力作用的特征。对大多数测桩来说，负侧摩阻力产生的下拉荷载是桩承受的主要荷载。

（2）整体上看，负侧摩阻力沿深度增大到桩侧土层偏下的某一位置达到最大值，约为 $0.67 \sim 0.80$ 倍的土层深度，之后逐渐减小。

（3）桩侧负侧摩阻力发生在填土以及其下原存淤泥质粉质黏土及黏土层中，变形稳定后，其分布范围（中性点以上深度）约为土层总厚度的 $0.83 \sim 0.96$ 倍。

（4）建立了填土中负侧摩阻力（极限状态时）的简化计算方法，负侧摩阻力从地面由 0 开始随深度线性增加到最大值，然后逐渐过渡到正侧摩阻力。

（5）通过量测资料计算表明，本文提出的负侧摩阻力简化计算方法具有合理性和实用性，得到的此类新近后填土场地基桩的负侧摩阻力系数为 $0.09 \sim 0.15$。

参 考 文 献

[1] 中国建筑西南勘察设计研究院有限公司. 巨腾国际内江项目岩土工程勘察报告 [R]. 成都：中国建筑西南勘察设计研究院有限公司，2011.

[2] 西南交通大学. 巨腾国际内江项目桩基监测报告 [R]. 成都：西南交通大学，2013.

[3] 中华人民共和国行业标准. JGJ 94—2008 建筑桩基技术规范 [S]. 北京：中国建筑工业出版社，2008.

现行不同规范中标贯法液化判别结果的对比分析

朱国祥　金　淮　周玉凤　张荣成

（北京城建勘测设计研究院有限责任公司）

摘要： 本文将现行相关技术规范中标准贯入法进行液化判别的公式归纳为对数型、抛物线型、折线（或直线）型和不规则型四类，对这四种类型曲线得到的标贯临界值随标贯点深度、地下水水位埋深和黏粒含量百分率的变化进行对比分析，得到了四类曲线的标贯临界值差异随标贯点深度、地下水位埋深和黏粒含量百分率的变化规律，同时对四种液化判别公式的合理性进行了初步分析，以供工程技术人员参考。

1　前言

砂土液化判别是我国各类岩土工程勘察报告中均需提供的成果之一。现行的相关技术规范对砂土液化判别均采用初判和详判两个步骤，详细判别中绝大多数规范采用标准贯入击数进行判别，但计算临界标准贯入击数的公式不尽一致。把砂土液化判别作为独立条款的规范有《建筑抗震设计规范》[1]、《公路工程地质勘察规范》[2]、《公路工程抗震设计规范》[3]、《铁路工程抗震设计规范》[4]、《构筑物抗震设计规范》[5]、《室外给水排水和燃气热力工程抗震设计规范》[6]、《公路桥梁抗震设计细则》[7]、《水利水电工程地质勘察规范》[8]等。由于计算临界标准贯入击数的公式不同，采用不同规范对同一场地进行液化判别的结果也存在差异。为此，本文对几种常用的液化判别公式进行对比分析，找出采用不同规范进行液化判别时得到的判别结果差异的特点。

2　计算临界标准贯入击数公式的类型

从标准贯入击数临界值与标贯点深度的关系看，现行相关规范中计算标贯临界值的形式可归纳为对数型、抛物线型、折线型（或直线型）和不规则曲线型四类，其中采用不规则曲线型的规范进行液化判别时，对实测标贯击数进行修正，为便于对比分析，本文对不规则曲线型计算的临界值首先除以标准贯入锤击数的修正系数，再进行作图。上述四类曲线形式见图1。

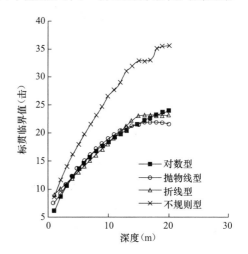

图1　临界标准贯入击数与
标贯点深度的关系

本文原载于《工程勘察》2012 年第 10 期

3 不同规范计算临界标贯值采用的曲线形式

3.1 对数型

现行的《建筑抗震设计规范》[1] GB 50011—2010 采用对数型曲线，判别深度为地面下 20m。当饱和土标准贯入锤击数（未经杆长修正）小于或等于液化判别标准贯入锤击数临界值时，应判为液化土。

地面下 20m 深度范围内，液化判别标准贯入锤击数临界值计算公式如下：

$$N_{cr} = N_0 \beta [\ln(0.6 d_s + 1.5) - 0.1 d_w] \sqrt{3/\rho_c} \tag{1}$$

式中：N_{cr} 为液化判别标准贯入锤击数临界值；N_0 为液化判别标准贯入锤击数基准值，按表 1 采用；d_s 为饱和土标准贯入点深度（m）；d_w 为地下水位深度（m）；ρ_c 为黏粒含量百分率，当小于 3 或为砂土时，采用 3；β 为调整系数，设计地震第一组取 0.80，第二组取 0.95，第三组取 1.05。

液化判别标准贯入锤击数基准值 N₀

表 1

设计基本地震加速度（g）	液化判别标准贯入锤击数基准值（击）
0.10	7
0.15	10
0.20	12
0.30	16
0.40	19

3.2 抛物线型

《铁路工程抗震设计规范》[4] GB 50111—2006 采用抛物线型曲线计算液化标贯临界值 N_{cr}，计算公式如下：

$$N_{cr} = N_0 \alpha_1 \alpha_2 \alpha_3 \alpha_4 \tag{2}$$

$$\alpha_1 = 1 - 0.065(d_w - 2) \tag{3}$$

$$\alpha_2 = 0.52 + 0.175 d_s - 0.005 d_s^2 \tag{4}$$

$$\alpha_3 = 1 - 0.05(d_u - 2) \tag{5}$$

$$\alpha_4 = 1 - 0.17 \sqrt{\rho_c} \tag{6}$$

式中：N_0 为临界标准贯入锤击数；α_1 为地下水位埋深修正系数，当地面常年有水且与地下水有水力联系时，d_w 为零；α_2 为标准贯入试验点的深度修正系数；α_3 为上覆非液化土层厚度修正系数，对于深基础 α_3 取 1；α_4 为黏粒重量百分比 ρ_c 的修正系数，

3.3 折线或直线型

采用折线（或直线）型曲线计算标贯临界值的规范较多，这种形式是已失效的《建筑抗震设计规范》GB 50011—2001 采用的形式，目前仍在使用该公式的规范有《构筑物抗震设计规范》[5] GB 50191—93、《室外给水排水和燃气热力工程抗震设计规范》[6] GB 50032—2003、《公路桥梁抗震设计细则》[7] JTG/T B02—01—2008、《水利水电工程地质勘察规范》[8] GB 50487—2008 等。采用这种形式进行液化判别时，不同规范除在判别深度的规定和是否对实测值进行修正方面略有差异外，计算临界值的方法是一致的。因此本次采

用已失效的《建筑抗震设计规范》GB 50011—2001 中规定的方法进行对比分析。

地面下 15m 深度范围内，液化判别标准贯入锤击数临界值按下式计算：

$$N_{cr} = N_0 [0.9 + 0.1(d_s - d_w)] \sqrt{3/\rho_c} \quad (d_s \leqslant 15m) \tag{7}$$

地面下 15～20m 范围内，液化判别标准贯入锤击数临界值按下式计算：

$$N_{cr} = N_0 (2.4 - 0.1 d_w) \sqrt{3/\rho_c} \quad (15m < d_s \leqslant 20m) \tag{8}$$

3.4　不规则曲线型

采用不规则曲线型计算临界标贯值的规范有《公路工程地质勘察规范》[2] JTG C20—2011、《公路工程抗震设计规范》[3] JTJ 004—89。这两本规范规定，当土层实测的修正标准贯入锤击数 N_1 小于下式计算的修正液化临界标准贯入锤击数 N_{cr} 时，应判为液化，否则应判为不液化。计算公式如下：

$$N_1 = C_n N \tag{9}$$

$$N_{cr} = \left[11.8(1 + 13.06 \frac{\sigma_0}{\sigma_e} K_h C_v)^{\frac{1}{2}} - 8.09 \right] \xi \tag{10}$$

式中：N 为实测的标准贯入锤击数；C_n 为标准贯入锤击数的修正系数；σ_0 标准贯入点处土的总上覆压力（kPa），$\sigma_0 = \gamma_u d_w + \gamma_d (d_s - d_w)$；$\sigma_e$ 为标准贯入点处土的有效覆盖压力（kPa），$\sigma_e = \gamma_u d_w + (\gamma_d - 10)(d_s - d_w)$；$\gamma_u$ 为地下水位以上土的重度，砂土取 18.0kN/m³，粉土取 18.5kN/m³；γ_d 为地下水位以下土的重度，砂土取 20.0kN/m³，粉土取 20.5kN/m³；d_s 为标准贯入点深度（m）；d_w 为地下水位深度（m）；K_h 为水平地震系数；C_v 为地震剪应力随深度的折减系数；ξ 为黏粒含量修正系数，$\xi = 1 - 0.17 \rho_c^{1/2}$；$\rho_c$ 为黏粒含量百分率（%）。

为便于对比分析，本次首先将式（10）中的临界值除以标准贯入锤击数的修正系数 C_n 后再进行对比分析。

4　采用不同类型曲线计算临界标准贯入击数的差异

上述四种计算临界标贯击数的曲线中，考虑的因素主要为标贯点深度、水位埋深、黏粒含量和地震峰值加速度等，本文只考虑地震峰值加速度为 0.20g、地震分组为第 1 组的情形，且只进行单因素变化对临界标贯值影响的分析。

4.1　临界标准贯入击数随深度的变化

（1）砂土临界标准贯入击数随深度的变化

本文考虑地下水位埋深为 0m、2m 和 5m 三种状态，对砂类土的临界标准贯入击数随深度的变化进行分析。为便于直观图示，绘图时将深度作为 y 轴，临界标准贯入击数作为 x 轴。计算结果见图 2～图 4。除抛物线型曲线得到的临界值在深度大于 18m 后随深度的增加而减小、折线型曲线得到的临界值当深度大于 15m 后不再随深度变化外，四种类型曲线得到的临界值一般随深度的增加而增加。

由图 2 可见，当地下水位取地面下 0m 时，由四种类型曲线计算得到的深度在 2～19m 之间的临界标贯值基本相同，一般不超过 1 击；2m 以上和 19m 以下的标贯临界值相差 2～3 击，其中 2m 以上以折线型曲线计算得到的标贯临界值最大，对数型曲线计算得到的临界值最小，19m 以下由不规则型曲线得到的值最大，由抛物线型曲线得到的值最小。

图 3 中当地下水位埋深取 2m 时，由四种类型曲线计算得到的 14m 以上的标贯临界值基本相同，相差不超过 1 击；而 15m 以下的值相差较大，一般在 2～5 击，以不规则型曲线得到的值最大，由抛物线型曲线得到的值最小，且两者随深度的增加，差别也增大。

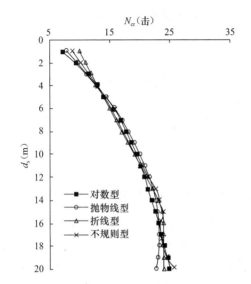

图 2　砂类土临界标贯击数随深度
的变化（$d_w=0$m）

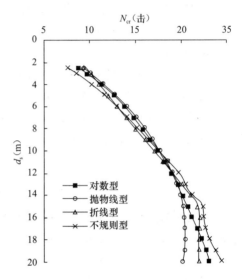

图 3　砂类土临界标贯击数随深度
的变化（$d_w=2$m）

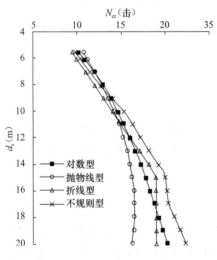

图 4　砂类土临界标贯击数随深度
的变化（$d_w=5$m）

图 4 中当地下水位埋深取 5m 时，由四种曲线得到的 11m 以上的临界值相差 1 击；12m 以下的临界值相差 2～6 击，除对数型和折线型在 18m 深度处相交外，一般深度越大，差别也越大，以不规则型曲线得到的值最大，以抛物线型曲线得到的值最小。

上述计算结果表明，当地下水位取 0m 时，在液化判别深度范围内，由四种曲线得到的临界值除两端差别较大外，其他深度范围内差别不大；随着地下水位取值的增大，由四种曲线得到的临界值在判别深度范围内的下部差别逐渐增大，一般随标贯点深度的增加，差别增大，以不规则型曲线得到的值最大，由抛物线型曲线得到的值最小，而对数型和折线型得到的临界值差别相对小一些。

（2）粉土临界标准贯入击数随深度的变化

粉土的临界标贯击数随深度变化规律与砂土的基本一致，除抛物线型曲线得到的临界值在深度大于 18m 后随深度的增加而减小、折线型曲线得到的临界值当深度大于 15m 后不再随深度变化外，四种类型曲线得到的临界值一般随深度的增加而增加。除对数型和折线型得到的临界值差别不大外，其他曲线之间得到的临界值差别较大（图 5），一般随深度的增加，差别也增大，以不规则型曲线得到的值最大，抛物线型曲线得到的值最小。

4.2 临界标准贯入击数随水位埋深的变化

（1）砂土临界标准贯入击数随水位埋深的变化

本次对 5m、10m 和 15m 三个深度的砂土分析其临界标贯击数随水位的变化，计算结果见图 6～图 8。

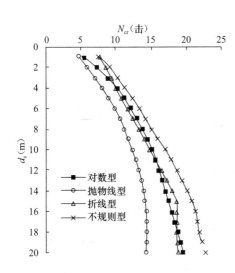

图 5 粉土临界标贯击数随深度变化
（$d_w = 0$m，$\rho_c = 5$）

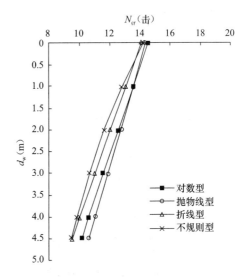

图 6 砂土临界标贯击数随水位变化（$d_s = 5$m）

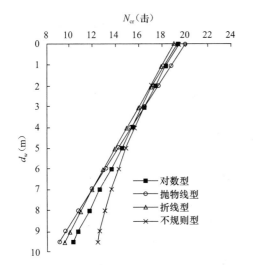

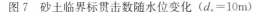

图 7 砂土临界标贯击数随水位变化（$d_s = 10$m）

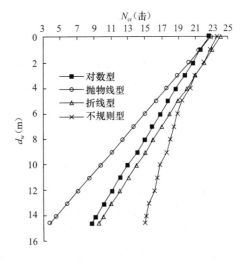

图 8 砂土临界标贯击数随水位变化（$d_s = 15$m）

随着地下水位取值的增大，临界标贯击数逐渐减小，除不规则型曲线外，其他三种形式随水位取值的增大，临界标贯值呈线性减小。当地下水位取值小于 5m 时，10m 以内的砂土由四种曲线得到的标贯临界值差别一般不超过 1 击。地下水位取值大于 5m 后，除对数型和折线型曲线得到的临界值差别不超过 1 击外，由四种曲线得到的临界值差别随标贯点深度增大而逐渐增大，以不规则型曲线得到的值最大，由抛物线型曲线得到的值最小。而且对埋深越大的砂土，由四种曲线得到的临界值差别受水位埋深影响越大。

（2）粉土标贯临界值随水位变化

粉土的标贯临界值随水位的变化规律与砂土的基本一致，但变化速率比砂土的小。除对数型和折线型曲线得到的临界值差别不超过 1 击外，不管水位埋深有多大，四种曲线得到的临界值差别均较大，以不规则型曲线得到的值最大，以抛物线型曲线得到的值最小（图 9 和图 10）。而且对埋深越大的粉土，由四种曲线得到的临界值差别越大。

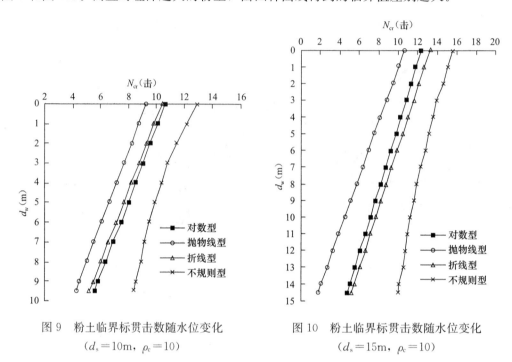

图 9　粉土临界标贯击数随水位变化
$(d_s=10\text{m}, \rho_c=10)$

图 10　粉土临界标贯击数随水位变化
$(d_s=15\text{m}, \rho_c=10)$

4.3　临界标准贯入击数随黏粒含量的变化

临界标贯击数随黏粒含量的变化见图 11，随着黏粒含量的增大，临界标贯击数逐渐减小。图 11 中同一黏粒含量下以不规则型曲线得到的临界值最大，以抛物线型得到的临界值最小，但这一规律中除了黏粒含量对临界值有影响外，还包含着其他因素对临界值的影响。

为了分析四种曲线中黏粒含量变化对临界值的影响而排除其他因素对临界值的影响，首先分析黏粒含量修正系数随黏粒含量的变化。四种形式的曲线中，对数型和折线型采用的黏粒含量修正系数相同，抛物线型和不规则型采用的黏粒含量修正系数也相同。黏粒含量修正系数越大，说明对临界标贯击数影响越大。图 12 为黏粒含量修正系数随黏粒含量百分比的变化，由图可见，对数型和折线型曲线中黏粒含量对临界值的影响大于抛物线型和不规则型曲线中黏粒含量对临界值的影响。

5　对上述砂土液化判别公式的几点看法

采用上述建立的液化判别式进行液化判别时，当实测标贯击数小于（或小于等于）临界标贯值时判为液化。由于相同成因、相同物质成分的土层标贯击数一般随深度增加而增加，因此，一般情况下临界值越大发生液化的可能性越大，临界值越小发生液化的可能性越小。对调查得到的实际地震液化资料进行分析，在某一深度范围内，总体上砂土液化与不液化的临界值随砂土埋藏深度增加而逐渐增加，因此采用标准贯入法判别液化时，在某一深度范围内，其临界值应该随深度的增加而增加。

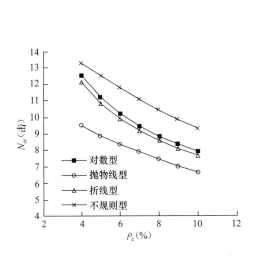

图 11　临界标贯击数随黏粒含量的变化
（$d_s=5m$，$d_w=0m$）

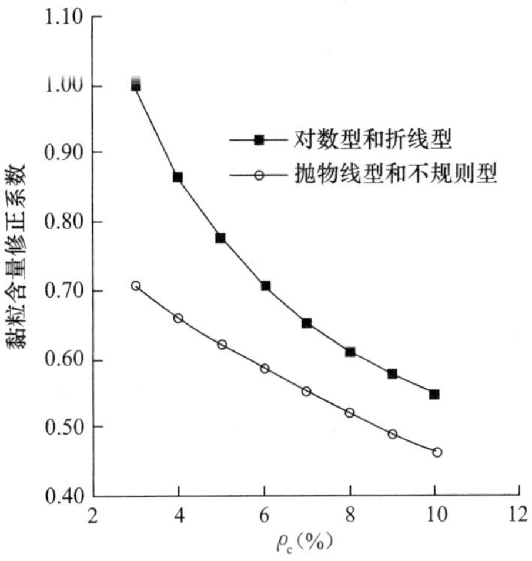

图 12　黏粒含量与黏粒含量修正系数关系

不规则型曲线在某些深度处临界值几乎不随深度而增加；抛物型判别式在 14m 以下临界值存在极大值，超过极大值后，临界值随深度的增加而减小，特别是当地下水位埋深大于 17m 后，18m 以下标贯临界值出现负值；直线型判别式在深度大于 15m 后临界值不再随深度增加；对数型判别式不存在上述现象，标贯临界值随深度的增加而增加，但统计分析中缺少深部实际液化数据的支持。

上述四种判别方法都把砂土标贯点深度和地下水位埋深作为建立判别式的基本参数，都是建立在统计分析基础上，虽然在一定范围内对液化判别有较高的成功率，但都有不足之处。

6　结论

根据标贯临界值与标贯点深度的关系，将现行规范中计算标贯临界值的形式归纳为对数型、抛物线型、折线型（或直线型）和不规则曲线型四类，对四类曲线得到的标贯临界值随标贯点深度、地下水位埋深和黏粒含量百分率的变化进行分析，得到以下几点结论：

（1）除抛物线型曲线得到的临界值在深度大于 18m 后随深度的增加而减小、折线型曲线得到的临界值当深度大于 15m 后不再随深度变化外，砂土和粉土由四种类型曲线得到的临界值一般表现为随深度的增加而增加。

（2）由对数型和折线型得到的砂土和粉土的标贯临界值随标贯点深度、地下水位埋深和粘粒含量大小变化不大，两者计算结果差别一般不超过 1 击。

（3）由四种曲线得到的粉土的标贯临界值差别比砂土的大，一般随深度的增加，差别增大，以不规则型曲线得到的值最大，抛物线型曲线得到的值最小。

（4）随着地下水位取值的增大，同一深度砂土和粉土的标贯临界值逐渐减小，其中砂土的标贯临界值随水位的变化率大于粉土的变化率，且除不规则型曲线外，其他三种形式得到的临界值随水位埋深取值的增大而呈线性减小。

（5）当地下水位取值小于5m时，10m以内的砂土由四种曲线得到的标贯临界值差别一般不超过1击。地下水位取值大于5m后，除对数型和折线型曲线得到的临界值差别不超过1击外，随着地下水位取值的增大，其他曲线之间得到的砂土的标贯临界值在判别深度范围内的下部差别逐渐增大，一般随标贯点深度的增加，差别增大，以不规则型曲线得到的值最大，由抛物线型曲线得到的值最小。而且对埋深越大的砂土，这种差别受水位埋深影响越大。

（6）不管水位埋深有多大，对粉土而言，除对数型和折线型曲线得到的临界值差别不超过1击外，其他曲线之间得到的粉土的标贯临界值差别均较大，以不规则型曲线得到的值最大，以抛物线型曲线得到的值最小。而且对埋深越大的粉土，这种差别越大。

（7）对数型和折线型曲线中黏粒含量对临界值的影响大于抛物线型和不规则型曲线中黏粒含量对临界值的影响。

参 考 文 献

［1］ 中华人民共和国国家标准. 建筑抗震设计规范 GB 50011—2010 ［S］. 北京：中国建筑工业出版社，2010.

［2］ 中华人民共和国行业标准. 公路工程地质勘察规范 JTG C20—2011 ［S］. 北京：人民交通出版社，2011.

［3］ 中华人民共和国行业标准. 公路工程抗震设计规范 JTJ 004—89 ［S］. 北京：人民交通出版社，1999.

［4］ 中华人民共和国国家标准. 铁路工程抗震设计规范 GB 50111—2006 ［S］. 北京：中国计划出版社，2009.

［5］ 中华人民共和国国家标准. 构筑物抗震设计规范 GB 50191—93 ［S］. 北京：中国计划出版社，1993.

［6］ 中华人民共和国国家标准. 室外给水排水和燃气热力工程抗震设计规范 GB 50032—2003 ［S］. 北京：中国建筑工业出版社，2003.

［7］ 中华人民共和国行业标准. 公路桥梁抗震设计细则 （JTG/T B 02—01—2008） ［S］. 北京：人民交通出版社，2008.

［8］ 中华人民共和国国家标准. 水利水电工程地质勘察规范 （GB 50487－2008） ［S］. 北京：中国计划出版社，2009.

平均剪切波速 v_{sm} 与等效剪切波速 v_{se} 对建筑场地类别划分的影响

朱国祥[1]　王继堂[2]

（1. 北京市勘察设计研究院；2. 中国地质大学）

摘要： 本文分析了平均剪切波速（v_{sm}）和等效剪切波速（v_{se}）之间的关系。以北京城区为例，对按《建筑抗震设计规范》GBJ 11—89 计算的平均剪切波速和按新修订的《建筑抗震设计规范》，GB 50011—2001 计算的等效剪切波速进行分析，并指出了这两种计算方法对场地类别划分的影响。

1　前言

　　我国建筑抗震设计规范采用土层剪切波速和场地覆盖层厚度划分建筑场地类别的方法已为广大岩土工程技术人员所熟悉，由于土层垂向上成层分布，不同土层的剪切波速差别较大，如何确定场地浅部土层的综合刚度，《建筑抗震设计规范》GBJ 11—89，以下称"89 规范"，采用地面下 15m 且不深于场地覆盖层厚度范围内各土层剪切波速，按土层厚度加权的平均值 v_{sm} 来反映浅层土的刚度，新修订的《建筑抗震设计规范》，（GB 50011—2001），以下称"2001 规范"，采用地面下 20m 且不深于场地覆盖层厚度范围内土层的等效剪切波速 v_{se} 来反映浅层土的刚度。这种改变对建筑场地类别评价有多大影响，本文以北京城区为例进行比较分析。

2　平均剪切波速和等效剪切波速的关系

　　（1）"50011 规范"按下式计算土层的等效剪切波速：

$$v_{se} = d_0/t \quad \text{而} \quad t = \sum_{i=1}^{n}(d_i/v_{si})$$

式中：v_{se} 为土层等效剪切波速（m/s）；d_0 为计算深度（m），取覆盖层厚度和 20m 二者的较小值；t 为剪切波在地面至计算深度之间的传播时间；d_i 为计算深度范围内第 i 土层的厚度（m）；v_{si} 为计算深度范围内第 i 土层的剪切波速（m/s）；n 为计算深度范围内土层的分层数。

　　（2）"89 规范"按下式计算平均剪切波速

$$v_{sm} = \Big(\sum_{i=1}^{n} v_{si} \times h_i\Big)/H_0$$

本文原载于《工程勘察》2003 年第 1 期

式中：v_{sm} 为土层平均剪切波速；H_0 为计算深度（m），取覆盖层厚度和 15m 二者的较小值；v_{si} 和 h_i 为计算深度范围内第 i 土层的剪切波速和土层厚度。

（3）平均剪切波速和等效剪切波速的关系

有人用下面的例子来分析平均剪切波速和等效剪切波速的关系。

A、B 两地相距 20km，先骑自行车以 $v_1=10$km/h 的速度走完 $h_1=10$km 的路程，再开车以 $v_2=80$km/h 的速度走完余下的 $h_2=10$km 路程。其平均速度和等效速度见表 1。

平均速度和等效速度 表 1

平均速度	$(v_1 \times h_1 + v_2 \times h_2)/20 = 45$（km/h）	平均速度与等效速度的差值为 27.2（km/h）
等效速度	$20/(h_1/v_1 + h_2/v_2) = 17.8$（km/h）	

上述计算结果表明平均速度和等效速度相差较大。上例中平均速度与等效速度之差的一般表达式为：

$$\frac{h_1 \times h_2 \times (v_2 - v_1)^2}{(h_1 + h_2) \times (h_1 \times v_2 + h_2 \times v_1)}$$

进一步分析表明，骑车和开车速度差别越大，其平均速度和等效速度差别也越大，且等效速度总是小于平均速度，当骑车和开车速度相同时，等效速度等于平均速度。

上述例子可用来分析土层的平均剪切波速和等效剪切波速之间的关系，但应当指出的是，按"89 规范"计算平均剪切波速的计算深度是地面下 15m 且不深于场地覆盖层厚度，而按"50011 规范"计算等效剪切波速的计算深度是地面下 20m 且不深于场地覆盖层厚度。

显然，若计算深度相同，则土层等效剪切波速总是小于或等于平均剪切波速（当各土层剪切波速相等时，等效剪切波速与平均剪切波速相同）。若地面下 15～20m 深度内的剪切波速远大于上部土层的剪切波速，按"50011 规范"计算得到的等效剪切波速将大于按"89 规范"计算得到的平均剪切波速，因此土层等效剪切波速 v_{se} 并不总是小于平均剪切波速 v_{sm}。此外，在相同深度内，各土层剪切波速越大，其等效剪切波速也越大。

3 北京城区的土层等效剪切波速

上述分析表明，由于计算深度不同，"50011 规范"计算得到的土层等效剪切波速并不总是小于"89 规范"计算得到的平均剪切波速。

以北京城区为例，搜集了 200 余份实测剪切波速的钻孔资料，分别按规范要求计算平均剪切波速和等效剪切波速。

图 1 为按"50011 规范"计算的北京城区土层等效剪切波速分布图，由图可见，北京城区等效剪切波速一般在 200～340m/s 间，其中东北部较小，而西南部较大。

图 2 为按"50011 规范"计算的等效剪切波速（v_{se}）与按"89 规范"计算的平均剪切波速（v_{sm}）之差值，由图可见，除西直门、羊坊店以南、太阳宫以东等地的 v_{se} 比 v_{sm} 值低外，其他大部分地区按"50011 规范"计算得到的等效剪切波速均大于按"89 规范"计算的平均剪切波速。

为分析上述剪切波速计算方法的改变对建筑场地类别划分的影响，将按"89 规范"

计算的平均剪切波速和按"50011规范"计算得到的等效剪切波速 250m/s 的等值线绘在图3中。由图可见，建国门以东、东直门以南、天坛和方庄桥以南 $v_{se} \geqslant 250$m/s 的范围比 $v_{sm} \geqslant 250$m/s 的范围有所扩大外，其他地区基本上变化不大。

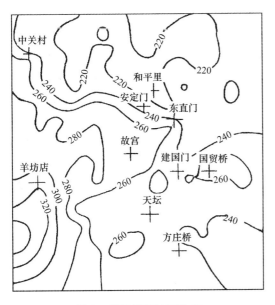

图 1 等效剪切波速分布

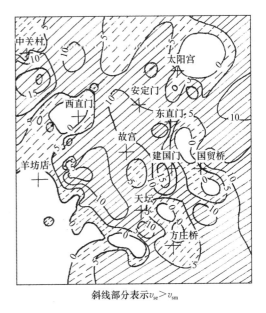

斜线部分表示 $v_{se} > v_{sm}$

图 2 等效剪切波速与平均剪切波速之差值

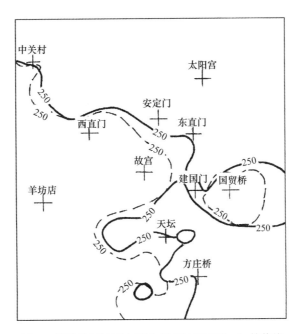

图 3 等效剪切波速与平均剪切波速 250m/s 等值线

虚线为平均剪切波速，实线为等效剪切波速

另外，安定门附近-方庄附近覆盖层厚度一般在 80m 左右，按"50011 规范"和"89

规范"有关建筑场地类别划分的标准进行分析，北京城区除建国门以东、东直门、天坛和方庄桥以南按"89 规范"建筑场地类别为Ⅲ类，按"50011 规范"有可能提高到Ⅱ类外，其他地区用两种方法对场地类别进行划分，基本上没有变化。

4　结语

（1）相同深度范围内土层的等效剪切波速值总是小于平均剪切波速值，土层刚度差别越大，平均剪切波速与等效剪切波速的差值也越大。

（2）利用北京城区土层实测剪切波速资料计算分析可知，北京城区东北部的等效剪切波速比城区西南部的低。

（3）在北京城区，按"50011 规范"计算的场地等效剪切波速比"89 规范"计算的平均剪切波速普遍要高。

（4）北京城区按"50011 规范"和"89 规范"进行建筑场地类别划分，除建国门以东、东直门、天坛和方庄桥以南等场地类别有所变化外，其他地区基本上没有变化。

参 考 文 献

［1］　中华人民共和国国家标准. 建筑抗震设计规范 GB 50011—2001，北京：中国建筑工业出版社，2001.

［2］　中华人民共和国国家标准. 建筑抗震设计规范 GBJ 11—89，北京：中国建筑工业出版社，1989 年.

北京地区复杂环境条件下超深基坑开挖影响数值分析

李伟强 薛红京 宋 捷

（北京市建筑设计研究院有限公司）

摘要： 本工程基坑开挖深度约为30m，为北京地区超深基坑工程之一，建设环境及水文地质条件非常复杂。基坑工程采用地下连续墙＋钢筋混凝土内支撑（局部锚杆）支护形式。为了研究本基坑方案是否既能确保基坑的稳定与施工安全，同时又能避免对周边既有建筑物的正常使用造成不利影响，采用PLAXIS软件对本工程基坑和其周边环境进行了整体建模分析，分析了地下连续墙的位移和周边建筑的变形及周边地表的沉降，从而校核了基坑设计方案。

1 前言

深基坑的变形控制是设计中重要的一环，当深基坑邻近既有建（构）筑物时尤其重要[1,2]。

近年来随着计算机技术的飞速发展，岩土工程数值计算软件也得到长足的发展，数值分析越来越多地应用到实际工程中，其计算结果也经历了大量的工程验证，得到岩土工程师的认可[3,4]。其中，岩土工程数值计算软件PLAXIS是用于岩土工程的变形、稳定性以及地下水渗流等问题的岩土有限元系列软件，目前已经成为能够高效解决大多数岩土工程问题的通用有限元系列软件[5]。

本工程分析软件选用PLAXIS，并采用基于小应变土体硬化模型（HSs）的岩土本构模型[6,7]，对基坑工程及其周边环境进行整体建模，对围护墙体位移、周边环境的变形进行分析，对本工程基坑开挖对其周边环境的影响进行预测。

2 工程介绍

2.1 工程概况

三元桥霞光里5号、6号商业金融项目为钢筋混凝土框架－剪力墙结构，位于北京市朝阳区三元桥外霞光里，项目总建筑面积为68085m²，其中地上16层，建筑面积为40000m²，地下6层，建筑面积为28085m²。建筑高度为79.95m。地上主要功能为办公、商业，地下主要功能为停车、机房、餐厅等。

2.2 工程地质和水文地质条件

本工程±0.00对应的绝对标高为39.50m，基础底板绝对标高为9.70m。场区内土层

本文原载于《建筑结构》2014年第20期

划分为人工填土层及一般第四纪冲洪积层，主要以黏土、粉质黏土与粉砂、中砂交互组成。根据岩土工程勘察报告，土层主要物理力学性质指标如表1所示。场区主要分布5层地下水，地下水类型自上而下依次为上层滞水、层间潜水和承压水（3层），且承压水层为粉砂、中砂层，承压水层水头压力较大。场区地层分布与水文地质条件如图1所示。

土层主要物理力学性质指标　　　　　　　　　　　　　　　表1

土层	天然快剪		压缩模量 E_s （MPa）
	黏聚力 c （kPa）	内摩擦角 φ （°）	
①杂填土	(0.0)	(10.0)	(8.0)
②粉质黏土	13.2	13.2	9.14
③粉质黏土	27.6	18.8	8.71
④粉砂	(0.0)	(28.0)	(15.0)
⑤黏土	39.6	9.9	10.42
⑥中砂	(0.0)	(32.0)	(20.0)
⑦黏土	43.8	10.5	11.18
⑧粉砂	(0.0)	(32.0)	(25.0)
⑨黏土	47.5	10.6	12.89
⑩中砂	(0.0)	(34.0)	(30.0)

注：括号内数值为估算值；压缩模量 E_s 值是在 $P_0 \sim (P_0+100)$ 内取得的，其中 P_0 为自重压力，(P_0+100) 表示自重压力加上 100kPa。

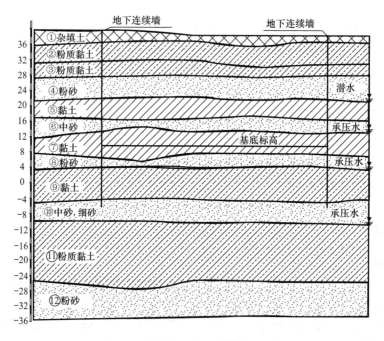

图1 工程地质、水文地质剖面示意

2.3 基坑特点

本工程基坑深度为 28.90m，基坑东西方向长度约 100m，南北方向约 50m，属于超深超大基坑，周边环境非常复杂，北面约 15.0m 为 16 层 CEC 大厦，其地下室埋深约 11m；南侧为 5～6 层联通大厦，其基础埋深约 3.5m；南侧和东侧还有部分民房；场地西侧有在用的燃气、热力、电气管线；西北临机场高速路。基坑平面示意见图2。

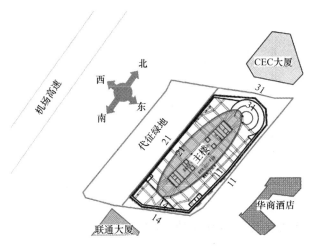

图2　基坑平面示意及其计算剖面位置示意

2.4　基坑支护方案

　　基于对变形的控制要求，本基坑采用地下连续墙＋钢筋混凝土内支撑（局部锚杆）支护形式。共设置5道支撑，根据场区条件局部设置3道或4道锚杆。具体布置如下：东侧布置4道锚杆、2道支撑，西侧布置3道锚杆、2道支撑，南北侧布置5道支撑。平面布置如图3，图4所示。剖面布置如图5，图6所示。

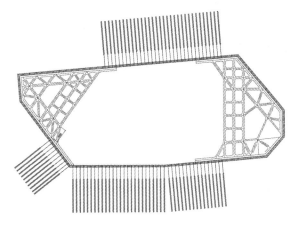

图3　第1，2，3道支撑平面布置示意图

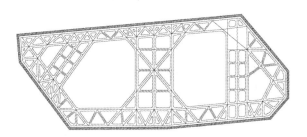

图4　第4，5道支撑平面布置示意图

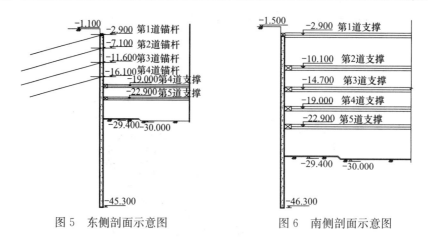

图 5　东侧剖面示意图　　　　　图 6　南侧剖面示意图

3　基坑开挖对其周边环境影响的数值分析

3.1　分析方法与模型建立

根据基坑工程方案、场地地质条件、周边环境资料，采用 PLAXIS 软件对基坑与周边建筑进行精细分析计算。应用 PLAXIS 2D 对东西南北 4 个剖面进行平面数值分析，模型计算宽度取 160m，深度取 60m，其模型如图 7 所示。因基坑超深超大，空间效应不容忽视，故进行三维建模计算分析。三维模型如图 8 所示，模型尺寸为 300m×250m×60m，整个模型约 70 万个单元，95 万个节点。

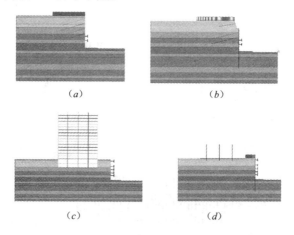

（a）　　　　　　　　　　（b）

（c）　　　　　　　　　　（d）

图 7　PLAXIS 2D 模型

（a）剖面 1—1；（b）剖面 2—2；（c）剖面 3—3；（d）剖面 4—4

3.2　本构模型

本次分析岩土本构采用小应变土体硬化模型（HSs）。混凝土支撑使用 Beam 单元模拟，地下连续墙采用 Plate 单元模拟，锚杆自由段采用 NodeToNodeAnchor 单元模拟，锚杆锚固段采用 Embedded Pile 单元模拟，土钉采用 Geogrid 单元模拟。

3.3　施工工况模拟

初始地应力生成之后，所有位移清零，再激活邻近建筑，进行基坑施工工况的模拟，按开挖顺序逐步冻结土体单元，激活锚杆单元、支撑单元。共分 6 步完成施工模拟，各步具体开挖位置、相对标高见表 2。

图 8　PLAXIS 三维整体模型

基坑模拟开挖步序　　　　　　　　　　　　　　　　　表 2

开挖步骤	开挖位置	开挖相对标高（m）
场地平整	全场地（围墙内）	−1.20
第一步	第 1 道内支撑区域 第 1 道锚杆支护区域 第 2 道锚杆支护区域	−3.30 −3.40 −7.60
第二步	第 2 道内支撑区域 第 3 道锚杆支护区域	−10.55 −12.10
第三步	第 3 道内支撑区域 第 4 道锚杆支护区域	−15.15 −16.60
第四步	第 4 道内支撑区域	−19.50
第五步	第 5 道内支撑区域	−23.10
第六步	开挖至槽底	−30.00

4　数值分析结果

4.1　基坑围护结构变形

随着基坑土体的开挖，开挖面后的土体产生应力重分布，从而产生变形。本工程中地下连续墙水平位移如图 9 所示。超深基坑的地下连续墙水平位移形态同一般深基坑的相同，都呈现"大肚状"，随着基坑开挖深度增大，地下连续墙侧向位移逐步增大；最大侧向位移随着开挖深度增加逐步下移。开挖到底后，位于地下连续墙中部的剖面 1—1、剖面 2—2 最大侧向位移分别为 45.2，42.0mm；而位于地下连续墙端部的剖面 3—3、剖面 4—4 最大侧向位移分别为 33.4，31.1mm，小于东西侧墙体的侧向位移。从变形量来说，设置 5 道支撑比设置支撑和锚杆联合的形式能更好地控制围护结构的变形。

4.2　基坑开挖对周边建筑变形的影响

深基坑开挖将对周边建筑造成侧限削弱的影响，周边建筑反过来又作为基坑的边载作用于基坑围护结构，增加其内力和变形。本次分析将周边建筑也建入模型，能较好地反映基坑与建筑的相互影响。在基坑开挖过程中，最大沉降可能发生在开挖面附近，也可能发生在距开挖面一定距离的地方，这与开挖土体的材料和土的支护措施以及周边环境有关。

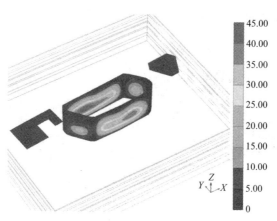

图 9　地下连续墙水平位移图（mm）

对本工程南北侧邻近建筑基础部分进行监测，分析各监测点的计算变形曲线。计算结果表明，随着开挖步序的增加，各点位移逐渐增大，开挖到底后达到最大值。由图 10 可知，邻近基坑北侧建筑基础的最大附加沉降为 12.40mm，邻近基坑南侧建筑基础的最大附加沉降为 10.82mm。

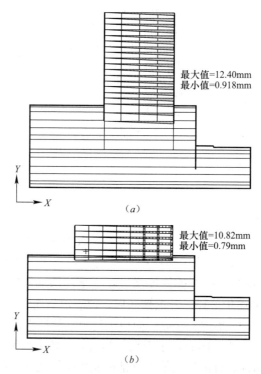

图 10　基坑邻近建筑基础底板沉降示意图
（a）剖面 3—3；（b）剖面 4—4

4.3　基坑开挖对周边地表沉降的影响

基坑开挖到底后其东、西侧地表沉降分别见图 11，图 12，由图可知，东、西侧地表最大沉降量分别为 27.23，20.83mm。与地下连续墙的变形规律一样，随着开挖深度的增加，地表变形量逐渐增大，其影响范围约为墙后侧 45m 左右，说明本工程深基坑开挖对周边环境的影响范围至少大于1.5倍开挖深度。

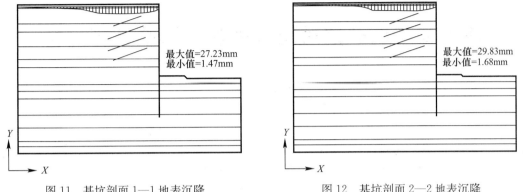

图11 基坑剖面1—1地表沉降   图12 基坑剖面2—2地表沉降

5 结论

（1）目前的基坑工程方案可以有效地减小基坑的变形，对邻近建筑等周边环境的保护是有益的。

（2）选用PLAXIS软件进行分析，并采用基于小应变土体硬化模型（HSs）的岩土本构模型，能够合理考虑土体在小应变范围内的刚度特性，使得基坑变形预测更加合理。

（3）二维数值分析能够快速对基坑和其周边环境的相互影响进行分析预测，三维数值分析能更好地考虑空间效应，将两者结合起来对按实际基坑规模、周边建筑、基坑周边一定影响范围内的土体所建立的模型进行计算分析，是分析基坑和其周边环境相互影响的较为理想的方法。

（4）基坑工程对围护结构受力、周边建筑、地表沉降均存在一定的影响。作为主体结构设计单位，有必要对基坑设计方案进行校核分析，并针对计算结果对围护方案提出建议，以指导后续施工、监测和应急预案，确保工程施工安全。

参 考 文 献

[1] 李伟强，孙宏伟. 邻近深基坑开挖对既有地铁的影响计算分析［J］. 岩土工程学报，2012，34（S1）：419-422.

[2] 李伟强，罗文林. 大面积基坑开挖对在建公寓楼的影响分析［J］. 岩土工程学报，2006，28（S1）：1861-1864.

[3] 刘畅. 考虑土体不同强度与变形参数及基坑支护空间影响的基坑支护变形与内力研究［D］. 天津：天津大学，2008.

[4] 王卫东，王浩然，徐中华. 基坑开挖数值分析中土体硬化模型参数的试验研究［J］. 岩土力学，2012，33（8）：2283-2290.

[5] 刘志祥，卢萍珍. HSS模型及其在基坑支护设计分析中的应用［C］//第21届全国结构工程学术会议论文集. 沈阳，2012.

[6] 杜佐龙，王士峰，刘祥勇，等. 应用H-S模型进行巨型深基坑的开挖优化分析［J］. 岩土工程学报，2012，34（S2）：248-253.

[7] 李伟强，孙宏伟. 多高层建筑与相邻深基坑相互影响与设计措施研究［R］. 北京：北京市建筑设计研究院有限公司，2013.

邻近深基坑开挖对既有地铁的影响计算分析

李伟强　孙宏伟

（北京市建筑设计研究院有限公司）

摘要：深基坑的变形控制是设计中重要的一环，当深基坑邻近既有建（构）筑物时尤其重要。针对某深基坑与邻近地铁车站的相互影响分析，应用有限元建立岩土－结构整体计算模型，为减小基坑变形对地铁的影响，从安全可靠，经济合理的方面出发，提出针对措施及建议，供类似工程参考。

1　引言

基坑开挖过程中，土体卸荷必然引起周围地层位移，由于受上部土体卸荷等诸多因素的影响，下层土体的受力情况发生改变，造成基坑回弹。当基坑开挖较深或开挖面积较大时，基坑回弹量比较大，往往对工程自身或周边环境造成较大影响。因此，深基坑变形控制和分析尤为重要[1]。

随着城市建设的快速发展，越来越多的深基坑开挖工程临近既有地铁车站或区间隧道，致使地铁结构隆起并威胁地铁安全。现行标准对地铁车站和区间隧道的变形要求极其严格，为保护地铁使用功能和安全，选择合理的地基方案、基坑设计、施工工艺，控制对地铁结构变形的影响，确保安全，成为工程界必须解决的课题[2-4]。

李家平[3]应用FLAC 3D，对上海雅居乐广场基坑开挖对基底下地铁区间隧道进行数值计算分析，结果表明基坑开挖引起坑底以下土层以及区间隧道隆起，隆起量在沿隧道轴线方向基坑中部隆起量最大，两端逐渐减小，呈倒扣的盆状。

曾远、李志高、王毅斌[5]以分析基坑开挖引起紧邻车站变形为目的，对实际的基坑开挖进行数值模拟。通过数值模拟分析，研究了张杨路地铁车站基坑开挖时新旧两车站间距、源头变形、土体弹性模量三个因素对运营车站变形的影响，从而得到一些有意义的结论。

本文针对某工程深基坑与邻近地铁车站的相互影响，应用有限元建立岩土－结构整体计算模型，通过详细分析计算，提出针对措施及建议。

2　工程概况

拟建高层办公楼，地上24层、地下4层，距地铁净距约1.5～3.4m，典型剖面关系如图1所示。

本文原载于《岩土工程学报》2012年增刊

受场地及工期限制，本工程不能与地铁同期建设，因此后期建筑基坑开挖势必对地铁结构产生一定的影响，且地铁结构对变形要求非常严格，为此需要分析基坑开挖对地铁车站结构的影响。如何减少影响，是建筑基坑设计及施工需要解决的问题。

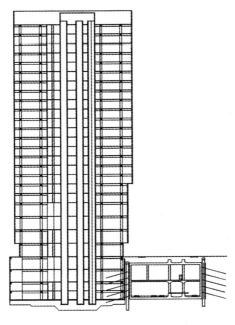

图 1　建筑与地铁剖面关系示意图

3　工程地质

根据岩土工程勘察报告，本工程场地内自上至下分别为：

（1）人工填土层

第①层：杂填土，主要为建筑垃圾，含砖块、碎石、水泥块、灰渣等。本层及夹层层厚 1.6～3.8m，层底标高介于 41.79～44.26m。

（2）新近沉积层

第②层：砂质粉土、黏质粉土，本层部分钻孔缺失，可见层厚 0.3～1.7m，层底标高介于 41.39～43.60m。

第③层：卵石、圆砾，一般粒径 3～5cm，最大粒径约 25cm。中细砂充填约 25%～35%，局部夹有漂石，最大粒径约 25cm，漂石含量约 5%～10%，局部含量较大。本层局部夹③$_1$层细中砂及③$_2$层粉质黏土。

本层及夹层厚 3.9～6.5m，层底标高介于 36.20～37.61m。

（3）一般第四纪沉积层

第④层：卵石、漂石，厚 13.4～16.5m，层底标高介于 21.10～23.13m。

第⑤层：卵石，杂色，一般粒径 4～8cm。最大粒径约 15cm，细中砂充填约 30%，局部夹有漂石，最大粒径大于 20cm，漂石含量约 20%以上。层厚 5.4～13.6m，层底标高介于 9.41～16.06m。

（4）第三纪沉积层

第⑥层：黏土质砂岩，土黄色，泥状，砂状结构，强风化，埋深 50m 仍为本层，最大揭露厚度 14.5m。

4　计算分析

4.1　分析方法

本次计算工具采用 Plaxis 2D V9.0，岩土计算本构采用 HSS 模型，因为考虑土体小应变刚度特性可以显著减小超深基坑的变形，计算结果与实际情况更为吻合[6,7]。

4.2　分析模型及土层力学参数

为了分析基坑开挖对地铁结构的影响，模拟时选取了不同断面进行，本次以离地铁最近的主楼为例进行说明，其计算模型如图 2 所示。土层力学参数如表 1 所示。

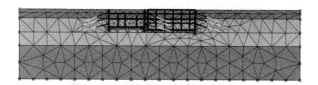

图 2　分析模型

土层力学参数　　　　　　　　　　　　　　　　　表 1

土层编号	土层名称	重度（kN·m⁻³）	c (kPa)	φ (°)	E_s (MPa)
①	杂填土	19.0	8	10	10
②	砂粉、黏粉	19.8	15	20	6
③	卵石、圆砾	20.0	0	35	40
④	卵石、漂石	20.0	0	40	45
⑤	卵石	20.0	0	40	55
⑥	黏土质砂岩	20.0	—	—	40

4.3　分析步序

为了比较精确地计算出基坑开挖对地铁的影响，分析时首先对地铁结构建造过程进行了模拟，当地铁结构建造完毕后把各单元位移清零，再模拟施工基坑围护结构、分层开挖、分析加锚对地铁结构的影响，最后还模拟了施工至地面时附加沉降对地铁的影响。整个分析步序如图 3 所示。

4.4　结果分析

为了得到地铁结构在整个基坑施工过程中的影响数据，对地铁车站结构选取了代表性计算监测点，如图 4 所示。

通过计算分析可知，由于地铁车站距离基坑很近，受基坑开挖回弹的影响，地铁结构在基坑开挖过程中出现不同程度的回弹，其趋势为离基坑越近回弹越大，最大值约 8mm。整个过程对地铁水平位移影响不大，最大值约 1.3mm。整个分析过程中各监测点竖向位移、水平位移变化曲线如图 5，图 6 所示。

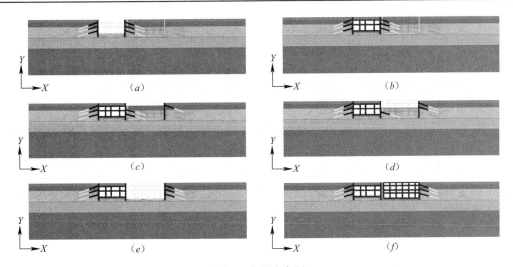

图 3 分析步序图

（a）第 1 步 地铁围护施工工、基坑开挖；（b）第 2 步 地铁结构施工；（c）第 3 步 建筑基坑围护施工、开挖第一层土；（d）第 4 步 开挖第二层土；（e）第 5 步 开挖第三层土；（f）第 6 步 地下室结构完成

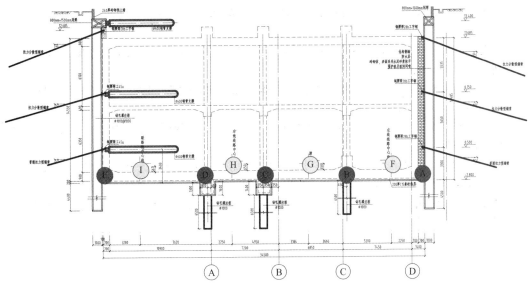

图 4 地铁结构计算监测点示意图

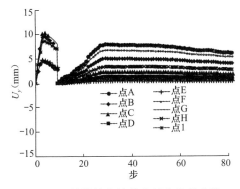

图 5 地铁结构各计算点竖向位移曲线

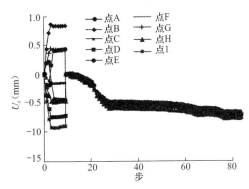

图 6 地铁结构计算点水平位移曲线

239

5　结论及建议

（1）由于本工程深基坑开挖面积和深度大，数值分析预测基坑回弹量大，开挖过程中对地铁结构及轨道产生竖向位移较大，基坑施工时应引起重视。

（2）地铁设计中北侧采用永久锚杆的设计，减小了深基坑开挖对地铁造成的水平位移的影响，但施工影响因素较多，不应忽视车站的水平位移。

（3）本工程目前处于设计阶段，分析计算未考虑三维时空效应，考虑到现场施工等条件的不确定性，建议实际开挖时分段分区进行，并加强施工监测，使基坑施工对地铁的影响处于可控状态。

参 考 文 献

[1]　李伟强，罗文林. 大面积深基坑开挖对在建公寓楼的影响分析 [J]. 岩土工程学报，2006，28（增刊）：1861-1864.

[2]　陈郁，张冬梅. 基坑开挖对下卧隧道隆起的实测影响分析 [J]. 地下空间，2004，24（5）：748-751.

[3]　李家平. 基坑开挖卸载对下卧地铁隧道影响的数值分析 [J]. 地下空间与工程学报，2009，5（增刊1）：1345-1348.

[4]　张雷，刘振宏，钱元运，等. 深基坑宽度对周围建筑影响的有限元分析 [J]. 地下空间与工程学报，2009，5（增刊1）：1312-1315.

[5]　曾远，李志高，王毅斌. 基坑开挖对邻近地铁车站影响因素研究 [J]. 地下空间与工程学报，2005，4（1）：642-645.

[6]　吕高峰，魏庆朝，倪永军. 考虑土体小应变特性的浅埋暗挖地铁隧道施工扰动影响的数值分析 [J]. 中国铁道科学，2010，31（1）：72-78.

[7]　褚峰，李永盛，梁发云，等. 土体小应变条件下紧邻地铁枢纽的超深基坑变形特性数值分析 [J]. 岩石力学与工程学报，2010，29（1）：3184-3192.

基于变形控制的高层建筑与
低层裙楼基础联合设计案例分析

孙宏伟

（北京市建筑设计研究院有限公司）

1 前言

因建筑功能上的需要，在高层主楼周边往往配置有低层裙楼及地下车库，由于两者层数、荷载相差大而导致基础出现过大的差异沉降量。起初沿用了设置沉降缝这一传统的处理措施。北京饭店新楼设沉降缝分成了高层主楼的Ⅰ段、Ⅱ段、Ⅲ段、前厅与小餐厅共5个部分（图2），主楼为17层（最初为25层）且设有裙房（图1）。首都宾馆（图3）在高层主楼与低层裙房之间设置了变形缝。

后来发现，设缝未必能提高结构的抗震性能，地震时常因为相互碰撞而造成震害。实际工程中还发现设置沉降缝未必能解决差异沉降的问题。有的工程，根据预估的差异沉降量，特意加高了主楼室内地坪标高，然而沉降差却始终未能消除。根据建筑沉降变形观测，由于相互影响，北京饭店新楼的Ⅰ段和Ⅲ段均表现为短向倾斜的沉降形态[1]。

因此，富于探索精神的结构工程师与岩土工程师开始合作研究高低层建筑（主裙楼）之间不设永久沉降缝的措施并尝试着运用于工程实践。"自1980年设计西苑饭店工程开始，我院已在许多工程设计中，采取高层建筑与其裙房之间不设沉降缝的设计方法，并都取得了成功"[2]。北京的西苑饭店[3]、新世纪饭店[4]、长富宫中心等高层主楼与低层裙房之间未设置永久沉降缝，均取得了成功，推动了设计创新与技术进步。

本文旨在梳理并初步总结北京地区控制和协调高层主楼与底层裙房之间基础差异沉降所涉及的地基计算的内容、方法以及基础联合设计的措施，愿与土木工程同行交流探讨，共同促进基于变形控制的地基基础设计方法的深入研究与实践总结。

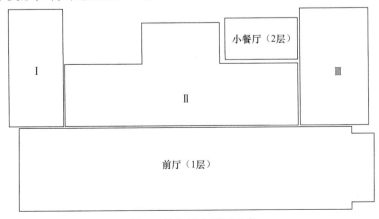

图1 北京饭店平面示意

图 2　北京饭店新楼

图 3　首都宾馆

2　基础联合设计准则与措施

"高层建筑地基基础的设计是制约高层建筑的安全可靠性和经济合理性的关键环节"[5]。地基计算和基础设计时，应综合考虑上部结构类型、荷载状况、地层土质条件、地下水位情况等因素，选择经济合理的基础形式，特别是对于高层建筑，不仅应保证地基承载力、稳定性满足设计要求，还需要分析地基变形，控制基础的总沉降、沉降差、倾斜等，满足建筑正常使用要求。

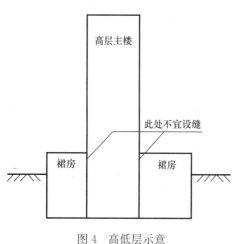

图 4　高低层示意

经过研究探索和工程实践，"高层建筑的高层部分与多层裙房之间，根据地基及上部结构的条件，也可不设置沉降缝（在地震区兼作防震缝）。目前我院所设计在北京地区的工程，已基本上都不在高低层之间设缝。我院所设计之外地工程，也都根据具体工程地质条件，尽可能地不设沉降缝，以利于减少造价，便于使用"。[2]高层建筑与裙房的基础埋置深度相同或差别较小时，为加强高层建筑的侧向约束，不宜在高低层之间设置沉降缝（防震缝），见图 4。

"高低层之间不设缝措施的关键，在于减少高低层之间的沉降差"[2]。差异沉降（沉降差）可以用下式表达：

$$\Delta s = s_1 - s_2 \tag{1}$$

式中　s_1——高层主楼的沉降量；s_2——低层裙房的沉降量。

由式（1）可知，基础联合设计准则是高层与低层建筑的地基基础一体化，始终要把工程在不同工况条件下的差异变形的控制与协调作为解决地基基础问题的总目标，并以"控制与协调差异变形"核心，以地基与结构相互作用分析与协同设计为技术保证。对于高低层建筑主裙楼一体的大底盘形式，地基基础设计时，采取措施减少高层建筑的沉降，同时使裙房的沉降量不致过小，是为有效方法。

文献［5］总结的主裙连体建筑调平：当高层主体采用桩基时，裙房采用天然地基、复合地基或疏短复合桩基；当裙房地基承载力较高时，宜对裙房采取增沉措施，包括主裙相邻跨柱基以外筏板底设松软垫层，对抗浮桩设软垫或改为抗浮锚杆等。

基础联合设计，应遵循差异沉降控制原则，根据主裙楼的荷载分布、结构刚度、基础形式、基础刚度、地基土质条件以及沉降差的协调和控制要求进行主裙楼高低层建筑的地基基础联合设计，更应开展地基与结构协同设计。

基础联合设计过程中，需要考虑主楼荷载对于相邻裙房地基应力的影响，影响程度与相邻裙房地上、地下的层数、间距以及基础形式、基础刚度、地基土质等有关，影响范围一般可按三跨以内考虑。相关的结构措施包括：高层建筑及与其紧邻一跨裙房的筏板应采用相同厚度，裙房筏板的厚度宜从第二跨裙房开始逐渐变化，应同时满足主、裙楼基础整体性和基础板的变形要求；应进行地基变形和基础内力的验算，验算时应分析地基与结构间变形的相互影响，并采取有效措施防止产生有不利影响的差异沉降。

对于同一大面积整体筏形基础上有多幢高层和低层建筑以及主裙楼一体的结构，目前的简化方法得出的基础边缘沉降值偏小和基础挠曲度偏大，与沉降观测结果不符，较小的基础边缘沉降值对于差异沉降控制、结构安全是不利的，较大的基础挠曲度则易造成误导而导致设计不合理，基础设计时应考虑上部结构、基础与地基土相互作用（协同作用或共同作用）。

体型复杂、层数相差较多的高低层连成一体的建筑物是指在平面上和立面上高度变化较大、体型变化复杂，且建于同一整体基础上的高层宾馆、办公楼、商业建筑等建筑物，由于上部荷载大小相差悬殊、结构刚度和构造变化复杂，很易出现地基不均匀变形，为使地基变形不超过建筑物的允许值，地基基础设计的复杂程度和技术难度均较大，经常需要采用多种地基和基础类型并需要考虑采用地基与基础和上部结构共同作用的变形分析计算来解决不均匀沉降对基础和上部结构的影响问题。

近年来随着建筑地下室的不断加深，裙房和地下车库的基础抗浮设防问题越来越突显，并且对于大底盘主裙楼高低层建筑地基基础设计造成了诸多困扰，当裙房、地下车库采用抗拔桩时，会抑制其沉降量，即使得 s_2 过小，不利于控制和协调主楼裙房之间沉降差，由式（1）可知，此时为了将沉降差 Δs 控制在允许范围内，需要更严格地限制高层主楼的沉降量（s_1），则会造成高层主楼地基基础工程投资加大、工期延长。针对这一问题，应当进行专门的水文地质勘察工作，以保证更为科学合理地确定场地地下水抗浮设计水位。相关案例请参阅本文的"4 基础抗浮设防设计措施"。

2.1 减少高层主楼沉降量的措施

（1）采用压缩模量较高的一般第四纪沉积的中密以上之砂土层或卵石圆砾（通称作"砂卵石"）层为基础持力层，其厚度宜不小于4m并较均匀，且无软弱下卧层。实例：中环世贸中心，北京 LG 大厦，沈阳世茂中心，北京摩根中心，中关村金融中心（高150m），北京丽泽首创中心（高200m），均成功采用了天然地基方案。

（2）适当扩大基础底面积，以减少基底实际压力。实例：北京国际大厦，通过箱形基础外扩以降低基底压力，如图15所示。

（3）当建筑荷载较大或基础持力层以及地基受压层深度范围内为压缩相对较大土层时，可以采取人工地基的做法，可以采用桩基或复合地基，应作好技术经济比较。采用复合地基时，应条件合适，并有必要的试验数据。凡采用复合地基方法的工程，应进行沉降观测。

北京雪莲大厦（建筑高度约150m高）、北京保信金融中心（主楼地上31层）、北京

SOHO 现代城（A 栋地上 40 层）是较早采用了灌注桩后注浆工艺以控制高层建筑沉降量。

随着研究的深入和经验的积累，大直径钻孔灌注桩后注浆技术越来越成熟可靠，应用日益广泛，研究与实践相辅相成。北京财富中心、北京银泰中心、北京电视中心新台址、北京 CCTV 新台址、北京国家体育场、首都国际机场 T3 航站楼以及在建的北京新机场航站楼等均采用了灌注桩后注浆技术以提高基桩承载能力、减少变形。

上海中心大厦和在建的北京中国尊大厦不仅采用了钻孔灌注桩后注浆技术，而且均遵循了变基桩支承刚度调平设计准则，参阅本文 1.5 节。

文献［6～9］针对传统设计理念存在的诸多问题，通过大型现场模型试验、工程实测研究，提出高层建筑地基基础变刚度调平设计理论与方法：以共同作用理论为基础，针对框筒、框剪和主裙连体结构荷载分布差异大的特点，调整桩土支承刚度，使之与荷载分布相匹配；使得基础沉降趋于均匀，基础板的冲、剪、弯内力和上部结构次应力减小；由此既降低材料消耗，又改善建筑物功能、延长使用寿命。通过 29 项高层建筑基础的设计应用表明：差异沉降远小于规范允许值，减少了传统设计中出现的碟形沉降和主裙差异变形。框-筒结构调平：通过增大桩长（当有两个以上桩端持力层时）、桩数，强化核心筒的支承刚度；采用复合桩基、减小桩长、减少桩数，相对弱化外框架柱的支承刚度，并按强化指数（1.05～1.20）和弱化指数（0.95～0.75）进行调控；局部增强调平：在天然地基承载力满足要求的条件下，对框-筒结构的核心筒、框-剪结构的电梯楼梯间采用刚性桩复合地基实施局部增强。基础变刚度调平模式如图 5 所示。

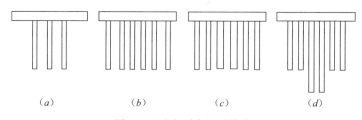

(a)　　　　(b)　　　　(c)　　　　(d)

图 5　基础变刚度调平模式

(a) 局部增强；(b) 变桩距；(c) 变桩径；(d) 变桩长

荷载集度高的区域．如核心筒等实施局部增强处理：1）可局部采用桩基（图 6a）；2）局部采用刚性桩复合地基（图 6b）。北京银河 SOHO 采用的是天然地基与局部增强 CFG 桩复合地基的地基设计方案，有效地解决了差异沉降控制与协调问题，详见选编的实践案例：北京银河搜候（SOHO）中心地基与基础设计分析。

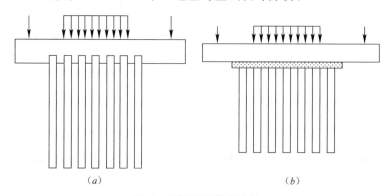

(a)　　　　　　　　　　　　(b)

图 6　局部增强模式示意

2.2 加大裙房沉降量的措施

当前地下室层数有愈来愈多的趋势，即基坑深度越来越深，裙房基础处于超补偿状态。过去有的设计，将裙房做成筏板基础，既增加了造价，又会抑制裙房基础沉降，使得高低层之间的沉降差过大。所以，设法使裙房部分的沉降量不致太少，是一个很重要的减少高低层之间的沉降差的方法。

加大裙房沉降量的措施主要有：

（1）适当调整裙房基础的埋置深度，以使压缩性相对更高的土层作为裙房基础持力层。例如：高层基础持力层为密实的砂土或碎石土时，而裙房基础底面标高则可以提高（如果可能），使得基底放置在黏性土或粉土层之上。例如北京西苑饭店设计"将高层主楼的基础落在 $-12.00\mathrm{m}$ 砂卵石层上，设三层地下室；裙房的基础浇在 $-7.55 \sim -9.50\mathrm{m}$ 粉细砂层上，设二层地下室。"[3]

（2）基础形式应优先选用单独柱基或条形基础。有防水要求时可采用单独柱基或条形基础另加防水板的方法。此时防水板下应铺设一定厚度的易压缩材料。

（3）选用单独柱基或条形基础之后，还须设法尽量采用较高地基容许承载力，尽可能减少其基底面积。

2.3 设置沉降后浇带

以前也采取过先施工高层主楼后施工裙房来减少沉降差异的办法。但目前由于工程进度的要求和商业开发的需求，高层主楼和裙房（包括地下车库）往往是同时施工，则可在高层与裙房之间设置沉降后浇带以减少或消除沉降差异。如图7所示，沉降后浇带一般设置于高层与裙房交界处的裙房一侧，而且宜在第2跨设置。沉降后浇带的构造做法可详见文献［2］。基础沉降实际观测结果表明"基础底板后浇带浇筑后，地下结构的整体刚度有所增强，并有抑制裙房间主楼倾斜的作用"[10]。

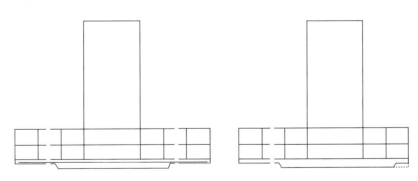

图7　沉降后浇带设置示意　　　图8　不设沉降后浇带作法示意

工况如图8所示，不可沿袭沉降后浇带的设置作法，不然极易导致边框架失稳，或滞后基坑肥槽土方回填施工，此时应仔细考量沉降差异，有时外扩厚板可兼作抗浮措施，而有时则适得其反，因此利弊得失务求全面考虑。

沉降后浇带的浇筑时间一般应在高层主体结构完工以后。若考虑提前浇筑沉降后浇带，则需要有系统的沉降观测数据，根据观测数据证明高层建筑的实际沉降确已趋向稳定，并且可以判断后期的沉降差也在许可范围内时，方可适当提前，此时应考虑高、低层之间的沉降差对于结构的影响，并进行验算。北京 LG 大厦、北京新中关大厦、主语城公寓楼等工程，以沉降观测数据和沉降计算分析为依据，在适当时间提前浇筑了沉降后浇带。

某工程的建设场地位于北京东北郊的望京地区，其主塔楼的建筑高度达 215m，而地基土层不同于北京城区黏性土层与砂卵石层交互旋回沉积层，建筑地基主要受力层是以厚层黏性土为主，主裙楼之间差异沉降控制更有难度，为此专门进行了桩-土-结构协同作用分析与差异沉降计算。依据桩筏基础三维数值分析，并结合工程经验进行综合判断，最终不仅得出了沉降后浇带设置最优方案，而且通过调整主楼与裙房的筏板厚度及筏板不同厚度的范围，使得整体筏板区域内地基反力分布更趋均匀，详见选编的实践案例《厚层黏性土地基某超高层建筑桩筏基础三维数值分析》。

2.4　基础连接作法

北京新世纪饭店"裙房与高层相邻的柱基处设置 0.5×1.2m（南楼）及 0.5×1.5m（北楼）的基础拉梁。裙房其他部位的柱基由于地基比较好，不设基础拉梁，仅在地面混凝土垫层中沿柱网设置构造钢筋"[4]。

文献［11］给出了实际工程中若干高低层基础连接的做法，如图 9 所示，可供设计参考借鉴。

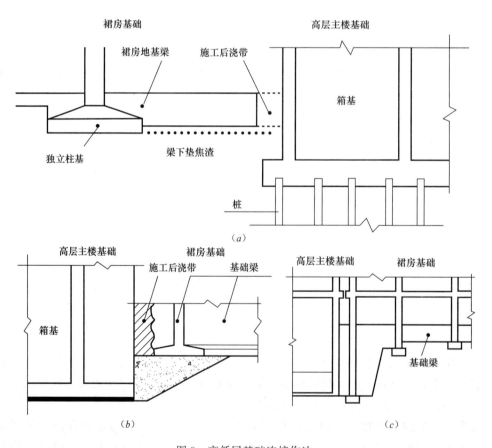

图 9　高低层基础连接作法

2.5 设计实例

（1）高层主楼采用天然地基方案

北京西苑饭店（图10）、北京新世纪饭店、北京长富宫中心（图11）等高层主楼与低层裙房之间未设置永久沉降缝，均取得了成功。北京西苑饭店实测沉降等值线如图12所示。

北京LG大厦位于北京市主干道长安街建国门外，地下四层，地上由两幢相距56m，高度为141m的31层塔楼和中间5层裙房组成。通过多方案的技术经济性比较，最终塔楼选用钢-混凝土混合框架-核心筒结构，裙房选用钢结构。钢混凝土混合框架-核心筒结构的特点是抗震性能好，施工速度快，造价适中，结构自重较轻。整个建筑物基础采用大底盘变厚度平板式筏形基础[12]，其中塔楼的核心筒处筏板厚2.8m，塔楼其他部位及其周边的纯地下室筏板厚2.5m，裙房及其北侧纯地下室部分筏板厚1.2m。为了解和研究双塔裙房一体大底盘变厚

图10 西苑饭店

度筏板的沉降变化特征，以及验证建筑物沉降计算结果，从基础施工开始到建筑物竣工使用期间进行了沉降观测。工程2007年6月25日的沉降观测结果（带圆括号者）见图13。图中东塔核心筒下最大沉降量73.9mm，核心筒周边框架柱下最大沉降量为62.2mm；西塔核心筒下最大沉降量为68.8mm，核心筒周边框架柱下最大沉降量为62.9mm；中间裙房部分最大沉降量为49mm。至2007年6月25日进行工程最后一次观测，距竣工时间相隔一年零10个月，各点的沉降量均已小于0.01mm/d。

图11 北京长富宫中心

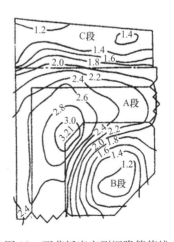

图12 西苑饭店实测沉降等值线

北京 LG 大厦的大底盘基础东、西两端塔楼整体弯曲呈中间大两端小的盆状弯曲变形，东、西两塔的基础最大整体挠曲度分别约为 0.394‰，0.425‰；中间裙房部分的基础受两端塔楼的影响，裙房基础整体挠曲略呈反盆状弯曲变形，基础反向最大整体挠曲度约为 0.15‰。大底盘基础东、西两端塔楼横向变形曲线亦呈盘状形（见图 13）。

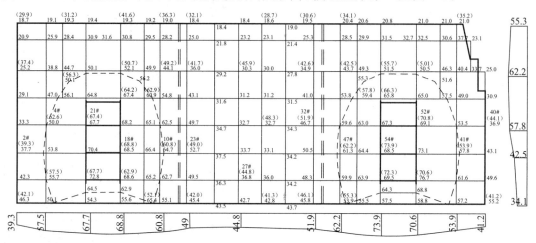

图 13 北京 LG 大厦沉降值（单位：mm）

注：带圆括号数值为实测值；无括号数值为反演值。

北京摩根中心改桩基方案为箱形基础，增加一层地下室，进而挖除粉质黏土⑤层，以其下的密实卵石⑥层为基础持力层，成为超高大楼实施天然地基方案的成功范例。箱形基础平面尺寸为 60m×60m，总高 7.5m；除内筒外，以内筒纵、横墙延伸为内墙，对称分成 8 块，其中最大板块为 15.0m×27.1m；钢筋混凝土箱基墙体厚度分别为：内筒 1.4m，内墙 0.6m，挡土墙 0.8m；箱基顶板厚度为 0.3m，底板厚度为 3.0m，其地下室剖面如图 14 所示[13]。2009 年 12 月 30 日实测本工程箱基平均沉降量为 29.75mm，最大差异沉降

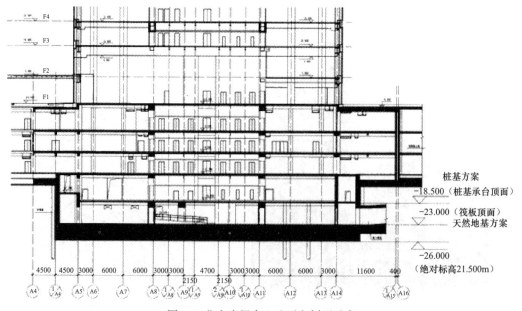

图 14 北京摩根中心地下室剖面示意

量 8.21mm，地基变形值远小于规范沉降及倾斜限值，表明建筑结构处于正常工作状态；同时还显示了地基变形比较均匀，沉降的锅底效应并不明显，这主要得益于包括箱基在内的建筑结构整体刚度的作用，而 3m 厚的箱基底板刚度也起了相辅相成的作用；2009 年 9 月 30 日～12 月 30 日，91 天内平均沉降速率为 0.007mm/d，表明地基变形已进入稳定阶段。

（2）超高层建筑桩筏基础设计实例

按照变形控制原则进行地基基础设计，需要进行地基与结构（地基-桩-筏板基础-地下结构）共同作用变形计算分析，依据计算分析进行以减小差异沉降和承台内力为目标的变刚度调平设计，结合具体条件合理采用的设计措施，包括对于主裙楼连体建筑，当高层主体采用桩基时，裙房（含纯地下室）的地基或桩基刚度宜相对弱化；对于框架-核心筒结构高层建筑桩基，应强化核心筒区域桩基刚度（如适当增加桩长、桩径、桩数、采用后注浆等措施），相对弱化核心筒外围桩基刚度（采用复合桩基，视地层条件减小桩长）。对于框架-核心筒结构高层建筑天然地基承载力满足要求的情况下，宜于核心筒区域局部设置增强刚度、减小沉降的摩擦型桩；对按变刚度调平设计的桩基，需要进行上部结构-基础-桩-土共同工作分析。

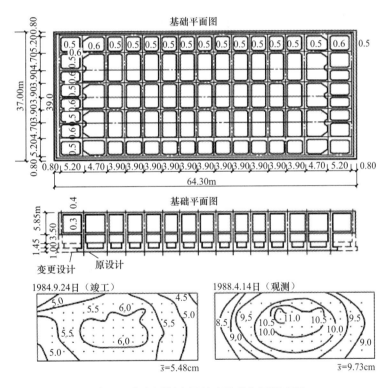

图 15　北京国际大厦基础示意与沉降实测

基于差异变形控制的桩筏基础设计，考虑桩、土、筏板基础、上部结构相互作用对于承载力和变形的影响，既满足荷载与抗力的整体平衡，又兼顾荷载与抗力的局部平衡，以优化桩型选择和布桩为重点，力求减小差异变形，降低承台内力和上部结构次内力，实现节约资源、增强可靠性和耐久性。

上海中心大厦实例：文献［14］给出其桩位布置如图 16 所示。上海中心大厦为巨柱-核心筒-伸臂桁架结构，考虑底板抗冲切的需要，在地下室范围巨柱边增加了壁柱，巨柱与核心筒之间通过翼墙连为整体。桩的布置按照变刚度调平的概念设计，核心筒及周边 6m 范围为核心区，有效桩长 56m，梅花形布置，巨柱区域内有效桩长 52m，梅花形布置，其余区域有效桩长 52m，正方形布置。这三者构成的桩承载密度大致为 1.24：1.15：1（详见文献［14］）。上海中心大厦的变调平设计模式可概括为：变桩距＋变桩长（图 17）。

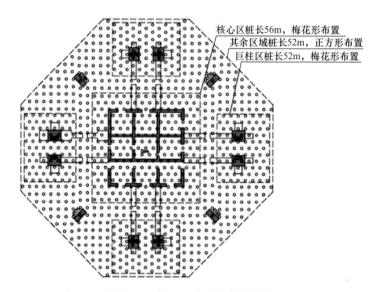

图 16　上海中心大厦桩位平面图

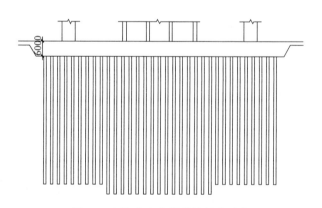

图 17　上海中心大厦基桩长度示意

上海中心大厦采用了大直径超长灌注桩，有别于金茂大厦（420m）、上海环球金融中心（492m）所采用的钢管桩，持力层选择层⑨₂ 粉砂，因其土性较佳、承载力高、土质相对较均、持力层厚度有保证，但是钻孔灌注桩钻孔过程需要穿越相对厚的粉土和砂层，施工的成孔能力和钻孔桩的质量是有必要进行多方面试验的，因此通过现场试桩验证成桩可行性及承载力取值，试桩载荷试验加载至极限，采用分布式光纤量测桩身应变，同时为研究上海软土地区大直径超长灌注桩承载特性及荷载传递机理提供了有价值的数据[15]，为上海软土地区 600m 超高层建筑首次采用灌注桩提供指导和技术支持。

北京中国尊大厦实例：桩筏基础设计过程中，应用土与结构相互作用原理，将主塔楼与其相邻裙房作为一个整体进行研究与分析，遵循差异沉降控制与协调的设计准则合理选择桩端持力层并优化设计桩长、桩径和桩间距，桩筏协同作用三维数值分析与桩筏基础设计紧密结合，应用 PLAXIS 和 ZSOIL 数值分析软件进行了地基土-桩-筏板-地下结构协同作用的精细计算分析，详见文献 [16] 和选编的案例文献《北京 Z15 地块超高层建筑桩筏的数值计算与分析》。

北京中国尊大厦桩与筏板基础联合变调平设计的构想与技术思路如图 20 所示。主塔楼为桩筏基础，其两侧的纯地下室部分采用天然地基。工程桩主要包括三种类型（如图 18 所示）：主塔楼的核心筒和巨型柱区域为 P1 型（桩径 1200mm、桩长 44.6m），主塔楼其他区域为 P2 型（桩径 1000mm、桩长 40.1m），塔楼与纯地下室间过渡桩为 P3 型（桩径 1000mm、桩长 26.1m，为边缘过渡桩），桩基础平面布置如图 19 所示。所有工程桩均采用桩侧桩端组合后注浆工艺。由于建设场地第四系厚度达 184m，且地层软硬交互，因此通过试验桩载荷试验研究超长钻孔灌注桩的荷载传递规律、荷载-沉降的工程性状、侧阻力变化特征。

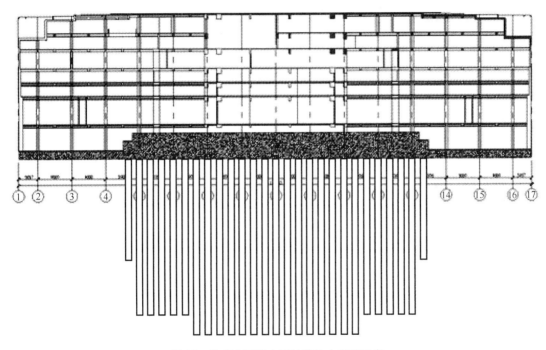

图 18　北京中国尊大厦桩筏协力基础示意

笔者针对北京、天津和上海的代表性超高层建筑（上海中心大厦，天津 117 大厦、北京的中国尊大厦以及央视新台址主塔楼）的单桩静载荷试验数据进行了对比分析，请参见选编的文献：京津沪超高层超长钻孔灌注桩单桩静载试验数据对比分析。

陈斗生先生总结超高大楼基础设计与施工经验时曾指出：大口径场铸桩之设计除考虑地层之工程特性、地下水之变化外，主要之考量为施工之工法、程序、使用之机械及管理与操作人员之成熟度，俾使完工之基础具一致之品质与工程特性。因此基桩之现场试作与达破坏之载重试验，为使用大口径场铸桩之重大工程为达安全而经济之设计之必要手段，除可使施工者与监造单位熟识设计者之基本假设与要求外，也可获得基桩设计与分析之实用数据。

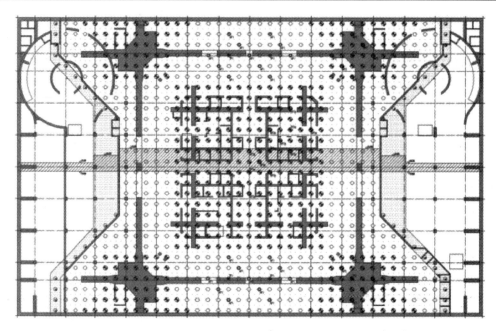

图 19　北京中国尊大厦桩筏协力基础平面

需要注意的是，当通过加大桩长，选择更为密实的深部土层作为桩端持力层时，可以有效减小桩基沉降，但与此同时会增加施工质量的控制难度，应当及时调整施工工艺参数，必要时应及早进行试验性施工。

（3）复杂地质条件的高层建筑桩基础设计

实例1：

面对岩溶地质勘察评价、试验桩测试、后注浆施工等诸多问题，岩土工程师积极延伸专业服务，将勘察与设计、设计与施工、施工与检测紧密联系，各方通力协作，桩基础设计思路和技术措施处置得当，消除了安全隐患，取得了岩溶地质桩基勘察设计的成功实践，详见选编案例：唐山岩溶地区桩基工程问题分析与设计要点

实例2：

主塔楼建筑高度约350m，地上75层，采用超长钻孔灌注桩方案，考虑到现场足尺试验能够较为真实地反映单桩的实际受荷状态及工作性能，为此专门进行了试验桩的设计、施工及测试，试验桩的设计桩径为1.0m、有效桩长约76m，最大试验加载达30000kN，通过试验桩的试验性施工论证成桩的可行性和质量的可靠性，同时分析钻孔灌注超长桩的承载变形性状，工程建设场地是以硬塑粉质黏土层为主，地区特点显著，因此超长桩现场足尺工程试验资料有非常重要的参考价值，详见选编的实践案例：西安国际金融中心超高层建筑桩型比选与试验桩设计分析。

实例3：

丽泽SOHO大厦工程建设场地紧邻地铁14号线及16号线，地铁联络线隧道自西北向东南贯穿整个地下室，Zaha Hadid的设计方案为反对称的双塔联体形式，结构高度达191.5m，其通高的中庭被称为目前世界最高中庭（World's tallest atrium），建筑造型独特，因而荷载集度差异显著，而地基土层为密实砂卵石层及其下分布的第三纪黏土岩，为

复杂地质条件的桩筏基础设计案例。针对不同桩长、不同持力层的单桩承载变形性状，对现场静载试验数据进行了对比分析，考虑桩土-筏板基础-结构相互作用进行基础沉降变形计算分析，最终确定的桩筏设计方案符合差异沉降控制限值要求，设计采用"短桩"方案以避开第三系不利影响，充分发挥砂卵石层侧摩阻力，工程桩承载力检验测试得到的设计荷载 10000kN 对应的最大桩顶沉降为 6.15mm，达到设计预期，详见选编的实践案例《北京丽泽 SOHO 大厦桩筏基础设计与沉降分析》。

顾宝和大师曾再三指出"岩土工程是市场经济国家普遍实行的专业体制，与工程地质勘察相比，它要求勘察与设计、施工、监测密切结合，而不是彼此机械分割；要求服务于工程建设的全过程，而不仅单纯为设计服务，要求在获取系统而准确资料的基础上，对岩土工程方案深入论证。提出合理的具体的建议"，面对复杂地质条件，岩土工程师更应积极协助结构工程师解决桩基工程难题，包括正确把握承载性状、不同地层后注浆机理及工艺参数、桩筏工作机理等，积累工程经验，强化专业特长。

（4）高层主楼采用复合地基方案

CFG 桩复合地基是北京地区高层建筑常用的桩体复合地基形式。目前常规 CFG 桩施工工艺是指长螺旋钻机成孔、中心压灌商品混凝土的成套工艺。

北京 SOHO 现代城（D 栋地上 29 层）[17]、清华科技园等工程均应用了 CFG 桩复合地基技术。图 20 所示为北京某 CFG 桩复合地基与地层关系，基础直接持力层为黏土层，CFG 桩复合地基选择深部硬土层作为桩端持力层，穿过厚黏性土层，有效桩长为 16.5m，桩径为 400mm，设计桩距为 1.55m，依此概化示意图可概略了解北京地区典型的软硬交互地层条件与 CFG 桩复合地基的设计。

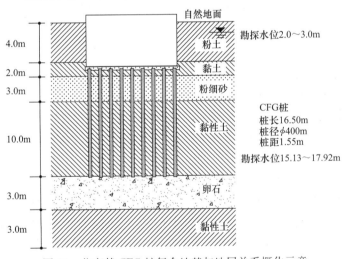

图 20　北京某 CFG 桩复合地基与地层关系概化示意

北京市朝阳区的某工程，由 A 座写字楼（地上 24 层）、B 座写字楼（地上 11 层）及其间的 C 座商业裙房组成（地上 4 层），地下 3 层，各部分地下室相互连通且位于同一底板上，经过差异沉降控制分析，A 座采用 CFG 桩复合地基而 B 座和 C 座采用天然地基，详见选编的实践案例《某工程大面积地下室与多高层主楼连成一体的地基基础设计及沉降控制》。

褥垫层厚度的不同将直接影响桩的反向刺入程度。文献［18］三桩复合地基试验压板下铺设了 20cm 厚褥垫层，土压力测试结果显示桩间土应力过大，并从变形角度对褥垫层

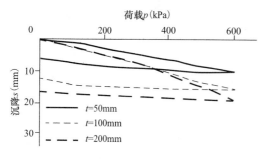

图 21　单桩复合地基静载试验曲线示意

厚度进行研究，单桩复合地基静载试验压板下铺设了不同厚度的褥垫层，厚度分别为 5、10、15cm，其 $p\text{-}s$ 曲线如图 21 所示，随着褥垫层厚度的减少则其沉降量相应减小，研究结论"可尝试减小褥垫层的厚度，通过合理利用桩体的承载能力来有效控制建筑物的沉降。"

文献［19］记述了按差异变形控制原则所设计的 CFG 桩复合地基实例，2005～2006 年完成设计与施工，相关的设计条件及 CFG 桩复合地基设计参数见表 1。

设计条件及 CFG 桩复合地基设计参数　　　　表 1

建筑物	A 座	B 座、C 座	D 座
建筑层数	地上 16 层 地下 2 层	地上 14 层 地下 2 层	地上 16 层 地下 2 层
平均基底压力	346.7kPa	B 座：236.6kPa C 座：268.0kPa	303.0kPa
结构形式	框架-剪力墙		
CFG 桩直径	400mm		
有效桩长	18.0m 22.0m（核心筒）	16.0m 18.0m（核心筒）	18.0m 22.0m（核心筒）
桩端持力层	黏性土、粉土为主的第 8 大层（包括粉质黏土、重粉质黏土⑧层、黏质粉土、砂质粉土⑧₁ 层、粉砂、细砂⑧₂ 层、黏土⑧3 层） 局部：卵石、圆砾⑨大层、细粉砂⑨₁ 层（D 座核心筒）		
单桩承载力特征值	600kN 750kN（核心筒）	550kN 600kN（核心筒）	600kN 750kN（核心筒）
桩间距	1.40m	1.60m	1.60m
桩身强度	C25	C20	C25
褥垫层厚度	20cm		

文献［20］研究发现，采用强化核心筒区布桩、相对弱化外框架柱区布桩的不均匀布桩优化模型，核心筒最大沉降和筏板相对挠曲均明显小于均匀布桩模型，对控制核心筒部位的绝对沉降量和筏板相对挠曲效果明显。

文献［21］指出 CFG 桩施工在某些地区存在着一些不可忽视的问题，比如，长螺旋钻孔、管内泵压混合料灌注成桩，施工设备不具备排气装置，钻孔到预定标高后开始向管内泵料，钻杆中的空气排不出，导致桩体产生孔洞；又如，钻孔到预定标高后，怕钻头活门打不开，先提 30～50cm 再灌料，导致桩端有虚土、承载力偏低等等。长螺旋钻孔、管内泵压混合料灌注成桩，先再灌料是一种错误的施工方法，应严格禁止。

需要引起注意的是，该案例的桩端持力层赋存地下水且具承压性，严禁先提钻后泵送混凝土，不然极易导致桩端部混凝土浇筑不密实或因扰动而形成桩底虚土，事故时有发生，已成为 CFG 桩复合地基质量顽症。笔者曾参与处理的某工程 CFG 桩质量事故（图 22），局部范围内的单桩承载力检测屡屡不合格，究其原因，概因高承压水头所致。

目前在 CFG 桩复合地基设计计算中是将增强体（CFG 桩）与其周边岩土体均匀化为等效的均质岩土单元，确定其等效的承载力和刚度，即复合地基承载力 f_{spk} 和复合土层压

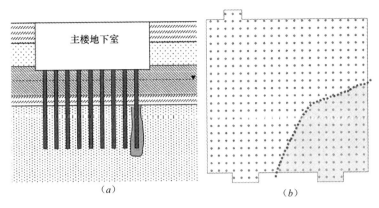

图 22 某工程 CFG 桩质量事故示意

(a); (b) 有问题的 CFG 桩分布示意

缩模量 E_{sp}（$E_{sp} = \zeta E_s$）。目前按国家标准建筑地基基础设计规范和行业标准建筑地基处理技术规范进行复合地基的沉降计算时如此，有限元计算时确定模型参数也常常是如此。但是对于桩位非均匀布设以及桩位偏差的情况，需要重新审视模型参数的确定方法，下篇论文作者利用数值分析软件所内置的桩单元模拟 CFG 桩增强体，按设计桩位和施工桩位两种情况分别建立三维数值分析模型，对沉降以及基础结构内力进行了对比分析，进行了有益的探索，详见选编的实践案例《CFG 桩复合地基增强体偏位影响分析》。

近年来，非常规的 CFG 桩复合地基技术因地制宜应用于实际工程中：

（1）北京光华世贸中心[22]采用了增设配筋的长螺旋钻机成孔中心压灌混凝土桩复合地基方案，取得了比常规 CFG 桩复合地基更高的地基承载力和减少沉降的效果，其桩顶构造图如图 23 所示。其中 C 座为 25 层，建筑总高度为 98.09m，其 CFG 桩布置如图 24 所示。

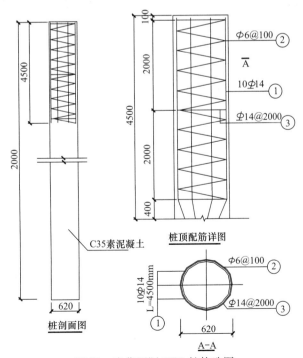

图 23 光华国际 CFG 桩构造图

255

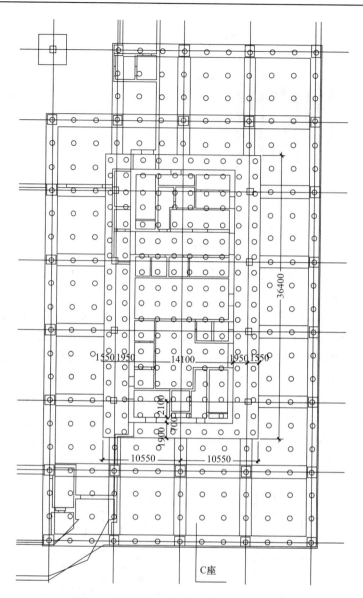

图 24　光华国际（C座）CFG 桩平面布置

（2）因工程建设场地处于八宝山断层所形成的破碎带范围内，地基岩土混杂，难以处理，经过比选分析，人工挖孔可避开长螺旋钻孔入岩施工难题，最终如文献［23］所述"采用人工逐段开挖并浇筑混凝土护壁，直到设计桩端承载地层后进行桩端扩大头施工，以增大单桩承载力，扩底完成后再浇筑 CFG 桩混合料成桩。"设计参数：有效桩长为6.0m；桩身直径为 0.8m，桩端扩底直径为 1.2m，扩大头高度为 0.8m；混凝土护壁厚度为 100mm。施工结束后，通过单桩静载试验检验其承载力，代表性的 Q-s 曲线如图 25 所示。经沉降实测验证，地基处理效果良好。沉降观测点布置如图 26 所示。沉降观测时间从基础底板完成（2009-04-01）、结构封顶、工程竣工至工程使用阶段（2011-07-18）共进行了 14 次沉降观测，最后一次沉降观测成果（累计沉降量）见表 2。

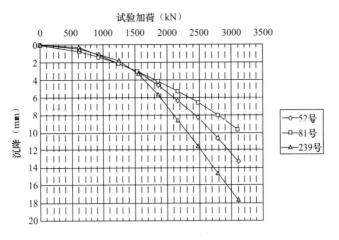

图 25　代表性 Q-s 曲线

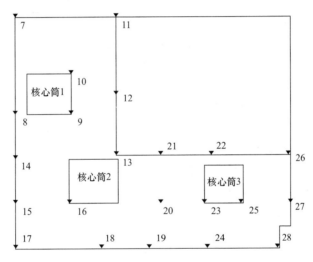

图 26　沉降观测点布置图

各观测点最终沉降量实测值（单位：mm）　　　　　　表 2

观测点号	沉降量实测值	观测点号	沉降量实测值
7 号	−17.3	18 号	−37.1
8 号	−31.8	19 号	−38.9
9 号	−46.4	20 号	−36.3
10 号	−29.8	21 号	−31.9
11 号	−20.0	22 号	−30.3
12 号	−27.0	23 号	−22.8
13 号	−30.8	24 号	−33.2
14 号	−23.0	25 号	−31.7
15 号	−23.0	26 号	−24.5
16 号	−30.4	27 号	−28.7
17 号	−23.2	28 号	−28.3

（3）北京银河 SOHO 为典型的大底盘多塔连体结构，塔楼核心筒与中庭荷载差异显著。为更好地解决差异沉降问题，在地基基础设计过程中，结构工程师与岩土工程师密切合作比选分析了不同基础形式与不同地基类型组合方式，基础形式包括梁板式筏基、平板式筏基，地基类型包括天然地基和人工地基（钻孔灌注桩、CFG 桩复合地基），并通过合理调整筏板基础及上部结构的刚度，同时优化地基支承刚度，经过反复计算与分析论证，最终采用天然地基与局部增强 CFG 桩复合地基的地基设计方案，有效地解决了差异沉降控制与协调问题，详见选编的实践案例《北京银河搜候（SOHO）中心地基与基础设计分析》。

3 地基计算

由于地基的容许承载力牵涉到建筑物的容许变形，因此要确切地确定它就很困难。一般的求法是先保证地基稳定的要求，即按极限承载力除以安全系数（通常取 2～3），或者是控制地基内极限平衡区的发展范围，或者采用某种经验数值，例如由地基规范提供的承载力表等作为容许承载力的初值。根据这个初值设计基础，然后再进行沉降验算，如果沉降也满足要求，则这时的基地压力就是地基的容许承载力。

因此高低层基础联合设计的地基计算内容，包括地基容许承载力计算和地基沉降计算。

3.1 地基容许承载力计算方法

先介绍工程技术人员最为熟悉的通过深度宽度修正计算地基容许承载力（即地基承载力特征值 f_a）的方法，再是由地基极限承载力推算地基容许承载力的方法，以及按控制地基内塑性区发展范围确定地基容许承载力（即地基承载力特征值 f_a）的方法。

3.1.1 通过深宽修正计算地基容许承载力的方法

计算时应适当加大基础埋置深度的取值，以提高地基土容许承载力的设计取值。埋置深度 d 的计算取值有下列方法：

$$d = \frac{d_1 + d_2}{2} \tag{2}$$

$$d = \frac{d_1 + 3d_2}{4} \tag{3}$$

$$d = d_2 \tag{4}$$

$$d = d_{eq} \tag{5}$$

如图 27 所示，式中的 d_1 为自地下室室内地面起算的基础埋置深度；d_2 为自设计室外地面起算的基础埋置深度。计算埋置深度 d 可不区分内、外墙基础，均按上述方法取值。d_{eq} 为折算的等效基础埋深。同时注意高层部分之基底压应力与裙房部分之基底压应力相差不致过大，应进行变形验算，可以根据具体工程的情况予以放宽。

实例：北京新世纪饭店高低层相连处不设沉降缝、防震缝，采用下列措施解决由于不均匀沉降产生的不利影响，扩大高层部分的筏基面积，降低地基压力。北楼实际地基压力位 475kPa，南楼为 350kPa，而提高裙房单独柱基地基的承载力，按 600kPa 进行基础设计[4]。北京新世纪饭店基础平面如图 28 所示。

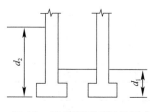

图 27 基础埋深不同的示意

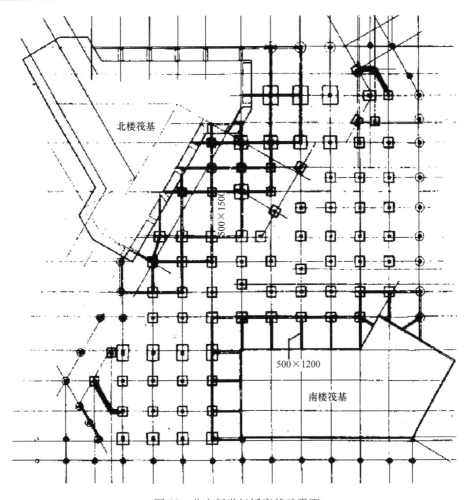

图 28　北京新世纪饭店基础平面

3.1.2　由地基极限承载力推算地基容许承载力的方法

文献［24］、文献［25］以及文献［1］给出了由地基极限承载力推算地基容许承载力的方法，可表达为式（6），即先计算地基极限承载力，再选用合适的安全系数 K，得出地基容许承载力。

$$f_a = \frac{f_u}{K} \tag{6}$$

文献［24］根据北京地区工程经验，给出了由等效抗剪强度计算地基极限承载力的方法：

$$f_u = 5.14\tau_e\xi_c + \gamma_0 d \tag{7}$$

$$\tau_e = c \cdot \tan\left(45° + \frac{\varphi}{2}\right) + \bar{\sigma}_3 \frac{\tan^2\left(45° + \frac{\varphi}{2}\right) - 1}{2} \tag{8}$$

文献［25］给出的地基极限承载力计算公式：

$$f_u = \frac{1}{2}N_\gamma\zeta_\gamma b\gamma + N_q\zeta_q\gamma_0 d + N_c\zeta_c c_k \tag{9}$$

文献［1］给出了薄层挤压理论方法以及北京饭店工程设计时采用该方法进行地基承载能力验算的实例，其安全系数取 3，地基土层分布见图 29。

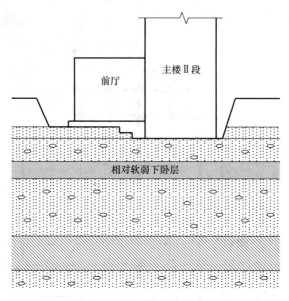

图 29　北京饭店新楼地基土层分布示意

对于 $\varphi \neq 0$ 情况，文献［1］给出了根据薄层挤压理论可以推导得出修正 Prandtl 条形荷载下的平均极限荷载公式[1]：

$$\bar{p} = N_{ct} \cdot c + N_{qt} \cdot \gamma \cdot z \tag{10}$$

式中　$N_{qt} = \xi_t \cdot N_q$

$$N_{ct} = \xi_t \left(N_c + \frac{1}{\tan\phi} \right) - \frac{1}{\tan\phi}$$

$$\xi_t = \frac{2b_0}{b} - \frac{t}{ba} \left(1 - e^{\frac{b-2b_0}{t}a} \right)$$

其中 b 为基础宽度，b_0 为假定不受摩擦影响的边缘恒压段的宽度，t 为薄层的厚度。

3.1.3　按控制地基内塑性区发展范围确定地基容许承载力的方法

按照文献［26］给出的计算公式得到的容许承载力相当于临界承载力 $p_{\frac{1}{4}}$，即基础下塑性区发展的最大深度等于基础宽度的 1/4 时所相应的荷载：

$$f_a = M_b \cdot \gamma \cdot b + M_d \cdot \gamma_m \cdot d + M_c \cdot c_k \tag{11}$$

实例分析：某工程的地基土层为粉质黏土，其参数如图 30 所示。计算时假定独立基础的埋置深度 $d = 1.0\text{m}$（自室内地面算起），基础宽度 $b = 3\text{m}$，土的重度 $\gamma_m = 20\text{kN/m}^3$。

按照文献［26］地基承载力深宽修正计算公式计算可得：

$$f_a = 180 + 1.6 \times 20 \times (1 - 0.5) = 196\text{kPa}$$

由式（11）可得：

$$f_a = 3.06 \times 20 \times 1 + 5.66 \times 40$$
$$= 61.2 + 226.4 = 287.6\text{kPa}$$

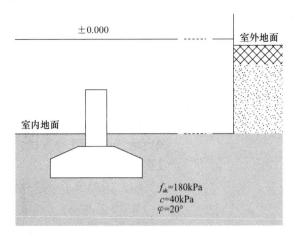

图30 地基参数与基础示意

可见，在不考虑基础宽度的情况下，应用式（11）计算得到的 f_a 值较之深宽修正计算得到的 f_a 值增加了 46.7%，从而基础的设计尺寸可相应减小。由此可以看出，当应用式（11）的计算结果作为 f_a 的设计取值时，通过加大基底压力进而增大基础沉降，不仅有利于协调差异沉降而且能够节省造价。必要时，根据差异变形的控制与协调的要求，还可依据式（6）进行计算分析，继续提高 f_a 的设计取值，这时有可能需要采取在抗水板下设置易压缩材料层的措施（图31），并应进行详细的地基变形计算分析。

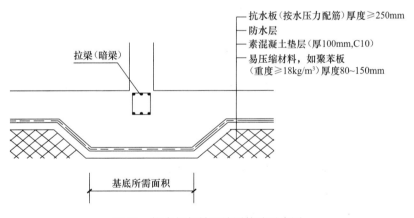

图31 抗水板与易压缩层构造示意图

实际工程应用，举例说明如下：

实例1：北京广播中心业务综合楼的裙房基础采用条形基础加构造防水板[27]，以减小基础与地基的接触面积，增大裙房的基底附加压力，同时在条形基础以外的部分换填软垫层（泡沫胶板）。

实例2：北京光彩大厦高层主楼地上四角17层、中部24层，地下3层，基础分别采用满堂筏基和独立柱基抗水板的天然地基[28]。

需要说明的是，目前各地对于抗水板下是否设置、如何设置易压缩材料层意见不一致，有的地方习惯做法是从不设置，对此，具体问题应当具体分析。

3.2　地基沉降变形计算

按照变形控制原则进行地基基础设计的前提是要能准确预估地基变形、基础沉降，特别关键的是高低层建筑、主裙楼之间的差异沉降。

高层主楼地基沉降采用分层总和法进行计算。由于地下室越来越深，计算地基沉降时应考虑回弹再压缩的变形量。例如，北京西苑饭店的基础埋深为 $7.5 \sim 11.5$，基坑回弹量为 $0.4 \sim 1.0$cm；北京昆仑饭店基础埋深 $10.1 \sim 11.6$m，基坑回弹量为 $2.9 \sim 3.5$cm[1]。

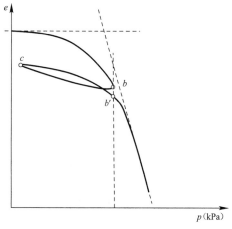

图 32　固结试验曲线

测定地基回弹值的方法详见本文"6 基础沉降观测"。

（1）回弹变形与回弹再压缩变形计算

如图 32 所示，b-c 段为回弹变形，而 c-b' 段为回弹再压缩变形，由于 b 与 b' 点通常并不重合，因此回弹模量与回弹再压缩模量并不相等。基坑土方开挖过程，即基底土回弹变形过程，相应于图 32 的 b-c 段。即使附加压力小于或等于零，基础也会出现沉降变形，该变形即为回弹再压缩变形，相应于图 32 的 c-b' 段。

由文献［29］的沉降计算公式可以分离出回弹再压缩沉降变形量的计算公式，即式（12）：

$$s = \psi' \cdot \sum_{i=1}^{n} \frac{p_c}{E_{si}^r} (z_i \bar{\alpha}_i - z_{i-1} \bar{\alpha}_{i-1}) \tag{12}$$

文献［26］给出了回弹变形量的计算公式，即式（13）：

$$s_c = \psi_c \sum_{i=1}^{n} \frac{p_c}{E_{ci}} (z_i \bar{\alpha}_i - z_{i-1} \bar{\alpha}_{i-1}) \tag{13}$$

文献［26］给出的算例中的回弹模量是图 31 曲线 b-c 段的分级模量。而通常式（12）计算时所使用的回弹再压缩模量对应的是图 32 曲线 c-b' 段的割线模量。两者的差别是明显的，计算时应特别注意。

（2）裙房独立基础或条形基础沉降计算

当裙房采用独立基础或条形基础时，可根据地基土的非线性压力-变形指标，按式（14）～式（16）计算地基沉降变形量，包括完工阶段平均沉降量和长期平均沉降量：

其完工阶段平均沉降量按下式计算：

$$s' = \left(\frac{p_{cr}}{k_b} \right)^{1/\mu_0} \cdot \left(\frac{p_0}{p_{cr}} \right)^{1/\mu_1} \cdot s_1 \tag{14}$$

当 $k_b < p_{cr}$，$p_0 < p_{cr}$ 时　　μ_1 取 μ_0 值；

当 $k_b > p_{cr}$，$p_0 > p_{cr}$ 时　　μ_0 取 μ_1 值。

式中　　s'——主体结构完工阶段平均沉降量（cm）；

p_{cr}、μ_0、μ_1——平板载荷试验 $\lg p$-$\lg s$ 曲线的折点压力、折点前和折点后的曲线斜率，p_{cr} 单位为 kPa，μ_0、μ_1 无量纲；

p_0——标准宽度基础底面的附加压力（kPa）；

p、s——载荷试验的附加压力（kPa）及对应的附加沉降量（cm）；

s_1——单位下沉量，$=1$cm；

$k_{0.08}$——实际基础沉降量为 1cm 时的附加压力（kPa）

$$k_b = k_{0.08} - m \cdot \Delta \tag{15}$$

式中 $k_{0.08}$——压板面积为 $50cm \times 50cm$ 的载荷试验沉降量为 1cm 时的附加压力（kPa）；

m——周剪斜率（$kPa \cdot cm$）；

Δ——压板与实际基础周面比之差（cm^{-1}）。

其长期平均沉降量按下式计算：

$$s_L = \frac{s'}{\lambda_t} \tag{16}$$

式中 s_L——长期平均沉降量（cm）；

λ_t——时间下沉系数，一般第四纪沉积土的黏性土及粉土的 $\lambda_t = 0.55 \sim 0.70$，粉、细砂的 $\lambda_t = 0.85$。

行业标准《建筑桩基技术规范》JGJ 94—2008 和《建筑地基基础设计规范》GB 50007—2011 均给出了等代实体深基础分层总和法的桩基沉降量计算公式，但其中确定沉降计算深度的方法，两者并不相同，前者为应变控制法，后者则为应力控制法，对于沉降计算的影响值得关注，详见选编的论文《两本规范中桩基沉降计算深度的对比分析》。

"岩土试样取得不少，但试样质量却是勘察质量最薄弱的环节。"[30]表3列出了相邻的两个工程项目勘察报告提供的室内压缩试验数据，相同层位、相同岩性的地层的压缩模量数值差别明显，涉及现场钻探取样工艺、取样质量、土样储运、试验方法等诸多环节的质量控制问题，直接影响到地基变形计算的准确性。

相邻工程的地层压缩模量对比 表3

地层岩性	A 工程		B 工程	
	E_{s100}（MPa）	E_{s200}（MPa）	E_{s100}（MPa）	E_{s200}（MPa）
粉质黏土	7.9	8.8	5.4	6.3
粉质黏土	10.8	11.8	7.5	8.5
（黏质）粉土	18.4	19.2	12.7	13.7
黏土	14.9	15.3	6.9	8.0
（砂质）粉土	28.4	29.0	19.9	21.5
粉质黏土	22.5	23.5	12.6	13.7
黏土	16.8	17.4	9.1	9.9

《工业与民用建筑地基基础设计规范》TJ 7—74 采用从 100kPa 到 200kPa 固定应力范围取值，即压缩模量和压缩系数按式（17）和式（18）确定：

$$E_{s1-2} = \frac{1 + e_1}{a_{1-2}} \tag{17}$$

$$a_{1-2} = \frac{e_1 - e_2}{p_2 - p_1} \tag{18}$$

式中 a_{1-2}——对应于 $p_1 = 100kPa$ 至 $p_2 = 200kPa$ 压力段的压缩系数（MPa^{-1}）；

E_{s1-2}——对应于 $p_1 = 100kPa$ 至 $p_2 = 200kPa$ 压力段的压缩模量（MPa）。

建筑地基基础设计规范自 GBJ 7—89 版开始则要求按实际应力范围取值，即从计算土层自重应力到自重加附加应力这个应力范围取压缩系数 a 后，按式（19）计算压缩模量：

$$E_{s} = \frac{1 + e_0}{a} \tag{19}$$

式中　e_0——土的天然孔隙比，即在土的自重压力下的孔隙比；

　　　a——从土的自重压力至土的自重压力与附加压力之和压力段的压缩系数（MPa^{-1}）。

式（19）中的 e_0 应当被理解为相应于自重应力作用下的孔隙比，而不是取土后在零压力状态测定的"天然孔隙比"。由于取土卸荷的影响，后者大于前者，取土深度越深，这种影响越大。重复加载卸载试验的结果表明，卸载后再压缩曲线与压缩主支交于卸载压力处。由此可见，在压缩曲线上相应于自重应力下的孔隙比与土在原生天然状态下的孔隙比是一致的，而卸载至零即取土后测定的"天然孔隙比"与实际应力范围的起始应力（自重应力）是不匹配的。

为了正确理解和应用不同方法所确定的压缩模量，需要将 p_1、p_2 分别理解为第一步加载时刻和第二步加载时刻的试验压力，e_1、e_2 则是对应于 p_1 和 p_2 时的孔隙比。压缩模量 E_{s1-2} 的前一级、后一级加荷分别为 100kPa、200kPa。而压缩模量 E_s 的前一级加荷为自重压力，其后一级加荷为自重压力与附加压力之和。

用于地基变形计算时采用的压缩模量，不可笼统采用 E_{s1-2}。当采用室内压缩试验确定压缩模量时，试验所施加的最大压力应超过土的自重压力与预计的附加压力之和，特别是对于深层土，因自重压力较大，如最大压力过小就不能满足计算的需要。

压缩性指标与试验方法　　　　　　　　　　　　　　　　　表 4

试验方法		压缩性指标
室内试验	原状土有侧限压缩试验	压缩系数 a_{1-2}
		压缩模量 E_s
	高压固结试验（标准固结试验）	压缩指数 C_c 回弹再压缩指数 C_r 或 C_s
现场试验	载荷试验	变形模量 E_0
	旁压试验	旁压模量 E_m

地基土层的压缩性指标，可以通过不同的试验方法测定，见表 4。针对岩土层的不同特性，建议进行不同试验方法指标的对比，综合判断确定合理的压缩性指标取值，以提高地基变形计算的准确性、可靠性。

3.3　地基与结构相互作用数值分析计算

现今的大型公共建筑体型多变、结构复杂、高低错落，荷载集度差异，埋深大，对地基基础设计带来很大的挑战。按变形控制是地基基础设计的重要原则，特别是大面积的筏板基础，是地基变形控制而非地基强度控制。对于复杂结构的多高层建筑，高低层建筑大底盘基础的结构形式，荷载集度差异悬殊，与相邻建筑地基基础相互影响，与邻近深基坑开挖相互影响等复杂工况（图 33）的地基基础设计，地基与结构相互作用分析与详细的沉降计算时必需的，而且在设计分析过程中数值分析成果可作综合判断的重要依据。岩土工程数值软件能为工程师开展更加精细、可信的共同作用，分析精细建模和精细计算提供了有力的支持。

2002 年出版的《Guidelines for the use of advanced numerical analysis》共有 11 章：1 Introduction；2 Geotechnical analysis；3 Constitutive Models；4 Determination of material parameters；5 Non-linear analysis；6 Modelling structures and interfaces；7 Boundary and initial conditions；8 Guidelines for input and output；9 Modelling specific types of geotechnical problems；10 Limitations and pitfalls in full numerical analysis；11 Benchmarking，第9章包括 Pile and piled raft（9.2）、9.3 Tunnelling（9.3）等岩土工程问题的分析。

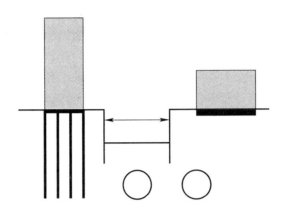

图 33　城区地下工程复杂工况（援引文献［31］图 1.2）

香港土木工程署颁布的《Pile Design and Construction》[32]（Geo Publication No. 1/96，Hong Kong）论及工程师的 4 类工作方法：

（Ⅰ）empirical 'rules-of-thumb'；

（Ⅱ）semi-empirical correlation with insitu test results；

（Ⅲ）rational methods based on simplified soil mechanics or rock mechanics theories；

（Ⅳ）advanced analytical（or numerical）techniques。

数值分析技术方法与其他方法并非互斥，而应当相互取长补短，相辅相成最终成为概念设计的完整体系的有机组成。

龚晓南院士提出"建立考虑工程类别、土类和区域性特性影响的工程实用本构模型是岩土工程数值分析发展的方向。建立多个工程实用本构方程结合积累大量工程经验才能促使数值方法在岩土工程中由用于定性分析转变到定量分析。"[33]

地基基础设计仍然要重视概念设计。顾宝和大师主张"不求计算精确，只求判断正确"，强调综合判断。注重概念设计，强调综合判断，与努力提高计算精度并不矛盾，定量分析与定性分析相结合，不可偏废。

正如老前辈张咸恭先生所倡导"工程地质学的三种研究方法：地质方法、试验方法和计算方法，必须综合应用，紧密结合。地质方法是最根本的最主要的方法，离开这一方法，既不能正确使用试验方法取得符合实际的参数，也不能合理使用计算方法，根据具体条件进行计算。而单单采用地质方法，没有试验方法和计算方法，就不能充分满足工程建筑的要求，达不到彻底为工程建设服务的目的。"[34]

数值分析应用实例：中信集团投资建设北京中国尊大厦，位于 CBD 核心区 Z15 地块，其建筑总高度为 528m，地上 108 层，为世界强震区在建第一高楼。第四系厚度达 184m，地层软硬交互，在地基基础设计分析过程中，将主塔楼与其相邻裙房作为一个整体并遵循差异沉降控制与协调的设计准则，桩筏协同作用三维数值分析与桩筏基础设计紧密结合，应用 PLAXIS 和 ZSOIL 数值分析软件进行了地基土-桩-筏板-地下结构协同作用的精细计算分析。数值分析已成为分析解决复杂地基基础工程问题不可或缺的设计依据。

数值分析应用实例 2：主塔楼的建筑高度达 215m，建设场地所处北京东北郊望京地区，其地基土层不同于北京城区黏性土层与砂卵石层交互旋回沉积层，建筑地基主要受力层是以厚层黏性土为主，主裙楼之间差异沉降控制更有难度，为此专门进行了桩-土-结构协同作用分析与差异沉降计算。依据桩筏基础三维数值分析，并结合工程经验进行综合判断，最终不仅得出了沉降后浇带设置最优方案，而且通过调整主楼与裙房的筏板厚度及筏板不同厚度的范围，使得整体筏板区域内地基反力分布更趋均匀。

数值分析应用实例 3：长沙北辰项目在验证软岩地基工程特性指标的基础上，考虑基础与地基协同作用通过数值分析软件进行了筏板基础天然地基方案的地基变形计算分析，为最终判断天然地基方案可靠性提供了可信的设计依据，为今后该地区超高层建筑地基岩土工程评价与地基基础设计积累了重要的经验。

需要说明的是，模型参数确定是数值分析计算中的关键问题。"必须详细地了解实际的条件和过程，熟悉当地的情况，积累经验，对理论和参数进行合理修正；在工程中不断观测和积累数据，在其基础上合理选用参数，再计算和预测以后的变化，往往达到很高的精度。"[35] 努力提高变形计算的精度，使其尽量接近于实际，是土木工程师的重要任务。

地基与结构相互作用数值分析计算的研究与工程应用，需要扎扎实实的工作，才能有实实在在的成果。

4　基础抗浮设防设计措施

近年来随着建筑地下室的不断加深，裙房和地下车库基础抗浮设防问题越来越突显。基础设计时要将低层裙房的地基刚度尽可能弱化，抗浮措施可采用增加基础刚度扩散主楼基底应力、适当增加结构自重、地下室顶板覆土、基础底板上回填级配砂石等的方法平衡地下水浮力，与设置抗拔桩和抗拔锚杆的方法相比，可以节约造价、减少施工难度、缩短施工周期，并且可利用其回弹再压缩变形以减小与高层主楼之间的沉降差。

抗浮设防地下水位的确定要以安全、科学性和经济合理性为前提。过高的抗浮设防水位，使得设计时不得不采用抗拔桩，不仅会抑制裙房沉降变形，不利于控制和协调主楼裙房之间沉降差，由式（1）而知，低层裙房及地下车库若采用抗拔桩（抗浮桩）方案，将会减小 s_2，即抑制沉降，从而加大沉降差异，甚至还会使得高层主楼不得不进行地基加固甚至采用桩基方案，势必造成工期加长、投资加大。建议会同各相关方加以深入探讨，必要时还应进行专门的水文地质勘察工作，以保证更为科学合理地确定抗浮设防水位取值，下面简要介绍 3 个实例。

实例 1：依据文献［36］记述，该工程的建筑群由框剪结构主楼、框架结构中心广场和纯地下部分组成，均设 3 层地下室，连成一体。设计 ±0.00 标高为 38.90m，基底标高为 −13.40m（绝对标高 25.50m），据钻探资料，工程场区地面以下 30m 深度范围内存在 3 层地下水，符合区域地下水类型分布特征，即分别为台地潜水、层间潜水和承压水。台地潜水埋深为 1.30～3.75m（标高为 34.25～36.66m），分布于黏质粉土和砂质粉土层中，含水层厚约 8m；层间潜水水位埋深 9.80～11.40m，水位标高为 26.88～27.96m，含水层岩性为粉细砂层（厚 2~4m，顶板标高 25.35~26.90m，底板标高 19.66~23.80m）。

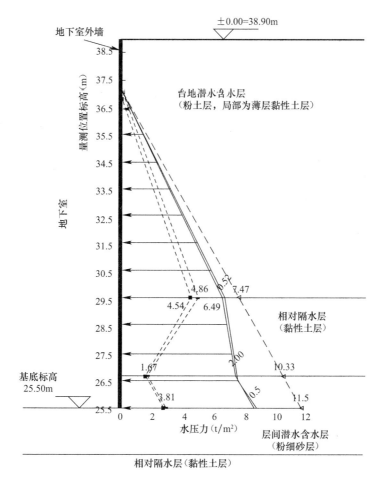

图 34　水压力分布示意

由该场区已有资料得知建筑物基础基本上坐落于粉细砂层上，场区 30m 深度范围内存在 3 层地下水且第 1、2 层水对浮力确定起主要作用，在此基础上通过在拟建工程场区范围内设置地下水观测孔（10 个）和埋设孔隙水压力计（15 个）以及收集区域性水文地质背景资料和地下水位长期观测资料，分析研究了水压力的实际分布状况和变化规律。台地潜水在越流补给层间潜水过程中存在水头损失，因此在垂向上孔隙水压力小于静水力学理论计算值。根据实测结果和对层间潜水水位预测，用于地下室外墙承载力验算的水压力分布建议值如图 34 所示。综合考虑诸多自然与人为因素不利影响，分析研究表明最不利情况下的水压力分布较之传统方法减小。根据建议的设防水位，比原来拟采用浮力值减小 40kPa，基础设计就可以采用压重方案解决抗浮问题，避免采用抗浮桩方案。这一方案变更，不仅节约了工期、节省了直接投资，而且减小结构设计难度和因抗拔桩造成的差异沉降。

实例 2：由于工程建设场区地下水位埋藏较浅，起初用传统概念进行分析而认为纯地下室部分抗浮不足，拟采用抗拔桩或抗浮锚杆，不仅造成投资增加、工期延长，而且会影响到主楼与纯地下室之间的差异沉降控制。据文献［37］，经过专门的研究分析，水压力分布如图 35 所示，减少水浮力近 20kPa，改用压重抗浮设计方案，有利于大底盘主裙楼之间差异沉降控制，最终本工程得以采用天然地基方案，地基基础设计方案达到整体合理最优。

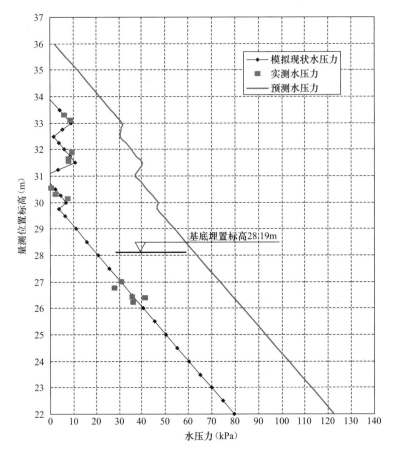

图 35　实例 2 的水压力分布示意

实例 3：羊坊店位于北京西客站的北侧，该地区的地质条件如图 36 所示，近年来在城

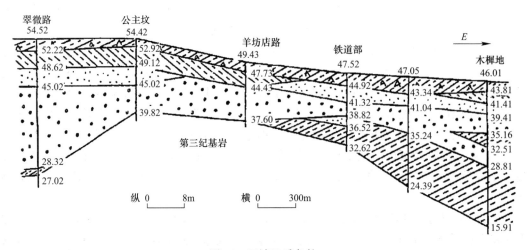

图 36　区域地质条件

建建设过程中发现该地区的地下水位较之其周围地区普遍偏高，明显有别于原有区域地下水位。据文献［38］研究表明，该异常区内的设防水位，不仅要考虑区域地下水位动态，而且要考虑古地形的影响、异常区内地下水位动态以及区域地下水位与异常区内地下水位相互之间的影响等因素，方能提供正确的设防水位建议。

5 地基变形特征与限值

由于地基不均匀、荷载差异大、体型复杂等因素引起的地基变形（沉降），对于砌体承重结构应由局部倾斜控制；对于框架结构和单层排架结构应由相邻柱基的沉降差控制；对于多层或高层建筑和高耸结构应由倾斜值控制；必要时尚应控制平均沉降量。对于高低层建筑大底盘基础的结构形式，在地基基础设计过程中，主裙楼之间差异沉降协调与控制是关键性问题。

国家标准《建筑地基基础设计规范》GB 50007—2011 规定"带裙房的高层建筑下的整体筏形基础，其主楼下筏板的整体挠度值不宜大于0.05%，主楼与相邻的裙房柱的差异沉降不应大于其跨度的0.1%"。

考虑到具有箱形基础和筏形基础的高层建筑，由于其结构刚度较大，能够较好地调整建筑物的不均匀沉降，这种调整作用随着建筑施工过程中刚度的逐渐形成和加大而逐渐加强，但是基础及建筑物刚度的增加不能调整整体倾斜，因此倾斜值是高层建筑物的一个主要变形控制指标，对此应有正确的概念。

基础挠曲度（挠度）Δ/L 是指基础两端沉降的平均值和基础中间最大沉降的差值与基础两端之间的距离的比值。

表5所列出的高层建筑长期最大沉降量限值，摘自《北京地区建筑地基基础勘察设计规范》DBJ 11—501—2009 第7章"天然地基的评价与计算"中的表7.4.4。

地基变形特征及其限值 表5

地基变形特征			限值	
沉降量	平均沉降量		体型简单的高层建筑平均沉降量≤200mm	
	长期最大沉降量（高层建筑）	≤160mm	一般第四纪黏性土与粉土	
		≤100mm	一般第四纪黏性土与粉土与砂、卵石互层	
		≤60mm	一般第四纪砂、卵石	
沉降差	整体倾斜	$H_g \leqslant 24\text{m}$	0.004	
		$24 < H_g \leqslant 60\text{m}$	0.003	
		$60 < H_g \leqslant 100\text{m}$	0.0025	
		$H_g > 100\text{m}$	0.002	
	局部倾斜砌体承重结构沿纵向6～10m内基础两点的沉降差与其距离的比值	中、低压缩性土	高压缩性土	
		0.002	0.003	
	（框架结构）相邻柱基的沉降差	中、低压缩性土	高压缩性土	
		$0.002l$	$0.003l$	
	主塔楼筏板基础挠曲度	≤0.05%		
	主塔楼外框柱与相邻裙房柱的沉降差	≤0.1%l		

文献［39］给出的允许沉降控制统计分析结果见表 6，根据该文分析结果，对于超高层建筑的沉降变形控制指标，Poulos 给出的限值为 100mm[40]。

允许沉降控制值统计分析　　　　　　　　　表 6

基础形式	工程数	允许沉降控制值（mm）	
		平均值	标准差
浅基础	165	218	185
深基础	52	106	55

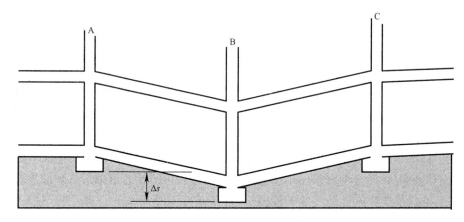

图 37　沉降差对结构影响示意

沉降差将引起结构次内力，过大时导致结构构件开裂。基于差异沉降控制的地基基础设计，力求减小差异变形，降低结构次内力，增强结构可靠性和耐久性。

6　基础沉降观测

准确监测各种地基类型的高层建筑的沉降变形以及主裙楼的差异沉降对指导结构施工、分析评价建筑地基基础变形特征以及验证建筑构设计和地基与基础设计的合理可靠性具有重要的意义，特别是对于深大基础，由于基坑土体经历一个卸荷-加荷过程，其变形也同样经历回弹-再压缩-附加沉降的过程，因此回弹再压缩变形是观测建筑物地基沉降变形的重要组成部分，直接影响地基的最终变形量，因此准确观测回弹变形量是深大基础变形观测的重要内容。

北京某工程主楼与地下车库的实测沉降数据详见图 38，实测纯地下车库平均沉降量为 1.759cm，实测高层主楼的平均沉降量为 1.158～1.447cm，两者实测沉降量均小于实测回弹量，实测的基坑平均回弹量为 2.663cm。高层主楼采用的是后注浆钻孔灌注桩方案，而纯地下车库则是天然地基方案，对于今后深入研究沉降变形机理以及高低层建筑之间差异沉降积累了宝贵数据。

据文献［41］记述：为了测定地基的回弹值，基坑开挖前，在拟建建筑物的纵横主轴线上，布设了 12 个回弹观测点。用钻机打孔至基础底面以下 50cm 左右，埋设观测点。在埋设过程中，克服了孔内漏砂、孔底点位深度控制、桩间点位的平面位置控制等诸多困难。初次标高测定时，我们采用独特的孔底挂尺技术，现场进行温度测定，用测斜仪测定回弹观测点的相对水平偏移量，经过温度、尺长、拉力及水平位移等一系列改正数据处理后，精确计算出回弹观测点的初始标高，保证了测量精度。在基坑开挖过程中，严密注视施工进度。基坑开挖到底后，按照回弹观测点预埋的平面位置及深度，找出点标志，并完成初次回弹量值的观测，在基坑底打混凝土垫层以前再进行一次复测，从而得到各点的地基回弹值。地基回弹值测定方法值得借鉴。

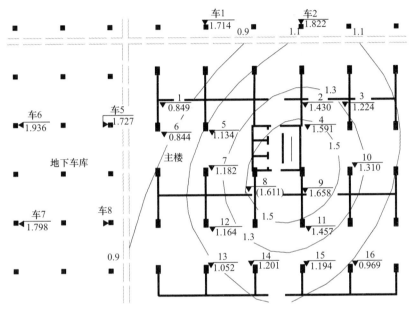

图 38　北京某工程实测沉降等值线

　　如前所述 CFG 桩复合地基是常用的地基处理技术方法，但因诸多原因，目前其沉降观测资料并不充分、更不系统，影响到其变形规律的研究。据笔者收集到的现有资料，CFG 桩复合地基目前的沉降计算值往往偏小，而其实际沉降变形量偏大，特别是后期沉降量不可忽略，沉降变形特征需要深入研究。由图 39 可知，A 工程 CFG 桩复合地基的后期某个时段沉降速率明显较前期加快，而且实测平均沉降量已经超过了设计要求的限值（$s \leqslant 50 \mathrm{mm}$）。

　　CFG 桩的桩径、桩长、桩间距，CFG 桩桩端持力层、基底持力层及主要受力层范围内土层的压变性状，褥垫层厚度均影响复合地基承载力和地基变形量。由图 40 和图 41 比较可以发现，B、C 两个工程至竣工时的实测沉降量比较接近，而其沉降随时间的变化规律有着明显不同，B 工程沉降速率已趋于稳定，而 C 工程沉降速率尚未放缓。

　　CFG 桩复合地基的沉降变形的特点，不仅对于其总沉降量的控制，更重要的是对于差异沉降的控制与协调，会产生重要影响，需要深入研究。CFG 桩复合地基沉降变形的长期观测至关重要，更得到有关方面的重视。

　　在基础沉降观测过程中，应及时分析沉降变形趋势，对于一般多层建筑物，在施工期间完成的沉降量，地基持力层为碎石或砂土时，可认为其最终沉降量已完成 80% 以上，地基持力层为其他低压缩性土时，可认为已完成最终沉降量的 50%～80%，地基持力层为中

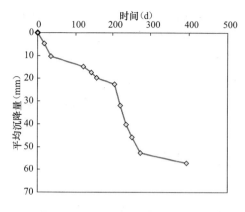

图 39　A 工程 CFG 桩复合地基实测
沉降-时间曲线

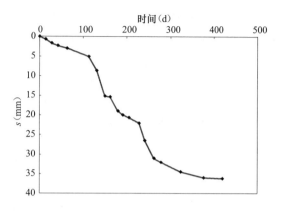

图 40　B 工程 CFG 桩复合地基实测
沉降-时间曲线

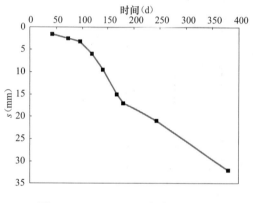

图 41　C 工程 CFG 桩复合地基实测
沉降-时间曲线

压缩性土时，可认为已完成 20％～50％，地基持力层为高压缩性土时，可认为已完成 5％～20％，尚应注意结合当地实际工程经验。

在施工过程及建成后使用期间，应加强基础沉降的系统观测，包含 4 个要点：

（1）在基础施工完成后即应设置观测点，以测量地基的回弹再压缩量。对于长期观测点，应加设保护措施；

（2）对于框架-核心筒、框架-剪力墙结构，应在内部柱、墙和外围柱、墙上设置测点，以获取建筑物内、外部的沉降和差异沉降值，对于大底盘主裙楼，主楼的核心筒及框架柱、裙房框架柱以及沉降后浇带两侧等差异沉降控制的重点部位均应设置观测点，以便全面掌握沉降变形规律，特别是差异沉降的变化；

（3）沉降观测应委托专业单位负责进行，施工单位自测自检平行作业，以资校对；

（4）沉降观测应事先制定观测间隔时间和全程计划，观测数据和所绘曲线应作为工程验收内容，移交建设单位存档，并按相关规范观测直至稳定。

北京、上海、济南的沉降稳定标准为 1mm/100d，天津为 1～1.7mm/100d，西安为 24mm/100d。实际工程中，稳定标准应根据不同地区地基土层压缩性综合确定。

北京丰联广场：于 1995 年初开工，1996 年底竣工，进行了基坑回弹与沉降观测，至装修后期的实测沉降等值线[42]如图 42 所示，验证了天然地基方案是安全可靠的。

基础侧限条件对于地基承载力和地基基础沉降变形的影响，仍然是一个需要研究的课题。在传统的承载力理论中，基础侧面覆盖土层的抗剪强度都是被忽略的。主体建筑的"塔楼"周围被地下车库环绕，基础侧面不再是土，而是地下结构，对于这种情况，某些规范虽然给出了一些规定，应仍有研究的空间[43]。

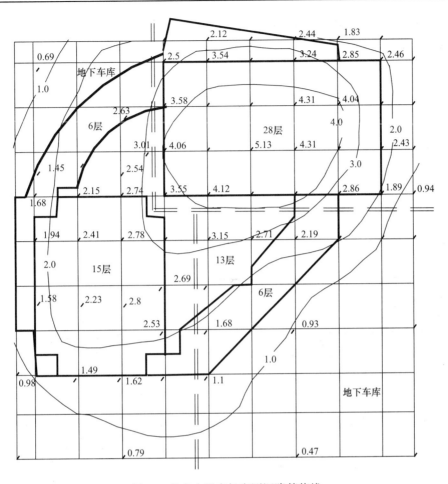

图 42 北京丰联广场实测沉降等值线

北京银泰中心：地上部分由一座钢结构塔楼、两座混凝土塔楼和三座裙房组成。其中三座塔楼为超高层建筑，钢结构塔楼（A 座）为框架筒中筒结构，高 249.50m；两侧混凝土塔楼（B、C 座）为筒中筒结构，高 186m；三座裙房为 5 层框架结构。长 218.2m，宽 99.2m 的 4 层地下室将上部结构连成整体。三座塔楼均采用后注浆钻孔灌注桩，所有基桩有效桩长：30m，桩径：1.1m，桩端持力层：卵石⑩层，桩数：A 座共 174 根，B、C 座分别为 171 根、170 根。三座塔楼在施工期间实测的沉降曲线如图 43 所示，A 座塔楼最大平均沉降 24.68mm，B、C 座塔楼最大平均沉降分别为 23.69mm，32.54mm[44]。

中央电视台 CCTV 新台址：基桩的桩径为 1.2m，有效桩长为 33.4m，最终的桩位图见图 44，桩数量：塔楼 1 共 277 根，塔楼 2 共 288 根。鉴于工程的重要性与复杂性，对基础沉降等进行较为系统的测试，图 44 为结构封顶 1a 后

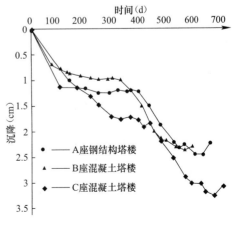

图 43 北京银泰中心实测沉降-时间曲线

273

实测沉降量的等值线。如图 45 所示，在塔楼 1 与塔楼 2 位置形成两个沉降盆，且受荷载偏心的影响，塔楼 1 和塔楼 2 计算与实测沉降值均不在建筑平面中心，偏向塔楼 1 和塔楼 2 之间的区域。考虑到沉降实测是在筏板浇筑完成后进行的，而沉降计算包括了筏板自重所产生的沉降，本工程筏板厚度大，由筏板自重产生的沉降不容忽视，应将沉降计算值减去筏板自重所产生的沉降后与实测值作比较。则减去筏板自重后，塔楼 1 和塔楼 2 的最大沉降计算值分别为 66 和 52mm，略大于塔楼 1 和塔楼 2 最大沉降实测值 49 和 43mm。图 46 为塔楼 1 由北向南某一剖面各测点的沉降实测值与计算结果的比较。可以看出，核心筒区域的最大沉降值相差较大，而周边区域较为接近，但沉降模式基本上是一致的。从沉降的总体形态来说计算结果与实测值表现出了一致的规律性，扣除底板自重产生的沉降后，沉降计算值略大于实测值[45]。

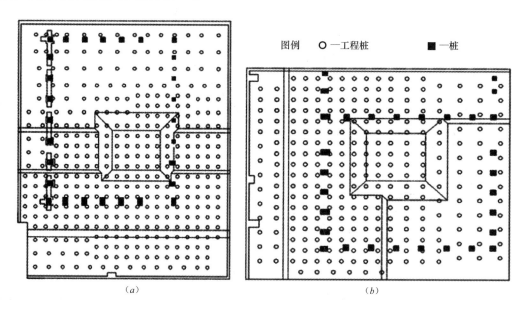

图例 ○—工程桩   ■—桩

（a）   （b）

图 44 CCTV 新台址桩位布置示意

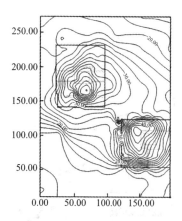

图 45 CCTV 新台址实测
沉降等值线（单位：mm）

北京中央商务区所在地区的地基土层特点是软硬互层，即黏性土/粉土与砂层/卵石层的交互沉积层，该区域内的超高层建筑的桩端持力层如图 47 所示，前述的北京银泰中心与 CCTV 新台址的桩端持力层层位相同，但是其岩性有所变化，北京银泰中心桩端持力层岩性为卵石—圆砾层，而至 CCTV 新台址所在场地，该层岩性变为中砂—细砂层。据文献 [46]，CCTV 新台址为了比选桩端持力层，通过最大加载达 35000kN 的单桩竖向抗压静载试验，掌握直径 1200mm 采用后压浆处理工艺位于不同持力层的钻孔灌注桩的承载力大小，同时对其进行桩侧、桩端阻力和桩端变形的测试，结合试验桩施工工艺，取得了试验桩的承载特性，为正式工程桩的持力层的选择提供了依据，也对北京 CBD 区类似工程的钻孔灌注桩设计和深入研究提供了参考。

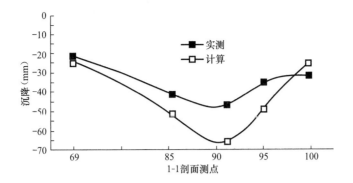

图46 塔楼1典型剖面沉降计算与实测值比较

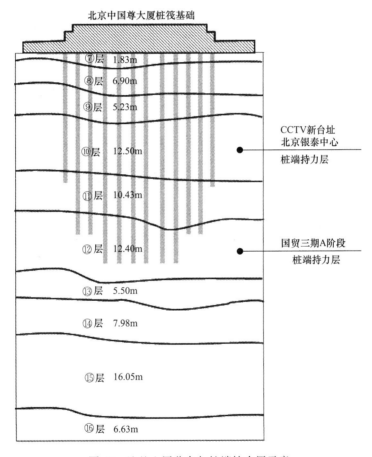

图47 地基土层分布与桩端持力层示意

深圳平安金融中心：至2015年4月底的主塔楼已封顶，核心筒最终沉降量30.6～35.1mm，平均值为33.1mm，外围沉降量为22.5～39.4mm，详见选编的实践案例《深圳平安金融中心超深超大基础岩土工程实践》。

上海金茂大厦沉降测量从1995年10月5日起到2003年4月1日，共149次，其沉降测点平面布置见图48。核心筒中心M7的最大沉降为82mm，而角点M1为44mm。根据M1～M13的沉降，沉降相当对称，形状如锅形。测点M1～M13的平均沉降为59.4mm，而在核心筒的测点 M7、M4、M6、M10 和 M8 的平均沉降为 77.4mm。根据 2002 年 9 月 30 日到 2003 年 4 月 1 日相隔 7 个月的沉降差只有 1mm，按照上海规范的稳定沉降规定，可以认为基本达到稳定状态。2006 年 12 月 31 日，沉降为 85mm，以后每月测量一次，2007 年 12 月 31 日沉降仍然是 85mm，大楼沉降真正达到稳定。上海金茂大厦沉降观测历时 15 年之久，为研究超高层建筑沉降规律积累一份极其宝贵的实测资料。

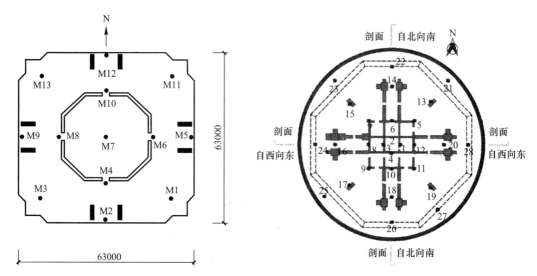

图 48　上海金茂大厦沉降观测点位布置示意　　图 49　上海中心大厦 B5 层所设沉降监测点平面示意

　　上海中心大厦先后共布设了两层沉降监测点，分别位于 B5 层结构大底板及 1F 大堂层。B5 层主楼沉降自 2010 年 5 月开始进行观测至 2013 年 10 月，主楼筏板沉降特征为典型的碟形沉降（见图 50）。

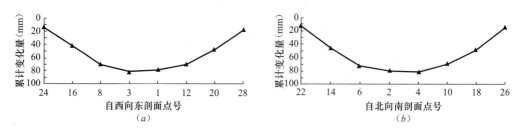

图 50　主塔楼筏板基础沉降示意

　　"高重建筑物地基基础方案的选择是关系到整个工程的安全质量和经济效益的重大课题，也是牵涉工程地质条件、建筑物类型性质以及勘察、设计与施工等条件的综合课题，常常需要长时间的调查研究和多方面的反复协商才能最后定案。也正是由于这些原因，在类似地区特别是当地的已有建筑经验和工程实录在这方面具有特别重要的参考价值。此外，由于问题的复杂性和当前的理论研究尚未成熟到能够准确地预计到各种变化因素的影响的程度，因此系统和完整的工程实录资料还能起到验证各种已有理论假设和发现新问题的重要作用。"[47]

7 结语

（1）从突破设缝的传统做法到不设缝而改设置沉降后浇带的转变，充分说明了规范标准不是一成不变的，科学技术是不断发展的，需要不断的探索与实践，还需要不断加以总结和研究，以形成系统的工程经验。

（2）本文所总结的差异沉降控制与协调的设计措施与地基计算方法行之有效且业已经过工程实际验证。今后工程设计借鉴时，尚应因地制宜、因工程制宜。

（3）现今大型公共建筑体型多变、结构复杂，对地基基础变形控制设计提出了更多挑战。精心勘测、精心试验、精心观测所得的可靠数据，是分析研究的基础，是技术进步的基石。

（4）地基承载力并不是土的固有特性指标，确定地基承载力实际上是地基计算与基础设计的过程。北京地区地层土质进行了长期研究，并且进行了大量的工程实践，所以适当提高地基土的承载力，安全上是没有问题的，但是进行沉降验算，特别是要有效地控制和协调差异沉降。

（5）基础联合设计准则是高层与低层建筑的地基基础一体化，始终要把工程在不同工况条件下的差异变形的控制与协调作为解决地基基础问题的总目标，并以"差异变形控制"核心，以地基与结构相互作用分析与协同设计为技术保证。

（6）推进岩土工程体制，任重而道远，岩土工程师责无旁贷。老前辈张国霞先生倡导"除了要认真努力学习岩土工程的基本理论知识之外还要虚心向建筑队伍中的设计、施工与科研、教学人员学习，特别是向结构和施工工程师学习，并在全力协作和甘当配角的精神下投身到工程实践中去，不断完成从认识到实践与从实践到认识的循环过程，从实践中得到真知，尽快地完成向岩土工程体制的过渡，为我国岩土工程的发展做出更大的贡献。"[48]

参 考 文 献

[1] 陈仲颐，叶书麟. 基础工程学 [M]. 北京：中国建筑工业出版社，1990.

[2] 北京市建筑设计研究院编. 建筑结构技术措施 [M]，北京：中国建筑工业出版社，2007.

[3] 程懋堃，李国胜. 北京西苑饭店 [C] //建筑结构优秀设计图集 1. 北京：中国建筑工业出版社，1997：3-17.

[4] 毛增达，昌景和，程懋堃. 北京新世纪饭店主楼结构 [C] //建筑结构优秀设计图集 2. 北京：中国建筑工业出版社，1999：3-15.

[5] 滕延京，宫剑飞，李建民. 基础工程技术发展综述. 土木工程学报 [J]. 2012，45（5）：126-140.

[6] 刘金砺，迟铃泉，张武，等. 高层建筑地基基础变刚度调平设计方法与处理技术 [R]. 北京：中国建筑科学研究院，2009.

[7] 刘金砺，迟铃泉. 桩土变形计算模型和变刚度调平设计 [J]. 岩土工程学报，2000，22（2）：151-157.

[8] 刘金砺. 高层建筑地基基础概念设计的思考 [J]. 土木工程学报，2006，39（6）：100-105.

[9] 王涛，高文生，刘金砺. 桩基变刚度调平设计的实施方法研究 [J]. 岩土工程学报，2010，32

（4）：531-537.

[10] 钱力航. 高层建筑箱形与筏形基础的设计计算 [M]. 北京：中国建筑工业出版社，2003：第187页.

[11] 李国胜，张学俭. 高层建筑主楼与裙房之间基础的处理 [J]. 建筑科学，1993年，第3期.

[12] 侯光瑜，陈彬磊，沈滨，唐建华. 双塔裙房一体的大底盘变厚度筏形基础变形特征 [J]. 建筑结构，2009，39（12）：144-147.

[13] 孙芳垂，汪祖培，冯康增. 建筑结构设计优化案例分析 [M]. 北京：中国建筑工业出版社，2011：54-55.

[14] 姜文辉，巢斯. 上海中心大厦桩基础变刚度调平设计 [J]. 建筑结构，2012，42（6）：132-134.

[15] 王卫东，李永辉，吴江斌. 上海中心大厦大直径超长灌注桩现场试验研究 [J]. 岩土工程学报，2011，（12）：1817-1826.

[16] 孙宏伟，常为华，宫贞超，王媛. 中国尊大厦桩筏协同作用计算与设计分析 [J]. 建筑结构，2014，（20）：109-114.

[17] 刘军. 北京SOHO现代城设计 [J]. 建筑结构，2002，23（3）：89-96.

[18] 杨素春. CFG桩桩土应力比及褥垫层厚度研究 [J]. 工业建筑，2004，34（6）：44-47.

[19] 李伟强，张全益. 变形控制原则下的CFG桩复合地基方案优化设计 [A] //第十九届全国高层建筑结构学术会议论文 [C]. 2006年.

[20] 佟建兴，周圣斌，杨新辉，孙训海，罗鹏飞，闫明礼. 框筒结构高层建筑CFG桩复合地基基底反力及变形特征 [J]. 北京科技大学学报，2014，（10）：1420-1426.

[21] 闫明礼，蔡晓鸿，关伟兰，佟建兴. CFG桩复合地基施工技术 [J]. 工程勘察，2007，（2）：34-36.

[22] 董勤，阚敦莉，张春浓，王雪生. 北京光华世贸中心基础设计 [J]. 建筑技术开发，2008，35（4）：12-14.

[23] 曹亮，刘焕存，王妍. 人工挖孔扩底灌注CFG桩复合地基的设计与应用. 岩土工程技术 [J]，2014，28（3）：109-112.

[24] 北京市勘察设计研究院，北京市建筑设计研究院. DBJ 11—501—2009 北京地区建筑地基基础勘察设计规范 [S]. 北京：中国计划出版社，2009.

[25] JGJ 72—2004 高层建筑岩土工程勘察规程 [S]. 北京：中国建筑工业出版社，2004.

[26] GB 50007—2011 建筑地基基础设计规范 [S]. 北京：中国建筑工业出版社，2011.

[27] 霍文营，李谦. 采用泡沫胶板调整差异沉降的基础设计方法 [J]. 建筑技术，2003，34（3）：207.

[28] 李国胜，李军军. 高层主楼与裙房或地下车库之间的基础设计 [J]. 建筑结构，2005，35（7）：3-6.

[29] JGJ 6-2011 高层建筑筏形与箱形基础技术规范 [S]. 北京：中国建筑工业出版社，2011.

[30] 顾宝和. 岩土工程典型案例述评 [M]. 北京：中国建筑工业出版社，2015.

[31] D. Potts, K. Axelsson, L. Grande, H. Schweiger, M. Long. Guidelines for the use of advanced numerical analysis [M]. London：Thomas Telford, 2002.

[32] Pile Design and Construction. Geo Publication No. 1/96, Hong Kong, 1996.

[33] 龚晓南. 对岩土工程数值分析的几点思考 [J]. 岩土力学，2011，（2）：321-325.

[34] 张咸恭. 工程地质学（上册）[M]. 北京：地质出版社，1979.

[35] 李广信. 岩土工程50讲 [M]. 北京：人民交通出版社，2010.

[36] 魏海燕，孙宏伟，孙保卫，徐宏声. 建筑基础结构设计中的地下水问题 [A] //21世纪高层建筑地基基础 [C]. 北京：中国建筑工业出版社，2000：253-256.

[37] 孙保卫，魏海燕. 建筑场地孔隙水压力分析在工程中的应用 [A] //中国土木工程学会第八届土力学及岩土工程学术会议论文集 [C]. 万国学术出版社，1999：89-32.

[38] 朱国祥. 羊坊店及其附近地区地下水位偏高原因之分析 [J]. 勘察科学技术，1999，（4）：7-12.

[39] Zhang，L. M.，and Ng，A. M. Y.. Probabilistic Limiting Tolerable Displacements for Service-ability Limit State Design of Foundations. Geotechnique，2005，55（2）：151-161.

[40] Poulos，H. G. Tall buildings and deep foundations-Middle East challenges. Proc. 17th Int. Conf. Soil Mechs. Goet. Eng.，Alexandria，IOS Press，Armsterdam，2009，4：3173-3205.

[41] 王金明，贾亮，徐国双. 某工程深基坑回弹观测及建筑物沉降观测、成果分析 [J]. 北京测绘，2009，（1）：64-67.

[42] 于玮，张乃瑞. 北京丰联广场大厦地基与基础协同作用计算分析 [A] //中国土木工程学会第八届土力学及岩土工程学术会议论文集 [C]，万国学术出版社，1999：215-218.

[43] 张在明. 北京地区高层和大型公用建筑的地基基础问题 [J]. 岩土工程学报，2005，27（1）：11-23.

[44] 李培彬，赵广鹏，娄宇，韩合军，吕佐超，黄健. 北京银泰中心塔楼桩基础设计 [J]. 建筑结构，2007，（11）：16-19.

[45] 王卫东，吴江斌，翁其平，刘志斌. 中央电视台新主楼基础设计 [J]. 岩土工程学报，2010，32（S2）：253-258.

[46] 邹东峰，钟冬波，徐寒. CCTV新址主楼 ϕ1200mm 钻孔灌注桩承载特性研究 [A] //桩基工程技术进展（2005）[C]，北京：知识产权出版社，2005：90-96.

[47] 马思文. 上海中心大厦施工过程中的沉降观测 [J] 建筑施工，2015，37（8）：991-993.

[48] 张国霞. 综合报告（三）：高重建筑物地基与基础 [A] //中国土木工程学会第四届土力学及基础工程学术会议论文选集 [C]，1983：17-25.

数值软件在地基基础沉降变形计算中的应用与实例

王 媛 孙宏伟 方云飞

（北京市建筑设计研究院有限公司）

摘要：考虑地基土与结构相互作用，利用有限元岩土数值分析软件，对三种不同地基类型的天然地基、复合地基和桩筏基础的工程实例，分别进行地基基础沉降变形计算，并根据沉降控制要求，结合计算分析结果对地基基础进行设计。对复合地基和桩筏基础的沉降变形进行了实测数据与数值分析结果的对比，证实数值软件在地基设计方案中的使用可得到较为可靠的结果，能够对实际工程有较明确的指导意义。

1 前言

地基基础设计应保证建筑物在长期荷载作用下满足地基的稳定性、耐久性要求，同时使地基变形不超过规范的允许值[1]。上部结构通过墙、柱与基础相连结，基础底面直接与地基相接触，三者组成一个完整体系，在接触处既传递荷载，又相互约束和相互作用[2]。

地基基础分析中，假设将上部结构等效成一定刚度叠加在基础上，然后用叠加后的总刚度与地基进行共同作用分析，求出基底反力分布曲线，此曲线就是考虑上部结构-基础-地基协同作用后的反力分布曲线[2]。此反力分布曲线反映在基础模型的数值计算分析中为基础沉降图。

随着建筑规模的不断增大，建筑体型与结构体系越来越复杂，对地基承载力和基础变形控制也提出更高的要求。前者表现为高层建筑基础的大尺度和大埋深，从理论和实践上对承载力评价都提出了新的问题；后者则要求进行更加精细、可信的共同作用分析，包括主体结构桩基础与周边结构"天然地基"的变形协调分析[3]。考虑到以上及其他在地基基础沉降变形分析中复杂而又繁琐的因素，数值软件的辅助计算、分析及预测的功能在地基基础协同分析中变得更为必要。因为数值软件能够提供一个较为合理的土的本构模型，且可对桩、板、梁等结构进行较为真实地模拟，在一定程度上简化了地基基础沉降计算的过程。

本文应用岩土数值软件 PLAXIS 3D Foundation 模拟天然地基、复合地基及桩筏基础中地基土与结构的相互作用，根据分析结果并结合实际工程对建筑地基基础设计提出一些优化措施。

2 数值分析软件应用综述

近 20 年里，利用数值软件对地基基础沉降变形进行分析，已经在岩土工程的各个领

本文原载于《建筑结构》2013 年第 22 期

域里得到广泛应用。ANSYS，ABAQUS，FLAC，ZSOIL，PLAXIS 等数值软件也已经在实际工程中得到应用[4-8]，原因为：（1）数值软件可以提前模拟工程的整个施工过程，能够更加直观地认识及了解工程施工工序；（2）对于主楼、裙楼差异沉降、主楼区域挠度等地基基础沉降变形主要关心的问题，能够通过数值分析的结果提早进行判断并及时处理；（3）随着岩土本构模型的不断丰富（MC，HS，HSS 等最常用的本构模型以及一些特殊的用户自定义本构模型）及勘察单位可以提供越来越详细的工程场地勘察资料，促进了数值分析能够更加准确地预测地基基础沉降变形。

PLAXIS 3D Foundation 是用于分析岩土工程的变形、稳定性以及地下水渗流等问题的岩土有限元分析系列软件。它计算功能强大、运算稳定、界面友好，是解决现在与未来复杂岩土工程问题的专业计算分析工具。其诞生于 1987 年荷兰的 Delft 大学，经过 20 多年的发展，已经成为能够高效解决大多数岩土工程问题的通用有限元系列软件[9]。

利用 PLAXIS 3D Foundation 建立有限元计算模型时，用软件提供的板、墙、梁、柱单元及 embeddedpile 单元模拟本工程的结构部分，土层部分由实体单元来模拟。具体步骤如下：（1）读取结构模板图中各个结构单元的具体位置，通过输入点、线、面的方式，将AUTOCAD 结构图转为 PLAXIS 3D Foundation 中的格式。（2）对线和面，根据结构模板图赋予不同的属性，包括结构尺寸和参数，其中，梁单元及柱单元在线的基础上赋予属性，墙单元是具有抗弯和轴向刚度特性；基础底板、各层楼板用板单元来模拟，墙使用墙单元模拟，是具有显著抗弯刚度的二维结构对象。（3）桩单元不参与网格划分，在结果分析中直接读取桩顶反力和桩侧摩阻力。（4）土层的厚度及参数根据勘察报告来取，根据工程特性来选取合适的土的本构模型[9]。

3 天然地基沉降数值分析计算实例

3.1 基本方法

天然地基不仅需要提出合理的地基承载力，必要时需进行地基变形和稳定性评价。当地基的不均匀性和荷载的差异较大时，应分析地基基础与上部结构刚度之间的适应程度，并提出适宜的地基基础方案[10]。基础底板需扩板以减小基底压力以及基底标高不在同一水平面上时部分区域需要考虑覆土荷载，这在一定程度上增加了基底压力，并且很容易引起差异沉降。本文天然地基实例涉及覆土荷载，在计算分析后提出一个"架空层"优化措施，以解决因覆土荷载引起的基底偏心压力及严重的差异沉降问题。

3.2 计算实例

1. 工程简介

某多功能教学楼位于北京市昌平区，此区域地层土体物理力学参数见表1。

土体物理力学参数   表 1

土层	密度 ρ （g/cm³）	黏聚力 c （kPa）	内摩擦角 φ （°）	压缩模量 E_s （MPa）	地基承载力标准值 f_{ka} （kPa）
②黏质粉土—砂质粉土	2.01	20	24	15.1	140
③重粉质黏土	1.85	34	11.6	6.0	110

续表

土层	密度 ρ （g/cm³）	黏聚力 c （kPa）	内摩擦角 φ （°）	压缩模量 E_s （MPa）	地基承载力标准值 f_{ka}（kPa）
④₁ 粉细砂	2.10	0	31	28.7	210
④₂ 粉质黏土	1.99	25	15	7.5	170
④₃ 砂质粉土—黏质粉土	2.01	20	28	22.2	180
⑤ 粉质黏土—黏质粉土	2.01	34	16.4	13.1	180
⑥ 粉细砂	2.10	0	36	41.5	250

本工程地基基础区域分为地下室筏板基础、无地下室筏板基础和条形基础三个区域，其中，一层的剧场观众席区域跨越有、无地下室两个区域（地下室筏板基础区域的基底相对标高为−7.00m，其余区域地基相对标高为−4.00m）；无地下室筏板区域因地层土体物理力学性质较差，需换填，因此要考虑换填后的覆土荷载；有地下室区域基础持力层虽为第②层黏质粉土—砂质粉土，但却离层底只有约0.5m，其下为第③层重粉质黏土，两土层的力学性质差别明显，根据工程经验，以上两点都有可能引起有、无地下室筏板两区域间的差异沉降，对剧场观众席这种特殊结构，需要考虑对无地下室筏板区域的基础方案进行优化。

2. 计算分析结果

右侧无地下室区域板顶有3.55m的填土厚度，即71kPa的覆土重量。利用PLAXIS 3D Foundation软件计算原基础的沉降，最大沉降量为58.63mm，见图1。地下室筏板基础区域与无地下室筏板基础区域之间的差异沉降超过了允许跨度值（l）的0.2%[10]，且此区域正好为一层剧场的观众席中间部位，差异沉降对此结构稳定性有很大影响。因此建议做优化处理，并提出优化措施：将无地下室筏板区域的填土改为架空层方案，见图2。架空层基础方案设计时，需要考虑基础外墙必须能够承受两侧荷载不同所引起的偏心荷载和差异沉降。

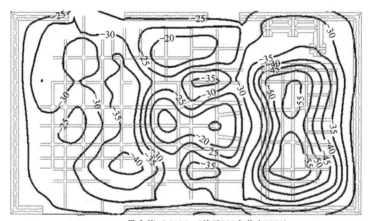

最小值=0.0126m（单元209在节点9279）
最大值=0.05863m（单元700在节点6499）

图1　原方案的地基基础沉降图

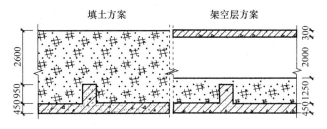

图 2　基础变更方案

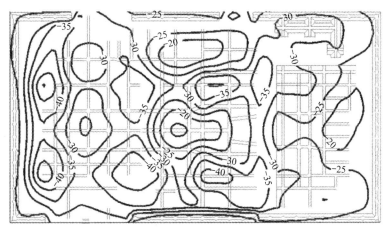

最小值=0.01396m(单元183在节点12693)
最大值=0.05123m(单元758在节点9048)

图 3　优化后的地基基础沉降图

对优化后的地基方案再次使用 PLAXIS 3D Foundation 软件计算分析，优化后的地基方案最大沉降量为 51.23mm，如图 3 所示，不仅满足规范[10]要求的小于建筑地基变形允许值 $s_{max}=80$mm，而且两区域间的差异沉降量也小于允许值 $0.2\%l$。且无地下室筏板区域的外墙可以承受两侧荷载不同所引起的偏心荷载和差异沉降。

4　复合地基沉降数值分析计算实例

4.1　基本方法

各复合地基沉降计算均大同小异，本文仅以 CFG 桩法为例。CFG 桩（水泥粉煤灰碎石桩）复合地基处理法是一种由水泥、粉煤灰、碎石加水拌合形成的高黏结强度桩，在其桩顶与基底之间铺设一定厚度的级配砂石褥垫层，用以调节桩—土之间的荷载分配，发挥桩间土承载作用的地基处理方法[11,12]。根据《建筑地基处理技术规范》JGJ 79—2002[13]第 9.2.8 条：复合土层的分层与天然地基相同，各复合土层的压缩模量等于该层天然地基压缩模量的 ζ 倍，ζ 值可按下式确定：

$$\zeta = \frac{f_{spk}}{f_{ak}} \tag{1}$$

式中：f_{spk} 为复合地基承载力特征值；f_{ak} 为基础底面下天然地基承载力特征值[7]。

规范[13]方法基本上相当于用两个承载力之比，也就是桩顶和桩间土顶面的最大允许应力之比，来代替工作状态下的两个平均应力之比。本文中提到的复合地基压缩模量就是使用 ζ 倍的天然地基压缩模量来模拟 CFG 桩法处理天然地基的效果。

4.2 计算实例

1. 工程简介

某酒店位于北京市朝阳区，基础持力层为粉质黏土及砂质粉土的互层，力学特性比较差。经过对地层物理力学指标及上部荷载进行分析，当采用天然地基方案时，主楼、裙楼基础之间的差异沉降变形难以控制在允许范围内，故需要考虑人工地基方案。经过综合考虑，采取北京地区较为成熟的 CFG 桩复合地基方案，具体设计参数见表2。

CFG 桩复合地基设计参数　　　　　　　　　　　表 2

设计参数	核心筒	非核心筒
桩间土承载力特征值 f_{sk}（kPa）	240	240
设计复合地基承载力特征值 f_{spk}（kPa）	630	500
单桩竖向承载力特征值 R_a（kN）	700	700
桩径（mm）	400	400
有效桩长（m）	15.5	15.5
桩身混凝土强度等级	C20	C20
桩距（横向×竖向）(m)	1.2×1.2	1.5×1.5
实际面积置换率（%）	8.73	5.59
桩端持力层	⑧₃层中粗砂	⑧₃层中粗砂

2. 计算结果分析

采用有限元计算软件 PLAXIS 3D Foundation 计算地基处理步骤时，复合地基压缩模量数值为 ζ 倍天然地基压缩模量，用此数值计算出 CFG 桩处理后的复合地基的变形模量。最终得出最大沉降量为 57.12mm（位于沉降标记点 85 周围），小于结构设计允许值，且差异沉降量计算值小于 $0.2\%l$，均满足规范[10]要求，见图 4。

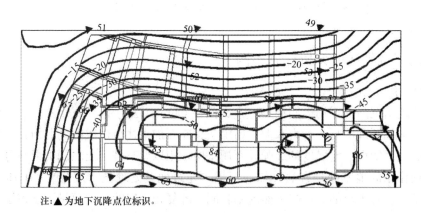

注：▲为地下沉降点位标识。

图 4　CFG 复合地基沉降等值线图

本工程从基础底板施工开始便进行了沉降变形观测直至结构封顶，历时333d，共进行了 11 次观测。第 11 次观测沉降结果见图 5，最大沉降量为 31.1mm。PLAXIS 3D Foundation 软件建模参数选取的是永久荷载，计算的沉降量为最终沉降量，在结构封顶后建筑物仍然有不可忽略的后期沉降量。根据北京地区经验，复合地基建筑物封顶时沉降量为最终沉降量的 50%～70%[14]，本工程的实测沉降量为数值计算最终沉降量的 54.4%。综上所述，数值软件和沉降观测的最大沉降区域基本吻合，表明 PLAXIS 3D Foundation 软件对此酒店数值沉降变形计算有非常可靠的预测，并为地基基础设计提供较好的技术支持。

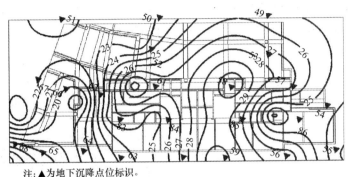

注：▲为地下沉降点位标识。

图 5　CFG 桩复合地基实测沉降等值线图

5　桩筏基础沉降数值分析计算实例

5.1　基本方法

桩筏基础的沉降变形不仅受制于地基土性状，也受桩基与上部结构的共同作用的影响。一般情况下，群桩基础的沉降变形就其发生的部位可划分为两种：桩间土的压缩变形和桩端平面以下地基土的整体压缩变形。群桩沉降计算结果的可靠性主要取决于三个因素，即土体中的竖向应力、压缩层厚度、土的压缩模量[15]。

土体中的竖向应力为上部结构传递到基础筏板及承台上的荷载及桩间土作用。土体压缩层厚度，根据《建筑桩基技术规范》JGJ 94—2008[16]第 5.5.8 条及行业标准《高层建筑岩土工程勘察规程》JGJ 72—2004[17]附录 F 规定：群桩基础最终沉降量计算深度自桩端全断面平面算起，算至有效附加压力等于土有效自重压力的 20%处，有效附加压力应考虑相邻基础的影响。土体压缩模量根据勘察报告进行取值。

5.2　计算实例

1. 工程简介

某大型综合性建筑，地处北京市永定河冲积扇中下部，不存在影响拟建场地整体性的不良地质作用，地面以下至基岩顶板间为第四纪沉积土层，岩性分布特征为黏性土、粉土与砂土以及碎石类土构成的多元沉积交互层。

本工程超高层写字楼和纯地下室连成一体，置于同一个基础筏板上，建筑总高度（室外地面至主要屋面）为 146.30m，地上 36 层，地下 4 层；基础底板相对标高为—20.80m。主楼基础采用后注浆钻孔灌注桩基础，纯地下室部分采用天然地基上的平板式筏形基础。在主楼和纯地下室连接部位设沉降后浇带，地下室每隔 30～40m 留施工后浇带[18]。

2. 计算结果分析

根据《建筑桩基技术规范》JGJ 94—2008[16]第 5.3.1 条规定：设计等级为甲级的建筑

桩基，应通过单桩静载荷试验确定单桩竖向极限承载力。本工程桩筏持力层为粉细砂，采取后压浆工艺，初步估算基桩容许承载力需要达到 7000kN。

图 6 为试验桩载荷试验荷载-位移（Q-s）曲线，试验桩设计参数为：桩径 800mm，桩顶相对标高－20.80m，桩长约 38m，进入桩端持力层（细砂、粉砂层）不少于 1.2m[16]。

图 7 为桩基础沉降等值线示意，采用有限元计算软件 PLAXIS 3D Foundation，通过地基土与结构相互作用进行超高层写字楼桩基础的沉降计算，最终得出最大沉降量为 59.71mm，且差异沉降量计算值小于 $0.2\%l$，均满足规范[10]要求。

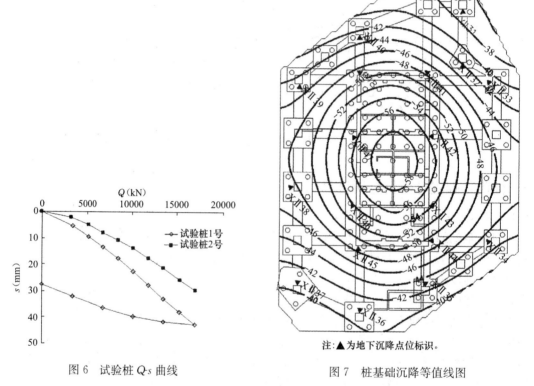

注：▲为地下沉降点位标识。

图 6 试验桩 Q-s 曲线　　　　　图 7 桩基础沉降等值线图

本工程进行了基础沉降变形观测，观测点的布置详见图 7。本工程封顶后各观测点的沉降实测值在 22～30mm 范围内，其封顶实测沉降数值是数值计算最终沉降量的 50.2%。北京南银大厦同为桩筏基础，建成 1 年后的沉降量观测值是预测最终观测值的 64.2%[19]。由此说明采用 PLAXIS 3D Foundation 软件进行沉降计算是比较可靠的。比较沉降实测值与计算值，蝶形沉降趋势能够较好地吻合。

6　结语

通过利用 PLAXIS 3D Foundation 数值分析软件对天然地基、复合地基和桩筏基础进行地基基础沉降变形计算分析，提出对比分析的优化方案，进而对施工工期和使用期间进行连续、长期监测，将监测结果和数值分析的预测结果进行对比，证实 PLAXIS 3D Foundation 数值分析软件可在不同地基基础设计方案中使用且计算结果对实际工程具有比较明确的指导意义。

由于岩土地质条件的不同，沉降观测不仅对工程本身具有很重要的意义，对数值软件中本构及参数的选取也具有一定指导意义，因此建议需要不断积累实测沉降数据进行反推分析，进而指导数值软件在计算地基基础沉降变形分析中的更好应用。

因为一般都在建筑物结构封顶后进行沉降观测，由于装修施工及考虑后期观测成本而终止观测，因此无法将数值软件预测的最终沉降值与实测的长期沉降进行比较。建议对各地的重要性建筑物在结构封顶后仍然进行持续监测，这将对今后各地新建筑的设计施工和数值软件的应用发展起到不可忽视的促进作用。

参 考 文 献

[1] GB 50007—2002 建筑地基基础设计规范 [S]. 北京：中国建筑工业出版社，2002.

[2] 周景星，李广信，虞石民，等. 基础工程 [M]. 2 版. 北京：清华大学出版社，2007.

[3] 张在明. 北京地区高层和大型公用建筑的地基基础问题 [J]. 岩土工程学报，2005，27（1）：11-23.

[4] 雷学文，陈凯杰. 桩-网复合地基承载及变形特性的有限元分析 [J]. 岩土力学，2007，28（S2）：819-822.

[5] 杨德健，王铁成. 刚性桩复合地基沉降机理与影响因素研究 [C] //第 18 届全国结构工程学术会议论文集第 II 册. 2009：374-378.

[6] 尹骥，魏建华. 基于地基-基础-上部结构共同作用分析的长短 PHC 管桩基础处理 [J]. 岩土工程学报，2011，33（S2）：265-270.

[7] 李天祺，王宁伟，周太全. CFG 桩复合地基褥垫层三维弹塑性分析 [J]. 水文地质工程地质，2012，39（2）：47-50.

[8] 夏力农，苗云东，廖常斌. 地基土沉降对复合地基影响的三维数值模拟 [J]. 岩土力学，2012，33（4）：1217-1222.

[9] BRINKGREV R B J，SWOLFS W M. Manual of PLAXIS 3D Foundation [M]. 2nd. The Netherlands：PLAXIS bv，2007.

[10] DBJ 11—501—2009 北京地区建筑地基基础勘察设计规范 [S]. 北京：北京市规划委员会，2009.

[11] 周京华，罗书学，陈禄生. 地基处理 [M]. 成都：西南交通大学出版社，1997.

[12] 宋二祥，池跃君，沈伟. 刚性桩符合地基的沉降计算 [C] //中国土木工程学会第九届土力学及岩土工程学术会议论文集（下册）. 2003：718-722.

[13] JGJ 79—2002 建筑地基处理技术规范 [S]. 北京：中国计划出版社，2003.

[14] 闫明礼，张东刚. CFG 复合地基技术及工程实践 [M]. 2 版. 中国水利水电出版社，2006.

[15] 秋仁东，刘金砺，高文生，等. 群桩基础沉降计算中的若干问题 [J]. 岩土工程学报，2011，33（S2）：15-23.

[16] JGJ 94—2008 建筑桩基技术规范 [S]. 北京：中国建筑工业出版社，2008.

[17] JGJ 72—2004 高层建筑岩土工程勘察规程 [S]. 北京：中国建筑工业出版社，2004.

[18] 阚敦丽，孙宏伟，徐斌. 北京雪莲大厦后注浆桩筏基础与地基土相互作用分析 [C] //第十二届高层建筑抗震技术交流会论文集. 2009：636-641.

[19] 刘金砺. 高层建筑地基基础概念设计的思考 [J]. 土木工程学报，2006，39（6）：100-105.

北京银河搜候（SOHO）中心地基与基础设计分析

方云飞 孙宏伟 杨 洁 池 鑫

（北京市建筑设计研究院有限公司）

摘要：大底盘建筑的主楼与附属建筑基础之间往往存在差异沉降，需采取桩基础、地基处理或结构措施进行处理。北京银河搜候（SOHO）中心为一典型大底盘多塔连体结构，由四栋塔楼、裙房、纯地下车库组成，地上为框架-剪力墙结构，基底以下有厚6m的相对软弱层，主楼核心筒荷载较大，纯地下车库处于超补偿状态，差异沉降控制难度较大。经比选分析了梁板式筏基、平板式筏基与人工地基（钻孔灌注桩和CFG桩复合地基）和天然地基的不同组合方案。通过调整基础及结构的刚度，确定采用CFG桩复合地基和天然地基。由地基变形计算和沉降变形实测结果可见，该地基基础设计方案经济、合理，满足规范要求。

1 前言

大底盘建筑的主楼、裙房荷载及刚度存在差异，主裙楼基础之间往往会产生不均匀沉降[1]。而当高层建筑与处于超补偿情况下的纯地下车库基础相连时，以及纯地下车库采用抗拔构件时，以上问题将更为突出。基础规范[2]第8.4.22条规定针对主裙楼之间的差异沉降要求将变得更为具体。

北京银河搜候（SOHO）中心工程在核心筒荷载较大、纯地下车库须采取抗浮措施的情况下，进行了梁板式筏基、平板式筏基与人工地基（钻孔灌注桩和CFG桩复合地基）和天然地基的组合比选分析。通过调整基础及结构的刚度，采用CFG桩复合地基和天然地基，很好地解决了核心筒沉降问题，优化了地基基础设计方案，节约了造价。沉降观测数据表明，工程地基基础方案达到了预期目的。

2 工程介绍

2.1 工程概况及特点

北京银河搜候（SOHO）中心位于北京朝阳门立交桥西南角，总建筑面积33万 m²，为地标性大型公共建筑。工程出地面起四栋高层均含中庭，外围柱自下而上呈弧线形，形成四个中空椭圆形建筑，各建筑之间在不同楼层有连体结构相连，组成大底盘多塔连体结构[3]。工程于2010年8月开工建设。

工程由4栋地上15层框架-剪力墙结构商业办公楼及附属框架结构，地上3层裙楼和

本文原载于《建筑结构》2013年第17期

纯地下车库组成，且均设有3层地下室（见图1）。四个塔楼及裙房采用筏板基础，纯地下车库采用独立柱基＋抗水板基础。

2.2 岩土工程条件

工程地基土为层④卵石、圆砾及层④₁细砂、中砂，其典型地层剖面详见图2，各土层岩土工程参数详见表1。现场勘察期间水文地质条件详见表2。抗浮设防水位为标高36.50m。

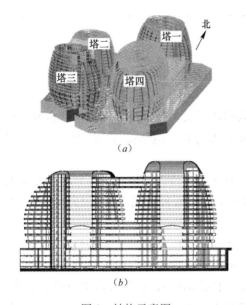

图1　结构示意图
（a）结构模型图；（b）结构剖面示意图

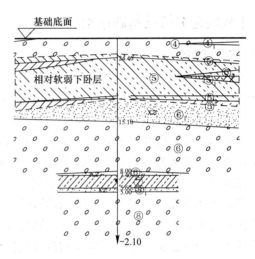

图2　典型地层剖面图

各土层岩土工程参数　　　　　　　　　　　　　　　　　　　　　　　　　表1

岩性名称	天然重度 γ（kN/m³）	固结快剪 c（kPa）	固结快剪 φ（°）	压缩模量 E_s（MPa）	桩侧土侧阻力标准值 q_{sik}（kPa）	桩端阻力标准值 q_p（kPa）	地基承载力标准值 f_{ka}（kPa）
④卵石、圆砾	22	1	38	75	100	—	360
④₁细砂、中砂	21	1	35	35	60	—	320
⑤黏质粉土、粉质黏土	20	30	18.9	18.9	65	—	250
⑤₁黏质粉土、砂质粉土	20	24	25	29	75	—	280
⑤₂黏土、重粉质黏土	19	52	11.7	13.3	60	—	230
⑥卵石、圆砾	21	1	42	100	120	1400	500
⑥₁细砂、中砂	21	1	38	45	65	700	350
⑦粉质黏土、黏质粉土	19	30	15	20.3	—	—	—
⑦₁粘质粉土、砂质粉土	20	20	20	28.2	—	—	—
⑦₂黏土、重粉质黏土	19	40	10	15.2	—	—	—
⑧卵石	22	1	45	120	—	—	—
⑧₁细砂、中砂	21	1	35	50	—	—	—

注：f_{ka}为在测试、试验的基础上，对应荷载效应为标准组合并按照变形控制的地基设计原则所确定的地基承载力值[4]。

地下水情况一览表　　　　　　　　　　　　　　　　　　　表 2

序号	地下水类型	地下水静止水位（承压水测压水头）	
		水位埋深（m）	水位标高（m）
1	层间水	15.30~17.90 15.10~17.20	25.34~27.81 25.29~27.56
2	承压水	23.10~25.50 21.00~24.20	18.04~19.72 18.39~21.49

3　工程问题分析及基础选型

3.1　工程问题分析

从承载力角度来看，工程基底直接持力层为砂卵石层，其自身的工程性状良好，但层⑤构成了相对的软弱下卧层（见图 2），经初步验算及分析，地基持力土层及下卧土层的地基承载力可满足采用天然地基方案的要求。

从最大计算沉降角度来看，主楼荷载较大，且集中在核心筒位置，在常规基础结构刚度情况下，工程天然地基沉降图详见图 3，可见核心筒区域最大沉降量达 173mm，在常规设计情况下，主楼核心筒须采用人工地基。

从差异沉降角度来看，工程基础埋置较深，纯地下车库基础处于超补偿状态，其天然地基沉降有限，其与主楼之间的差异沉降较大；同时，依据抗浮设防水位分析，纯地下车库尚须考虑抗浮措施，如采用抗浮构件（抗拔桩或抗拔锚杆），该构件以微型桩形式存在，将更不利于纯地下车库的沉降。因此，主楼与纯地下车库之间的差异沉降控制成为工程基础的设计难点和重点。

差异沉降的控制与协调应与抗浮措施一并进行整体性分析，以保证地基基础工程的技术经济的科学性、合理可行性，提高投资效益。

由于塔楼数量较多，塔一与塔四基底压力相近，塔二与塔三基底压力相近，因此主要以塔一和塔二为例进行介绍。

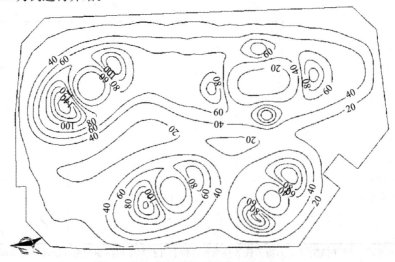

图 3　天然地基沉降计算图（单位：mm）

3.2 基础选型

根据本工程荷载要求和工程特点，提出三种基础方案，予以分析。

（1）方案一：桩基础＋抗拔构件方案。桩基设计参数为：桩径 0.6m，桩长 15.0m，单桩承载力标准值取 2950kN，桩数 531 根。抗拔构件可采用抗拔桩或抗拔锚杆两种方案，抗拔桩设计参数如下：桩径 0.6m，桩长 8.0m，单桩竖向抗拔承载力标准值 400kN，需布置桩 505 根。抗浮锚杆设计参数如下：锚杆长度 12.0m，锚杆成孔直径 127mm，单根锚杆抗拔承载力标准值 100kN，锚杆间距 1.40m×1.40m，需布置锚杆 2020 根。

该方案相对保守，其中桩基础钢筋混凝土方量为 2252m³，抗拔桩钢筋混凝土方量约为 1142m³（抗拔锚杆总长度约为 24240m），工程量较大，造价较高，工期较长；同时由于施工组织因素，出土马道位于塔二之上，如采用人工地基，将会给工期安排带来较大压力。经与业主、顾问单位沟通交流，弃用本方案。

（2）采用厚筏板以增强基础刚度，尽可能扩散基底压力，既可减小沉降量，同时可兼顾有抗浮要求区域的抗浮荷载。具体方案为：塔一、塔四采用复合地基和加强基础结构刚度的方案，塔二、塔三采用天然地基和加强基础结构刚度的方案，取消纯地下车库区域抗浮构件。其中加强基础结构刚度的方案有两种：1）方案二：大面积厚板筏基，核心筒板厚 2.4m，主楼范围内板厚 2.0m，裙房及纯地下车库板厚 1.6m；2）方案三：平板式筏基，中庭板厚 1.8m，主楼区域板厚 2.4m，裙房采用梁板式基础。

首先，是对于抗浮构件的取舍。由图 1 可见，纯地下车库位于主楼之间或位于主楼外侧，呈带状分布，且跨度较小，在基础刚度足够大的情况下，两侧或一侧荷载足以消除水浮力的影响，因此取消纯地下车库抗浮构件，采用加强基础刚度的方案是可行的。

其次，针对方案二，将全部基础底板加厚，减薄卵石层的厚度，进而削弱调整结构刚度的效用，尤其对于主楼与纯地下车库之间连接处尤为明显。因此，采用方案三，分别对结构与地基的刚度作了适当调整与增强。

4 地基计算、设计与分析

地基计算包括地基承载能力计算、地基沉降变形计算和稳定性计算[5]，工程地处平地，暂不考虑稳定性因素。基于上述基础选型分析，塔一、塔二的基础均采用平板式筏基，其中塔一主楼区域和中庭板厚均为 1.8m，塔二中庭板厚 1.8m，主楼区域板厚 2.4m。裙房采用梁板式基础，板厚 0.5m，梁截面 0.9m×1.8m（宽×高），主楼周边圈梁截面为 1.5m×2.8m（宽×高）。

4.1 塔一复合地基方案

塔一核心筒区域采用北京地区较为成熟的 CFG 桩复合地基方案，具体设计方案详见表 3。

塔一核心筒 CFG 桩复合地基设计参数　　　　　表 3

设计参数	参数取值	设计参数	参数取值
桩间土承载力标准值 f_{sk}（kPa）	250	桩径（mm）	400
设计复合地基承载力标准值 f_a（kPa）	720	有效桩长（m）	14.0
单桩竖向承载力标准值 R_v（kN）	800	桩间距（m）	1.25
桩身混凝土强度等级	C25	实际面积置换率（%）	8.04

注：承载力术语符号按照文献 [4] 执行。

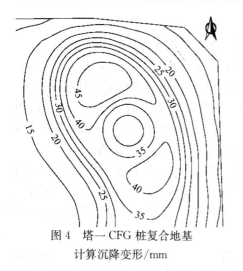

图 4　塔一 CFG 桩复合地基
计算沉降变形/mm

采用 PLAXIS 三维有限元软件进行地基沉降变形计算，基础梁和板按实际设计图纸，土体采用表 1 中岩土工程参数，采用莫尔-库伦弹塑性模型，计算结果详见图 4，可见地基沉降变形能够满足总沉降变形量和差异沉降变形量的控制要求。

CFG 桩施工完成后，进行了工程桩竖向承载力检测，采用了单桩和单桩复合地基竖向抗压静载荷试验，检测结果详见图 5，图 6 中的 Q-s 曲线图。

由检测结果可见，在设计复合地基承载力标准值 f_a 为 720kPa 和单桩竖向承载力标准值 R_v 为 800kN 时，其对应的沉降值分别为 2～4mm 和 2～5mm，完全满足工程设计要求。

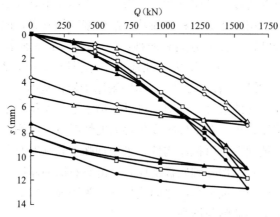

图 5　塔一单桩竖向抗压静载荷试验 Q-s 曲线

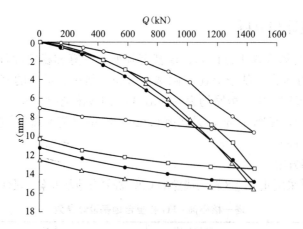

图 6　塔一单桩复合地基竖向抗压静载荷试验 Q-s 曲线

4.2　塔二天然地基分析

在基础变更后，对塔二天然地基进行地基沉降变形计算，计算结果详见图 7，由图中数值可见该方案亦可满足设计要求。

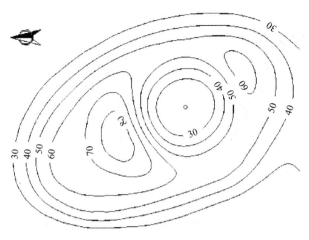

图 7　塔二天然地基沉降变形（mm）

5　地基沉降观测结果与分析

塔一和塔二沉降观测值详见图 8，图 9，观测时间为装修竣工后第三个月。塔一、塔二及其周边的纯地下车库的时间与沉降变形关系图详见图 10，图中范围为主楼、裙房及部分纯地下车库，以沉降后浇带为界。可见，工程沉降较为均匀，差异沉降较小，完全满足结构设计需要。同时，CFG 桩具有明显的减小沉降作用，在塔一的荷载明显大于塔二的情况下，塔一的沉降值小于塔二的。

封顶和沉降后浇带封闭时各塔楼沉降观测平均值统计于表 4。

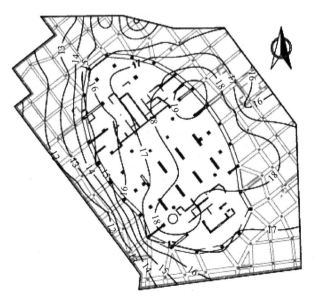

图 8　塔一沉降观测值等势线（mm）

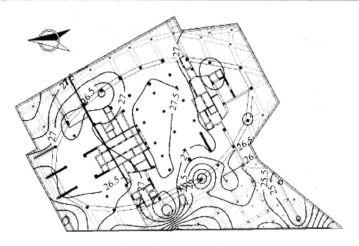

图9 塔二沉降观测值等势线（mm）

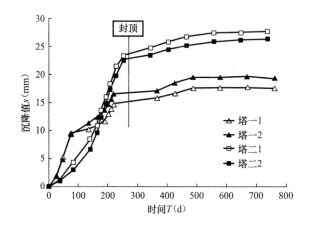

图10 塔楼不同观测点时间-沉降变形关系曲线

根据规范[4]，北京地市平原区多层及高层建筑主体结构完工时的沉降量占最终沉降值的比值，即时间下沉系数 λ_t，对于一般第四纪沉积土，粉、细砂地基土的 λ_t 为 0.85。由于沉降仍在继续，表4中各比值还将相应减小，可见该规范建议值 0.85 还是合适的，尤其对于天然地基。

封顶和沉降后浇带封闭时各塔楼沉降观测值　　　　　　　　　　　　　　表4

参数	封顶		沉降后浇带封闭	
	沉降量（mm）	与总沉降比值（%）	沉降量（mm）	与总沉降比值（%）
塔一	13.8	79.9	15.1	87.3
塔二	22.9	85.7	24.0	89.7
塔三	24.2	90.5	25.1	94.0
塔四	20.1	90.5	21.0	94.6

注："总沉降"为当前最新一期的沉降观测值，为主体封顶后第480d左右。

6 结论

工程在岩土工程师与业主及结构设计师的大力合作下，进行了地基基础的设计、计算和地基基础协同作用分析，最终采取科学合理的结构措施与地基措施，既作为控制协调了差异沉降的有效措施又兼顾抗浮设计措施，确保了工程的安全质量，并提高了投资效益。主要结论如下：

（1）在主裙楼荷载差异较大、存在抗浮问题情况下，进行整体考虑、综合分析，合理利用有利因素、消除或回避不利因素，如此，可制定出科学、经济、合理的设计方案。

（2）在科学合埋的结构措施与地基措施下，经过精心分析和设计，CFG桩复合地基方案可以解决主裙楼差异沉降较大情况下的地基问题，比桩基础方案更经济，且缩短了工期。

（3）纯地下车库采用取消抗浮构件、增强基础刚度方案，在有效控制主楼与纯地下车库的差异沉降的同时，降低了造价，缩短了工期。

（4）通过沉降观测资料表明，规范［4］中关于粉、细砂地基土时间下沉系数 λ_t 建议值比较合适。

参 考 文 献

［1］ 王曙光，滕延京. 大底盘建筑主裙楼基础整体连接的可行性与适用性研究［J］. 土木工程学报，2012，43（2）：95-99.

［2］ GB 50007—2011 建筑地基基础设计规范［S］. 北京：中国建筑工业出版社，2011.

［3］ 王旭，陈林，杨洁，等. 银河搜候（SOHO）中心结构设计［J］. 建筑结构，2011，41（9）：63-68.

［4］ DBJ 11—201—2009 北京地区建筑地基基础勘察设计规范［S］. 北京：中国计划出版社，2009.

［5］ 中国建筑标准设计研究院. 全国民用建筑工程设计技术措施：结构. 地基与基础［M］. 北京：中国计划出版社，2009.

厚层黏性土地基上某超高层建筑
桩筏基础三维数值分析

王 媛 李伟强 孙宏伟

（北京市建筑设计研究院有限公司）

摘要：工程位于北京市大望京地区，由一栋 200m 高超高层办公楼、配套裙房及纯地下室组成。采用桩筏基础，地基为北京东北区域典型厚层黏性土，本区域地层有别于北京城区的黏土层与砂卵石层交互循回沉积层，厚层黏性土地基对建筑变形影响较大。基于地基-基础-上部结构的共同作用原理，利用岩土工程数值软件 PLAXIS 3D 对两种沉降后浇带设置方案进行桩筏基础沉降计算分析，结合施工的便捷性和工程的经济性，选择较合适的沉降后浇带设置方案。并对所选方案进行沉降后浇带封闭前的基础沉降、基础底板内力、基底反力及桩顶反力计算分析，证实了所选方案的可靠性。

1 前言

地基基础设计应保证建筑物在主楼与裙房相邻柱长期荷载作用下，满足地基的稳定性、耐久性要求，同时地基变形不超过规范[1]的允许值。基于地基-基础-上部结构的协同作用，利用数值软件对地基基础沉降进行计算分析，尤其在超高层建筑桩筏基础中，已经得到越来越多的重视和使用，如哈利法塔（Burj Khalifa）[2]、北京 CBD 核心区 Z15 地块[3]等都采用 PLAXIS 3D 软件进行地基基础沉降计算分析及预测。

在高层饭店、写字楼、商住楼等建筑中，根据使用功能的需要，在高层主楼的一侧或两边布置层数不多的裙房及纯地下室，用作门厅、商店、餐厅、地下车库等公共用房。在建筑高度或荷载差异部分，结构或基础类型不同的部位，宜设沉降缝或者沉降后浇带[4]。由于建筑结构形式的要求，大部分超高层建筑越来越趋向于使用后浇带。在主群楼之间设置后浇带，主楼施工期间可自由沉降，待主楼施工完毕后再浇灌后浇带，使余下的不均匀沉降可忽略或可按经验处理[4]。规范[5]中提出：当高层地基土质较好时，如系统的沉降观测结果表明高层建筑的沉降在主体结构完全完工之前趋于基本稳定，或者沉降表明高层建筑与裙房之间的沉降差异对结构产生的影响在设计考虑范围内，则后浇带浇灌时间也可适当提前。

本工程位于北京大望京地区，本区域地层含有厚层黏性土层，具有较好的结构性和较低的压缩性，颜色多为黄色、褐黄色，岩性在上部多以中等偏轻的粉质黏土为主，间有砂质粉土和粉细砂层；其下为由粉、细、中、粗砂至卵石及粉质黏土的交互循回沉积层[5]。

本文应用岩土数值软件 PLAXIS 3D，根据甲方提供的两种沉降后浇带方案，对超高层建筑的桩筏基础进行沉降变形计算分析；并分析所选方案的基础底板内力、基底反

本文原载于《建筑结构》2014 年第 20 期

力、桩顶反力以及沉降后浇带封闭前的沉降结果；进而找出技术可靠、经济合理的最优方案。

2 数值分析软件 PLAXIS 3D 应用综述

PLAXIS 3D 是用于分析岩土工程的变形和稳定性的三维有限元程序包，具备分析处理复杂岩土结构和建造过程的功能特性。1987 年诞生于荷兰 Delft 大学，2010 年通过对 PLAXIS 3D Foundation，Tunnel 以及 Dynamic 等几个模块的融合升级，输入界面从之前的二维界面升级为三维界面，增加了命令流输入、点线面的拉伸、复制、旋转等功能，便于较为复杂的上部结构的输入；网格划分、施工阶段以及输出阶段也做了更加优化的升级[6]。

PLAXIS 3D 数值软件已在多个重点项目中使用，通过将数值分析的沉降结果与沉降观测结果比对可知，此软件在合理选择土层参数、本构模型、正确建模的前提下，对建筑物的沉降变形具有比较好的预测性[3,7,8]。

3 工程介绍

3.1 工程概况

本工程主塔楼是一栋甲级写字楼，地上约 41 层，建筑高度约 215.0m，结构高度约 201.5m（至主结构屋面），采用框架—核心筒结构；裙楼地上 1 层，局部 3 层，建筑高度为 18.3m，为框架结构。地下室共 5 层，地上总建筑面积为 8.0 万 m^2，地下建筑面积约 4.0 万 m^2。主塔楼采用桩筏基础，裙楼及地下车库采用抗拔桩的抗浮设计方案。图 1 为工程建筑效果图。

3.2 岩土工程条件

本工程拟建场区地形总体较为平坦，自然地面绝对标高为 33～37m 左右。根据现场勘探、原位测试及室内土工试验成果，按地层沉积年代、成因类型，将最大勘探深度 125.00m 范围内的土层划分为人工堆积层和第四纪沉积层两大类，并按地层岩性及其物理力学数据指标进一步划分为 16 个大层及亚层。

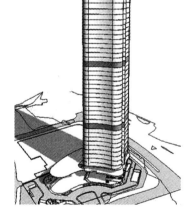

图 1 建筑效果图

总体来看，拟建场区地面以下至基岩顶板之间的土层岩性是以厚层黏性土、粉土与砂土、碎石土交互沉积土层为主的沉积旋回，体现第四纪冲洪积沉积特征。此区域第四纪沉积土一般具有较好的结构性和较低的压缩性。表 1 为此工程拟建场区域部分土层的土体物理力学参数，土层物理力学参数的取值以勘察报告为主，参考工程经验[9]。地层剖面与桩基相对位置关系如图 2 所示。

根据区域水文地质资料，工程场区自然地面下约 50m 深度范围内主要分布 6 组相对含水层。本工程岩土勘察时实测到 6 层地下水。

土层物理力学参数　　　　　　　　　　　　　　　　　　　　　表1

土层	密度 ρ（g/cm³）	黏聚力 c（kPa）	内摩擦角 φ（°）	压缩模量 E_s（MPa）
⑥细砂—粉砂	2.00	0	32.0	47.0
⑦细砂—中砂	2.00	0	33.0	60.0
⑦₁重粉质黏土—粉质黏土	1.97	73	27.8	18.3
⑦₂黏质粉土—砂质粉土	2.03	41	34.1	31.9
⑧重粉质黏土—粉质黏土	1.96	55	17.4	19.6
⑧₁黏质粉土—砂质粉土	2.04	20	31.6	31.1
⑧₃细砂—中砂	2.00	0	34.0	65.0
⑨重粉质黏土—粉质黏土	1.96	50	12.8	24.8
⑨₃细砂—中砂	2.00	0	35.0	75.0
⑩细砂—中砂	2.00	0	35.0	88.0*
⑩₁卵石—圆砾	2.00	0	42.0	150.0*

注：压缩模量取值中带"*"号为经验取值。

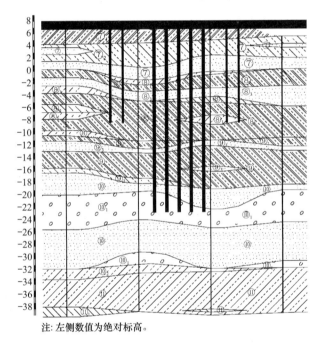

注：左侧数值为绝对标高。

图2　地质剖面与桩基相对位置关系图

4　不同沉降后浇带设置方案的桩筏基础沉降计算对比分析

本工程对两个不同的沉降后浇带设置方案，利用数值软件 PLAXIS 3D，对桩筏基础进行建模及沉降计算分析，根据沉降变形控制、施工的便捷及工程经济性等因素选取较优方案。

4.1　方案介绍

规范[5]规定：施工期间高层建筑与相连裙房之间设计沉降后浇带，后浇带位置应根据高层建筑周边地基反力分布情况，设在紧邻主楼的裙房第二跨或第一跨内。本工程后浇带设置方案 1 中后浇带设置在主裙楼之间第二跨内，且部分区域未设置后浇带；后浇带设置方案 2 中后浇带为设置在主裙楼之间的第一跨内的环状后浇带。两个沉降后浇带设置方案见表 2，两个方案各自的桩筏基础平面布置见图 3。

沉降后浇带设置方案   表 2

方案	方案 1	方案 2
桩基	主楼核心筒区域：桩径 1000mm，桩长 29.6m，102 根；主楼框架柱区域：桩径 1000mm，桩长 28.6m，87 根；主楼区域抗压桩桩顶反力平均值为 8191.8kN；裙房区域：桩径 800mm，桩长 17.7m	主楼核心筒区域：桩径 1000mm，桩长 29.6m，100 根；主楼框架柱区域：桩径 1000mm，桩长 28.6m，85 根；主楼区域抗压桩桩顶反力平均值为 8729.2kN；裙房区域：桩径 800mm，桩长 17.7m
筏板	主楼核心筒区域：板厚 3000mm；主楼非核心筒区域：板厚 2600mm；裙房筏板区域：板厚 1500mm；独立承台高 1500mm；抗水板板厚 800mm	主楼区域：板厚 3000mm；裙房筏板区域：板厚 1500mm（部分区域板厚为 2000mm）；独立承台高 1500mm；抗水板板厚 800mm
后浇带位置	⑨～⑪轴之间	后浇带设置在距离主楼筏板边界 2m 的主楼筏板区域

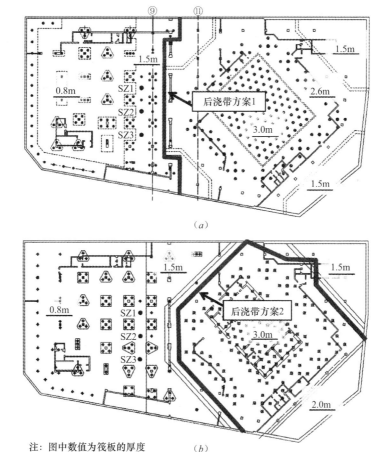

注：图中数值为筏板的厚度

图 3　两个沉降后浇带设置方案的桩筏基础平面布置
（a）沉降后浇带设置方案 1；（b）沉降后浇带设置方案 2

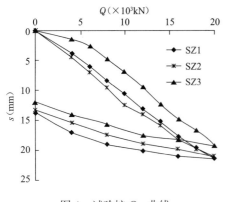

图 4 试验桩 Q-s 曲线

4.2 试验桩结果

试验桩设计参数为：桩径 1000mm，桩长约 37.2m，桩端持力层为 ⑩₁ 卵石、圆砾层。图 4 为主楼区域抗压试验桩载荷试验荷载-沉降（Q-s）曲线，从图 4 中可得，SZ1，SZ2，SZ3 试验桩的单桩竖向抗压极限承载力不小于 20000kN，单桩竖向抗压承载力特征值不小于 10000kN。

4.3 基础沉降变形数值计算分析

对于在同一个大面积桩筏基础上的高低层建筑，其桩筏基础的沉降计算宜考虑上部结构、基础与地基土的共同作用。

利用数值软件 PLAXIS 3D，考虑上部结构-基础-地基的共同作用，对两种不同沉降后浇带设置方案的桩筏基础进行建模及沉降计算，本工程有限元模型如图 5 所示。考虑到结构刚度对地基基础沉降变形的影响，根据数值计算经验，结构部分需要从基础筏板建到±0.0m。根据勘察报告、试验桩报告以及以往工程经验进行参数及本构模型的选取。数值建模中，桩采用 Embedded Pile 单元，主梁采用 Beam 单元，楼板及基础底板采用 Floor 单元。本工程计算的施工阶段不考虑基坑开挖的回弹变形，所以计算数值均为回弹再压缩变形值。沉降变形分析结果如下：

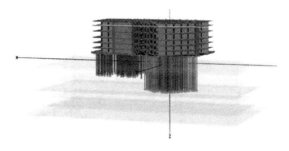

图 5 桩筏有限元计算模型

沉降后浇带设置方案 1 的桩筏基础沉降等值线图如图 6（a）所示，由图 6（a）可知：主楼最终沉降平均值为 63mm，最大沉降量为 78mm，满足最大沉降小于 80mm 的设计要求；主楼筏板整体挠度为 0.037%，主楼与裙房的最大差异沉降为 0.085%，均满足规范[1]和设计要求。

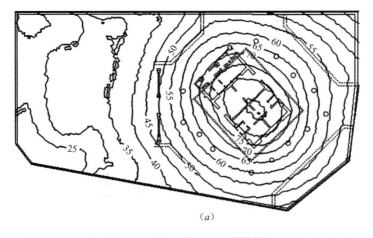

（a）

图 6 两个后浇带设置方案的桩筏基础沉降等值线图（mm）（一）

（a）沉降后浇带设置方案 1

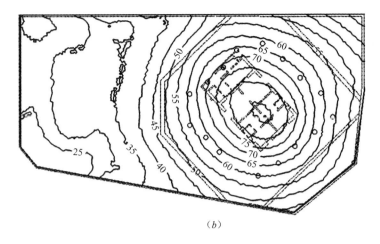

（b）

图 6　两个后浇带设置方案的桩筏基础沉降等值线图（mm）（二）

（b）沉降后浇带设置方案 2

沉降后浇带设置方案 2 的桩筏基础沉降等值线如图 6（b）所示，由图 6（b）可知：主楼最终沉降平均值为 65mm，最大沉降量为 85mm，大于设计要求的 80mm 限值；主楼筏板整体挠度为 0.045%，主楼与裙房相邻柱的差异沉降小于主楼与裙房相邻柱跨度的 0.1%。

5　两个沉降后浇带设置方案比选

本工程沉降后浇带设置方案的比选原则为：首先要满足桩筏基础沉降要求，规范［1］要求：带裙房的高层建筑下的整体筏形基础，其主楼下筏板的整体挠度值不宜大于 0.05%，主楼与相邻裙房柱的差异沉降不应大于其跨度的 0.1%；其次，需要考虑施工的便捷性和工程的经济性。

根据第 3.3 节沉降分析结果可知：1）沉降后浇带设置方案 1 的主楼最大沉降量、主楼与裙房的差异沉降、主楼筏板整体挠度均满足规范［1］及设计要求，而沉降后浇带设置方案 2 的主楼最大沉降稍大于设计要求；2）规范［5］要求：施工期间高层建筑与相连的裙房之间如需设置沉降后浇带，应自基础至裙房屋顶每层设置。沉降后浇带的浇灌时间需通过沉降分析或沉降观测确定［5］。后浇带设置方案 2 较后浇带设置方案 1 的后浇带设置范围较大，而沉降后浇带分布范围越大，浇筑越晚，对施工进度以及工程造价影响就越大。综上所述，选择较为合理的沉降后浇带设置方案 1。

后浇带方案 1 主楼与裙房部分相连处未设沉降后浇带，根据规范［1］要求：当高层建筑与相连的裙房之间不设沉降缝和后浇带时，高层建筑及与其紧邻一跨裙房的筏板应采用相同厚度，裙房筏板的厚度宜从第二跨裙房开始逐渐变化，应同时满足主、裙楼基础整体性和基础板的变形要求。沉降后浇带设置方案 1 中主楼与裙房部分相连处未设置沉降后浇带，主楼框架区域和与其紧邻的第一跨裙房区域采用 2600mm 厚筏板，裙房筏板从第二跨开始变为 1500mm，设计均满足规范要求。

后浇带封闭前的沉降后浇带设置方案 1 的基础沉降等值线见图 7，根据经验，后浇带封闭前，主楼荷载的施加比例按 $60\%\sim70\%$ 取值，本次按主楼荷载完成总荷载的 70% 计算。由图 7 可知，主楼沉降平均值为 42mm，最大沉降量为 52mm，主楼筏板整体挠度为 0.024%，主楼与裙房最大差异沉降为 0.057%。

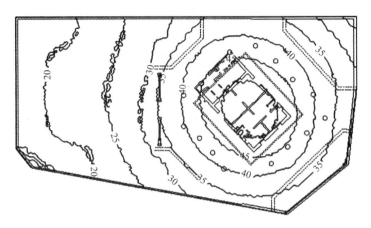

图 7　沉降后浇带方案 1 基础沉降等值线（后浇带封闭前）（mm）

除地基变形验算外，规范[1]还要求对基础内力进行验算，且需要通过基础底板反力评价结构受力，进而采取有效措施防止产生有不利影响的差异沉降。经验算得出，基础底板弯矩在 $-18000\sim8000kN\cdot m/m$，主楼区域除核心筒边缘弯矩较大外，其余区域的弯矩都在 $-4000\sim-2000kN\cdot m/m$，满足结构工程师所提要求。

后浇带方案 1 桩筏基底反力如图 8 所示，由图 8 可见，桩筏基础的基底反力比较均匀，大部分反力在 $-200\sim0kN/m^2$ 之间，从而证实了裙房筏板厚度的逐渐变化可以避免因不设沉降后浇带而引起与主楼相邻裙房基础下相对较大的地基反力。与高层建筑相邻的裙房基础板厚度突然减小过多时，有可能出现基础板的截面因承载力不够而发生破坏或其因变形过大而出现裂缝[1]。

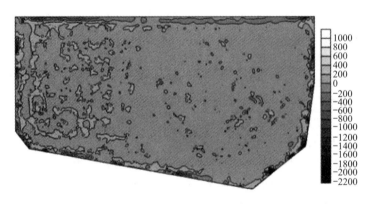

图 8　基底反力（kN/m^2）

本文同时进行了后浇带设置方案 1 的抗压桩桩顶反力的计算，其等值线图如图 9 所示。由图 9 可知，抗压桩桩顶反力平均值为 8056kN。根据试验桩载荷试验结果（图 4），抗压桩设计满足单桩承载力要求。

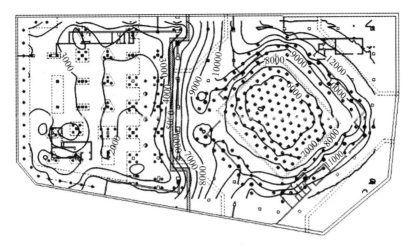

图 9　桩顶反力等值线图（kN）

6　结语

依据岩土勘察报告、试验桩报告及桩筏基础设计方案，应用 PLAXIS 3D 数值分析软件对厚层黏性土地基上的高层建筑桩筏基础进行数值分析，并根据工程经验进行综合判断得出本工程最优沉降后浇带设置方案。分析结果表明，通过调整主楼与裙房的筏板厚度及筏板不同厚度的范围，可使整体筏板区域内的地基反力比较均匀，避免了与高层建筑紧邻的裙房基础下的地基反力相对较大的问题。

参 考 文 献

[1]　GB 50007—2011 建筑地基基础设计规范［S］. 北京：中国建筑工业出版社，2012.

[2]　AHMAD ABDELRAZAQ. 哈利法塔结构性能和响应的验证：足尺结构健康监测方案［J］. 建筑结构，2014，44（5）：85-97.

[3]　王媛，孙宏伟. 北京 Z15 地块超高层建筑桩筏基础的数值分析［J］. 建筑结构，2013，43（17）：134-139.

[4]　史立社. 浅析主楼与裙房的基础联合设计［J］. 陕西建筑，2009（1）：56-57.

[5]　DBJ 11—501—2009 北京地区建筑地基基础勘察设计规范［S］. 北京：中国计划出版社，2009.

[6]　BRINKGREV R B J，SWOLFS W M. Manual of PLAXIS 3D foundation［M］. 2nd ed. Delft：PLAXIS bv，2007.

[7]　方云飞，孙宏伟，杨洁，等. 北京银河搜候（SOHO）中心地基与基础设计分析［J］. 建筑结构，2013，43（17）：140-143.

[8]　王媛，孙宏伟，方云飞. 数值软件在地基基础沉降变形计算中的应用与实例［J］. 建筑结构，2013，43（22）：86-90.

[9]　孙宏伟. 厚层黏性土地基上的高层建筑基础沉降不同计算方法与实测对比分析［J］. 建筑结构，2006，36（S1）：21-23.

某工程大面积地下室与多高层主楼连成一体的地基基础设计及沉降控制

韩 玲 李伟强 徐 斌 牛美辰

（北京市建筑设计研究院有限公司）

摘要： 本文以某高层项目为工程实例，该项目地上部分由 A 座 24 层写字楼、B 座 11 层写字楼、C 座 4 层商业裙房三部分组成，地下 3 层，地下部分连成一体。地基基础设计时，沉降差异控制是本工程需要解决的重要问题。本文介绍了地基处理方案、基础形式、沉降分析方法，以及沉降观测结果。以最经济的方式达到控制各主楼之间，及主楼与纯地下室之间的沉降差异，并取得良好效果。

1 前言

近年来，集商业、办公、地下停车等功能为一体的大型城市综合体建筑群越来越多。为充分利用城市地下空间，多数项目均设计成带有大面积多层地下室，上部有多个高层或多层建筑，裙房或地下室连成一片的建筑群。多高层建筑以及纯地下车库部分常常平面布局上相邻，由于建筑使用功能要求，结构上往往不能设置永久的伸缩缝或沉降缝，高低层之间连成一个整体。这样的建筑形式，给结构设计，特别是地基基础设计带来一定挑战。

多高层建筑和纯地下车库由于上部荷载的巨大悬殊，形成荷载复杂的"大底盘基础"，"大底盘基础"上荷载差异较大，其沉降在多高层区域大，在纯地下车库区域小，不可避免的产生沉降差异。若超出规范的允许值，会使上部结构产生内应力，严重的甚至引起上部建筑开裂和室外管线的断裂等。建筑地基基础设计规范中在变形方面对地基方案设计提出了很高的要求[1,2]。

本文通过一栋典型的大面积地下车库和多高层建筑一体的实例，说明基于差异沉降控制的地基基础设计。

2 工程概况及地质条件

2.1 工程概况

本工程位于北京市朝阳区，地上由 A 座 24 层写字楼、B 座 11 层写字楼、C 座 4 层商业裙房组成，地下 3 层，各部分地下室相互连通且位于同一底板上，整个地下室，包括基础不设永久缝。平面布置图、剖面图见图 1、图 2。

本文原载于《建筑结构》2013 年增刊

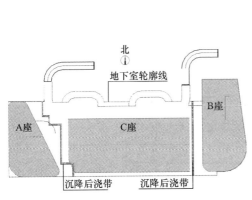

图 1　建筑物平面布置图

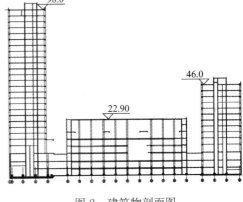

图 2　建筑物剖面图

2.2　场地地质及水文条件

根据地勘报告[3]，本工程场区除①层为人工堆积层外，其他地层均为一般第四纪沉积层，基础位于第④层粉细砂层。人工堆积层主要为黏质粉土素填土，综合层厚 1.5～3.6m。一般第四纪沉积层自上至下主要包括②层黏质粉土—砂质粉土、②₁ 粉质黏土、②₂ 粉砂层，本层综合层厚 3.4～6.8m；③层粉质黏土、③₁ 粉砂、③₂ 砂质粉土层，综合层厚 1.3～5.1m；④层粉细砂、④₁ 粉质黏土、④₂ 砂质粉土层，综合层厚 4.8～8.0m；⑤层圆砾、⑤₁ 粉砂，层厚 1.5～5.1m；⑥层粉质黏土、⑥₁ 黏质粉土—砂质粉土层综合层厚 5.20～9.50m；⑦层：卵石、⑦₁ 细砂、⑦₂ 黏质粉土、⑦₃ 圆砾层，综合层厚 6.0～9.6m；⑧层黏土—重粉质黏土层层厚 7.9～8.2m。

各楼座设计信息　　　　　　　　　　　　　　　　　　　　表 1

楼号	A 座写字楼	B 座写字楼	C 座商业裙房
地上层数	24	11	4
地下层数	3	3	3
建筑高度（m）	98.0	46.0	22.9
±0.00（m）	35.80	35.80	35.80
基底标高（m）	19.05	20.25	19.8
结构形式	框-筒结构	框-剪结构	框-剪结构
基础形式	梁板式筏基	梁板式筏基	梁板式筏基
天然地基承载力	220.0	180.0	180.0

拟建场地在 35.0m 深度范围内有 2 层地下水，第 1 层地下水为潜水，静止标高为 20.31～21.90m，位于基底标高以上，施工时采取抽排措施降至基底标高以下。第 2 层地下水为承压水，静止水位标高为 10.25～11.52m。近 3～5 年地下水最高水位标高 24.0m 左右，抗浮设计水位标高为 29.0m。

基底以下工程地质剖面示意如图 3 所示。土层物理力学参数如表 2 所示。

3　地基及基础设计

3.1　地基方案

A 座高层荷载较大，天然地基无法满足承载力和沉降的要求，需进行地基处理。CFG

桩复合地基技术具有施工速度快、工期短、质量容易控制、工程造价低廉的特点，已成为北京及周边地区应用最普遍的地基处理技术之一[4]。因此，拟采用 CFG 桩复合地基处理来满足承载力和变形的要求。

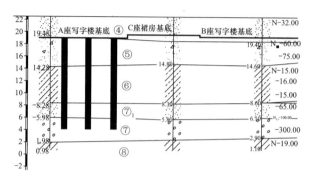

图 3　基底以下工程地质剖面示意图

土层物理力学参数

表 2

岩土编号	岩土名称	压缩模量 E_s（MPa）	侧摩阻极限 q_{sa}（kPa）	端摩阻极限 q_{pa}（kPa）
④	粉细砂	18.0	55	
⑤	圆砾	25.0	130	
⑤₁	粉砂	20.0	65	
⑥	粉质黏土	10.0	65	
⑥₁	黏质粉土 砂质粉土	18.0	70	
⑦	卵石	35.0	140	2500
⑦₁	细砂	25.0	70	1200
⑦₂	黏质粉土	17.0	70	
⑧	黏土 重粉质粘土	13.0	70	
⑧₁	黏质粉土	20.0	75	
⑨	卵石	45.0	160	3000

注：引自岩土工程勘察报告。

框架-核心筒结构中核心筒传递到基础的荷载大于周边框架传到基础的荷载，采用 CFG 桩进行地基处理时，不宜简单的按整栋楼平均基底压力考虑，针对这一问题，提出按核心筒和周边分块处理，A 座高层核心筒范围内基底压力标准值为 $720kN/m^2$，核心筒外基底压力标准值为 $590kN/m^2$，通过调整桩径、桩长、桩距等改变基桩支撑刚度分布，使 A 座高层自身的沉降均匀，降低基础内力，减少基础底板部分的投资。

拟建场地中 B 座高层的天然地基承载力为 $180kN/m^2$，考虑深宽修正后相对于承载力的需要还是稍有亏欠，按照相关规范中以地基变形控制设计的原则，即以减少高层建筑总沉降量、差异沉降协调为主控设计原则，结合对场地地层条件、地下水条件的分析（包括基底以下地层分布、土层承载力和变形特性的分析），验证 B 座高层采用天然地基方案的可行性。

3.2　B 座高层天然地基方案可行性分析

考虑到 B 座高层采用天然地基方案的可行性，在验算承载力的基础上，首先计算分析了 A 座高层采用 CFG 复合地基方案、B 座高层采用天然地基方案的建筑沉降。通过计算分析结果可见，B 座高层最大沉降量为 59mm，按相关规范规定满足天然地基方案沉降计算值 s_c ＜沉降最大允许值 s_{max}，且差异沉降量的计算值小于 0.2%l，所以 B 座高层采用天然地基方案可行。

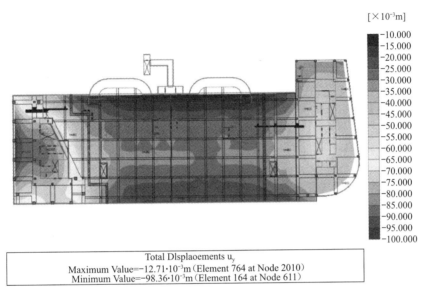

Total Dlsplaoements u_y
Maximum Value=$-12.71 \cdot 10^{-3}$m（Element 764 at Node 2010）
Minimum Value=$-98.36 \cdot 10^{-3}$m（Element 164 at Node 611）

图 4　基础沉降图

由沉降图看出 A 座高层最大沉降量为 98mm，且多处差异沉降量不满足规范要求，故在原地基处理方案原则不变的基础上，对原方案进行优化。对 CFG 桩方案优化与调整提出以下措施建议：

（1）A 座高层核心筒部分 CFG 桩径由原来设计的 φ600 改为 φ400（mm），桩距加密，核心筒外范围内的桩长予以适当加长；布桩时核心筒范围的桩要适当外扩，且需保证外墙轴线下有布桩。

（2）A 座高层核心筒部分与 C 座商业相连接处厚板外扩。

（3）调整部分施工后浇带位置。

调整前后 A 座高层 CFG 桩方案见表 3。

调整前后 A 座高层 CFG 桩方案　　　　　　　　　　　　　　表 3

A 座高层	原方案		现方案	
	核心筒	核心筒外	核心筒	核心筒外
桩径（mm）	600	400	400	400
桩长（m）	15.5	10.5	15.5	15.5
桩距（mm）	1500×1550	1600	1250×1350	1400～1600

3.3　最终地基与基础设计方案

A、B座高层基础均采用梁板式筏基。C座商业地上 4 层，轴网为 8.4m×9.0m，中柱传至基底荷载设计值为 11340kN。基础形式若采用独立基础加抗水板，独立基础边长为 5.3m，厚度为 1.1m 才能满足设计要求。抗水板的厚度考虑抗浮，需要做到 500mm。若采用梁板式筏基，底板厚度为 500mm，地基梁为 800mm×1300mm 即可。两种基础形式材料用量相近，从差异沉降控制方面应优先选择独立基础。但从施工角度看，抗水板下加聚苯板或石灰粉层施工繁琐，人工成本提高，从而确定 C 座多层商业采用梁板式筏基。

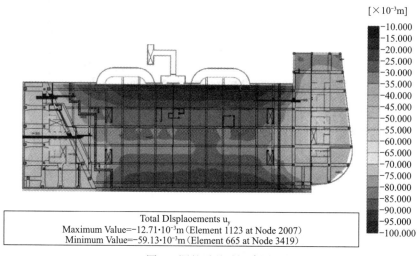

图 5　调整后基础沉降图

按调整后的地基与基础方案重新进行了本工程的沉降计算，A 座高层基础最终最大沉降量为 58mm，差异沉降量的计算值小于 0.2%l。均满足规范要求。

4　沉降观测结果

本工程进行了系统的沉降观测，首层沉降点布设图见图 6，从沉降观测数据来看，从首层至结构封顶，A 座高层周边沉降在 14.5～17.5mm 之间，B 座高层周边一般沉降在 4.6～6.9mm 之间，C 座多层周边沉降在 3.6～6.7mm 之间。考虑到地下结构施工期间的沉降和后期沉降，结合本地区经验，估算本项目长期沉降量 A 座高层周边在 30～35mm 之间，B 座高层周边在 15～20mm 之间，C 座多层周边在 8～12mm 之间。满足设计要求。

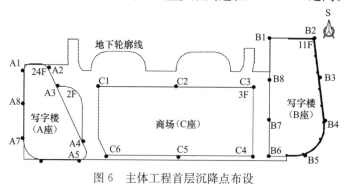

图 6　主体工程首层沉降点布设

综合优化后沉降分析结果和实测结果，可以看出，本工程 CFG 桩复合地基设计方案取得了很好的处理效果。

5 结语

本工程为典型的大面积地下车库与多高层主楼相连的项目，两侧高中间低。经过整体沉降分析，根据上部荷载情况，分别对三个主楼下的地基进行了不同的处理方式，即：A座采用 CFG 桩复合地基、B 座和 C 座采用天然地基，并采用设置后浇带等措施，取得了良好的效果。目前，主体结构已经施工完毕。整个工程地基处理及基础设计的各个环节，结论如下：

（1）在地基处理设计时，应根据建筑总体布局、总体荷载差异、局部荷载差异等工程特点，把天然均匀的地层，变得"不均匀"，从而满足结构对地基刚度不同的要求，把变刚度设计理念应用并贯穿于地基处理设计的始末。

（2）综合计算分析结果和实际监测结果可知，本工程 CFG 桩复合地基设计方案取得了很好的处理效果。

（3）通过控制差异沉降，B 座高层采用天然地基，省去了进行 CFG 桩处理的一大笔造价，为业主节约了投资、缩短了工期，取得了很好的经济效益与社会效益。

参 考 文 献

[1] GB 50007—2011 建筑地基基础设计规范 [S]. 北京：中国建筑工业出版社，2011.

[2] 李伟强，孙宏伟. 基于差异沉降控制的复合地基方案优化实例 [C] //第 12 届全国地基处理学术讨论会会论文集.

[3] 北京航天勘察设计研究院《京棉新城危改小区 A1 区非配套公建项目岩土工程勘察报告》（勘 11-2010020）[R].

[4] 闫明礼，张东刚. CFG 桩复合地基技术及工程实践 [M]. 北京：中国水利水电出版社，2006.

CFG 桩复合地基增强体偏位影响分析

卢萍珍　于东晖　方云飞　鲁国昌

（北京市建筑设计研究院有限公司）

摘要： 某工程施工质量检验过程中发现 CFG 桩复合地基增强体明显偏离设计位置。针对此问题，根据现场复合地基增强体单桩静载荷试验、复合地基静载荷试验以及桩间土浅层平板载荷试验的结果，对实际状态下 CFG 桩复合地基承载力进行了综合分析和评估；同时，采用 PLAXIS 3D 内置的桩单元模拟 CFG 桩增强体，分别按设计桩位和施工桩位两种情况建立三维数值模型，进行了地基和基础的协同作用分析，对两种情况下的基础底板的沉降以及基础底板和基础梁的内力进行了对比分析，提出将原设计中为 0.9m 厚筏板增加至 1.0m 厚的处置措施。

1　前言

　　CFG 桩复合地基因其施工工艺简单、施工周期短、工程造价相对较低而地基承载力提高较大等特点，多年来，在地基处理工程中得到了广泛应用[1,2]。CFG 桩复合地基历经 20 多年的发展虽其施工工艺已成熟，但由于设计与实施过程中某些环节控制不到位等原因仍会造成 CFG 桩复合地基出现一些质量问题[3]。

　　某办公楼工程由于在其基础施工过程中桩定位未得到充分重视，采用 CFG 桩复合地基处理后，出现桩位整体偏位，且较多桩位偏差均大于《建筑地基处理技术规范》JGJ 79—2012[4]（简称《地基处理技术规范》）要求范围。在当前情况下，复合地基的承载力和变形是否仍然满足设计要求、基础底板及梁的原设计配筋是否有足够的安全储备成为建设单位及工程设计人员尤其关心的问题。本文根据现场检测资料，应用程序 PLAXIS 3D 分别按设计桩位和施工桩位两种情况建立数值分析模型，对基础底板的沉降、基础底板和基础梁的内力进行综合分析。所做的分析可为随后的工程处理提供依据。

2　工程概况

2.1　工程简介

　　某办公楼为钢筋混凝土框架-核心筒结构，地上 24 层，地下 2 层；基础为梁板式筏板基础（简称梁筏基础），基础梁、筏板均采用 C35 混凝土。基础梁高 2.6m，筏板厚：FB3 区域为 1.4m；FB1 区域为 1.2m，其余区域为 0.9m。地基采用 CFG 桩复合地基。根据上部结构要求，基础底面地基承载力特征值：Ⅰ区不小于 550kPa；Ⅱ区不小于 380kPa。CFG 桩的分布区域以及不同板厚、梁的布置见图 1。

本文原载于《建筑结构》2014 年第 10 期

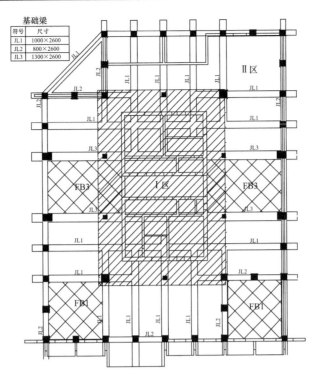

图 1 CFG 桩及不同板厚的布设区域示意

2.2 岩土工程条件

工程地基直接持力层为⑤层细砂，典型地层剖面见图 2，各土层岩土工程参数见表 1。经勘察，场区稳定水位埋深为 14.6～16.3m。

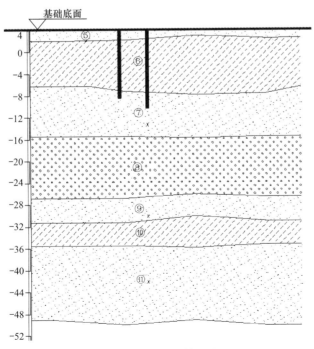

图 2 典型地层剖面图

各土层岩土工程参数表　　　　　　　　　　　　　表 1

| 土层 | 天然重度 γ (kN/m³) | 固结快剪 | | 压缩模量 $E_{s0.1-0.2}$ (MPa) | 桩极限侧阻力标准值 q_{sik} (kPa) | 桩极限端阻力标准值 q_{pk} (kPa) | 地基承载力特征值 f_{ak} (kPa) |
		黏聚力 c (kPa)	内摩擦角 φ (°)				
⑤细砂	19.5	1	26	28	50	—	240
⑥粉质黏土	19.3	25.1	24.8	11.70	66	1400	180
⑦细砂	19.5	0	28	33	65	2400	280
⑧卵石	20	0	30	40	150	4500	400
⑨细砂	21.5	0	30	32	—	—	280
⑩粉质黏土	19.8	52.5	29	8.71	—	—	200
⑪细砂	20	0	32	35	—	—	280

2.3　CFG 桩设计参数

依据地基处理技术规范，该办公楼 CFG 桩复合地基主要设计参数如表 2 所示。

CFG 桩复合地基设计参数　　　　　　　　　　　表 2

| 设计参数 | 参数取值 | | 设计参数 | 参数取值 | |
	Ⅰ区	Ⅱ区		Ⅰ区	Ⅱ区
单桩承载力特征 R_a (kN)	730	650	桩径 (mm)	400	400
天然地基承载力特征值 f_{ak} (kPa)	240	240	有效桩长 (m)	15.0	13.0
复合地基承载力特征值 f_{spk} (kPa)	550	380	桩间距 (m)	1.2	1.2
桩身混凝土强度等级	C20	C20	面积置换率 (%)	8.73	8.73

3　工程问题及分析

根据地基处理技术规范第 7.1.4 规定："复合地基增强体单桩的桩位施工允许偏差：对条形基础的边桩沿轴线方向应为桩径的 $\pm 1/4$，沿垂直轴线方向应为桩径的 $\pm 1/6$，其他情况桩位的施工允许偏差应为桩径的 $\pm 40\%$"。本工程为梁筏基础，其施工允许偏差应按桩径的 $\pm 40\%$ 控制，即偏差应在 ± 160mm 范围内。

在本工程的 CFG 桩复合地基施工完成且清除保护土后发现，CFG 桩施工桩位与设计桩位偏差较大，偏差距离约 $200\sim 960$mm，该偏差已远远超过地基处理技术规范所要求的偏差范围。CFG 桩复合地基整体设计桩位与施工桩位的布置如图 3 所示，局部偏差较大、置换率最不利桩位布置示意如图 4（a）所示，其中梯形标识区域面积为 2.48m²，根据单桩面积（0.1257m²），计算可得置换率为 5.07%，与设计面积置换率相比降低约 42%。施工现场实景如图 4（b）所示。

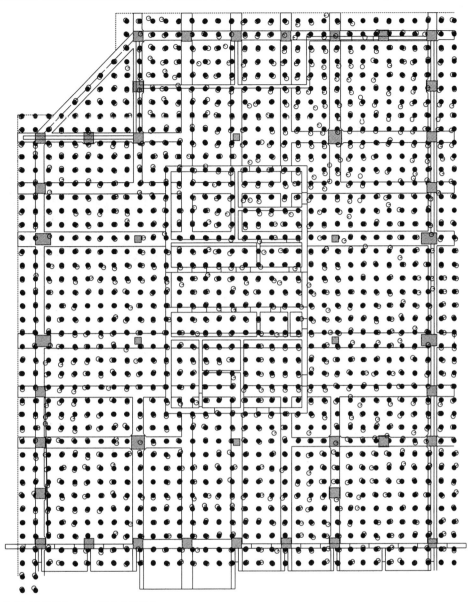

注：空心圆为设桩位；实心圆为实际桩位。

图 3　设计及施工桩位分布

4　工程检验及分析

　　根据地基处理技术规范及《建筑地基基础工程施工质量验收规范》GB 50202—2002[5]对 CFG 桩复合地基施工质量验收检验内容的相关要求，在 CFG 桩复合地基施工完成后，进行了增强体单桩静载荷试验和单桩复合地基静载荷试验。鉴于本工程桩位偏差较大，受其影响部分区域面积置换率较小，基于复合地基概念，专门进行了桩间土浅层平板载荷试验，以进一步验证地基承载力。

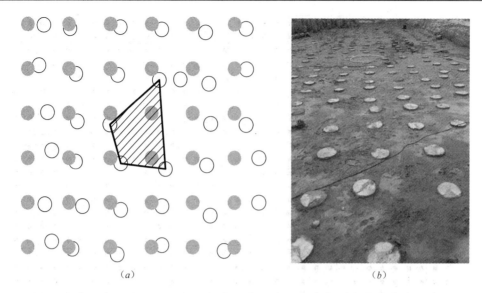

图 4　局部施工桩位及现场照片

（a）最不利置换率示意；（b）现场照片

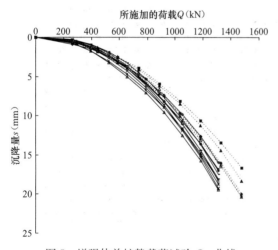

图 5　增强体单桩静载荷试验 Q-s 曲线

4.1　增强体单桩静载荷试验及其分析

试验承压板采用直径为 400mm 的圆板，Ⅰ区增强体单桩试验最终加荷 1460kN，分 10 级加荷，每级加荷为 146kN；Ⅱ区增强体单桩试验最终加荷 1300kN，也分 10 级加荷，每级加荷为 130kN。所得试验结果如图 5 所示。

由图 5 可见，增强体单桩的荷载-沉降（Q-s）曲线均呈缓变型，在最大加载量为 1460kN 和 1300kN 时，其对应的沉降量分别为 16.7～20.3mm 和 15.9～19.4mm。

根据地基处理技术规范中关于复合地基增强体单桩静载荷试验的规定：Q-s 曲线均呈缓变型时，取桩顶总沉降量 s 为 40mm 所对应的荷载值作为单桩竖向抗压极限承载力。由此判断，本工程中单桩承载力满足设计要求，并具有一定的安全储备。

4.2　单桩复合地基静载荷试验及分析

试验承压板采用截面尺寸为 1.2m×1.2m 的方板（面积为 1.44m²），Ⅰ区最终所施加的荷载为 1585kN（相当于 1100kPa），分 8 级加荷，每级加荷为 198kN（相当于 138kPa）；Ⅱ区最终所施加的荷载为 1095kN（相当于 760kPa），分 8 级加荷，每级加荷为 136.8kN（相当于 95kPa）。所得试验结果如图 6 所示。

由图 6 可见，单桩复合地基的荷载-沉降（p-s）曲线均呈缓变型，在设计加载量为 1100kPa 和 760kPa 时，对应的沉降值分别为 3.9～5.4mm 和 3.5～5.4mm。

根据地基处理技术规范中关于复合地基承载力特征值确定的规定：当压力-沉降曲线

是平缓的光滑曲线时，可按相对变形值确定。本工程桩身范围内以卵石为主，则应取 s/b 等于 0.008 即 $s=1.2×0.008=9.6\text{mm}$ 对应的压力值，此两压力值均小于各自最大加载压力的一半，因此Ⅰ区和Ⅱ区复合地基的承载力特征值分别为 550kPa 和 380kPa。由此判断，本工程中复合地基承载力满足设计要求。

4.3 桩间土浅层平板载荷试验及分析

桩间土浅层平板载荷试验采用堆载反力装置，慢速维持荷载法。承压板采用边长为 0.5m 的方板（面积为 0.25m²），各试验点设计的最大加荷为 180kN（相当于 720kPa），分 8 级，每级加荷 22.5kN（相当于 90kPa）。荷载采用连于千斤顶上的压力表测读油压，根据千斤顶率定曲线换算得出。压板沉降量由两块百分表测定，沉降稳定标准＜0.1mm/h。所得试验结果如图 7 所示。

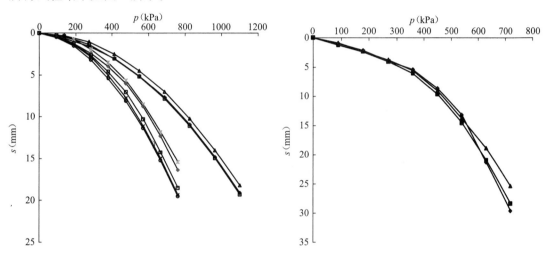

图 6　单桩复合地基静载荷试验曲线　　　　图 7　桩间土平板载荷试验曲线

由图 7 可见，各试验点对应的 p-s 曲线均呈缓变型，根据《建筑地基基础设计规范》GB 50007—2011[6]中关于确定浅层平板载荷试验中地基承载力特征值的相关规定，本工程中桩间土承压板下的应力主要影响范围内的地基承载力特征值 f_{ak} 为 324kPa。该地基承载力特征值为原地基设计值（240kPa）的 1.35 倍。由此判断地基承载力具有一定的安全储备。

5　桩复合地基变形及结构内力分析

关于 CFG 桩复合地基变形计算的数值方法大致有两种，一种为传统的复合土层模型，一种为桩体置换模型。前者将桩间土和增强体综合考虑为复合土层单元，用复合土层的参数进行模拟计算；后者在模型中考虑了褥垫层，并将桩间土体单元与增强体单元分开考虑[4,8]，建模过程中采用特定的结构单元模拟复合地基中的增强体。

针对本工程，本文采用桩体置换模型，对设计桩位与施工桩位两种情况下基础底板的沉降及基础底板和基础梁的内力进行对比分析。

5.1 三维有限元模型及参数

本文数值计算采用程序 PLAXIS 3D。褥垫层及基础梁、板根据实际设计图纸布置；根据设计桩位和施工桩位先后建立两个分析模型。土体采用莫尔-库伦弹塑性模型；CFG

桩采用 PLAXIS 3D 程序中自带的桩单元进行模拟，程序中自带的桩单元由梁单元加特殊界面单元构成，其中特殊界面单元用以模拟桩土相互作用，即侧摩阻力和桩端阻力。计算模型如图 8 所示，图中设计桩位和施工桩位的两种情况下增强体的分布如图 9 所示。

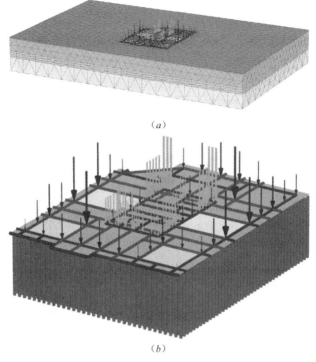

（a）

（b）

图 8　CFG 桩复合地基三维计算模型

（a）整体模型；（b）梁筏基础及桩模型

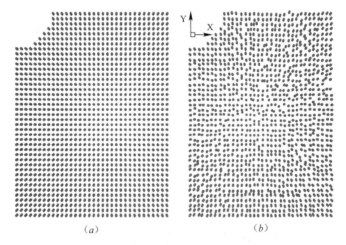

（a）　　　　　　　　　　　　　（b）

图 9　CFG 桩复合地基计算模型中增强体的分布（俯视图）

（a）设计桩位；（b）施工桩位

5.2　数值计算结果与分析

通过计算分析，得到的设计桩位和施工桩位情况下的基础底板的沉降、弯矩 M_{11} 和 M_{22} 及基础梁的弯矩 M_2 分别如图 10～图 13 所示。

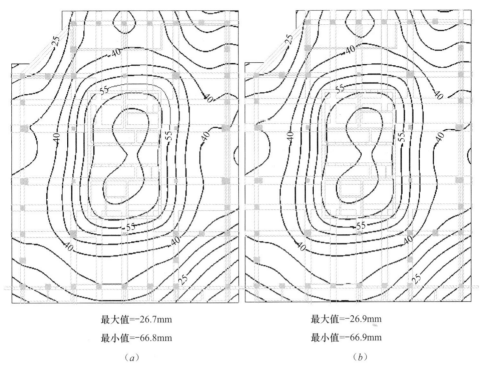

最大值=−26.7mm   最大值=−26.9mm

最小值=−66.8mm   最小值=−66.9mm

（a）   （b）

图 10　基础底板沉降（mm）

（a）设计桩位；（b）施工桩位

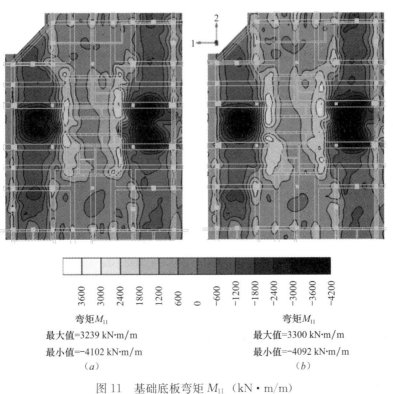

弯矩 M_{11} 弯矩 M_{11}

最大值=3239 kN·m/m   最大值=3300 kN·m/m

最小值=−4102 kN·m/m   最小值=−4092 kN·m/m

（a）   （b）

图 11　基础底板弯矩 M_{11}（kN·m/m）

（a）设计桩位；（b）施工桩位

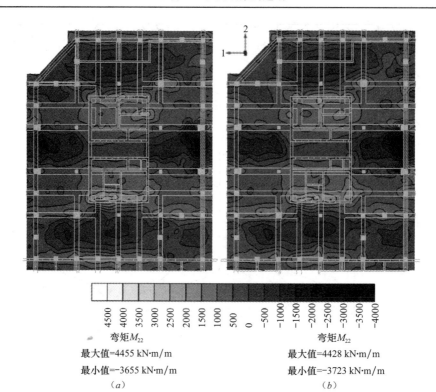

弯矩 M_{22}

最大值=4455 kN·m/m

最小值=-3655 kN·m/m

(a)

弯矩 M_{22}

最大值=4428 kN·m/m

最小值=-3723 kN·m/m

(b)

图 12　基础底板弯矩 M_{22}/(kN·m/m)

(a) 设计桩位；(b) 施工桩位

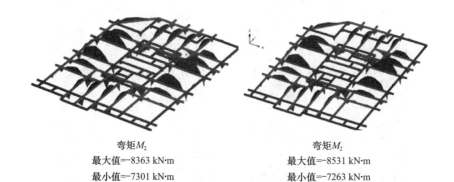

弯矩 M_2

最大值=-8363 kN·m

最小值=7301 kN·m

弯矩 M_2

最大值=-8531 kN·m

最小值=7263 kN·m

图 13　基础梁弯矩 M_2

(a) 设计桩位；(b) 施工桩位

设计桩位和施工桩位情况下弯矩和沉降对比　　　　　　　　　　表 3

计算结果			设计桩位	施工桩位	偏差/%
基础底板弯矩（kN·m/m）	M_{11}	最大值	3239	3300	1.9
		最小值	-4102	-4092	-0.2
	M_{22}	最大值	4455	4428	-0.6
		最小值	-3655	-3723	1.9

计算结果			设计桩位	施工桩位	偏差/%
基础梁弯矩（kN·m）	M_2	最大值	8363	8531	2.0
		最小值	−7301	−7263	−0.5
基础底板最大沉降（mm）			66.8	66.9	0.15

注：1）关于各弯矩正负号的定义参见 PLAXIS 3D 用户手册相关内容；2）数值仅为极值，应结合其对应的等值线（云图）综合判断。

由图 10～12 及表 3 可见：CFG 桩复合地基增强体偏位对基础底板沉降影响较小；而 CFG 桩复合地基增强体偏位对基础结构的内力有一定影响，需采取一定的结构措施消除潜在的不利影响。

综合第 3 节和第 4 节的分析结果，为提高基础的整体刚度，降低 CFG 桩偏移的潜在不利影响，结合现场条件，适当增加基础的刚度，即将原设计中为 0.9m 厚筏板增加至 1.0m 厚，FB3 和 FB1 区域的筏板厚度保持不变。经重新计算，并与表 3 数据（施工桩位）对比，以 M_{11} 为例，增加板厚之后，M_{11max} 略有增加（1.8%），M_{11min} 变化更为明显（减小 4.6%）；沉降值变化至 66.5mm，表现为下降趋势，符合设计预期。

6 结论

为确保工程的安全及质量，在岩土工程师与建设单位负责人及结构设计师的大力合作下，综合了 CFG 桩复合地基检测成果、桩间土浅层平板载荷试验成果以及有限元计算分析结果，得出如下结论：

（1）从 CFG 桩复合地基检测成果和桩间土浅层平板载荷试验成果可以看出，增强体、单桩复合地基和地基土承载力具有一定安全度，对本工程较为有利。

（2）通过数值计算分析，本工程中 CFG 桩复合地基增强体偏位对沉降影响较小，对基础结构内力有一定影响。

（3）根据 CFG 桩复合地基检测成果和桩间土浅层平板载荷试验成果的数据分析和有限元计算分析结果，为提高整体刚度，降低 CFG 桩偏移的潜在不利影响，结合现场的实际情况，适当增加了基础刚度，即将原设计中 0.9m 厚筏板增加至 1.0m 厚。经验算，处置措施有效，可为类似工况提供参考。

（4）本工程应加强沉降监测，在确保工程质量及安全的同时，可作为验证本文分析结果的重要依据。

致谢：本文在撰写过程中得到了孙宏伟副总工程师的悉心指导，在此表示衷心感谢！

参 考 文 献

[1] 邓日海，罗铁生. CFG 桩复合地基在某超高层建筑中的应用 [J]. 建筑结构，2013，43（8）：92-96.

[2] 关伟兰，李纯仿，佟建兴，等. CFG 桩复合地基在国美家园工程中的应用 [J]. 建筑结构，2007，37（11）：42-44.

[3] 曹江涛. 某工程 CFG 桩复合地基质量问题分析 [J]. 工程勘察，2013，（11）：32-35.

[4] JGJ 79—2012 建筑地基处理技术规范 [S]. 北京：中国建筑工业出版社，2012.

［5］　GB 50202—2002 建筑地基基础工程施工质量验收规范［S］. 北京：中国建筑工业出版社，2002.

［6］　GB 50007—2011 建筑地基基础设计规范［S］. 北京：中国建筑工业出版社，2011.

［7］　殷辰鹏，张怀静，孙宏伟. 多桩型复合地基变形数值计算对比实例分析［J］. 岩土工程技术，2014，28（2）：64-69.

［8］　高学伸. 多元复合地基沉降计算方法研究［D］. 湖北：华中科技大学，2007.

两本规范中桩基沉降计算深度的对比分析

朱国祥[1]　殷辰鹏[2]

（1. 北京市建筑设计研究院有限公司；2. 北京建筑大学）

摘要： 我国现行《建筑桩基技术规范》（JGJ 94—2008）和《建筑地基基础设计规范》（GB 50007—2011）均给出了采用实体深基础分层总和法来估算桩基沉降量的计算公式，但在确定桩基沉降计算深度方面，前者采用应力控制法，后者采用变形控制法。对两本规范关于桩基沉降计算深度的取值进行分析，指出了采用应力控制法和变形控制法确定桩基沉降计算深度的差异和存在的不足。

1　实体深基础沉降计算方法

根据《建筑桩基技术规范》JGJ 94—2008（简称桩基规范），对于桩中心距不大于 6 倍桩径的桩基，其最终沉降量计算可采用等效作用分层总和法。等效作用面位于桩端平面，等效作用面积为桩承台投影面积，等效作用面附加压力近似取承台底平均附加压力。桩基任一点最终沉降量可用角点法按下式计算：

$$s = \psi \cdot \psi_e \cdot \sum_{j=1}^{m} p_{0j} \sum_{i=1}^{n} \frac{z_{ij}\bar{\alpha}_{ij} - z_{(i-1)j}\bar{\alpha}_{(i-1)j}}{E_{si}} \tag{1}$$

式中各符号含义见桩基规范。

桩基规范中沉降计算深度 z_n 按应力比法确定，即计算深度处的附加应力 σ_z 与土的自重应力 σ_c 应符合下列公式要求：

$$\sigma_z \leqslant 0.2\sigma_c \tag{2a}$$

$$\sigma_z = \sum_{j=1}^{m} a_j p_{0j} \tag{2b}$$

《建筑地基基础设计规范》GB 50007—2011（简称地基规范）采用变形控制法确定沉降计算深度，即由下式确定：

$$\Delta s'_n \leqslant 0.025 \sum_{i=1}^{n} \Delta s'_i \tag{3}$$

式中各符号含义见地基规范。

桩基规范和地基规范均给出了桩基等效作用面上任一点的最终沉降量的计算公式，但都没有明确规定桩基沉降计算深度按桩基等效作用面上哪个部位计算。实际工作中常采用等效作用面上中心点处的沉降计算深度。由于对桩基等效作用面上不同部位沉降量的计算结果进行修正的沉降计算经验系数相同，因此在不考虑桩基刚度情况下，采用中心点处的沉降计算深度来估算桩基沉降是否合理，值得商榷。

本文原载于《建筑结构》2014 年第 20 期.

2　应力控制法确定桩基沉降计算深度

桩基规范采用应力控制法确定桩基沉降计算深度，其结果与上部结构重量、承台重量、承台埋深、桩长、沉降计算点在等效作用面上的位置等有关。由于承台底面处的附加压力综合考虑了上部结构重量和承台重量以及承台埋深的影响，为简化分析，只研究等效作用面不同部位（等效作用面上中心点处和接近角点处，即边缘向内 1m 处）、承台底面附加压力、承台底面宽度、桩长和土层容重等对沉降计算深度的影响。

2.1　等效作用面不同部位沉降计算深度

桩基沉降计算深度由式（2a）和式（2b）确定，由于等效作用面上不同部位计算点在等效作用面以下相同深度处的附加应力不相同而自重应力相同，因此根据式（2a），等效作用面上不同部位的沉降计算深度是不同的。例如，当土容重为 18kN/m³，等效作用面长度为 30m，宽度为 10m，等效作用面上的附加压力 $p_0 = 400$kPa 时，按式（2a）和式（2b）计算的等效作用面上中心点处与接近角点处的沉降计算深度分别为 17.4m（图 1 中的点②）和 11.3m（图 1 中的点①），中心点处的沉降计算深度大于接近角点处的沉降计算深度，两者相差达 6.1m。一般情况下中心点处的沉降计算深度大于接近角点处的沉降计算深度。

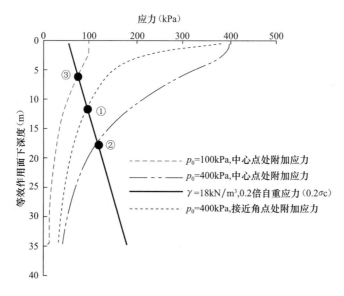

图 1　自重应力及附加应力分布曲线

2.2　承台底面附加压力对沉降计算深度影响

由于等效作用面上的附加压力 p_0 近似等于承台底面附加压力，在 2.1 节承台底面长度、宽度等不变的情况下，当承台底面的附加压力减小，中心点以下的附加应力也减小，根据式（2a）判断，中心点处的沉降计算深度将减小。如图 1 所示，当承台底面附加压力由 400kPa 减小到 100kPa 时，中心点处的沉降计算深度由 17.4m（图 1 中的点②）减小到 6.0m（图 1 中的点③）。相反，当承台底面附加压力增大时，中心点处的沉降计算深度也增大。

2.3 承台底面宽度对沉降计算深度的影响

一般情况下附加压力增大，沉降计算深度相应增大；当附加压力不变时，承台底面宽度增大，沉降计算深度也增大。对某个具体工程，上部荷载一般是定值，承台底面宽度增大，则承台底面（对应的等效作用面）上的附加压力相应减小，因此实际工程中承台底面宽度增大有可能导致增大沉降计算深度也可能减小沉降计算深度。

假定承台底面长度为30m，承台底面宽度B分别为10，20，30m三种情况，土层重度为19kN/m³，等效作用面的埋深为10m，上部荷载（包括结构重量和承台重量）为90000kN；则对上述不同承台底面宽度，承台底面上的附加压力分别为300，150，100kPa。利用上述资料分析不同承台底面宽度对等效作用面中心点处沉降计算深度的影响，如图2所示。

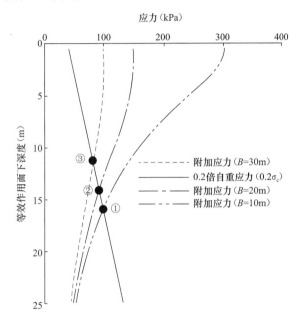

图2 自重应力及不同承台底面宽度下中心点处附加应力分布曲线

由图2可知，当$B=10$，20，30m时，中心点处的沉降计算深度分别为15.8m（图2中的点①），14.1m（图2中的点②），11.5m（图2中的点③），由此可知，桩基沉降计算深度随承台底面宽度的增大而减小。

2.4 桩长变化对沉降计算深度影响

桩越长等效作用面越深，从而使等效作用面下的自重应力增大，若假定土重度为19kN/m³，在等效作用面宽度和长度不变、等效作用面上附加应力也不变的情况下，当桩长由10m增加到20m时，根据式（2a），由等效作用面起算的沉降计算深度相应减小（图3中由①到②）。

2.5 土重度对沉降计算深度的影响

当等效作用面上的附加压力为300kPa、等效作用面宽度为30m时，多种土重度和单一土重度（本例取19kN/m³）下的自重应力分布曲线及中心点处的附加应力分布曲线如图4所示。

由于天然沉积的不同，土层的重度是变化的，因此，当沉降计算深度附近相邻的两土层的重度有差别时（上土层的重度大于下土层的重度），有可能出现两种情况满足式（2a），这样就可能出现两个沉降计算深度，图 4 中多种重度下的自重应力分布曲线与中心点处的附加应力分布曲线在等效作用面下 25m 附近有 2 个交点（图 4 中的点①和点②），但桩基规范中没有规定哪个交点对应的深度为沉降计算深度，不便于实际操作。

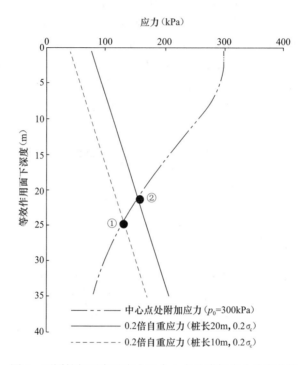

图 3　不同桩长下自重应力及中心点处附加应力分布曲线

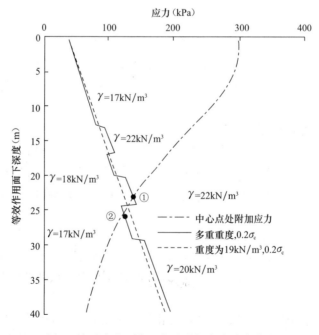

图 4　自重应力和中心点处附加应力分布曲线

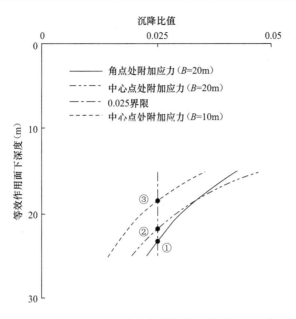

图 5　接近角点处和中心点处沉降比值随深度变化

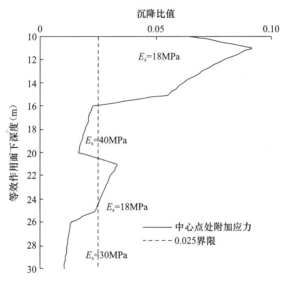

图 6　压缩模量对沉降比值的影响

3　变形值控制法确定沉降计算深度

　　地基规范中沉降计算深度按式（3）确定，沉降计算深度与承台底面宽度、桩长范围内土的等效内摩擦角、土的压缩模量和计算点在承台上的投影部位有关，而与等效作用面上附加应力的大小无关。桩长范围内土的等效内摩擦角对沉降计算深度的影响实际上是通过影响等效作用面的宽度来实现的，因此主要分析计算点（只考虑中心点和接近角点）在等效作用面的投影部位、等效作用面宽度、土的压缩模量对沉降计算深度的影响。因为桩长的变化使参与沉降计算的土层发生变化，土层的压缩模量变化时沉降计算深度也变化，故本节也补充分析桩长对沉降计算深度的影响。

3.1　等效作用面不同部位沉降计算深度

为便于分析，将式（3）转换成如下的形式：

$$\frac{\Delta s_n'}{\sum\limits_{i=1}^{n} \Delta s_i'} \leqslant 0.025 \tag{4}$$

假定等效作用面下的各土层的压缩模量相同，则式（4）可用下式表示：

$$\frac{z_n \bar{\alpha}_n - (z_n - \Delta z)\bar{\alpha}_\Delta}{\Delta z_n \bar{\alpha}_n} \leqslant 0.025 \tag{5}$$

式中各符号含义见地基规范。

为便于描述，将式（5）左边项称为沉降比值，由式（5）可分析单一土层下的沉降计算深度。当等效作用面的长度为 30m，宽度为 20m 时，中心点处的沉降计算深度为 21.7m（图 5 中的点②），接近角点处的沉降计算深度为 23.3m（图 5 中的点①），接近角点处的沉降计算深度大于中心点处的沉降计算深度，两者相差 1.6m。

3.2　等效作用面宽度对计算深度影响

由于地基规范采用沉降比值确定桩基沉降计算深度，与等效作用面上附加压力的大小无关，因此，当等效作用面宽度增大时，沉降计算深度相应增大，当等效作用面的宽度减小时，沉降计算深度相应减小。

将 3.1 节算例中的等效作用面的宽度由 20m 减小到 10m，其他条件不变，中心点处的沉降计算深度由 21.7m（图 5 中点②）减小到 18.5m（图 5 中点③）。

3.3　土的压缩模量对沉降计算深度影响

选取各土层的压缩模量 E_s 分别为 18，30，40MPa，E_s 在等效作用面以下不同深度相间分布见图 6。分析结果表明，压缩模量减小，沉降比值增大，沉降计算深度有可能增大；压缩模量增大，沉降比值减小，沉降计算深度有可能减小。

通常沉降比值沿深度并非单调减小，因此有可能在多个深度处沉降比值满足式（4），也就是存在多个沉降计算深度。如图 6 所示中心点处的沉降比值在 16～20.5m 和 25m 以下均满足式（4），存在两个沉降计算深度，即 16m 和 25m，如果取 16m 作为沉降计算深度，有可能低估沉降量。虽然地基规范第 5.3.7 条中要求"当计算深度下部仍有较软土层时，应继续计算"，但这一要求是定性的规定，不容易操作。

3.4　桩长对沉降计算深度影响

桩长对沉降计算深度的影响实际上是土层压缩模量对沉降计算深度的影响。当桩长增大、桩端下土层的压缩模量增大时，沉降计算深度减小；相反，当桩长增大、桩端下土层的压缩模量减小（如从卵石进入到粉土层或黏性土层）时，沉降计算深度将增大。

4　两本规范关于沉降计算深度的对比

通过对桩基规范和地基规范有关沉降计算深度取值进行分析发现，两本规范在桩基沉降计算深度取值方面差别较大，见表 1。

桩基沉降计算深度取值对比 表1

对比项	桩基规范	地基规范
计算部位	中心点处的沉降计算深度大于接近角点处的沉降计算深度	接近角点处的沉降计算深度大于中心点处的沉降计算深度
附加压力	沉降计算深度随附加压力增大而增大	沉降计算深度与附加压力大小无关
承台底面宽度	沉降计算深度随承台底面宽度增大而减小	沉降计算深度随承台底面宽度增大而增大
桩长	沉降计算深度随桩长增大而增大	沉降计算深度与桩端下压缩模量大小变化有关
土的容重	沉降计算深度随土容重增大而减小，有可能出现两个沉降计算深度	沉降计算深度与土容重无关
土的压缩模量	沉降计算深度与土压缩模量无关	沉降计算深度随压缩模量增大而减小，有可能出现两个以上的沉降计算深度

5 结语

通过上述对两本规范关于桩基沉降计算深度的对比分析发现，两本规范在确定桩基沉降计算深度方面存在较大的差别。有些情况下确定沉降计算深度的结果甚至是不合理的，如实际工作中采用中心点处的沉降计算深度来估算接近角点处的沉降量是不合理的；又如，根据地基规范，沉降计算深度与等效作用面上的附加压力无关，这种情况无法解释附加压力越大，受影响的地层深度越大的基本事实。因此，建议工程技术人员在进行桩基沉降估算时，对沉降计算深度的确定多进行一些分析，也建议今后在规范修订时对沉降计算深度多进行一些研究。

北京地下工程事故原因司法鉴定实例分析

方云飞[1]   王继武[2]

（1. 北京市建筑设计研究院有限公司；2. 北京市建设工程质量第二检测所司法鉴定所）

摘要：深大基坑、地下洞隧等地下工程越来越多，安全管理和风险管理日益得到重视，但是由于种种原因，地下工程事故仍不可避免。对于工程事故，应开展岩土工程司法鉴定，不仅可以对于事故原因进行全面和深入的调查，而且有利于岩土工程技术总结。本文通过对于北京两则地下工程事故的岩土工程司法鉴定，总结出如下事故原因：工程地质条件复杂、设计方案不尽合理、周围复杂环境的影响、专家论证不是上保险，并为安全管理提出如下地下工程设计和施工中的一些预防与注意事项：地层的突变性、工程周边环境、计算参数的合理取值、时刻关注地下水。

随着城市建设的迅猛发展，高楼大厦、公路桥梁、地铁城铁等工程项目建设愈来愈多，深大基坑、地下洞隧等重大工程亦随之而来，虽然经过近些年的工程实践，设计方法和施工技术日渐成熟，相关技术规程业已执行[1,2]。唐业清等人也早在文献[3]中对于基坑工程事故原因进行了总结。但由于地下工程设计和施工涉及地质条件、场地环境、工程要求、气候变化、施工方法等诸多因素，特别是工程周边及地下环境条件状况趋于复杂，不管是明挖工程还是暗挖工程，坍塌事故仍时有发生[4-6]，事故原因固然值得调查分析，而且岩土工程司法鉴定（Forensic Geotechnical Engineering）因其对于工程事故原因开展全面和深入的调查，将会得到愈来愈多的重视。

岩土工程司法鉴定是 Forensic Engineering（参考译文：工程司法鉴定，或司法鉴定工程学）的一个分支，是一门交叉学科。文献［7］为岩土工程师了解 Forensic Engineering 提供了帮助。目前我们国家的司法鉴定工程学与发达国家有着较大差距，既因市场经济、法律、文化方面的差异，也源自工程技术体制方面的差异，以岩土工程司法鉴定为例，是岩土工程体制使然。

本文所介绍的两则实例，司法鉴定工作均系岩土工程师协同建筑工程司法鉴定人员合作完成，通过对北京地区两个典型的明挖和暗挖工程坍塌实例的分析，总结了一些地下工程安全事故的原因，并提出一些预防与处理措施。

1　工程事故实例

1.1　案例一：明挖法工程事故实例

（1）工程简介

工程基坑呈长条形，长约 374m、最宽处 30.7m，设计深度 12m，采用土钉墙支护方

本文原载于《建筑结构》2015 年增刊 2

案。4 月初某日早晨，正值基础底板施工阶段，该基坑突然坍塌，造成施工人员伤亡。坍塌范围约为：长 41.5m、宽 12m、深 12m，塌方体地面形状呈椭圆形，详见图 1、图 2。经核实，坍塌事故发生时距支护工程完工时间约 45 天。

图 1 塌方正视图 　　　　　　　　　　　　　图 2 塌方侧视图

事故调查人员在第一时间赶到现场进行调查取证。事故原因调查所需要的资料，包括岩土工程勘察报告、土方、护坡工程施工方案、有关施工验收资料、基坑边坡观测记录、各原材料试验报告及现场平面图，警方要求施工总包单位当场提交并封存，未能当场提交的资料要求在限定时间内将资料原件送达司法鉴定机构。

经现场调查，基坑西坡顶部 2m 处为一道栏杆及围挡，围挡外侧为绿地，绿地内有草地及树木，该绿地地面比基坑坡顶高 2.6m，均为回填土，坍塌上缘处和坍塌体内各有一喷灌井。基坑与周边环境关系详见图 3。

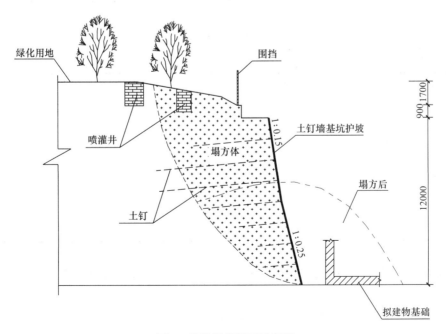

图 3 基坑坍塌剖面示意图

（2）岩土工程条件

根据岩土工程勘察报告，地质条件参数见表1。

岩土工程地质条件参数 表1

序号	土层编号	土层名称	土层厚度（m）	土层性状	c(kPa)	φ(°)
1	①	杂填土	0.5～6.5	以建筑垃圾为主，稍密	0	7
2	①₁	素填土	3.2	以粉土为主，稍密	5	6
3、	②	砂质粉土	0.3～9.8	稍密—中密	8	28
4	②₁	粉质黏土	1.4	软塑	16	15
5	②₂	黏质粉土	1.7	中密	17	23
6	②₃	粉细砂	2.8	中密	0	25
7	③	黏质粉土	1.2～5.0	稍密—中密	17	24
8	③₁	粉质黏土	2.9m	软塑—可塑	16	15
9	④	卵石	16.5m	密实	0	40
10	④₁	细砂	2.3m	中密—密实	0	30

（3）土钉墙基坑支护设计

根据土方、护坡工程施工方案，该基坑侧壁安全等级取二级，重要性系数取1.0；设计计算剖面参数见表1；基槽深度按12.0m，分级放坡，第一级6.0m，放坡坡度1:0.15，余下高度放坡坡度1:0.25；共设置7排土钉，土钉水平间距1.5m、垂直间距1.5m，采用人工洛阳铲成孔，成孔直径100mm，入射角10°，土钉墙具体设计参数见表2。

土钉设计参数表 表2

土钉排数	土钉长度（m）	埋深（m）	主筋
第1排	5.8	1.5	1Φ18
第2排	8.8	3.0	1Φ18
第3排	8.8	4.5	1Φ20
第4排	5.8	6.0	1Φ20
第5排	3.5	7.5	1Φ20
第6排	2.5	9.0	1Φ20
第7排	2.5	10.5	1Φ20

坍塌处岩土工程勘察剖面截图见图4，由该图可见，填土层厚度最大达2.6m，而卵石层则较薄。

根据施工单位提供的资料，该基坑支护设计方案通过了专家评审。

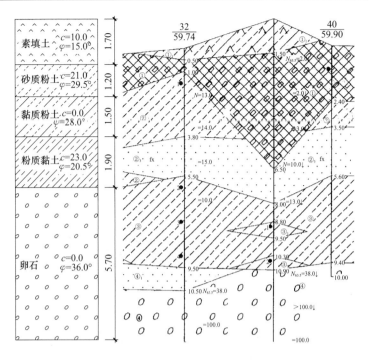

图 4　设计计算和坍塌处岩土工程勘察剖面图

1.2　案例二：暗挖法工程事故实例

（1）工程简介

该工程为某地铁车站出入口，全长 72.3m，其中明挖段长 21.2m，暗挖段 51.1m。坍塌断面尺寸为 8.2m×8.1m，施工方案采用 CRD 工法（交叉中隔壁工法）施工。2007 年 3 月某日上午，该出入口在施工过程中，在开口导洞及周边位置发生冒顶塌方，在地面形成面积约 20m²、深约 7m 的塌坑。

（2）岩土工程条件

坍塌处附近地层岩性从上至下分别为：杂填土①层，粉土填土①$_1$ 层，粉土③层，灰白色淤泥层，粉土③$_1$ 层，粉质黏土④层，粉土④$_2$ 层，细砂、中砂⑦$_1$ 层，卵石圆砾⑦ 层。其中杂填土①层、粉土填土①$_1$ 层含有砖、砖块、灰渣、炉灰等杂物，厚度约 5.6m。地质剖面及开挖剖面详见图 5。

2　事故原因调查与分析

综合现场调查资料和设计、施工资料，经整理分析，总结了以下导致地下工程发生安全事故的因素，同时提出一些预防与处理措施。

2.1　工程地质条件复杂

不良的天然地质条件往往是产生坍塌的主要因素，同时它也是最难探查和发现的。

（1）土层分布的不可预知性

施工场地内，土层分布难以预测，极有可能忽略不利土层。虽然现有工程都进行了勘察，甚至包括初步勘察、详细勘察、施工勘察等，但由于勘察孔数量的有限性，其间距一

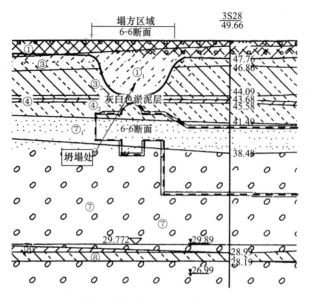

图 5 坍塌处工程地质剖面图

般都有十几米、甚至几十米，不能全部或者完全摸清地层分布情况，尤其是在像北京这样的老城区，人类活动频繁，以前活动的痕迹也无法考证与深究。

（2）地下水的无序性

随着城市的发展，人类的活动将原有小池塘、小河沟之类填埋，并深埋于地下，形成地下河、暗滨、暗塘等；地下水过度开采，地下支护、地下建筑物支护、地铁等地下工程将地下水秩序打乱；地下雨污水、热力等管线遍布整个城市，不管是废弃的、在用的、将启用的，均混在一起，同时管线跑水、漏水现象也是比较严重的。

2.2 设计方案不尽合理

鉴于岩土工程的复杂性，其设计就必须考虑各种因素，综合各种资料，去伪存真，抓住主要问题，但是由于工程复杂性或者设计人员的能力有限，往往出现或这或那的错漏。

（1）计算参数取值不尽合理

本文案例一，其设计所用的土层强度参数明显大于岩土工程勘察报告提供的参数建议值，且两者之间差值比较大。岩土工程设计，其设计经验不可或缺，设计人员根据自己的经验，在保证工程安全的前提下，提高参数取值，这无可厚非，这样不但降低了成本，为国家节约了宝贵的社会资源，还为企业创造了更多的利润。但岩土工程设计必须遵循科学，不能盲目地降低成本，一味地吃设计参数安全储备，如此下去必将造成工程事故。

（2）设计剖面选取不合理

案例一基坑长约 374m，距离较大，地层条件也相对比较复杂，然而基坑设计计算书当中只给出了一个典型剖面，明显计算数量不足，未分段进行计算分析，该典型剖面恰与坍塌处的地层情况差异明显，该区域填土较厚，卵石层顶面变深，细粒土厚度变大。选取计算剖面不能以偏概全，必须考虑各种不利因素。

2.3 周围复杂环境的影响

在地下工程施工及后期管理期间，往往忽视红线外的构建筑物对本工程的影响，尤其是那些埋于地下的雨污水、热力管线。基坑开挖引起管线变形，管线变形造成跑水漏水，从而造成坡后土体重度增加、强度降低，基坑向不稳定方向发展，基坑变形增大，两者如此相互影响、恶性循环。

案例一即为一个典型红线外地下水影响而坍塌的案例。该工程坡顶外围挡即为本工程红线，坡顶距离红线很近，红线之外即为绿化区，坍塌处填土厚度达 2.1~2.6m，绿化区填土厚度 1.5m，坍塌上缘处和坍塌体内各有一喷灌井（详见图 3），当时正处于初春；大地复苏，正是浇灌的最佳季节，基坑周边经常浇水，再加上该喷灌井跑水、漏水，造成该处土体被浸泡，填土重度急剧增加，土体强度指标急剧下降，最终造成坍塌。

因此在施工及后期管理期间，如何规避相关工程风险显得尤为重要。笔者认为有以下几点：（1）由业主方提供完整详细的基坑周边红线内外的构建筑物及地下管线平面及竖向布置图，并进行现场确认；（2）针对基坑周边环境资料，考虑各不利工况，并对基坑安全进行评估；（3）加强观测和监测，将风险消灭于萌芽状态；（4）针对各种不利状况，制定完备的应急预案，以备不时之需。

2.4 专家论证不是上保险

在北京地区，超过 5m 的基坑，其支护设计方案必须进行专家论证[2]（相关地下工程支护设计方案是否需要专家论证尚未规定），但专家论证会不是给基坑支护工程上保险，而只是根据本工程特点进行支护方案的选型，以及找出支护方案设计中致命硬伤，具体细节或许很难发现，因为：

（1）论证会时间一般比较短，专家对设计单位提供的资料难以全面考察，因此建议提前将基坑支护设计相关资料提交专家，部分专家也有这样的个人要求。

（2）专家论证会上，专家所知道的内容往往仅局限于以下资料：岩土工程勘察报告、基坑设计方案、现场情况简单介绍，而专家不一定去现场实地考察，因此对现场实际情况并不了解，从而对潜在的危险源难以发现和辨别，因此必要时还应现场踏勘。

3 结论与建议

根据以上分析，结合本文工程事故实例特点，对地下工程的设计与施工提出如下结论与建议：

（1）土层分布不均匀不能忽视，必须根据地层变化进行有针对性的设计，分地段分区段的设计，避免以偏概全；

（2）岩土工程勘察报告提供信息有限，设计人员一定要对现场进行踏勘，了解场地周边环境和地下管线的埋设情况，充分考虑周边岩土工程条件，因地制宜，以便在设计时考虑基坑与周边建筑物的相互影响；

（3）岩土工程计算参数取值一定要慎重合理，必须理论与实践结合，试验与经验结合，安全与效益兼顾，在保证工程安全的基础上避免浪费，不能一味追求经济效益而忽视工程安全；

（4）地下工程安全与地下水息息相关，支护设计、施工及维护过程中必须时刻考虑水的作用，同时为规避工程风险考，必须考虑地下工程支护周期内不同工况和状况的岩土工程条件，并评估基坑的安全性。

参 考 文 献

［1］ JGJ 120—2012 建筑基坑支护技术规程［S］. 北京：中国建筑工业出版社，2012.

［2］ DB 11/489—2007 建筑基坑支护技术规程［S］. 北京：北京城建科技促进会，2007.

［3］ 唐业清，李启民，崔江余. 基坑工程事故分析与处理［M］. 北京：中国建筑工业出版社，1999.

［4］ 李国胜，佘世华，丁杰. 某工程基坑开挖引起边坡失稳的分析及处理［J］，建筑结构，1998. 5（5）：32-34.

［5］ 张丹丽. 某基坑土钉墙支护工程事故的分析［J］. 建筑结构，1998，（11）：41-42.

［6］ 薛丽影，杨文生，李荣年. 深基坑工程事故原因的分析与探讨［J］. 岩土工程学报，2013，35（Suppl1）：468-473

［7］ 包绍华，史佩栋. 介绍国外一门交叉学科-法律土木工程学［J］. 岩土工程界，2005，8（6）：21-22.

附录：关于工程勘察单位进一步推行岩土工程的几点意见

党的十一届三中全会以来，遵照党中央关于经济体制改革的方针和国务院批转国家计委《关于工程设计改革的几点意见》。工程勘察行业积极进行了各项改革，给工程勘察单位带来了新的活力。推行岩土工程工作即是其中的一项重要改革。

岩土工程是近三十年来在一些技术先进的国家里发展起来并隶属于土木工程范畴的新型专业。它以土力学、岩石力学、工程地质水文地质学和地基基础工程学为基本理论基础，主要从事岩土工程勘察、岩土工程设计、岩土工程施工和岩土工程监测，用以解决和处理在工程建设过程中出现的所有与岩体或土体有关的工程技术问题。建国以来，国内已有个别工程勘察单位在进行工程地质勘察工作的基础上，探索和进行了岩土工程的初步实践。八十年代以来，少数单位在引进国外先进技术和结合各自条件的基础上，进行了岩土工程工作的试点。由于岩土工程贯穿了岩土勘察、设计、施工直到工程建成后的监测，服务于基本建设的全过程。因此，对保证工程建设项目质量，降低建设成本，缩短建设周期和充分发挥基本建设投资效果等方面，起到了其特有的作用。试点工作表明在工程勘察行业推行岩土工程是工程勘察事业发展的需要，是工程勘察改革的需要，是工程勘察与国外开展技术交流和业务合作的需要，也是工程勘察更好地为"四化"建设事业服务的需要。但是，由于我国的工程勘察体制还不够合理；有些部门对岩土工程的重要地位和作用认识不足、重视不够；有些工程勘察单位的技术力量不足、水平不高和缺乏实践经验；勘察、设计、施工的关系还不够协调和合理衔接以及推行岩土工程的经济政策还不够落实等原因，因此前一阶段推行岩土工程的进程不快，岩土工程应有的功能还没有得到充分的发挥。为了继续进行工程勘察管理体制的改革，进一步推行岩土工程工作，更好的促进和提高工程建设项目的经济效益、环境效益和社会效益，特提出以下几点意见。

一、岩土工程是基本建设中的一个重要组成部分

工程勘察主要为工程建设项目的可行性研究、规划选址、工程设计、地基处理、施工监测、建成后安全检验以及建设环境的保护与治理等提供地形、地质及环境评价等基础资料与依据。岩土工程作为土木工程的一个分支专业，它除了上述工程勘察的职能外，还能更好地服务于基本建设的全过程，做到认识自然和改造自然的统一，技术可靠和经济合理的统一，岩土条件和建设要求的统一，可以直接提高工程建设项目的三大效益。因此，各部门、地区和单位都要提高对岩土工程的认识，充分发挥岩土工程的综合功能，把岩土工程作为基本建设中的一个重要组成部分，作为一个重点专业加以发展和提高。

二、岩土工程的业务范围和主要内容

岩土工程的业务范围主要包括以下四个方面：

岩土工程勘察：按现行有关技术规范、规程的要求，继续在做好工程地质勘察工作的基础上，紧密结合各类岩土工程的特点和要求，进行岩土工程的技术经济论证和分析，提出有针对性的岩土工程勘察报告，报告要根据技术可靠、经济合理和切实可行的原则，提出岩土工程评价、建议和设计基准。

岩土工程设计：主要包括边坡设计、滑坡防治设计、地下洞室设计、地基处理和加固设计、深基支挡设计、基坑降水设计、地基防渗设计和地基抗震设计等内容。由工程勘察单位根据岩土工程勘察报告，提出岩土工程设计文件和施工图件。

岩土工程施工：主要包括强夯、振冲、换土、地基挤密、地基化学加固等地基处理和加固的施工；有条件的单位也可以进行各种桩基施工。

岩土工程监测：主要包括基础开挖以后的地基验槽、地基回弹观测、各类岩土工程施工期间的检验与监测、地下工程的围岩压力及变形的监测、重要建筑物和构筑物的长期变形观测、边坡监测、滑坡体的位移观测以及地下水位长期观测等内容。

三、从实际出发，有计划地推行岩土工程工作

由于全国工程勘察单位情况复杂、条件不一，因此，各工程勘察单位，要根据本单位从事过岩土工程的资历，能承担相应岩土工程基本配套的技术力量，能完成相应岩土工程的技术水平，能承担相应岩土工程的装备和测试手段以及与设计施工单位紧密配合等条件，确定开展岩土工程勘察、岩土工程设计、岩土工程施工和岩土工程监测等不同业务范围或全部业务范围，并按照国家计委颁发的《全国工程勘察、设计单位资格认证管理暂行办法》的规定，在工程勘察证书副本中分别写明岩土工程的具体业务范围。证书副本未注明岩土工程的单位，不得承担岩土工程任务。

当前，工程勘察单位应积极开展岩土工程勘察和岩土工程监测工作，逐步开展或与工程设计单位联合开展岩土工程设计工作。具备施工条件的工程勘察单位也可以开展岩土工程施工工作。

四、工程勘察单位在推行岩土工程工作中的主要职责

工程勘察单位提供的岩土工程报告和图件是工程设计和施工的主要技术依据，也是工程建设项目审批的重要技术文件之一。

工程勘察单位对所完成的各类岩土工程工作，在质量和周期等方面承担法律和经济责任。由此而发生的工程浪费或造成事故，要追究责任并承担一定的经济损失。

工程勘察单位要切实加强与工程设计和施工单位的紧密联系和协作配合。设计施工单位要尊重和遵守工程勘察单位提出的各类岩土工程报告和图件规定的要求，进行工程设计和施工。设计、施工单位如要改变岩土工程报告和图件的主要内容，要征得工程勘察单位同意。对有严重问题的岩土工程报告和图件，工程设计和建设单位可以退回工程勘察单位，要求修改、补充和重做，并不得收取岩土工程费。

各级主管部门和工程设计单位对重大工程建设项目和拟建在地质条件十分复杂地区的工程建设项目，在进行总体规划、可行性研究、总图布置和基础设计方案论证时，应提前通知工程勘察单位参加评估。

五、推行岩土工程的勘察单位继续执行技术经济责任制

经主管部门批准推行岩土工程的工程勘察单位和其他勘察设计单位一样，仍按国家计委、财政部和劳动人事部的规定，继续执行技术经济责任制，并及时增订岩土工程的取费标准。

对岩土工程勘察和岩土工程设计文件中提出的建议和措施，经工程施工和生产使用实

践，证实对工程建设项目有比较明显的经济效益、环境效益和社会效益时，建设单位要从节约的投资中提取不少于5％的比例，给工程勘察单位。

对于保守、浪费或有可能造成事故的设计方案，经过工程勘察单位进行岩土工程工作、因而减少和防止损失或浪费的，建设单位要从可能造成损失浪费的费用中提取不少于10％的比例给工程勘察单位。

六、重视和加强岩土工程技术人才培养与技术素质的提高

当前，工程勘察单位的岩土工程技术人才普遍感到不足。经国家教委批准，同济大学已正式试办岩土工程专业，建议予以加强。并希有条件的高等院校增设岩土工程专业，有计划地向工程勘察单位输送大专毕业生。

工程勘察单位要充分重视和加强对本单位职工的继续教育，通过岩土工程的实践和各种培训方法，有计划地提高岩土工程技术人员和技术骨干工人的技术素质。

工程勘察单位要加强岩土工程的科学研究，加强与有关科研单位的协作配合和联合攻关，积极发挥工程勘察协会和有关学会的作用。经常开展岩土工程的学术和技术交流。加强与国外同行业的技术与业务合作，以推动岩土工程的发展与提高。

七、有计划地制订和修订岩土工程国家标准，编制"七五"期间计划实施的岩土工程国家标准系列。

为了扩大工程勘察的技术功能，提高岩土工程的技术水平，加强国际间的学术交流和业务合作，要有计划地制订和修订岩土工程国家标准，编制"七五"期间岩土工程国家标准系列，并制订《岩土工程勘察规范》。

八、各有关部门与地方主管部门要切实加强对推行岩土工程的领导，经常交流在推行岩土工程工作中的经验。对在推行岩土工程工作中出现的新情况和新问题，要随时总结经验，具体帮助和及时指导，有关情况请随时告国家计委设计管理局。

编后记

在清样校对完毕即将交付之际，回想文集的构思、编著过程，对咸大庆先生、刘瑞霞女士一直以来所给予的热情鼓励与支持、杨允编辑的大力帮助一并表示衷心感谢！对同事们的精诚团结、协力同心表示衷心感谢！

经过多年来工程磨炼和前辈们言传身教，对于岩土工程，有了越来越深刻的认识，"土木之工，根基岩土"，比如越是复杂疑难的地基基础问题，越需要岩土工程师与结构工程师密切配合，才能更好地分析问题、解决问题，这是由岩土工程的特点和岩土工程工作方法的特点所决定的。

众所周知，"空中楼阁"在现实中是不存在的，所有的建设工程都应安固于岩体或土体之上或之内。对自然条件的依赖性、条件的不确知性、参数的不确定性、测试方法的多样性，是岩土工程的突出特点，因此注重系统分析、注重概念设计、注重工程判断则成为岩土工程工作方法的特点。

太沙基教授（土力学与岩土工程之父）："无论天然的土层结构怎样复杂，也无论我们的知识与土的实际条件之间存在多么大的差距，我们还是要利用处理问题的技艺（art），在合理的造价的前提下，为土工结构和地基基础问题寻求满意的答案。"

杨宽麟先生："最节省材料的坚固设计，才是最好的设计。"

张国霞勘察大师："高重建筑物地基基础方案的选择是关系到整个工程的安全质量和经济效益的重大课题，也是牵涉到工程地质条件、建筑物类型性质以及勘察、设计与施工等条件的综合课题，常常需要长时间的调查研究和多方面的反复协商才能最后定案。"

谢定义教授："岩土工作者需要认识岩土及岩土体的力学特性，以及这些力学特性随其成因、成分、结构、内外部条件和时间等因素的变化而发生相应变化的机理与规律，以便适应于不同的目的，发挥其有利的特性，改变、预防或减少其不利的影响，判断其稳定性的基本趋向，探讨有效的工程措施，在经济与安全之间寻求解决问题的最优途径。"

张在明院士："工程判断的重要依据是理论的导向。工程判断的另一重要依据是工程经验，而理性的工程经验只有在理论的指导下取得，并形成系统。因此认为，在岩土工程工作中那种片面强调其"艺术性"，而轻视理论的倾向的观点是不正确的。对于我国的岩土工程实践，强调这一点，在当前来说尤为重要。同样重要的，土力学是实验性和实践性的学科，所以称为'活的土力学'，只有那些重视实践的人，才能活用理论。"

岩土工程师以工程地质学、岩石力学、土力学与基础工程学为理论基础，研究岩土体（包括其中的水）作为支承体、荷载、介质或材料的工程性状，对于工程建设过程中涉及的岩石和土的利用、改良或治理，提出勘察成果资料、设计方案、技术咨询建议，参与方案具体实施，开展检测、检验、监测以及工程反分析等专业技术工作。

推进岩土工程，任重道远，犹如逆水行舟，不进则退，岩土工程师责无旁贷。

解决岩土工程的体制性、结构性问题尚需新一代岩土工作者继续努力。